動物言語の秘密

暮らしと行動がわかる

著 ベニュス／絵 バルベリス
監訳 上田恵介／訳 嶋田 香

西村書店

本書を上梓できたのは、動物の行動を解明するために、ホワイトアウトやモンスーン、骨まで凍りそうな夜の寒さや灼熱の太陽をものともせずに調査を続けてきた先人たちの偉業のおかげだ。そして、野生動物保護に対する情熱とひたむきな献身ぶりを私に見せてくれた動物園の専門家に感謝したい。

専門的な内容に関しては、ウィスコンシン州国際ツル財団理事長のG.アーチボルド博士、セントルイス動物園の生殖生物学者C.アーサ博士、ブロンクス動物園の爬虫・両生類飼育主任J.ベーラー博士、国立動物園の動物学者D.ボネス博士、ブロンクス動物園の鳥類飼育主任D.ブルーニング博士、オレゴン動物園の研究員T.ド・ロレンゾ、ミネソタ動物園の保全教育専門員S.E.ジョセフ博士、ミネソタ大学ベル自然史博物館の研究員S.エヴァーツ博士、ニューヨーク水族館のM.ハイアット・サイフ博士、ミネソタ動物園の獣医師B.ジョセフ、ノースダコタ大学のJ.ラング教授、ミネソタ大学ベル自然史博物館の動物行動学主任学芸員F.マッキニー博士、オレゴン動物園の保全調査コーディネーターJ.メレン博士、サンディエゴ動物園希少種繁殖センターのJ.オグデン博士、ジョージア州リバーバンク動物園のL.ラパポート、セントルイス動物園の哺乳類飼育主任B.リード、国立動物園の園長M.ロビンソン博士、シャイアンマウンテン動物園のC.シュミット、ルイジアナ州オーデュボン公園の鳥類飼育主任P.シャノン、オクラホマ州サットン鳥類研究センターのS.シェロッド博士、アトランタ動物園の生物学者B.スティーブンズ博士、国立動物園のL.スティーブンズ博士、ウィスコンシン州国際ツル財団の鳥類飼育員S.スウェンゲルに貴重な助言をいただいた。

また、本書の誕生には先見の明のあるエージェントのJ.ハンソン、たぐいまれな腕前を持った編集者N.ミラー、著名なイラストレーターのJ.C.バルベリス、常に冷静なプロデューサー J.フラーの存在が欠かせない。彼らのおかげで、最後まで楽しく執筆することができた。

作家というのは特に社交的な人種ではないが、ありがたいことに私は友人と家族に囲まれてここまでたどりついた。C.ロビンソンには、執筆の初期に親身になって話を聞いてもらった。M.A.ハットンには、原稿の入力や、的確なミスの修正のほか、そばで元気づけてもらった。北極星のようにいつも変わらぬ友L.メリルには、たくさんの希望と笑いをもらった。彼らには言葉に尽くせぬほど感謝している。ローラとダニエル・ベニュス、L.R.ムーアハウスには校正作業でお世話になった。わが家の謎めいたネコ、エイト・ボールも、キーボードのとなりで私にプレッシャーをかけて原稿制作に一役買ってくれた。本書の中につづり間違いや「金言」があったら、それはおそらく彼の前足が入力したものだろう。

最後に、月明かりに照らされたモンタナの山々にもお礼を言いたい。私はこの地に住んだおかげで、わが家にまさるところはないと知り、手つかずの自然の環境は、どのようなものであれすべて守る価値があると知ることができたのだから。

The Secret Language of Animals: A Guide to Remarkable Behavior
by Janine M. Benyus
Illustrations by Juan Carlos Barberis
Foreword by Alexandra Horowitz

Copyright © 2014 Janine M. Benyus
Illustrations Copyright ©2014 Juan Carlos Barberis
Originally published in English by Black Dog & Leventhal Publishers

Japanese edition copyright © 2016 Nishimura Co., Ltd.
All rights reserved.
Printed and bound in Japan

本書に寄せて

　私が生まれて初めてミナミシロサイに出会った場所は動物園だった。本書を読んでいる人たちの多くも、サイのかわりにスマトラトラやホッキョクグマやオカピで同じような体験をしていると思う。ほとんどの人は、それ以来その動物をじかに見ることはなかったのではないだろうか。動物園はたいていの人にとって、ペットでも家畜でもなく、都市や農村のいたるところにいる害獣でもない動物に出会える唯一の場所だ。私はその後、動物園の広大な放飼場（ほうしじょう）で他のサイたちを何度も見ることになったが、初めての出会いは常に心の中にあった。

　私が放飼場のサイを見に行っていたのは調査のためだった。大学院で認知科学を学んでいて、人間以外の動物の認知について興味がわき、理解していることを言葉ではあらわせない動物の認知能力を知りたいと思うようになった。そこで観察によって推測できるようになろうと、「動物行動学」という分野の一連の研究プログラムに参加したのだ。研究グループのうちのひとつがサイの観察を行っており、そこで私もサイを観察することになったというわけだ。

　その調査は私の原体験となった。サイのことを深く理解できるようになっただけでなく、動物全般に対するとらえ方や見方を学ぶことができたからだ。私がサイの調査をしていたカリフォルニア州エスコンディードのワイルド・アニマル・パークという動物園は、ある意味ではそれまでの動物園の仕組みを逆にしたようなところだった。大半の動物たちは、他の種と適切に組みあわされ、生息地を模した広々とした放飼場に放たれていて、人間は放飼場の囲いの外を走る列車から動物をながめなければいけない。私は調査員として、囲いの外側で、列車の通る線路より低い位置にある丘の上に座ることを許されていた。だが重要なのは、私は丘の上に何時間も座っていられるのに対して、列車はほんの少しの間しか停車しないということだった。列車の停車時間は、一般的な客が展示場の前に立ち止まって動物をながめる時間をもとに決められていた。見ていてわかったのは、列車に乗っていては動物の行動はほとんど観察できない

ということだった。列車からサイの姿は見えるものの、彼らの本当の姿や自然な行動を見ることは根本的に不可能なのだ。たとえば、草を食べていたメスのサイたちは、列車がけたたましい音とともに近づいてくると、そのときにしていたことをやめて、この得体のしれない相手から身を守るために、お尻を内側、頭を外側にして円陣を組む。そして列車がいる間はそのままぴくりとも動かず、列車が行ってしまうと円陣をといて普段の行動にもどる。列車の客からは、サイは「何もしていない」ように見えただろう。当然だ。実際に何もしていないのだから。動物の行動を理解したいのなら2つのことをする必要がある。情報を得ることと、気長に観察することだ。つまり、相手がサイの場合は、たとえば目が悪いということや、そのため群れに危害を加えそうな相手が来ると、身を守るために1か所に集まって、頭を外側に向けて警戒する習性があることを知らなくてはいけない。つぎに、サイをちらりと見て終わりにするのでなく、じっくりと観察をつづけて、相手が何をしているか先入観を交えずに判断しなければいけない。

　おそらく意外に思うだろうが、動物を観察するのは単純なことではない。観察とはひたすら「よく見る」ことだが、ただ単に目を開けて見ていればいいのではない。動物の行動をうわべだけ見てわかったつもりにならずに、新鮮な目でじっくりと見なければいけない。動物たちは動物園の外でもいたるところで行動しているが、私たちはそれをじっくり見ることはほとんどない。動物たちの行動を注意深く見て、何をしているのか理解するには、その動物がどんな種類で、どこから来て、何をほしがるか、何を必要とするか、何ができるかを知ることが重要だ。動物行動学者はただの観察者ではない。特別なツールをもった観察者なのだ。

　本書『動物言語の秘密―暮らしと行動がわかる』も、動物観察に役立つツールとなる。この本を読めば、アマチュア行動学者も本格的な観察ができるようになるだろう。著者のベニュスは動物たちのことばと、見落としがちだが観察するべき場面について教えてくれる。動物の行動や体つきを見て生息環境を特定する方法がわかるし、その逆の方法、つまり、住んでいる環境から行動や体の構造を理解する方法もわかるようになる。ゴリラのクスクス笑いの意味や、ライオンがお尻の向きを変える理由、キリンが首を打ちつけあう理由、パンダの鳴き声の意味も知ることができる。本書にのっている動物の行動をどれかひ

とつでも覚えておけば、次に動物園に行ったときには、まったく違った体験ができるはずだ。

　私にとって、サイという素晴らしい動物を観察できたのは幸いであった。そもそも相手が動物園の動物だろうが、野生動物だろうが、家畜やペットだろうが、動物の暮らしをじっくり見る機会が得られるのは幸運なことなのだ。サイの観察を通して私は変わった。観察の仕方がわかれば、動物たちの発する「ことば」も解読が可能だ。解読のカギは、本書の中にある。さあ、観察をしに出かけよう！

アレクサンドラ・ホロウィッツ博士
『犬から見た世界―その目で耳で鼻で感じていること（Inside of a Dog: What Dogs See, Smell, and know）』、『On Looking: A Walker's Guide to the Art of Observation』の著者

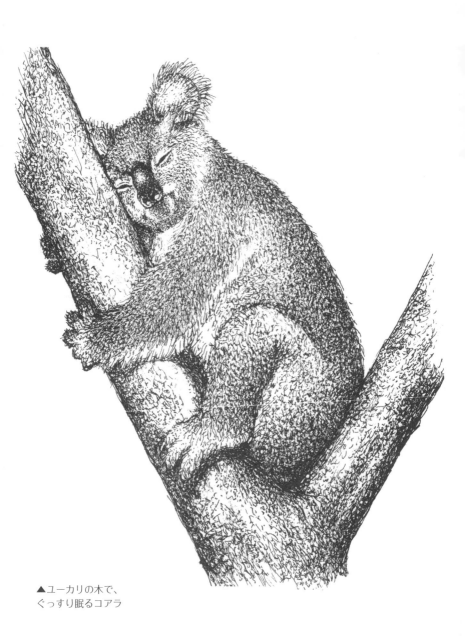

▲ユーカリの木で、ぐっすり眠るコアラ

はじめに

　ニール・アームストロング船長が月面に小さな一歩をふみ出したのは、未明のことだった。テレビの前であくびを繰り返しながら何時間もがんばっていた両親と姉は、そのころにはすでに眠りに落ちていた。当時私はまだ11歳だったが、ぱっちりと目を開けてテレビの画面を見つめていた。私が今か今かと待ち続けていたのは、船長が月面に一歩をふみ出す瞬間ではなかった。それよりも、彼がふり返って、そこから見える地球の様子を語ってくれるのではないかと心待ちにしていた。

　そう思っていたのが自分だけではないことを、私は知っている。それから23年がたったころ、オフィスに月の風景の写真を飾る人などいないことに気づいたのだ。私たちが思わず仕事を忘れて見入ってしまうのは「静かの海」の景色ではない。宇宙から撮影された地球——あの、漆黒の闇にぽつんと浮かぶ、霧にかすんだターコイズブルーの地球の姿だ。優れたシンボルがどれもそうであるように、地球の写真は私たちの心に直接語りかけてくる。

　「見てごらん。私たちは皆ひとつの船に乗った乗客同士。地球は私たちにとって、たったひとつのかけがえのない星だよ」と。

　そのことがわかっていながら、人間は破壊をやめることができなかった。見境なく開発を続けて南極上空のオゾン層に穴をあけ、何千種類もの汚染物質をばらまいて、わずか2、30年のうちに地球の環境に深刻な影響を与えてしまった。月面に到達しても、汚した地球を放っておいて、新天地に目を向けられるようにはならなかった。地球がいかに特別な星で、私たちの生存に適した強さの日光と、気温と、大気と水をそなえた唯一の星だということに気づかされたのだった。私たちはこの星で進化してきたのであって、体のすべての細胞はこの星の環境に対応し、環境を利用するようにできている。たとえ地球とよく似た惑星を見つけて、SF映画のようにそこまで人間を「転送」できるようになったとしても、私たちは子どものころから身の周りにあった植物や動物や、虫すらも懐かしく思うのではないだろうか。

何といっても、人間はこの土壌と太陽と大気と水の乗ったシャーレの中で自分たちだけで進化してきたわけではないのだから。地球には何百万種もの生物が暮らしているが、アメーバからシマウマまで、すべての生物は、それぞれの生息地の独特な条件に合わせて形づくられてきた。地球はきわめて多様な環境をそなえた星だ。雨上がりの水たまりやジャングル、極地や高山を覆う万年雪、焼けつくような砂漠があるおかげで多種多様な生物が生まれてくることができた。

　動物園の素晴らしいところは、世界中の自然がつくり出した作品を、かぎられた面積の中で気軽に見られるという点だ。動物園では多様な生息地から生み出された選りすぐりの作品たちの姿を見て、においをかぎ、鳴き声を聞いて、彼らの立てる水しぶきを浴びることもできる。最近の動物園では動物の生息環境を再現する努力が行われているので、客は動物についてより深く学習できるし、動物たちは以前より快適にすごせるようになっている。動物園がこのように変化したのも、動物の自然な行動をあますところなく引き出すには、その動物が進化してきた環境に置くのが一番いいとわかったからだ。だがこの条件は、かなえるのがひどく難しい。凍てつくような極地の環境をサンディエゴで再現し、サンゴ礁をミネソタで、高温多湿の熱帯のジャングルをブロンクスで再現しなければならないのだから。たしかに新しい展示場の出来栄えは素晴らしく、動物たちは以前よりくつろいだ様子を見せて、設計士や動物園のスタッフを喜ばせている。だが宇宙を旅することを考えればわかると思うが、これらの展示は、動物たちに作り物の自然で我慢してもらっているに過ぎない。

　地球以外の惑星で暮らす計画を立てることと、動物園の展示場を設計することはよく似ている。そう考えれば、動物の生息環境を人工的に再現するのがどんなに難しいことかすぐにわかるだろう。ある環境にふさわしい植物と動物を選ぶことはできても、土壌と水の相互作用や、捕食者と被食者の関係、動物たちの協力関係や対立関係を再現する方法はわからない。完璧なバランスにある複雑な関係を、どうすれば再現できるだろう。結局のところ、動物たちに特別な力で働きかけているのは、生息地の外観ではなく機能なのだ。自然界に存在する健全な生息地は、動物たちの生命を維持しているだけではなく、動物たちに刺激を与え、新たな種を生み出し、今いる種を少しずつ変化させている。人工の展示場をどんなに生息環境に近づけても、本物にはかなわない。

だからこそ、動物園関係者の多くは熱心に本物を守ろうとするのかもしれない。動物たちも環境の一要素であり、進化の舞台となった森や草原や砂漠や海と切っても切れない関係にあることを飼育関係者は知っている。世界最速の動物や最強の動物も、世界一賢い動物も、本来の生息環境にいなければ本来の能力を発揮できない。人間についても同じことが言える。熱帯雨林を伐採しつくして、オゾン層を徹底的に破壊し、後先かまわず子どもを産みつづけたらどうなるか、少し考えればわかるはずだ。人間は絶滅のふちにあるウミガメや、ニシアメリカフクロウや、ゾウやマナティーと同じくらいにもろい生き物なのだ。動物と同じように、かけがえのない地球という環境から離れて暮らすことはできない。ある日とつぜんその環境を失えば、息もできずに苦しむだろう。
　宇宙飛行士にたずねてみるといい。

思えば、人類にとっての本当の大いなる飛躍とは、複数の人間が地球から離れて、地球に対して初めてホームシックを感じたことだったのかもしれない。彼らが帰還した惑星は、彼方から見えるほどおだやかな星ではなかった。地球は増えすぎた人間の重みのせいでゆがみつつあり、その影響をもっとも強く受けているのが、本書で紹介しているすばらしい動物たちなのだ。

　読者には本書を楽しく読んで、動物たちのことを好きになり、彼らについて夜更かししてでも学びたいと思ってもらえたらうれしい。さらに、動物たちの進化してきた楽園のような地に思いをはせて、少しばかり懐かしんでくれたら幸いである。この地球というターコイズブルーの船に開けてしまった穴をふさいで、たまった水を必死でかきだし、再び大海原へこぎ出すことはまだ可能だと私は信じたい。そのためには、同じ船に乗ったすべての生物に敬意を払い、守っていかなくてはならない。そして人類が再び大いなる飛躍をとげるときには、その一歩を人間以外の生物のための一歩にする必要がある。

著者　ジャニン・M・ベニュス

目　次

本書に寄せて ──────────────────── 3
はじめに ────────────────────── 6

入門編──動物園の歴史と役割、動物の行動の背景を知る　13

- 生まれ変わった動物園 ──────────────── 14
- 動物たちの行動 ────────────────── 30

観察編──動物の行動の意味を読みとる　109

- アフリカのジャングル、平原、川に住む動物 ───── 111
  - ゴリラ ──────────────── 112
  - ライオン ─────────────── 132
  - アフリカゾウ ──────────── 156
  - サバンナシマウマ ─────────── 183
  - クロサイ ─────────────── 205
  - キリン ──────────────── 220
  - ダチョウ ─────────────── 238
  - オオフラミンゴ ─────────── 256
  - ナイルワニ ────────────── 273

アジアの森に住む動物 ——— 291

- ジャイアントパンダ …… 292
- クジャク …… 310
- コモドオオトカゲ …… 328

暖かい海に住む動物 ——— 343

- ハンドウイルカ …… 344
- カリフォルニアアシカ …… 366

北アメリカに住む動物 ——— 383

- ハイイロオオカミ …… 384
- ハクトウワシ …… 409
- カナダヅル …… 426

南極・北極に住む動物 ——— 443

- シロイルカ（ベルーガ）…… 444
- ホッキョクグマ …… 459
- アデリーペンギン …… 477

よい動物園の見分け方 ——— 498

あとがき ——— 509

入門編
動物園の歴史と役割、動物の行動の背景を知る

最近の動物園では、檻ではなく生息環境に似せた放飼場に動物が入れられているので、以前よりも自然な行動を見ることができる。

生まれ変わった動物園

　あなたがこの何年か動物園へ行っていないのなら、新しい動物園を見てとても驚くだろう。この2、30年の間に動物園のあり方を見直す動きがあり、質のよい動物園では徹底的な改修が行われたのだ。
　それらの動物園では動物たちを檻から出して、本来の生息環境に驚くほど似せた展示場で自由に行動させるようにした。なかには、木々の間にひそむヒョウにしのび寄られたり、丘の上のクズリににらまれたりしたと感じるくらい本物の環境にそっくりな展示場もある。動物たちも同じように感じるらしく、熱帯雨林でつるにぶらさがって遊んだり、本物そっくりのサンゴ礁に飛びこんだり、小川で水遊びをしたり、平原で心ゆくまで穴を掘ったりして過ごすようになった。動物園の中には、動物でなく観客のほうが手すりに囲まれるというすばらしい構造につくりかえられたところもある。
　なんとうれしい変化だろう！　以前はしょんぼりしたゴリラの姿を見て悲しい気持ちになったものだが、今では胸板の厚いシルバーバックが木々の間からいきなりあらわれて消えていくのを見て、胸を躍らせるという体験ができる。新しい動物園ではゴリラの姿は探さなければ見つからないかもしれないが、それはよい兆候だ。ゴリラも他の動物たちも、展示場の環境に溶けこんでいるということなのだから。タイル張りの床や刈りこんだ芝生の上にぽつんと放置されていたころには考えられなかったことだ。動物たちは、うろつきまわったり、遠ぼえをしたり、求愛したり、巣をつくったり、なわばりを守ったりするための空間とプライバシーを初めて手に入れた。そうやって以前よりくつろげるようになっただけでなく、多くの仲間と過せるようにもなった。種の見本としてたった1匹で檻に入れられているのではなく、群れの仲間とともにはねまわって過ごせるようになったのだ。繁殖活動ができるほど動物園になじんだものもいて、よく探せば様々な動物の子どもが見られる。なかには飼育下で初めて子どもが産まれたものもいる。
　展示場が新しくなったことで動物園はいっそう楽しい場所になったが、これ

らの改修はもともと教育を目的としたものだった。新しい展示場のおかげで、客は動物の世界を夢中で見ているうちに、動物が生息地とともに進化してきたことを学び、とさかからかぎ爪にいたるまで、体のすべてが生息地での暮らしにいかに適応しているかを学べる。動物たちは今までより自分らしくふるまうようになり、自然な行動を見せてくれるようになった。動物園をばかにしていた研究者たちも、双眼鏡とクリップボードを手に動物の細かい行動の調査をしにやってくる。そういった調査の結果は、動物園にとって最も重要となった課題、すなわち動物園という救命ボートに乗った絶滅危惧種を繁殖させるという課題の実現に役立っている。

だが、以前は動物たちを檻に閉じこめていた動物園が、いったいどうやって今の外観や思想を持った動物園へ転換できたのだろう。この疑問を解決するには、時間を数百万年巻き戻して、人類と動物のごく初期の関係から考える必要がある。

今も昔も変わらぬ動物への思い

サルに似た私たちの祖先は、進化の歴史から見ればつい最近まで、四つんばいになって動物を追いかけていた。相手は大きくてどう猛だが、つかまえればおいしい食事にありつける。500万年（人類が地球に誕生してから今までの時間の99％）もの間、人類が生きていけるかどうかは、食料になる動物を見つけられるかどうかにかかっていたのだ。動物にしのび寄るためには、相手がどこで眠るか、毎日どこで水を飲むか、こちらに気づいたときにどれだけ早く走るかといった習性をすべて知っていなければならない。必要に迫られた人類は、鋭い観察力を身につけて獲物を真剣に観察するようになり、その結果、相手に敬意をはらうようになった。農業と工業の発展にともない、この5,000年間は自然から遠ざかるようになったものの、動物に対する畏敬の念は変わらずに私たちの中にある。森の中から軽やかに走り出てくるオオカミを目にしたり、海面に向かうクジラのかすかな歌声を耳にしたりすると、体の底からふるえがわきあがってくるのはそのせいだ。

私たちをここまで驚かせたり、楽しませたり、時には怖がらせたり嫌悪感を抱かせたりする動物たちの神秘的な力とは、いったい何なのだろう。人間は野

生動物を食料にする必要がなくなってからも、動物に対する興味を失うことはなかった。彼らに対して魅力と恐れを感じ、憧れを抱いていたからだ。北アメリカだけを見てみても、認可された動物園と水族館を訪れる人の数は毎年1億3,400万人にものぼる。この人数はすべてのプロスポーツの試合の観戦者を合わせた数よりも多い。全世界で考えれば、世界動物園水族館協会に加入している1,500の動物園と水族館を、毎年少なくとも7億人（全世界の人口の10%）が訪れている。この人数はアメリカ、カナダ、フランス、イギリスの全人口を合わせた数よりも多い。そのうえ客は遠足の子どもたちだけではない。子ども1人に対して3人のおとなが動物園を訪れている計算になるし、おとなたちは、動物に目を見張る子どもにも負けないくらい興奮してイルカのプールにかけつけ、ショーを楽しんだりしている。

　動物園の動物は、太古から続く人間と動物との関係を象徴する存在だが、それだけにとどまらない。今となっては、急速に開発されつつある野生の世界の最後の代表者でもあるのだ。非常警報の鳴り響くなか、私たちは人類史上はじめて自分たちが環境を破壊しすぎたことを認めて、これまでの過ちを正そうと奮闘している。動物園は、以前はただの娯楽施設だと考えられていたが、今で

何千世代もの時を経て、進化の過程を経ても、人間は野生動物に惹かれつづけている。

は飼育中の希少動物に明るい未来を与えようと、最前線で戦っている。これだけ大きな変化がどのようにして起こったかを知るために、世界初の動物園がつくられた数千年前まで逆のぼってみよう。

動物園の歴史

　動物園とはもともと、王族が自分の富と権力を示すために珍しい動物を集めて展示したものだった。例えばエジプトのハトシェプスト女王が3,500年前にキリンを船にのせてナイル川を2,400 kmも運んだように、望むものは何でも手に入れられたのだろう。数千年後に動物園は一般公開されるようになり、王族ではなく地域同士の競いあいの種となった。当時の動物園の目標は、切手を収集するのと同じように、できるだけ多くの種類の動物を1頭ずつ集めることだった。それぞれが自分のコレクションを守ることだけを考えていて、たとえばある動物園が希少なカメを死なさずに飼育するコツを知っていても、他の動物園に教えるということはなかった。動物園のスタッフがアフリカやアジアへ収集の旅に出かけるごとに、コレクションは増えていった。動物たちが窮屈で殺風景な檻に閉じこめられていても、病気やストレスのせいで死ぬことが多くてもおかまいなしだった。森や草原へ行けば、すぐに代わりの動物が見つかるのだから。動物がひどいあつかいを受けていることに対して、大半の人は何も言わなかったが、これではいけないと考える人もいた。

　1900年代初頭、ドイツのカール・ハーゲンベックが画期的な動物園をつくったことで状況が変わりはじめた。ハーゲンベックは動物を檻に入れるかわりに広い芝生に放して、観客からは見えない堀をめぐらせたのだ。客はこの変化を歓迎したが、他の動物園でこの方法が取り入れられるまでには、もう少し時間が必要だった。原因のひとつは、屋外の展示場では土や草の間に広がった病原菌を駆除するのが難しいと考えられていたことだった。コンクリートで固めた床なら水で簡単に洗えるため、動物の精神面にはよくないとしても、長い目で見れば健康のためには檻に入れたほうがよいと支援者からも言われていた。第二次大戦の後になると医療技術が進歩し、それにともなって動物の健康管理技術も進歩した。有蹄類とアフリカの平原にすむネコ科の動物の展示にだけハーゲンベック方式を取り入れる動物園も増えてきた。とはいえ、ほとんどの動

物園では、動物を檻に閉じこめたままで、動物が死んだときには、代わりの個体を森や草原から捕らえてくるだけだった。そういった動物園に来た客は、動物の姿を見ることはできても、檻の中を行ったり来たりするジャガーや精神を病んだホッキョクグマを見て哀れに思ったり罪悪感を抱いたりするだけで、動物に対して敬意を抱くことなどできなかった。

1960年代になると、作家や活動家やオピニオンリーダーの意見に刺激されて、人々はより強い罪悪感を抱くようになった。地球は人間だけのものではなく、動物たちにも生きる権利があると気づく人も増えはじめた。社会の間で動物の権利に対する意識が成熟してくると、熱心な動物保護論者たちは突如としてジレンマに陥った。彼らは野生動物を見たいと思っていたし、動物を通じて人類の起源にふれたいとも思っていたが、悲惨な状況にある動物園へ行きたいとは思わなかったからだ。保護論者の中には、檻がせまいことや、野生動物を捕らえることに対して異議を唱える者もいた。チンパンジーのお茶会や、ペンギンパレードや、セイウチのバレエといった演芸風のショーに重点をおいた見せ方に抗議する者もいた。こういった疑問の声は、外部からだけでなく動物園のスタッフからも数多く上がっていた。動物園は世間の信用を失いつつあり、すぐにでも改革を行わなければ永遠に閉園せざるをえない状況に陥っていた。

動物園の役割

動物園をめぐる議論は激しさを増していき、その一方で、飼育されている種の野生個体群が深刻な事態にあることが明らかになってきた。科学者たちの報告によると、動物園で数多く飼われているような種でも、野生ではぎりぎりの状態にあるというのだ。種によっては、じきに動物園で飼育されている個体数より、野生の個体数のほうが少なくなってしまうと予想されているものもあった。動物園のスタッフは、いきなり地球上でもっとも貴重な積み荷の管理をまかされたようなものだ。そのことに気づいた世界中の動物園長や保護活動家たちは、まったく新しい役割を動物園に与えようと考えた。

野生動物を捕らえて種の見本にする時代はもう終わりだ。動物園では動物を繁殖させる試みが始まり、1980年代の中ごろには、哺乳類の90％以上が飼育下で産まれた個体で占められるようになっていた。そのおかげで野生の個体群

を枯渇させることなく動物を補充できるようになったが、それだけでは十分ではなかった。野生の個体群が減少して絶滅の危険が増すにつれ、動物園関係者たちは、いつの日かその種の唯一の生き残りの世話をすることになるかもしれないと気づいたのだ。その日が来れば、動物園は特定の個体ではなく、その種全体の身体的健康と遺伝的健全性を保ち、さらに野生復帰の可能性を保つという責任を負うことになる。

　その日はもうすでに来ている。生物の絶滅するスピードは、今では史上例がないほどの速さに達しており、国連環境計画（UNEP〈ユネップ〉）によれば、1850年には5年に1種程度だったものが、現在では24時間に150～200種の植物や哺乳類や鳥類や昆虫が消えているという。動物園へ行ったときに、「地球上から消えつつある種」という表示のついた種が急に増えたと感じた人もいるだろう。そういった種の多くにとって、将来の見通しは明るくない。専門家の予測によれば、すべての種のうちの30～50％が今世紀の半ばまでに絶滅する可能性があるのだ。

　動物を絶滅から救うには、密猟者から守るだけでは不十分だ。最大の問題は、野生動物の居場所がなくなっていることと、たとえ居場所があってもその環境が悪化していることなのだから。地球上で開発の影響を受けていない土地を探すのは難しい。貪欲な人間が、「自然を征服し支配する権利」を振りかざして開発を続けてきたせいだ。どんなに荒々しい未開の地にも四方八方から開発の魔の手が迫り、野生の地は年々減りつづけている。人間が熱帯地方の森林を破壊しつづけ（毎分 $0.6 km^2$）、環境を汚染しつづけ（世界の平均気温は1880年から今までにおよそ摂氏0.85度上昇した）、次々に子どもを産みつづけてきたせいで（1日あたり35万人）、多くの生物が危機的状況に陥っている。実のところ、控えめに見積もっても、すべての種の25％が今後数年のうちに困難な状況をむかえると考えられているのだ。こういった現状をふまえて、動物園は現代版のノアの方舟として、あらゆる種の進化的系統の未来を守るという使命を負うことになった。

　絶滅の危機にある動物を保護して繁殖させることは、重要ではあるが出発点にすぎない。方舟に乗せたからといって、いつの日か洪水が収まって水が引き、住むのに適した土地に放せるという保証はないからだ。残念ながら、住むのに適した土地を見つけることは、今ではますます難しくなっている。もしも

方舟が夢物語に終わるのであれば、もうひとつの解決策に力を注ぐべきだろう。つまり、生息地の破壊という洪水を根本から止める方法だ。以前より快適に過ごせるようになったとはいえ、動物園は野生動物の本来の居場所ではない。彼らの居場所は自然の中にあり、その中で機転を働かせて生きのび、自然から与えられた課題を通して進化するのが本来の姿なのだ。

そういったことを人々に伝える場所として、動物園以上にふさわしい場所はない。動物園では何百万人もの人々がにこにこ笑いながら休日を楽しみ、動物についての話に耳を傾けたり学んだりしようという気になっているからだ。ここでなら人々に状況を理解してもらい、関心を持ってもらうことができる。野生動物のすみかが破壊されていることに対して怒りを覚えてもらうこともできるし、自分たちの力を選挙や、お金の使い方や、ライフスタイルの変更や、才能を活かしたボランティアに利用する方法を学んでもらうこともできる。新しい動物園は、そのようにして残り少ない生息地を守るための努力を行っているが、それ以外にも安全網としての機能や、調査研究の中心地としての機能も果たしている。それだけではなく、動物とともに時を過ごすという無上の喜びを味わえる場所ともなっている。

安全網としての役割

本当の意味で動物を守るには、その動物の生息地を守るしかないという点で、生物学者たちの意見は一致している。野生の土地は世界中で細分化された形で守られてはいるが、動物の生息地は全体としてみれば減少傾向にある。国立公園や保護区として守られている土地の面積は全世界の1％にすぎないが、そのわずかな土地ですら、食料や繊維を必死で得ようとする人々や密猟者から逃れることはできない。作家のコリン・タッジも述べているように、飢えた人々には希少な動物に気を配っている余裕などないからだ。

世界の人口は2011年に70億人を突破した。人口統計学者によると、もしもこの先、伝染病が蔓延せず、戦争が起こらず、生態系の崩壊を招かずにいられれば、2100年には総人口は100億人に達するという。そしてその後の500年間は横ばいの状態が続き、その後は減少しはじめて、残った土地へかかる圧力も弱まると予測されている。動物園関係者が将来を楽観視しているのは、こ

のような理由からだ。動物園では、生息地が回復する日が来たら再びそこに動物たちを放せるように、動物の個体数を維持し、精子と卵子を冷凍保存しておきたいと考えている。動物園で採取された精子と卵子があれば、島状に断片化された生息地で生きのびてきて遺伝的に弱くなった個体群に、新たな風を吹きこむことができる。

　この計画に対して、そんなことは不可能だと否定する悲観論者も多い。彼らが指摘しているのは、これまで野生の環境に動物を再導入しようとしても死亡率が高かった点だ。飼育下で育った捕食者は狩りの仕方を忘れてしまうし、被食者は警戒心をなくしてしまう。そのうえ、人間に刷りこまれたり慣れたりすることで、ハンターを怖がらなくなったり、同種と正常な性的関係を築けなくなる可能性もあるというのだ。これらの意見に対して、飼育繁殖を担当するブリーダーたちは、何世代もペットとして飼われていた犬が野生にかえって野犬になった例をあげて反論している。ブリーダーたちは、動物を野生にかえりやすくするために、再導入に向けた訓練プログラムを取り入れており、動物の子どもを育てるときにも人間に刷りこまれないように注意を払っている。この訓練プログラムは、過去20年の間に得られた多くの調査結果や研究の進歩を受けて改良されてきた。ブリーダーたちは、飼育下で育てられた動物を野生にかえすと、多くが死んでしまうことは認めているが、たとえ生存率が低くてもゼロよりはましだと考えている。

　多くの動物園では動物の繁殖が最優先事項となっているが、そのことは一般の客にはわかりにくい。多くの作業がバージニア州フロントロイヤルにあるスミソニアン保全生物学研究所などの、動物園から離れた施設で行われているからだ。研究所では、動物を適切な社会集団の単位に分けて屋外で飼育し、緻密な遺伝的計画のもとに繁殖させている。繁殖計画には、研究所にいる個体だけではなく、世界中の動物園の個体が参加する。ノアの方舟とは違って、ここでは動物をただ2頭ずつ集めて、太陽が顔を出してくれるよう祈っていればいいわけではないからだ。動物たちをいつの日か野生にかえしたいと願うなら、環境の変化に対応できるように、遺伝的な強さを保っておかねばならない。ある種が最高の能力を発揮するには、遺伝子プールの多様性が保たれるように十分な数の個体が繁殖に参加している必要がある。遺伝子プールが多様な状態とは、毎日は使わないが、いつか必要になるかもしれない道具がいっぱいに詰ま

飼育下繁殖の努力のおかげで、ヤマバクのような希少な動物にも子どもが産まれるようになってきた。

った大きな道具箱を持っている状態に似ている。繁殖に参加する個体数が少なすぎたり、遺伝的な多様性が低すぎたりすると、問題に対処する道具が少なくなって、不幸な結果に終わる。個体数が少なすぎる場合、問題に対応する能力が下がるだけではなくて、近親交配が始まって、まれな遺伝性疾患が集団の間に広まり、取り返しがつかなくなる可能性が高い。

こういった危険を避けるために、動物園の管理者たちは、1981年から協同で種保存計画（SSP）と呼ばれる世界規模の戦略をとりはじめた。現在では500を超える種保存計画が実施され、絶滅危惧種の個体群管理に役立てられている。例をあげると、サイを繁殖させるという目的のためには、すべての動物園にいるすべての個体は同じ個体群の一員と見なされる。どの個体がどの個体の子どもかといったことを記録した家系図（交配の記録）は、ミネソタ州に本部のある国際種情報システム機構（ISIS）のデータベースに蓄積される。どこかのメスが発情を迎えそうになると、ISISのデータを利用して「新鮮な」遺伝子を持ったオスを探し、モスクワからシカゴへ飛行機で移動させてでも繁殖を行う。この家族計画の目的は、飼育下にある繁殖個体群を大きくして複数の動物園に再分割することだ（伝染病の発生に備えるため）。もしもISISを利用した交配がうまくいけば、動物園にいる個体群の遺伝的構造は野生の個体群と似てくるはずだ。そうすればいつの日か、動物を1頭ずつ野生に返すのではなく、比較的無傷な状態の種を丸ごと返すことができるだろう。

しかし、するべきことがわかっていても実行できるとはかぎらない。調査結果からわかっていることだが、今や世界中の脊椎動物の5分の1にもあたる種が絶滅の危機に瀕している。無脊椎動物にいたっては数百万種に達する可能性もあり、こちらのほうが生態系の健全性にとってはより深刻な問題だ。これらの種の一部だけでも健全な個体群を維持することは、面積と資金のかぎられている大半の動物園にとっては難しい。面積に関していえば、世界中のすべての

動物園の面積を合わせても、わずか80 km²ほど(ニューヨーク市ブルックリン区くらい)におさまってしまうのだ。面積のこと以外にも、希少な動物に関する情報があまりにも少なすぎるという問題もある。家畜の飼育方法が4000年前にはよくわからなかったのと同じように、絶滅に瀕した動物を繁殖させる方法もよくわかってはいない。飼育している鳥類や爬虫類の性別を判定する方法さえ、1980年代にようやくわかったくらいなのだから。

現在では「冷凍動物園」をつくって維持する作業も行われている。これは動物の精子や卵子やその他の遺伝物質を、ごく低温で保存する施設だ。だが、精子や卵子を試験管に採取するためには、まず希少な動物の基本的な繁殖周期を解明しなければならず、そのためには世界中の動物園で組織的に記録をとる必要がある。これまでの記録は場当たり的な方法でとられたものが多く、そのうえ互いに張りあう風潮のあった動物園界では、情報の共有など考えられないことだった。現在ではISISのデータから1万近い種の家系図も作成されており、今後も新たな情報と記録が蓄積されていくことが期待されている。だが動物の繁殖についてはまだまだ不明な点も多く、多くの種にはもう時間があまり残されていない。刻一刻と時間の過ぎゆく中で、新しい動物園には繁殖以外にも果たすべき大きな役割がある。それは、動物の行動研究の拠点になるという役割だ。

動物園の動物が教えてくれること

動物園の評判がよくなるにつれて、今まで隠れていたすばらしい資源が顔をのぞかせるようになった。科学者たちはこれまで長い間、博物館に保存されている動物の死体や、研究所で飼育している動物を研究対象にしてきたが、地元の動物園で調査ができることには気づいていなかった。動物園に来れば生きた動物が目の前で産まれ、成長して、学習し、争いを解決して、巣をつくり、配偶者を獲得して、子どもを育て、老いていくところを間近で観察できる。動物園の利点を活かして調査をした研究者たちは、伝説的な成果をあげて動物行動学の礎を築いてきた。たとえば、オオカミの表情が初めてくわしく調査されたのも動物園だった。オオカミの用心深い性質から考えても、この微妙な「言葉」の意味を野生の個体の観察から解明することは不可能に近かっただろう。

オオカミ同様、パンダも自然界で調査するのは難しい動物だ。人里離れた深い森の奥に単独で暮らしているため、動物園で初めての子どもが産まれるまでは、繁殖行動を調べることができなかった。

近年つくられるようになった生息環境そっくりの展示場では、動物たちは自然な行動をあますところなく見せてくれるようになり、動物園ではいっそう意義深い調査ができるようになった。動物園の動物は野生の動物より他の個体との交流に時間をさくことができるので、動物行動学者はそれらの行動をじっくり観察できる。捕食者にねらわれる野生の状態と比べて、動物園の動物はあまり警戒しないで行動するので、とくに求愛行動や交尾や育児行動の観察で大きな成果をあげられる。それ以外にも、動物園は栄養状態や飼育の影響を調べたり、体の発達や構造をくわしく調べたりするのにぴったりの環境だ。

もちろん動物園で調べられることにはかぎりがある。動物たちは餌を与えられ、ワクチンを接種され、危険から守られているので、生きていくうえで最も重要な生態的要素のいくつかが方程式から欠けている。たとえば、捕食者と被食者の関係や、渡りや回遊、季節的な食物の不足に対する反応について調べることはできない。本書では、動物園で見られる行動を紹介している。つまり、採食や体の手入れといった日課や、体の動かし方、それからきずなの形成や攻撃、求愛、育児といった社会行動。当然ながら、これらの行動は動物によっては自然界とは異なっている場合もあり、その程度は人間の存在を気にする度合によって違ってくる。とはいえ、人間の影響を考慮しても、動物園で得たデータは野外調査のための基礎データとして役に立つ。また、それらのデータは、屋外型の巨大動物園ともいえる国立公園で半野生の個体群を管理するのにも利用できる。

本来の得意分野とは異なるが、動物園は野生動物の研究を指揮したり資金を提供したりという事業も行ってきた。中にはジェーン・グドール*のチンパンジーの研究など有名な研究もある。それらの研究で得られたデータは展示場の設計に活かされているほか、野外調査を行う研究者と動物園の専門家を、協力の精神のもとに団結させるきっかけにもなってきた。この協力の精神こそ、目前の困難を乗りこえるためには絶対に欠かせないものなのだ。目標を達成する

---

*イギリスの動物行動学者。人間に固有だと思われていた道具を作り、使う能力がチンパンジーにもあることを発見した。

ためには、もうひとつ、もっとも重要な役割を果たさなくてはいけない。それは、生息地の破壊がこれ以上進まないように、一般の人々の協力を得るという役割だ。

人々の協力を得るという役割

　動物園は動物にとっては子どもを産むことができる場所であり、科学者にとっては調査ができる場所、そしてほとんどの人にとっては、めずらしい動物に出会い、ありのままの姿を見て、声を聞き、においをかぐことのできる唯一の場所だ。どんなテレビ番組も博物館のジオラマも、世界中のどんな百科事典も、動物と人間が直接目を合わせたときに起こる化学反応にはかなわない。この化学反応には魔法のような力があって、消えることのない感動を人々に与えてくれる。動物園は多くの子どもにとって、小さなころから本で読んだり、歌で歌ったり、絵をかいたりしてきた動物の実物に初めて出会う場所だ。子ども向けの寓話や、神話や美術品、それから言語の中にも動物は頻繁に登場するが、そのことからも人間と動物との関係の深さがよくわかる。動物園では神話に出てくる動物の実物を見て、人間と動物との関係を新たな視点で再確認することができる。

　動物園で生息地に近い環境ですごす動物たちを見ていると、私たちはその世界に入りこんだような気持ちになり、彼らのことが好きになって、やがて、彼らの幸せを願うようになる。それだけではなくて、私たちの祖先が感じたのと同じように、見ている動物についてもっとよく知りたくなって、どこに住んでいるのか、どんなふうに暮らしているのか、生息地が破壊されたら生きていけるのかといったことが気になってくる。うれしいことに、動物園では動物について自然に学習することができる。動物を見れば疑問や知りたいという気持ちがわいてくるし、展示場がうまくできていれば、見ているだけでその答えが得られるからだ。

　動物園関係者の間では知られていることだが、ある人を保護活動家に変えるために欠かせないのは、問題点に気づいて学習したあとに、現状を変えなければいけないと自分に誓うステップだという。人々が助けを求める動物の声を一番よく聞きとって、自分も何かしなければいけないと一番強く感じるのが、動

物に恋をした瞬間だ。ブロンクス動物園の入り口にも書かれているように、「結局のところ、私たちが守ろうとするのは愛するものだけ。愛するのは理解できるものだけ。理解できるのは教わったことだけ」なのだ。

動物園の将来

これまで長い間動物園の衰退ぶりを取り上げてことさらに書き立ててきた新聞や雑誌といったメディアも、近ごろでは、生まれ変わった動物園の素晴らしさを華々しく伝えている。たしかにこの数年というもの、世界中の動物園は何億ドルもの予算を費やして動物たちの飼育環境を改善し、次世代の動物園ファンの教育を行ってきた。以前は動物園へ来ると落ち着かない気持ちになっていた人たちも、今では安堵のため息をつくようになり、動物園の入場者数は増加しつづけている。

未来の動物園はさらに素晴らしいものに（ある意味では、さらなる論争の的に）なりそうだ。これはまだ空想や計画の段階にすぎないが、クローン技術で絶滅危惧種の複製をつくったり、生物工学の技術でおとなしい動物をつくって、柵のない展示場で展示しようと考えている生物学者もいる。デトロイト動物園にあるアークティック・リング・オブ・ライフ*1という展示場では、ツンドラの環境が再現されていて、その中でホッキョクグマとホッキョクギツネとアザラシが同居しているが、このような方法をとれば、屋内型と屋外型といった展示場の限界を超えることもできるだろう。

国立動物園の伝説的な園長マイケ

本物の動物とじかに顔を合わせる体験には、生涯にわたる自然への愛を目覚めさせる力がある。

生まれ変わった動物園

ル・ロビンソンが以前述べていたことだが、未来の動物園では、普通を特別に変えることが最大の課題のひとつになるだろう。ミネソタ動物園のビーバーの展示*2 は、昔から人気が高く賞も獲得しているが、こういった展示に人気があることからもわかるように、動物園に来る人々は、身近にいるありふれた動物についてくわしく知りたいと思っている。ビーバー自体は絶滅危惧種ではないが、同じ場所に住む生物の中には危機的状況にある種もいる。それらの水生昆虫やシダやカエルにシベリアトラにも負けない魅力があると人々が気づけば、特定の種を救うだけでなく、命の源泉である生物群系を丸ごと保護することも可能になるかもしれない。

　現在の動物園では生物気候学に基づいて動植物が配置されているので、動物の見本が入れられた檻の間をのろのろ歩いていた昔とはまったく異なる体験ができる。緑豊かな生息環境の中にいる動物たちを眺めて一日を過ごすと、山の頂上から海の底まで旅をしてきたような気分になる。そしてその日の晩に、自

生息環境を再現した動物園で一日を過ごせば、忘れられない体験ができる。このプレーリードッグをはじめ、たくさんの隣人たちの暮らしをのぞかせてもらった気分になるからだ。

宅という自分の生息環境で眠りにつくときには、ジグソーパズルのように入り組んだ動物たちの関係が脳裏に浮かび、そのパズルの中で人間が占める位置は、頂点でも、かけ離れた場所でもなく、真ん中あたりだという事実に思いいたるだろう。

　本書の内容は、今ある質のよい動物園だけではなくて、未来の動物園でも役に立つような構成になっている。本の中で動物たちは生物気候学に基づいて「展示」されているし、内容を読めば、その動物が自然界や飼育下でどう行動するかもわかる。動物園は変化の途上にあるため、ここに書かれている野生の行動を今の動物園ですべて見ることはできないかもしれない。だが、うまくいけば少なくともその一部は見られるだろう。何よりも重要なのは、将来展示場が今より野生の状態に近づいて、動物の行動も野生に近づいたとき、本書を読めば観察すべきポイントがわかるということだ。

---

*1 全米最大級のホッキョクグマの展示場の名前。プールの底につくられた透明な水中トンネルから、ホッキョクグマとアザラシの泳ぐ様子が見られる。まるで同居しているかのように見えるこの仕組みは、動物たちの間が透明なアクリル板や空堀で仕切られているため可能となっている。"America's Best Zoos"（全米ベスト動物園）というガイドブックの中で、動物の展示場として全米2位の評価を受けている。
*2 ミネソタ州の景観を再現し、ビーバーやコヨーテ、ハイイロオオカミなどミネソタ州の動物を紹介する「ミネソタ・トレイル」という展示の一部。ミネソタ・トレイルは、2008年にアメリカ動物園水族館協会の展示場賞を受賞。

▶**食虫性の動物**
カメレオンは、枝をつかめる後脚とべたべたした長い舌、それから並はずれたバランス感覚を駆使して虫を捕らえる。

動物たちの行動

行動の背景

行動とは何だろう？

　行動とはすなわち、生きのびるための戦略だ。動物のあらゆる行動は、今を生きのびて自分の遺伝子を将来へ残すことを目的としている。動物は生きるために巣をつくったり、異性に求愛したり、食物を探したり、獲物にしのび寄ったり、敵をおどしたり、暖かな日ざしをたっぷり浴びたりといった行動をとるが、本書を読めばわかるように、行動の内容は共通でも、そのやり方は種によって異なっている。マングースとマーモットを違う動物に分けているのも行動の違いだし、行動を見ればその動物の住む場所や、日々の生活の中で何に立ち向かう必要があるかなど、たくさんのことがわかる。

　動物園の動物を見ていると、彼らが本来は飼育員から餌をもらったり、寝床が確保されていたり、敵から守られていたり、獣医の定期検診を受けたりできない自然界で進化してきたということを忘れがちだ。だが、元来、動物の体と行動は、かぎられた食物や激しい天候や、捕食者や病気といった厳しい現実によって形づくられてきたものだ。砂漠と熱帯のジャングルとでは戦う相手が異なるが、その本質はまったく変わらない。そこで、動物たちの違いが何によって生まれているかを考える前に、共通点をはっきりさせておこう。

不死への挑戦

　粘菌（ねんきん）からギター奏者まで、すべての生物が共通して持っているものがあるとすれば、それはDNAだ。DNAの塩基配列中でエクソンと呼ばれる領域には、必要とあれば私たちの体を一から再現できるだけの遺伝情報がつまっている。実際、生物の胚は遺伝子の情報を完璧になぞって成長していく。無性生殖の場合、あるいはクローンがつくられる場合は、親の遺伝情報がそっくりそのまま

コピーされるため、まれな突然変異が生じないかぎり、産まれた子どもは親に生き写しで新しい特徴は生まれない。一方、有性生殖の場合は、2個体が繁殖に参加するため、母親の遺伝子の半分と父親の遺伝子の半分から新しい遺伝情報が生み出される。2個体が協力することで、これまでにはない遺伝的組みあわせが生じ、まったく新しい特徴を発現させることも可能になる。

現在の地球に人類とともに存在している動物たちは、生み出された遺伝的組みあわせが他より優れていたために生きのびてこられた勝者だ。彼らは遺伝的組みあわせによって新たな身体的・行動的特徴を手に入れ、その結果として同じ生息地にすむ競争相手をしのぐ長所を持つことができた。そしてその長所のおかげで競争相手より長生きをし、より多くの子孫を残して、自然選択の用語で言えばもっとも適応度の高い最適者となった。彼らを最適者にした長所は遺伝子内に遺伝情報として組みこまれているため、子どもに受けつがれて、さらにその次の世代にも受けつがれていく。

受けつがれた遺伝子は親が死んでも子どもの体内で生きつづけるため、この世に永遠にとどまることも不可能ではなく、少なくともその遺伝子の入れ物である肉体よりは寿命が長い。遺伝子が不死であると考えると、動物のとる行動について、ひとつの説が浮かび上がってくる。リチャード・ドーキンスは著書『利己的な遺伝子』（紀伊國屋書店）の中で、動物のとる行動は、その個体自身が生きのびようと望んだ結果ではなく、その個体の中にある遺伝子が自分を複製して、より大きな遺伝子プールにおける頻度を増やしたいと「望んだ」結果なのだと述べた。ドーキンスによれば、私たちの肉体は、私たちの遺伝子を運び、守り、より多くの子孫に受けつぐための生存機械だ。サミュエル・バトラーが述べたように、鶏とは卵が卵を産むための手段にすぎない。そしてドーキンスによれば、私たちは私たちの遺伝子にとっての鶏なのだという。

この考え方は、生きのびるための行動的・身体的手段を持たない生存機械をつくりだした遺伝子に何が起きるか想像してみればわかりやすい。欠陥をかかえたこの生存機械は、おそらく子孫を残さずに消滅するだろう。そして、この生存機械をつくりだした遺伝子は近いうちに遺伝子プールから姿を消し、その反対に、よりよい生存機械をつくりだした遺伝子は増えていくだろう。

なかなか興味深い説だが、動物園の動物の行動を理解するにあたって、この説がどのように役立つだろうか？　簡単だ。動物の行動を見るたびに「この行

動は適応的だろうか、非適応的だろうか」と考えればいいのだ。適応的な行動なら、その個体の遺伝子頻度を遺伝子プールの中で増やすのに何らかの形で役立つはずだ。その行動によって、異性から見たときの魅力は増すだろうか？ その行動は、冬の間の食物不足を解消するのに役立つだろうか？ その行動をとれば、かすり傷も追わずに優位な個体のそばをそっと通り抜けられるだろうか？ その行動は食物を得るのに役立ったり、捕食者から逃げるのに役立ったりするだろうか？ もしもその行動をとることで、子孫に遺伝子を伝えられる可能性が低くなるなら、それは非適応的な行動だろう。非適応的行動の害が大きすぎる場合、その遺伝子の持ち主はよい結果を残すことができず、その行動を制御している遺伝子は、最終的には遺伝子プールから削除されることになる。

　動物たちのとる行動の中には、完璧に適応的な行動であっても、一見するとその個体の遺伝子にとっては有害に思えるものもある。例をあげてみよう。あなたが動物園でチンパンジーを見ているときに、母親が自分の赤ん坊をしばらくの間ほかのチンパンジーに預けて、預けられた個体がベビーシッター役を務めたり、乳までやったりしているのを見たとする。子育てを手伝うというこの行動は、これまでに述べてきた、遺伝子は利己的だという説とは完全に矛盾しているように思える。乳母役のチンパンジーは、自分が産んだのではない子どもの世話をすることで何の得をするだろう。その答えとして再び登場するのが、すべての生物に共通する特徴、すなわち遺伝子だ。

　チンパンジーは近縁な個体同士で群れをなして行動するため、ベビーシッター（ヘルパー）役のチンパンジーと母親の遺伝子は部分的に共通している可能性が高い。ヘルパーが母親の姉妹か娘だった場合は、遺伝子の50％が母親と等しいことになる。赤ん坊の中にはヘルパーの遺伝子の一部が存在するはずなので、ヘルパーは子育てを手伝うことで生存につながる遺伝的な利益を得ることができる。それだけでなく、子育ての練習をすることもできるので、将来自分の子どもを育てるときに、その経験を活かすことができる。手伝い行動が有益であれば、その行動を制御、あるいは左右している遺伝子は子孫に受けつがれ、チンパンジーはさらにすぐれた生存機械になっていく。

　動物の行動を制御しているのが遺伝子だとわかっていれば、動物を擬人化したり、あるいは人間と同じ特性を動物にあてはめたりするという過ちを犯さず

動物たちの行動

にすむ。たとえば、私たちはつい「見て、あのメスのチンパンジー、新米のお母さんを手伝ってあげてるよ。チンパンジーってやさしいんだね」などと気軽に言ってしまう。この発言は、野生動物が現代のたいていの人間とはちがって、生きのびるために戦わねばならないという事実を否定することになる。生存に役立つ遺伝子は生きつづけ、生存の邪魔になる遺伝子はいずれ消え去る。そして遺伝子が残れば行動も残り、遺伝子が消えれば行動も消える。結局のところ、動物がいつどのように行動するかを陰で操って決定しているのは、遺伝子なのだ。

　動物の行動を遺伝子という観点からとらえては、なんだか神秘性が失われてしまうと感じる人もいるかもしれないが、私はかえって謎が深まって魅力が増すと考えている。『動物行動学・再考』(平凡社)の著者マリアン・S・ドーキンスも、こう述べている。「地球上でもっとも美しく複雑な現象のいくつかは、遺伝子プール内における居場所をめぐる争いから生まれたものだ。動物たちは（中略）泳いだり、空を飛んだり、子どもを育てたり、獲物にしのび寄ったり、遊んだり、歌ったり、自分の周りの世界に興味を持ったりする能力を獲得した。これらの能力がこれほど単純な起源から生まれたという事実を知っても、驚異の念は消えるどころか、深まるばかりだ」

生息地の役割

　遺伝子は利己的であると考えることで、動物たちの行動の背景には共通の動機があることがわかったが、それだけでは行動の多様性を説明することはできない。動物の観察がこれほどおもしろいのも、彼らのとる行動が一様ではないからだ。動物たちの目指す最終的な目標が、世界中どこへ行っても等しいとするのなら、彼らが生きのびるためにとる行動は、なぜあれほど多様なのだろう？　いちばんわかりやすい答えはこうだ。参加している競技が同じでも、試合の行われる競技場（すなわち生息地）が国や地域によって異なっているからだ。

　生息地（生息場所）とは、動物が生存するのに必要なものを得る場所だ。地理的な空間だけではなく、動物の出会うすべてのチャンスや課題を合わせたものが生息地であり、そこには個体間の競争や気候、食物の手に入れやすさ、捕食者、そのほか地図にはあらわせないようなたくさんの条件も含まれている。

◀生息環境への適応
動物たちの体は、生息地の環境に合わせて形づくられてきた。樹上にすむトラアシネコメガエルは、吸盤状の足先と光を集められる目のおかげで、葉の茂った暗い環境でも楽に動きまわれる。

生存機械たちは、自然選択という神秘の力によって、それぞれの住む生息地に特有の条件の組みあわせの中でいちばんうまく生きていけるようにつくられている。動物の体と行動は、進化の舞台となった生息地の環境を反映しているのだ。

ある動物がどこで進化したか突き止めるには、少しばかり推理が必要だ。私たちはふだんから、人の出身国を推測するときに同じことをやっている。人間の場合には、その人の癖や服装やしゃべり方から、その人がどこで育ったかを考える。それと同じように、動物の癖はその動物の故郷を推測するカギとなる。たとえば、動物園の展示場で何かに驚いたときに木などに登る動物は、自然界では木の上で暮らしているのだろう。1頭が見張りに立って群れで採食する動物は、おそらく、常に捕食者を見張らなければならないような見通しのよい平原で進化したのだろう。

相手の事情を理解したうえで観察する

地球上に生きる動物の行動は種によって異なっているが、それらは同じ目的を果たすための行動の変化形にすぎない。以下では、採食や睡眠といった基本的行動から交尾や子育てといった複雑な社会行動まで、すべての動物に共通する行動について述べていく。

動物の行動を全体的にとらえることは、よその国に行って、その国の文化を理解することと似ている。動物たちが日々の暮らしの中で何を必要とし、何に駆り立てられて行動しているかを正しく理解すれば、相手が動物園の動物であろうと、野生動物であろうと、サファリ旅行で出会った動物や、テレビの中の動物であろうと、行動の意味を知識によって推測できる。動物たちの事情をわ

観察中の行動と生息地の環境を照らしあわせて考える

動物園で動物を観察するときに考えるべきポイント

動物の持つ鋭い視覚や、向かいあわせにできる親指と同じように、彼らの行動は生息地の環境に適応した結果として生まれたものだ。そのことを常に意識しながら、観察している行動が進化の理論に沿っているかどうか考えよう。わからないときは、以下の点がヒントになるかもしれない。

1 その動物は、本来はどのような生息地に暮らしているのだろう？
   - 生息地で得られる資源には、どのようなものがあるだろう（食物、水、隠れ家、巣づくりの場所、避難場所など）
   - 生きるために乗りこえねばならない試練には、どのようなものがあるだろう（気候、競争相手、捕食者、病気、人間による干渉など）
2 その行動は、生息地で生き残ったり、より多くの子孫に遺伝子を伝えたりするのにどう役立つだろうか？
3 その行動は、生息地に適応して生きるためには、どのような点が優れていたのだろう？

注：これらのポイントは、観察している行動が自然なものだということを前提にしている。もしもまったく無意味な行動だった場合、飼育下という環境のストレスが原因で起きた行動かもしれない。

かったうえで観察すれば、彼らの世界を違った目で見られるようになり、写真を撮るだけの観光客から、彼らと関係を築く旅行者へと変わることができる。

基本的な行動

　群れで行動するものも含めて、すべての動物には他の個体とかかわらずに自分だけで過ごす時間がある。空腹を満たしたあとに、危険のない快適な場所で休息したり、何かを楽しんだりする時間だ。こういった基本的な行動は、動物園でも見られる可能性が高い。展示場に他の個体がいなくてもとるような性質の行動だからだ。

　基本的な行動の目的は、他の個体に意思を伝えることではなく、その動物がうまく生活を送れるようにすることだ。壁にとまったハエがあなたの行動を見ているとしよう。あなたはバスに間にあうように走ったり、冷蔵庫からおやつ

を出したり、風呂から上がって体を拭いたり、ベッドのシーツをとりかえたり、昼寝をしたり、夜になればドアにカギをかけたりする。次にあなたが動物園でウンピョウの行動を見ているとしよう。ウンピョウは木の枝に飛び乗ったり、餌を引き裂いたり、毛づくろいをしたり、寝床を整えたり、うたた寝をしたり、大きな物音を聞いて凍りついたように動きを止めたりする。あなたとウンピョウのこれらの行動は、移動、採食、体の手入れ、隠れ家の作成、睡眠、敵を避ける、などのカテゴリーに分けられる。ここではそういった日常的な行動について取り上げ、それらの行動が自然界で生きていくうえでどのように役立っているかを考える。

移動

動物たちは、ありとあらゆる環境の中で移動する技を編み出してきた。空中や水中、地中や雪の中を移動するものもいるし、火山灰の中を移動するものまでいる。動物の脚や翼を見ると、移動の仕方を推測することができる。腕は脚より長くて、木から木へ飛び移るのに便利だろうか。かぎ爪は、木の枝にのったときに自然に曲がるようになっているだろうか。それとも、かぎ爪が広がって木の幹をしっかりつかめるようになっているだろうか。足には水かきがあって、効率よく水をかけるようになっているだろうか。それとも足が角のように硬く頑丈で、日に焼けてかちかちになった地表を走れるようになっているだろうか。鳥なら脚のほうが翼よりも筋肉質だろうか。水中を泳ぐものならひれと尾のどちらが推進力を生んでいるだろうか。足は海中を泳ぐペンギンのように舵の役目をしているだろうか、それともアカカンガルーのように跳びはねるのに使われているだろうか。翼は幅がせまくて、矢のようにすばやく飛べるようになっているだろうか。それとも幅広で凹凸が少なく、安定した滑空ができるようになっているだろうか。

動物の移動の仕方がわかれば、その動物の暮らし方や、捕食者からの逃れ方、それからどんな地域に暮らす動物かということもわかる。たとえば、カナダヅルは飛び立つときにしばらく地表を助走する必要があるが、ライチョウは助走なしで茂みの中からいきなり飛び立てる。ライチョウの急な飛び立ち方を見れば、植生が密に茂った環境で進化してきたことがわかるし、それに対してカナダヅルは、スゲの生える低湿地のような十分に走れる広々とした環境で進

化してきたことがわかる。同じように、アビが地上でよちよちと歩く姿を見れば、この鳥が水辺で進化してきたことがわかる。一方、樹上で暮らす動物たちの中では、ミツユビナマケモノは他とは比べ物にならないくらいゆっくりと動く。このことから、この動物には警戒すべき捕食者がほとんどいないということと、エネルギーをあまりむだにできないということ、それから、その理由はおそらく、彼らが栄養分の少ない葉を食べているせいだということがわかる。動物園へ行ったら、動物たちの行動を見て、どんな生息地に暮らす動物か推測してみるといい。おもしろくて夢中になるにちがいない。

採 食

私たちの食べる物は、いろいろな意味で私たちの体をつくっている。どんな

▲移動
移動の仕方を見れば、生息地や、彼らをねらう捕食者や、暮らしぶりがどのようなものか、ある程度のことがわかる。スプリングボックは平原を跳ねまわり、テナガザルは木々の間を腕渡りで移動し、ムササビやモモンガは木から木へ滑空し、バシリスク（別名キリストトカゲ）はクモのように細長い足で水面を疾走する。

動物も食物を食べて、体を動かすエネルギー源にしたり、体の組織や臓器や無数の部位をつくったり再生したりする。そのため、動物の食べた物は、最終的には体の細胞のひとつひとつになる。また、食べる物の種類によって食物の探し方が決まり、定住するか放浪するか、群れで暮らすか単独で暮らすか、といった暮らしぶりも決まってくる。

🌱 肉食動物　　肉食動物が食物を手に入れる方法は2通りある。まず捕食者は獲物（被食者）と呼ばれる他の動物を殺して食べる。動物園で本物の狩りを見ることはできないが、動物の行動と体つきをじっくり見れば、その動物が自然界では捕食者なのか獲物なのか見分けがつく。狩る者と狩られる者は、何百万年も昔から生物学的なイタチごっこを続けてきた。捕食者がより早く、より正確に、より上手に獲物を見つけて倒せるように進化すれば、そのたびに獲物はそれに対抗する手段を身につけてきた。たとえば、ライオンがより静かにしのび歩きをできるようになれば、シマウマは、より小さな物音を聞き分けられるようになるというように。このように両者がらせんを描くように適応を続けていることからもわかるように、動物の本来の姿や性質は自然選択によって常に変化しつづけている。

獲物を見つけて倒したり、あるいは食べられる状態にしたりするには時間とエネルギーが必要だ。自分の体よりはるかに小さい獲物を専門に食べる捕食者は、満足できるだけの量の獲物を

◀進化
このキクガシラコウモリのような捕食者は、獲物との間で生物学的なイタチごっこを続けている。コウモリが反響定位（エコーロケーション：音の反響によって物との距離を測る）の腕を磨けば、蛾はよりうまく逃げる技を身につける。蛾の中には、進化によってコウモリの鳴き声を感知する膜を手に入れたものや、コウモリの音波探知システムを妨害する鳴き声を出すようになったものがいる。

動物たちの行動

集めなければならない。ろ過摂食を行う動物は、小さな生物をたっぷり含む水を吸いこんで、食物だけをこしとるという方法でこの問題を解決してきた。ヒゲクジラの仲間は、こし器の働きをする巨大な口でエビに似たオキアミをこしとって食べるし、フラミンゴはへの字型にカーブしたくちばしを使って、泥の中から小さな生物をこしとって食べる。アリクイやトガリネズミやコウモリといった食虫性の動物も、小さな獲物を十分に集めて飢えを満たすための便利な道具を持っている。

　肉食動物の中には、ハゲワシなどの猛禽類（もうきんるい）やハイエナなど、獲物を捕らえる仕事を他の動物にやってもらうものもいる。これらは他の動物が捕らえた獲物の残りを食べたり、老衰やけがや病気で死んだ動物の死体を食べたりする動物で、腐肉食者と呼ばれる。腐肉食者は優れた嗅覚を持っており、腐敗しかけた肉がどこにあってもにおいで探し出せる。食物から攻撃を受ける心配はないが（死体は反撃してこないので）、病気にかかる危険性がある。そのため、自然選択によって、他の動物が食べたら病気になるような食物でも食べられるような耐性を獲得した。ハクトウワシなど腐肉食者の多くは、必要になれば生きた獲物を捕らえることもできる。

　動物園では、自然界で食物を集めたり食べたりする方法に応じて展示法を変えなければならない場合もある。たとえば、採餌なわばりを守る習性のある動物は、他の個体と同じ展示場に入れられることを嫌がるが、これは自分の食物となわばりを守ろうとする本能が強いせいだ。森にすむヒョウなど単独で狩りをする種も、1頭だけか、多くてもつがいだけでいたほうがより快適にすごせる。一方、ライオンは飼育下でも複数でいたがるが、それはおそらく、自然界では子どもを育てたり足の速い大きな獲物を捕らえたりするために、他の個体と協力する必要があるからだ。

　ある動物が飼育下で快適にすごせるかどうかは、その動物の食性がどれだけ特殊化しているかということも関係している。たとえば、ワシやヘビや大型のネコ科の動物などは非常に腕のいいハンターで、肉を食べるように特殊化している。彼らは高い確率で狩りを成功させ、おまけに獲物は食べごたえがあるので、狩りに費やす時間はわずかですみ、残りの時間は何もしないでのんびりしていられる。動物園に行ったときに、昼寝をしていたり、木の上や隠れ場所から何もしないでこちらを見つめていたりするのがそういった動物たちだ。それ

らの行動は生息地にいるときと変わりがなく、まったく正常なものだ。

特殊化した食性を持たない動物（ネズミやマングースなど）のことを、日和見的な食性を持つ動物と呼ぶが、これらの動物は生息地にいるときはまったく異なる行動をとる。彼らは特定の食物ではなく、手に入る食物を何でも食べるという習性を持っており、一日のほとんどを食物探しに費やして、何か見つけたときにはなるべく急いで平らげるという暮らしをしている。こういった動物は、無味乾燥な部屋に入れられると情緒不安定に陥ってしまう。というのも、彼らにとっては、あたりを調べたり、においを嗅いだり、食物を探してうろついたりしているのが自然な姿だからだ。動物園でこういった動物の健康を損なわないようにするには、展示場の設計に工夫をこらして、常に刺激を与えておく必要がある。

🌱 植物食の動物

植物食の動物の中にも、特定の採餌ニッチに適応していて特定の物だけを食べるスペシャリストがいる。シマウマやシロサイやバッファローなどが、草本（草の葉）を主に採食するグレーザーだということはあなたもわかると思う。彼らはまるで大きな芝刈り機のように、ほとんどいつも頭を下げて草を食べつづけている。彼らの食料である草は栄養に乏しいので、大量に食べて、消化管をすばやく通過させなくてはいけない（だから糞も大量だ）。大量の草を食べるグレーザーは、陸上版のろ過摂食動物だと言える。水中で餌をこしとるかわりに、消化管で草の栄養をこしとって、残りかすを排出し、できたすき間にまた新たな草を詰めこんでいく。

それに対して、ブラウザーは、木本植物（樹木）の小枝や芽や葉といった固い植物質の食物を食べる動物だ。コアラやナマケモノや木の葉を食べるサルたちは、樹上で文字通り食物に囲まれて生活している。キリンやゾウやジェレヌク（別名キリンレイヨウ。ウシ科）は、長い首や長い鼻、長い後脚といった脚立にあたる道具を自分の体にそなえていて、それらを利用して樹冠の葉を食べる。動物園の展示場にある低木や木も、動物たちの届く範囲の葉はすべて食べられてしまっている。

果実食者は、植物の種子の入れ物である汁気の多い果実を専門に食べる動物だ。果実には一般的に水分、炭水化物、ビタミンＣが豊富に含まれており、物によっては油脂も多い。果実をつける植物は、数多くの動物を惹きつけられ

れば、次の年の春にその分だけ多くの種子を発芽させられる。果実とともに食べられる種子には硬い殻があるが、動物の消化管を通過するうちにそれが外れて、（都合のいいことに）栄養たっぷりの糞とともに排泄されたときには発芽できる状態になっているからだ。

　花蜜食者は、花の奥深くに隠された甘くてカロリーたっぷりの蜜を食べるために独創的な技を身につけた。ハチドリは長いくちばしを花に差しこんで蜜をなめるが、そのときに毎秒50～80回という速さで羽ばたいてホバリングできるし、休みなしに最高で100万回も羽ばたきつづけていられる。この曲芸飛行のエネルギーを得るために、小さな体で1日に60個もの花を探して、体重の半分の重さの蜜を食べなくてはならない。花のほうもこの採食行動に適応して、ハチドリを花粉の媒介者として利用している。花は赤く鮮やかな花びらで鳥をおびき寄せ、甘い蜜を与える。ハチドリはくちばしを花に差し入れるときに、前に立ち寄った花の花粉を花の中に落としてくれるし、さらに新しい花粉を体につけて次の花まで運んでいってくれる。

　ネズミやリスといった種子食者は、栄養価が非常に高くて豊富に手に入る種子に的をしぼっている。種子は脂肪、炭水化物、タンパク質を豊富に含んでいるし、貯蔵庫にしまっておいても保存がきく。その結果、種子食者の齧歯類と鳥類は、世界中でもっとも数が多く、分布域の広い分類群として繁栄した。

🌱 貯食行動

　動物園の動物の中には、餌が余ったときに、遊ぶような行動をとるものがいる。たとえば、オオカミはおやつに骨をもらったときに、その場で一部を食べて、残りは後で食べるために埋めておく。あなたの家の犬も、骨をとっておこうとして、オオカミと同じように居間のカーペットを掘り返そうとすることがあるだろう。自然界でもジャッカルやコヨーテ、キツネ、クマ、クズリ、ミンク、テン、イタチは食べきれない食物を隠すことが知られている（つまり、自然界の「お持ち帰り」だ）。

　それ以外には、余った食物をなわばり中にまき散らしたり、安全な場所に積み上げておいたりする動物もいる。地中に巣穴をつくる齧歯類は、巣穴の中に食物を隠しておいて、捕食者の目の届かない安全な巣穴の中で食べる。冬を乗り切らなければならないホッキョクギツネやリスやナキウサギ、ビーバー、ドングリキツツキなどは、厳しい季節を越せるように、こつこつと食料を蓄え

る。動物園の動物が貯食をする種かどうかを知りたければ、その動物が食物のかけらを展示場のすき間などに押しこもうとするかどうか注意して見ているといい。

飲水行動

動物園で動物が水を飲む様子を見ていると、生息地での暮らしについていくつかのことがわかる。ある種の動物は、他の動物のように水たまりや川といった水場ではまったく水を飲まない。木の上にすむコアラなど動きの遅い動物にとって、水を飲むために地上を歩くのは骨が折れるし、危険が多くて割にあわないのだ。そこで水場へ行くかわりに、葉にたまったしずくや木の葉から水分をとる。

水場の少ない生息地に暮らす動物は、驚くようなところから水分を得る技を身につけてきた。たとえば、砂漠に暮らすスキアシガエ

▲貯食
ドングリキツツキは冬の間の食料にするために、枯れ木に何百もの小さな穴をあけてドングリを埋めておく。

ルは、お腹の皮膚を使って露にぬれた地面の水分を吸い取る。カンガルーネズミは、からからに乾いた食物を冷たい穴の中に置いて、大気中の湿気をしみこませてから食べる。砂漠にすむサケイという鳥の親は、雨上がりの水たまりの中を歩いて胸元の羽毛に水をしみこませ、巣に帰ってヒナに飲ませる。サケイのヒナは羽毛から水を吸うという飲み方によく適応しているため、動物園で人工飼育するときには水のしみこんだ綿を与えなければならない。

乾燥した環境に対処するもうひとつの方法は、水を飲めるときにたらふく飲んでおくというものだ。ヒトコブラクダは一度に約60リットルもの水を飲み、その後17日間1滴も飲まないでいられる。乾燥した地域にすむ動物にとって肝心なのは、幸いにも水を飲めたあと、その水分を何とかして保っておくことだ。砂漠にすむほとんどの動物は水分を含まない糞をする。尿もほとんど出さないし、体温を下げるときにも水分を無駄にしないように、汗をかいたりあえいだりという方法はとらない。

海に住む哺乳類や鳥類や爬虫類が喉の渇きをいやすには、特別な問題を解決しなくてはならない。周りは水だらけだが、飲み水にできる真水は一滴もないからだ。幸いなことに、こういった動物たちの体は、海水を飲んで特別な腎臓や鼻道や涙管から塩分を排泄できるようになっている。あなたのよく行く動物園に海鳥がいて、海水のプールで飼われていたら、顔をよく見てみるといい。鼻風邪をひいたように、鼻の穴から塩水がたれているはずだ。海鳥以外の動物では、ウミガメも大粒のウソ泣きの「涙」を流して塩分を排出する。
　動物たちは、水を飲むときにもそれぞれが違う方法をとる。ネコ科の動物は舌をスプーン状にまるめて、少しずつ水をすくって口にためていき、4〜5回分の水がたまったところで飲みこむ。ゾウは豪快な飲み方をする。長い鼻いっぱいに水を吸って、8〜11リットルほどを一気に口に流しこむのだ。ハトとその仲間は水を吸って飲むが、この飲み方ができる鳥はめずらしい。たいていの鳥はニワトリと同じように、くちばしを水の中にいれて水をすくい、くちばしを上に向けて喉に流しこむという方法をとる。このやり方は手間がかかるように見えるかもしれないが、都合がいい面もある。頭を上げて水を飲むたびに、あたりに捕食者がいないか見張ることができるからだ。
　ほとんどの動物は、水場で水を飲むときには周囲への警戒をおこたらない。毎日どんな時間に水を飲みに来るかということは、すぐに捕食者に知られてしまって、相手がそれに合わせて同じ場所に来るようになるからだ。水を飲むときにはどうしても下を向くため、時間をかけすぎれば襲われる危険性がある。天をつくほど背が高いキリンは、水平線にいる点のような敵も見つけられるが、そのキリンでさえ頭を下げて水を飲んでいる間は危険にさらされる。キリンはあまりに首が長いため、水面に口をつけるには前脚をひろげて頭を下げなければならない。もとの姿勢に戻るには心臓が数回鼓動するくらいの時間が必要なため、待ちかまえていた捕食者にそのすきをねらわれてしまうのだ。ここまで読むと、水を飲むという行動が動物にとっていかに厄介なものかわかるだろう。動物園へ行ったら動物が水を飲むところをよく見てみるといい。飼育されている動物は捕食者を警戒する必要はないが、野生の警戒心を残している場合が多い。

排泄

　私たち人間は、たいていの行動について深く考えることはめったにないが、排泄物(はいせつぶつ)の処理についても同様だ。毎日行っているこの行動が重要だと気づくのは、トイレが壊れたときくらいだ。私たちは、そのときになって初めて、排泄とは人間が多くの時間を費やして考えている「食べる」という行為の一部だと気づく。

　野生動物がどうやって排泄物を処理しているか知れば、ネコにトイレのしつけをするのがあれほど簡単で、サルに教えるのがほぼ不可能なわけもわかるだろう。小型のネコ科の動物は毎回同じ場所に糞をして、その後に糞を埋めてにおいを消す習性がある。一方、木々の間を飛びまわる動物は、重力によって排泄物を処理する。好きなときに移動することができるので、生活場所が糞や尿で汚れても気にしない。鳥は巣から離れられない子育て中は、巣の中を清潔に保つために巣の外をねらって糞をする。まだうまく動けないヒナの場合は巣の外に糞をすることはできないが、膜に包まれた糞をするので、親鳥に捨ててもらえる。シカのように地表に巣をつくる動物の場合は、子どもの糞を下に落とすことができない。そのため母親は、嗅覚の鋭い捕食者ににおいをかぎつけられる前に糞を食べてしまう。巣穴で暮らす動物にとっても、糞の始末は悩みの種だ。巣穴の中に大量の糞があれば、病気にかかりやすくなったり、巣穴の中の湿度が上がったり、捕食者ににおいをかぎつけられたりしてしまうからだ。巣穴に暮らすプレーリードッグなどは、人間と同じように、寝室や子ども部屋とトイレ用の部屋を分けた構造の巣穴をつくって問題を解決している。

　排泄について語るなら、「糞食」について触れないわけにはいかない。これは自分の糞を食べるという少々きたない行動で、動物を観察していれば必ず見ることになる。動物は栄養不足におちいると、自分の糞を食べて、そこからもう一度栄養を吸収しようとすることがあるのだ。ウサギやネズミの場合は、草という栄養分の少ない食物から最大限の栄養を吸収するために、日常的に自分の糞を食べている。野生の類人猿やサルの仲間が糞を食べるのは、通常は、極度の食料不足のときだけだ。だが動物園では退屈やストレスが原因で糞食をすることがあり（p.103の「飼育下における行動」を参照）、この行動が見られたときには、もっと刺激や安心感を与えてやらなくてはならない。

　糞食は糞を再利用する方法だが、排泄物を活用する方法は他にもある。集団

営巣地（コロニー）で子育て中のサギは、捕食者がやってくると、巣に登ってくる気を起こさせないように、巣のわきに糞を落としたり嘔吐をしたりする（コロニーの下を通ることがあるなら、この習性を覚えておいたほうがいい）。また、動物はストレスを感じると下痢をすることがあるが、儀式的な闘争を行っているときには、それによって相手に「参りました」という意思を伝えて、優位な個体の闘争心を抑えることができる。その他、尿や糞のにおいには、自分の性別や発情の有無、それから人間には想像するしかないその他の特徴を知らせる働きがある。カバは糞をするときに尾を回転させるが、これは回転する尾に糞を当てて、自分のにおいを周囲にまき散らすためだ。あなたの家のイヌが、散歩のときに近所にあるすべての電柱におしっこをかけようとするのも、においによって自分の存在を周囲に知らせたいからだ。動物たちは、このように排泄物をコミュニケーションの手段として利用している。

体を清潔にする（体をかく、こする、羽づくろい、水浴び、砂浴びなど）

われわれ人間は化粧品を使用する唯一の動物だが、体の手入れをして清潔に保とうとする唯一の動物というわけではない。実際には、動物は人間よりはるかに熱心に体の手入れをする。動物にとって体の手入れはマナーの問題ではなく、生死を分ける重大事なのだ。

鳥の羽づくろいについて考えてみよう。鳥の羽毛はきちんと整えて油を塗っておかないと、乾燥してぼさぼさになり、空を飛んだり、体温を保ったり、水をはじいたりという役目を果たせなくなってしまう。鳥は羽毛をよい状態に保っておくために、毎日欠かさず羽づくろいをする。鳥の羽づくろいの仕方をよく見ていると、頭をお尻のほうに向けて、尾羽のつけ根の腺から出る油をくちばしに塗りつけているのがわかる。そして油のついたくちばしで羽毛を1枚1枚はさんで、羽の表面に油を塗っていく。この油は水をはじくだけでなく、日光で温められるとビタミンDに変化して、皮膚から体内に吸収されたり、羽づくろいの際に口から飲みこまれたりする。羽毛に1枚ずつ油を塗る動作には、羽毛を整えて、羽毛を構成する羽枝を再びきちんと嚙みあわせる効果もある。

鳥類の多くは、羽づくろいの一環として水浴びを楽しむ。一見でたらめにバシャバシャやっているようでも、水浴びの手順は種ごとにきっちりと決まって

▶ 羽づくろい
このミナミベニハチクイのように、すべての鳥類は毎日使用する羽毛に油を塗って整え、飛べる状態にしておかなければならない。

いる。鳥が水浴びをしているところを見かけたら、頭を振ったり、羽を逆立てたり、水をまき散らしたりという動作をひとつひとつじっくり観察してみるといい。同じ種のほかの鳥も、まったく同じ手順で水浴びをするはずだ。

　鳥の中には、水を浴びるのと同じように砂を浴びるものがいる。これはおそらく、体についた寄生虫を砂によって窒息させたり取りのぞいたりするためだろう。なかでもキジ科の鳥は砂浴びが大好きだ。それ以外にも、煙突から出る煙を浴びて体についた虫をいぶす鳥もいる。その他、少し珍しい行動としては「アリ浴び」がある。アリ浴びをする鳥は、アリ塚の頂上にとまって、怒って出てきたアリを全身にたからせる。くちばしにアリをはさんで、羽毛にこすりつけることもある。アリ浴びの目的は、一説にはアリの出すギ酸＊を利用して寄生虫を除去することだと言われている。その他にも、アリを浴びているときのぼうっとした様子から、ギ酸に中毒性があるのではないかとも言われている。

　鳥は日光浴をするときにも、うっとりと気持ちよさそうな様子を見せる。頭をのけぞらせて、翼と尾羽を広げて日を浴びる様子は、捕食者にねらわれる危険を忘れているようにも見える。太陽の光は、間違いなく鳥たちに恵みをもたらしている。温もりを与えてくれるだけでなく（寄生虫除去の効果も期待でき

＊ハチやアリの毒腺中にあり、これらの動物に刺された際、痛みや腫れを引き起こす。

動物たちの行動

る)、体に塗った油をビタミンDに変えてくれるからだ。

　鳥類と同じように、哺乳類も丁寧に自分の体の手入れをする。そのうえ、手入れの手順も鳥類と同じように種ごとに決まっている。齧歯類は身づくろいをするときに、ふつうはまず両前足をなめるところから始める。次に、その前足で唇とひげと顔をこする。次に両前脚全体を使って耳の後ろを手入れする。それから両前足で左右の脇腹を手入れして、そのあと後脚をきれいにし、最後に尾の手入れをする。霊長類は器用な指で毛をかきわけて、ごみを取りのぞいたり、食べられるものがあれば食べたりする。自分の体を何時間も梳いたりかじったりしたあと、ときには仲間に頼んで自分では見えない場所を手入れしてもらう。かゆみが強いときには、地面に体をこすりつけてばたばたさせたり、うめきながら体をくねらせたりする。その他の哺乳類も、体がかゆいときは、岩やシロアリの塚や木や、たまたま近くに立っていた仲間の体など、地面と垂直方向の物体に体を激しくこすりつける。

　哺乳類の中には、人間の幼児が喜びそうな方法で体をきれいにするものもいる。カバやサイやゾウなどは、バスタイムになると泥の中を転げまわって体中に泥を浴びるのだ。泥浴びにはいくつかの利点があるが、そのひとつが体を冷やす効果だ。特に泥の中で転げて体の表面に泥を塗ったあとは、水分がゆっくりと蒸発するので、長時間涼しく過ごせる。その他にも、泥の層のおかげで吸血性のハエに血を吸われずにすんだり、体についている寄生虫を窒息させたりという効果がある。また、泥が乾いて鱗状にはがれれば、泥といっしょに古い皮膚もはがれるので、硬い物に体を激しくこすりつけて古い皮膚を脱ぎ捨てる。

　一方、ヘビやトカゲの場合は、泥浴びをしなくても皮膚を新品と交換できる。ちょうどよい時期に動物園へ行けば(飼育係に尋ねてみるといい)、ヘビやトカゲが古い皮膚を脱ぎ捨てて、新品の細胞でできた姿に生まれ変わるところが見られるかもしれない。ヘビは古い皮膚が浮いてきて頭の部分に亀裂が入ると、石や木に頭をこすりつけて、亀裂の部分から鼻先を出す。鼻先が出たら、後は体をくねらせて古い皮膚から抜け出していく。後には、きつい手袋から指を抜いたときのように、裏返しになった皮が残る。このときに皮がきれいに脱げないと、古い皮膚がすべてはがれるまで何日でも岩に体をこすりつけなければならない。カエルやサンショウウオなどの両生類は、脱皮という便利な

方法で新しい皮膚を手に入れることはできない。その代わりに水につかったり、前足で目や口をぬぐったりして体の汚れをとる。

体を乾かす

動物の中には、体がぬれることをとても嫌がるものもいるし、体がぬれると本当に困ってしまうものもいる。たとえば、鳥類は翼がずぶぬれになると飛べなくなってしまう。ヘビウなどの大型の水鳥は、水に潜って魚をとった後には、どこかにとまって、翼を広げて乾かさなくてはならない。哺乳類は体がぬれたとき、早く乾くように独特のやり方で水を切る。大きな犬が湖から上がったときにそばにいたことがある人なら、このやり方をよく知っているはずだ。体に毛の生えた動物のほとんどは、昔からこうやって体をゆすって水気を切ってきた。

体温調節

すべての鳥類と哺乳類は(人間も)、食物を代謝することで体の熱をつくり出す温血動物(恒温動物)だ。温血動物は自分で熱をつくり出す以外にも、日陰や日光や水などを利用して快適な体温を保つが、これらの外的な要因は冷血動物の場合ほど重要ではない。

両生類と爬虫類は自分の体内で体温を調節することができず、身のまわりの温度によって体温が変わるため冷血動物(変温動物)と呼ばれる。冷血動物は体温が下がりすぎて凍ったり、上がりすぎて焦げたりしないように、暖かい場所や涼しい場所に移動して体温を一定に保つ。たとえば、カメは寒い夜の間にトーポー状態(体温や代謝率を下げる仮死状態)になると、次の日には日の当たる丸太の上によじ登って、動けるようになるまで体を温める。体温が上がりすぎたときには、サーモスタットのようにそれを感じとり、水にポチャンと飛びこんで体温を下げる。ワニの場合は、体温が上がりすぎると、巨大な口を大きく開けてしばらくそのままにしておく。

口を大きく開けるのは、あえいだり汗をかいたりして体温を下げるのと同じ理屈によるもので、この理屈は冷血動物だけでなく、すべての動物にあてはまる。口を開けると、湿り気のある組織から水分が蒸発して体温が低下するのだ。この原理は、高校で習った物理学を思い出せば理解できるだろう。水は蒸

発すると気体に変化するが、その過程で熱を放出する。風の強い日にプールから上がると寒くて震えるのも、汗をかくことで体温が下がるのも同じ理屈だ。犬のあえぐという行動にも蒸発が関係している。あえいで息を吸ったり吐いたりするたびに、口の中や肺の湿った組織に風があたって水分がすばやく蒸発し、体温も早く下がる。ハゲワシはもっと風変わりな方法で体温を下げる。自分の脚に尿をかけて、風にあてることで体温を下げるのだ。

動物が体温を下げる方法としては、これ以外にも、日陰に入ったり泥に体を押しつけたりという方法がある。砂漠にすむ動物の多くは、腹部に毛が生えていないので、自分の体でできた日陰の部分で体の熱をすばやく逃がすことができる。その他にも、脚と耳に毛が生えておらず、その部分に網目状に血管が走っていて、熱くなった血液を体表近くに流して温度を下げられるようになっている動物もいる。

隠れ家

多くの動物にとって、悪天候や捕食者から逃れるための隠れ場所があるかどうかは生死を分ける一大事だ。動物の中には冬を越すときや子どもを育てるとき（p.93の「育児行動」を参照）にしか隠れ家を使わないものもいるが、その他の動物は、普段から安らぎと安全を得るために隠れ家を使う。隠れ家の形は、地面の小石をどけてお椀状にしただけの単純なものから、地下の迷宮のよ

▶体温を下げる
ジャックウサギの耳に走っている血管は、熱くなった血液を体の表面近くに通して、温度を少し下げてから再び体内に戻す働きをしている。

うに複雑なものまで様々だ。

　動物たちを驚かさずに地下の隠れ家の中を見られるよう、展示の仕方に工夫をこらしている動物園もある。イタチがねぐらにしている丸太の端にマジックミラーを取りつけたり、ビーバーの巣の中にビデオカメラを仕掛けたりしてくれているので、客は自然界では絶対に見られない光景を見られる。動物たちの私生活をのぞけるのだ。

　それ以外には、地上でゴリラが毎晩新しい寝床をつくるところや、シュモクドリが巨大な巣を木の上につくるところも見られる。動物園で見られる変わった隠れ家としては、その他にも以下のようなものがある。

● ハタオリドリが草などを編んでつくった巣
● ニワシドリがつくって飾りつけをしたあずまや
● キツツキが木の幹に開けた巣穴
● オオカミやコヨーテやキツネが地下に掘った巣穴

睡　眠

　もしもあなたが、夜は8時間以上寝ないと次の日に活動できないタイプの人なら、次の話を聞いてうらやましくなるかもしれない。キリンは昼間のうちにどんなに長距離を走っても、夜はほんの20分深く眠れば睡眠が足りてしまう。爬虫類と両生類は少なくとも休息はとるが、けっして深く眠ることはない。トガリネズミは次から次へとミミズを探して活発に動き続け、動きをゆるめることすらない。

　眠っても眠らなくても、多くの動物は走って、跳んで、待ち伏せをして、羽ばたいて、突進してという行為を、人間にはまねのできないほど正確に行える。一方、人間は睡眠があまりに足りないと精神的な苦痛さえ感じる。人間は進化のきまぐれによって、特別に長い睡眠時間を課せられているのだろうか。けっしてそんなことはない。人間の睡眠時間は最長からはほど遠い。コアラは1日に18時間も寝るし、リスも14時間は寝る。ライオンも1日の3分の2は寝ているので、3分の1しか寝ない人間に比べればなまけ者だ。

　必要とする睡眠時間が動物によって大きく異なる理由について、研究者らは仮説を立てようと努力してきた。現在のところ、主に2つの仮説が立てられている。そのうちのひとつが、睡眠は休息して元気を回復するためにあるが、回

復するのは肉体だけとはかぎらないという説だ。研究者によれば、肉体を回復させるだけなら、横になって体中の筋肉の緊張をとくだけで十分だという。彼らによると、深い眠り（夢をともなう眠り）が必要な本当の理由は、精神を回復させて、その日の感情や記憶を整理して正しい場所にしまうためだ。情報を整理して記憶の倉庫にしまう際に、分類するのが難しい記憶のかけらは、一連のわけのわからない夢となってあらわれる。私たちは通常、夜寝ている間にこういった一連の夢を5回見ていて、そのおかげですっきりした気分で目覚めて、なくした物を見つけたりできるのだという。

　睡眠が回復のためにあるというこの説は、人間には当てはまるようだが、それ以外の動物には当てはまらない。睡眠によって回復する必要があるのなら、トガリネズミなどの忙しく動く新陳代謝の活発な動物は、もっとも長く眠る必要がありそうだし、反対に、ナマケモノなどの動きの鈍い不活発な動物は、あまり眠らなくてもよさそうだ。それなのに、なまけ者のナマケモノが1日に20時間も寝て、あわただしいトガリネズミがまったく寝ないのはどういうわけだろう？　もしも睡眠が精神面を回復させるためにあるのなら、人間は、たとえばアルマジロよりも長く眠る必要があるのではないだろうか？

　睡眠についてのもうひとつの説では、睡眠は回復のためではなく、別の目的のためにあるとしている。睡眠は回復にはあまり役立たないかもしれないが、ただ単に動物の動きを止めるのには非常に役立っている。つまり睡眠とは、安全に活動できないくらいに暑すぎたり、寒すぎたり、暗すぎたり、明るすぎたりして適応しきれない時間帯に、動物の動きを止めるためのものかもしれないというのだ。活動できない時間帯に眠ってしまえば、びくびくしながら眠らずに活動しているよりも、捕食者に見つかりにくくなる。

　動物の睡眠時間の長さは、当然ながら、動かずにいる余裕があるかどうかによっても決まってくる。常に食べつづけないと生きていけない動物が長時間の睡眠をとるのは自殺行為だ。また、平原に暮らすキリンやその他の動物のように、昼夜を問わず捕食者から狙われている動物も、長時間眠ることはできない。ある種の動物たちの睡眠のとり方を見ていると、捕食者への警戒が有史以前から受けつがれている必須の条件だということがよくわかる。

　今の時代にのんびり寝るという贅沢（ぜいたく）ができるのは、食物連鎖のトップに立つものか、巨大な動物か、あるいは襲われる心配がないほど完璧な防御の手段を

持っている動物だけだ。だが、法則には常に例外がある。ゾウは大昔から自然界の敵など警戒せずに生きてきたが、夜の2時間しか睡眠をとらない。短時間しか眠らないのは、捕食者に対する警戒のためではなく、自分自身の体が重すぎて臓器に圧力がかかってしまうせいだ。ゾウは体重から受ける圧力を減らすために、頭と腹の下に草を敷いてから寝ることが多い。

夜に（あるいは昼に）心地よく眠るための支度をする動物は他にもいるが、それらの行動は、動物園でも見ることができる。ゴリラは飼育員に用意してもらった植物やワラを使ってやわらかくて弾力性のあるベッドをつくる。クジャクは木の上に数十羽で集まって集団でねぐらをとる。クジャクのこの習性には、安心して眠る以上の意味があると言われている。この集団ねぐらには情報センターの役割があり、鳥たちはその日に見つけた採食場所の情報を仲間と交換しているのかもしれないと研究者は考えている。

フラミンゴも群れをなして眠る動物だが、こちらは立ったままでくちばしを片方の翼の後ろに差しこみ、片目を開けて、捕食者を警戒しながら眠る。イルカも同じように片目を開けて眠るが、ときどき開ける目を変えて、左右の脳を半分ずつ休ませる。そうすることで、完全に無防備な状態になるのを避けながら、両方の脳を休ませている。

ほとんどの人間は夜に眠るが、動物の眠る時間帯は必ずしも夜ではないため、そのことが動物園の抱える問題のひとつとなっている。動物の中には、昼間に活動する（昼行性の）ものもいれば、夜間にうろつく（夜行性の）ものもおり、明け方と

▶睡眠
ミツユビナマケモノは栄養分の少ない食物を食べるため、エネルギーをむだづかいしないように節約しながら暮らしている。1日の大半は寝てすごし、起きているときも、非常にゆっくり動く。

動物たちの行動

夕方にだけ活発に動く（薄暮活動性の）ものもいる。自然界では、眠る時間が異なることで、複数の種が互いの邪魔をすることなく同じ生息地の中で暮らし、環境を十分に活用できている。動物園では、夜行性の動物を真昼に活動させる方法が開発されて活用されている。昼間は照明を暗く、夜は明るくして夜行性の動物の体内時計を夜昼逆転させ、人間と同じ時間帯に眠らせるようにするのだ。「夜行性動物の世界」といった展示場では、建物の中の照明を赤い色（動物には黒く見える）にすることで、動物に夜中だと思わせて、活動する様子を客に見せている。

動物園へ行ったときに動物が寝ていても、がっかりしてはいけない。睡眠は正当かつ必要な行動であって、人間も一生のうち20〜30年は寝て過ごしているということを思い出そう。それに、寝ている動物を観察して睡眠の周期を推理するのもなかなかおもしろい。高等な哺乳類と鳥類は、睡眠中は深い眠りと浅い眠りを交互に繰り返している。まぶたの下で眼球が急速に動いたり（レム）、筋肉がぴくぴくと動いたり、たまに寝返りを打ったりするところが見られるはずだ。

あくびと伸び

「あくびの話」と聞くと眠くなってしまいそうだが、驚いたことに、動物行動学の世界では、このあくびという行動が最先端の研究テーマとなっている。鳥類や哺乳類、爬虫類、両生類、さらに魚類の間で共通する行動は非常に少ないが、あくびはそのひとつなのだ。あくびという行動が、脊椎動物のすべての綱に共通する接点であるという発見は、進化の道筋における分岐点を解明したいと思ってきた研究者たちを興奮させている。ところが驚いたことに、これほどの興奮をもたらす発見がなされたのは、つい最近のことなのだ。科学のほぼすべての分野の研究者たちは、昔の鳥類学者による「鳥類はあくびをしない」という見解をほんの数年前まで信じていた。だが、当然ながら鳥はあくびをする。問題は、何のためにするのかということだ。

あくびをする理由には、様々なことが考えられる。あくびは恐怖に震えているときにも出るし、激しい敵意を感じているときや、へとへとに疲れているときにも出る。あくびには、動物の体を闘争や睡眠に対して備えさせる働きがあるのだ。あくびをすれば、血流中に新鮮な酸素を取り入れたり、疲れた顎の筋

肉をほぐしたり、あるいは緊張する場面で一息入れたりすることができる。あくびは複数の分類群の動物に共通して見られる行動だが、そのことは長い間見過ごされてきた。もしかすると、あなたが動物園で観察した事例が、いつの日かこの行動の謎を解くのに役立つかもしれない。

あくびと伸びについて、これまでに次のようなことがわかっている。動物があくびと伸びをするのは、たいていは長時間の休息をとる前か後で、これらの行動は続いて生じることもあるし、様々な組みあわせで生じることもある。あくびは体内の欲求に応じて出ることもあるし、外的な誘因に刺激されて出ることもある（私がたった今あくびをしたのも、あなたがこれからしようとしているのも、外的な誘因のせいだ）。

体内から発せられるあくびや伸びをしようというシグナルは、体の「自動復元」システムの一部だ。動物が眠ると、体内の血流はしだいに遅くなる。酸素は血流にのって運ばれるため、睡眠中は脳に十分な量の酸素が行きわたらなくなって、そのせいで目覚めたときに大きなあくびがしたくなる。あくびをすれば酸素を大量に吸いこんで、すみやかに脳へ届けることができるからだ。一方で、脳内の呼吸をつかさどる部位を再び刺激するためには、ある程度の量の二酸化炭素が必要だ。ゆったりした気分で伸びをすると、体の筋肉が収縮するので、脳のその部位まで二酸化炭素を送ることができる。あくびと伸びをすると、活を入れるように体を目覚めさせ、これから始まる厳しい一日にそなえることができるのだ。一日の大半を眠ってすごすライオンが頻繁にあくびをして

▶あくび
脳内の酸素が不足したとき、脳はあくびをしろという指令を出す。

動物たちの行動　55

いるのは、にぶくなった血の巡りを活発にするためだ。

あくびは外的な誘因によって出ることもあるが、このことはあくびに社会的な機能があることを示唆しており、なかなか興味深い。ヒヒなど数種の動物は、威嚇（いかく）行動の一種としてあくびをするが、それはおそらく、あくびをすれば鋭い歯をむき出しにできるからだろう。人間や魚を含むその他の多くの動物は、ストレスを感じたときにもあくびをするが、それはおそらく体が危険を感じとって、それにそなえるために急いで筋肉に酸素を送ろうとするからだ。その一方で、私たちはだれかがあくびをしているのを見ただけでもあくびをすることがあるし、実際にまったく無意識の反応としてあくびをすることもよくある。

この「社会的な」あくびは、以前は防御の手段として機能していた可能性がある。群れで暮らす動物の間では今でも機能しており、動物園でもその様子を見ることができる。たとえば、ダチョウは群れであくびをしてから眠りにつく。まず初めに優位な個体があくびをして、周囲に敵はいないので心配しなくてもいいという合図を送る。それを見た下位のメンバーたちは、伝染したように次々とあくびをする。あくびをすることで落ち着いて眠りにつけるので、次の日には群れの団結を保ったまま行動を開始することができる。もしもあくびという「鎮静剤」がなければ、かすかな物音がしただけでも飛び起きて散り散りになってしまい、寝不足になって、次の日には群れで警戒しながら行動することはできなくなってしまうだろう。たっぷり寝られれば、翌朝にはもう一度群れであくびをして、すっきりと目を覚まし、その日の活動を始めることができる。有史以前の人間も、たき火を囲みながら仲間同士で次々にあくびをしてきずなを深めていたのかもしれない。そう考えるとあくびとは、なかなかおもしろい。

捕食者への対応

動物園で飼われている動物は捕食者を警戒する必要はないが、カラスやアライグマが近づいてきたり、タカが頭上を飛んだり、客がいきなり視界に飛びこんできたときには、野生の防御本能が目覚める。侵入者に対していちばんよくとる行動は、その場でじっとするか、逃げるか、戦うか、あるいはこの３つのうちのどれかの組みあわせだ。その場でじっとするのは、背景に溶けこむのが

並はずれてうまい動物だ。体の色と模様が擬態に適しているので、じっとしていれば、背景にまぎれて体の輪郭を消したり見えにくくしたりできる。捕食者は、動かない物を見分けるのが苦手なため、すぐそばまで来ても獲物に気づかずに通り過ぎる。だが、いくら隠れるのが得意な動物でも、敵に見つかったときには本能にしたがって逃げる。

被食者は驚異的なスピードと持久力と俊敏さで敵から逃れるが、その能力は芸術の域に達している。そのうえ、草原に暮らすアンテロープやガゼル、シマウマなどは、敵の能力と自分の能力を比べることができる。彼らはライオンやヒョウやチーターが短時間しか全力で走れないのを知っているため、これらの捕食者を見ても、相手との間に距離があって先に走り出すことができれば、パニックに陥ったりすることはない。肝心なのは、「盗塁」されたり全力疾走できるような距離まで近づかれたりしないように、しっかりと監視をすることだ。一方、リカオンやオオカミが相手のときには、持久力があるだけでは逃げきれないことも知っている。イヌ科の捕食者はネコ科ほど速くは走れないが、長時間走りつづけられるため、弱った個体や年寄りや病気の個体が疲れ切るまで追ってくるのだ。

捕食者からまっすぐに逃げても逃げ切れないとき、ウサギなど数種の動物はジグザグに向きを変えながら必死で逃げる。すばやく向きを変えながら走れば、動きを予想されずにすんで、自分を追いかける敵を出し抜くことができるからだ。その他、ライチョウは「突進して止まる」という逃げ方の名人だ。この鳥は危険がせまると大きな音を立てながらいきなり飛び上がり、ある程度の距離を飛んだら、今度は音を立てずに森の中に降りてその場にとどまる。そしてそのままじっとして、捕食者が自分を探しながら別の方向へ去ってしまうのを待つ。においをかぎつけられて見つかってしまったときには、相手がすぐ近くに来るまで待って、ぎりぎりの瞬間に飛び立つ。このときライチョウは、さらに「ちらっと見せる」という技を使う。飛び立つ間際に、翼の裏側の明るい白色の羽毛をちらっと見せるのだ。敵はこの白い羽毛を記憶して、それを頼りに追ってくるため、その部分を隠してしまえば、姿を消したように感じさせて混乱させることができる。

その他、身の周りの環境を利用して身を守る動物もいる。巣穴にすむ齧歯類が、なぜいつも巣穴の入り口のそばにいるのか不思議に思ったことがあるかも

動物たちの行動

▲敵をおどす
フクロウは姿を隠したいときには羽毛をすっきりとまとめ、敵をおどすときには膨らませる。

しれないが、彼らが最高時速 180 km で空から急降下してくる捕食者にねらわれていることを忘れてはいけない。広々とした野原にすむプレーリードッグやジリスやイタチなどは、地下のシェルターがなければ、捕食者にあっという間に捕らえられてしまうだろう。捕食者から逃げる手段としては、他に頭上に逃げるという手がある。鳥は空へ飛んで逃げるし、リスやサルといった樹上にすむ動物は、葉の茂った木の上へ逃げる。木登りも穴掘りもできない動物には、息を止めて水中に逃げるという手が残されている。水辺に暮らす動物は、相手がミンクやミズヘビのように水の中まで追ってこないことを願いながら水中に逃げる。

　被食者は、このような様々な方法で捕食者から逃げるが、それでも失敗して相手に間近まで迫られてしまうこともある。ある種の動物は、この段階になっても、捕食者と戦ったり食べられたりする前に、最後のかけ引きを行う。捕食者の気をそらすことができれば、時間をかせげるかもしれないからだ。たとえば、スズメはイエネコに捕まって口にくわえられると、突然体中の力を抜いて、口から吐き出すように仕向ける。そして、一瞬でも地面に置かれれば、そ

のすきに飛んで逃げる。その他には、死んだふりという作戦をとる動物もいる。死んだふりをすれば、獲物を殺したり食べたりしようという捕食者の衝動を抑えることができるからだ。この作戦は、相手が生きた獲物だけを食べるように適応した動物の場合は特に効果が高い。オポッサムも捕食者に出会うと体を丸めて硬くし、死んだふりをして、噛まれても乱暴に扱われてもまったく反応しなくなる。だが死んだふりをする動物の中でも、とびきり演技が上手くてアカデミー賞をとれそうなのはアフリカン・ウッド・スネークだ。このヘビは敵に出会うと、傷もないのに目を血で赤く染めて、だらりと口を開け、赤いよだれを垂らして死んだふりをする。

　敵に出会ったときに驚くような色をぱっと見せたり、予想外の動きを見せたりして敵をたじろがせ、時間をかせぐ動物もいる。たとえば、アオジタトカゲは鮮やかな青色の舌をつき出して敵をおどすし、エリマキトカゲは口を開けて首の周りのひだを傘のように広げて敵をおどす。タカやフクロウの目玉に驚くほど似た模様を持っていて、それをいきなり見せる動物もいる。獲物となるおいしいチョウにこの目玉模様がある理由はわかるが、捕食者であるコブラのフードの背中側にこの模様があるのはどういうわけだろう。コブラは強力な武器を持っているので戦えば勝つことはできるが、他の動物と同じように、戦いはできるだけ避けたい。目玉模様で敵をおどして毒液を節約すれば、暴れる獲物の動きを止めるときにその分を使うことができる。

　毒を持たない動物の中には、毒があるふりをして自分を強く見せ、捕食者をだますものもいる。小型のネコ科の動物は（野生のものでもイエネコでも）追いつめられると唾を吐いて牙をむき出し、シャーッという声を上げて、尾をしなやかに大きく振る。このヘビに似た声を暗い洞窟や岩のすき間で出されると、たいていの捕食者は中をのぞきこむのをためらってしまう。アフリカにすむイッコウチョウという鳥も、巣穴の中でヘビに似た声を上げたり、ヘビのように体をくねらせたりする。

　捕食者から逃げるためのかけ引きの方法としては、他にも、体の一部をおとりとして差し出し、相手がそれを食べているすきに逃げるという手がある。このときに差し出すのは生きるためにすぐに必要になる部位ではないほうがいいし、再び生えてくる部位ならなおいい。トカゲの多くがおとりとして使うのは尾だ。トカゲの尾は、種によっては鮮やかな色をしていて、おとりにつかうの

▲捕食者の気をそらす
スキンク（小型トカゲ）の仲間は、捕食者の追跡をかわすために、自分の尾を一瞬で切り離すことができる。

に適している。なかには、捕食者に襲われるのを待たずに尾を差し出すものもいる。尾のつけ根の筋肉を収縮させて、自分から尾を切り離すのだ。捕食者がおとりにだまされて、くねくね動くミミズのような「獲物」をとりおさえるころには、ごちそうの本体はとっくの昔に姿を消している。

　ヘビの場合は切れた部分を再生することはできないが、同じように尾を犠牲にして逃げることがある。中には、体の傷つきやすい部分から捕食者の注意をそらすために、尾の裏側の赤やオレンジ色の部分を相手に向けて振って、おとりにするものもいる。ラバーボアというヘビの場合は、さらに、尾が頭とそっくりの形に進化している。彼らは偽物の頭を振って捕食者をだまし、相手がそれに飛びかかっているすきに、本物の頭を前にして草の間に逃げる。

　どんな方法を使っても捕食者から逃げ切れずに追いつめられたとき、最後の手段として反撃を試みる動物もいる。反撃すれば、これほどの苦労をしてまで食べる価値はないと思ってもらえるかもしれない。反撃に使う武器は様々だが、相手を麻痺させるトガリネズミの唾液や、目や鼻を刺激するスカンクの分泌液、キリンの鋭いひづめなど、強力なものばかりだ。捕食者と獲物との対決は、自然界という舞台で演じられる最高に劇的なシーンのひとつだ。これらの

戦いは自然界の営みの一部であって不可欠なものだが、動物園でこれを見たくないという人はいまだに多い。動物園の展示が見かけだけでなく、こういった点も本物に近づくまで、捕食者と獲物の戦いは頭の中で想像するほかないだろう。

社会行動

　動物の各個体がとる基本的な行動は魅力的なうえ、大部分は動物園で簡単に観察できる。だが私たちの興味を最も強くかきたてるのは、社会的な行動だ。おそらくそれは、私たち自身も社会的な動物であり、ある意味では自分たちの思いや、希望や不安や意志を伝えあうことができたために繁栄してこられたからだろう。私たちは主に文字や会話に頼って意志を伝えあうが、言語はコミュニケーションの一手段にすぎない。人の身ぶりや表情、それからある種の姿勢にはその人の気持ちがはっきりとあらわれており、ときには単なる言葉の何倍もの情報がこめられている。身ぶりや表情といったボディランゲージとそれに対する反応は、私たちホモ・サピエンスの遺伝子に組みこまれている。笑い声や笑顔、にやにや笑い、驚いた表情などは、アボリジニの社会でも西洋社会でも、世界中の国と文化で共通しているので、互いに理解することができる。

　動物園で出会う動物の大半は、人間の方法とは異なるが同じくらいに有効な何らかの方法でコミュニケーションをとっている。それができなければ、動物たちは複雑な社会を構成できず、私たちが観察しているような、あの魅力的な社会行動をとることもできない。次の節を読めばわかるが、動物たちが自己を表現する方法は驚くほどよく似ており、そのことはハレムをつくるものだろうが、階級社会にすむものだろうが、母系社会にすむものだろうが変わらない。動物たちのコミュニケーションの基本的な決まりを知っておけば、友好的な交流も、攻撃的なやり取りや、性的なやり取りも、親子間の交流も、動物園で見られるほとんどのやり取りを「翻訳」できるようになる。

社会生活のタイプ

　動物園にいる動物の行動を理解するには、自然界でどのような社会生活を送っているかを知るとわかりやすい。本来は大きな群れで暮らしているのか、家

族の群れや独身オスの群れやハレムで暮らしているのか、それとも単独で行動するのかということだ。動物園で見られる社会行動は、そういった本来の生活様式の筋書きにそっているはずだ。たとえば自然界で単独行動をとるパンダは、動物園では繁殖期以外にはお互いをほとんど無視すると予想できる。一方、サルは触れあったり、鳴き交わしたり、遊んだり、グルーミングをしたりと常に交流しており、それらの行動からサルが複雑な社会構造と文化を持つことがはっきりとわかる。動物の文化には、各個体とその遺伝子の生存に役立つ独自のルールと理由がある。そしてその文化は、鳥類、哺乳類、爬虫類、両生類の間で異なっている。

❧ 爬虫類と両生類

爬虫類と両生類は単独で暮らす傾向があり、他の個体と関わるのは、なわばりを守るときと配偶者を探すとき、あるいは集団で越冬するときだけだ。カエルは大きな集団をつくって水面に浮かび、鳴き声を上げたり争ったりするが、それは配偶者を探すときにかぎられる。ある種のヘビは普段は単独で行動するが、冬になると地下の穴（冬眠場所）に数百匹から数千匹で集まって暖をとりながら冬を越す。両生類と爬虫類は、そういった一時的なイベントが終われば再び単独で生活する。多くの種は産卵したら卵を置き去りにして育児も行わないので、孵化した子どもと交流することもほとんどないか、あるいはまったくない。とはいえ、本書で後に紹介するクロコダイルの母親のように、かいがいしく子どもの世話を焼く例外もいる。

❧ 鳥類

鳥類のほとんどの種は一夫一妻制をとる。これは1羽のオスと1羽のメスがつがいのきずなを形成する配偶システムで、きずなが持続する期間は、ひとつの繁殖期から生涯までと様々だ。鳥類の場合、配偶者がいなければ、ヒナに餌を与えたり、悪天候や敵から守ったり、巣立ちの前に生きのびるコツを教えてやることは難しくなる。種によっては、すでに巣立って親の近くにとどまっていた年長の子どもが子育てを手伝う。これらの兄や姉たちは、おそらくヘルパー役を務めることで子育ての技術を獲得し、さらに自分と共通の遺伝子を持つ弟や妹の生存を助けることで利益を得ているのだろう。

鳥類の中には普段はなわばりをかまえて生活している種もいるが、それらも含めて多くの種が一時的に警戒を弱めて集団をつくることがある。それは渡り

◀コロニー（集団営巣地）
このアメリカグンカンドリのように、多くの鳥がコロニーをつくる。集団で繁殖することで、卵をすべて捕食者に取られる可能性は低くなる。

をしたり、集団ねぐらをとったり、群れをなして採食したりといった特別な目的があるときだ。フラミンゴやグンカンドリ、ペンギンなどは繁殖のために集まって密集して巣をつくり、コロニーという騒々しい環境で子育てをする。それより一歩進んだ方法で協力しあう鳥もいる。ダチョウは大きなひとつの巣に最大で10羽のメスが産卵するという方法をとる。

🌱 哺乳類　哺乳類のほとんどは、次の3タイプのどれかにあてはまる。(1)単独で行動し、母子以上の社会単位を持たないタイプ、(2)一夫多妻制をとり、1頭のオスがハレムを構成して複数のメスを独占し、他のオスに求愛させまいと精力的に追いはらうタイプ、(3)上の2つより複雑な社会構造を持ち、永続的な群れを形成するタイプ。永続的な群れを形成するタイプがもっとも多いのは、有袋類、肉食動物、有蹄類、霊長類だ。このタイプの多くは（ゾウのように）母系の社会構造を持つ。つまり、子が母親のもとにとどまって、おばや、姉妹や、母親、娘、姪からなる群れが形成されるのだ。ゴリラやライオンの場合はそれとは異なり、優位なオスがリーダーを務めて、そのオスを中心として群れが形成される。オオカミの群れでは、優位なオスとメスのつがいが完全な支配権を持ち、このつがいだけが交配できる。

これらの戦略はどのようにして異なる方向に進化し、群れのメンバーにどのような利益を与えてきたのだろう。その答えのひとつは生息地にある。つまり、手に入る食物の種類や、移動する場所の地形や、対応すべき捕食者の違いから戦略の違いが生まれたのだ。もっとも複雑な社会は、比較的開けた環境に

動物たちの行動

すむ哺乳類の間で発達してきた。特に、大型で危険な捕食者のいる環境では複雑になる傾向があった。そのような環境に暮らす動物にとっては、複数で捕食者を見張れて、捕食者に襲われたときに集団で防御できたほうが都合がいいからだ。それ以外にも、群れをなしていれば統計的な面でも有利になる。捕食者に襲われたときに獲物が1頭しかいなければ、その個体は確実に食べられてしまう。群れの個体数が多くなれば、そのぶん捕食者の選択の幅を広げることができるため、各個体が生き残る可能性は高くなる。鳥類が群れを形成するのも、同じように防衛という目的のためだ。

また、群れをなすことで、単独で行動するよりも食物を得やすくなる傾向が

▼仲間への警告
捕食者が近くにいるとき、プロングホーンはお尻の白い体毛をふくらませて目立たせ、遠くにいる仲間に危険を知らせる。

あり、特に広大な地域に食物がパッチ状に存在している場合には効率がよくなる。1羽で行動する鳥が広大な渓谷の中でベリーの実った場所を見つけるには、長い時間をかけて懸命に探さなければならない。群れで行動すれば、食物を探す時間を大幅に短縮できる。というのも、食物が豊富にある場所を1羽が見つければ、他のメンバーもすぐにそれを知って食べに行けるからだ。哺乳類の中には、ライオンやオオカミ、ハイエナなど、協同で狩りを行うことで、1頭だけでは倒せないような大きな獲物をしとめるものもいる。獲物が大きければたくさんの肉を得て、食いだめができるので、あまり頻繁に狩りをしなくてすむ。群れを形成する動物は、食物以外の資源についても利益を得ている。たとえば、群れで岩塩をなめに来るヘラジカは、1頭だけでやってくるミュールジカやシロイワヤギを簡単に追いはらえる。

また、群れで行動していると、繁殖期が来たときにもオスとメスがすぐ近くにいることになる。そのおかげで配偶相手を探し出す手間を省けるほか、繁殖周期をそろえて子どもを同時に産むこともできる。多くのヒナや子どもが同時に産まれれば、捕食者に目移りするほどの選択肢を与えることになるため、大半の子どもの生き残る確率を高められる。それ以外にも、ペンギンやライオン、キリン、ハンドウイルカなど、多くの種が行っているように共同で子どもを保育できるという利点がある。共同で保育していれば、親たちは少しの間子どもを置いて出かけられるので、よりよい食物を探しに行くことができ、結果として子どもにより多くの栄養を与えることができる。

個体同士の関わり方

動物の社会生活について理解できたら、次のステップに進もう。あなたの観察している動物たちは、どのような関係にあるだろうか。親戚同士だろうか。父と子だろうか。つがいだろうか。同じ群れの仲のよい仲間だろうか。それとも競争相手だろうか。個体同士の関係がわからなければ、行動の背景を知ることができず、その意味を読み取ろうと思っても的外れな結果に終わってしまう。たとえば2頭の動物の間でマウント行動がとられていても、性的な意味があるとはかぎらない。兄弟の間では、遊びの一種としてこの行動がとられることがある。それと同じように、闘争のように見える行動が、生涯を誓ったつがい相手との前戯ということもある。個体同士の関係を知るのにもっともよい方

法は、飼育員に頼んで展示場にいる動物たちの家系図を教えてもらうことだ。関係を知ることができれば、どんな行動を注意して見ればいいかわかる。次の表を参考にして観察を始めるといいだろう。

コミュニケーションの方法

2頭の動物が出会うところを見ていると、その場の空気が張りつめるのを感じる。出会いとは、どちらの動物にとっても多少のリスクを伴うものなのだ。相手は自分を襲ったり、自分から逃げたり、食物を奪ったりするだろうか。それとも自分とつがいになったり、グルーミングをしたり、遊んだりしたいと思っているのだろうか。自分の子どもに食物を運んできてくれたのだろうか。自然界では相手を識別したり相手の行動を予測したりする方法を知らなければ、大きな災難に巻きこまれかねない。

動物たちは、そういった問題を避けるためにあいさつを交わす。あいさつには儀式のように決まった型があり、彼らはあらかじめ決められたルールに従って情報を交換しあう。あいさつ行動は一連の手順にそって行われるため、相手の行動を予測することができる。イヌはにおいを嗅ぎあい、ホッキョクグマは相手の周囲を旋回し、シマウマは鼻先を触れあわせる。動物のコミュニケーション技術は自然選択によって長い年月をかけてとぎ澄まされてきたものだが、あいさつ行動には、その技術がたっぷりと発揮されている。動物たちはあいさつをすることで、相手がだれで、これから何をしようとしているといった情報

個体同士の関わり方

個体間の関係	注意して見るべき行動
群れの仲間	友好的な行動、あるいは攻撃（群れ内における順位による）
競争相手（配偶者、食物、水、空間などをめぐる）	闘争行動
配偶者	性行動
親子	育児行動、あるいは世話をせがむ行動
兄弟	遊び、あるいは順位をめぐる闘争

を共有する。情報の発信者は自分の意図を相手に知らせることができるし、受信者は相手の行動をあらかじめ知って、それにどう反応するか決められるので、双方が利益を得られる。

明白で誤解の余地がないコミュニケーションには、明らかに意義がある。人間の例で考えてみよう。あなたがおよそ9mの高さのマストのついた船を操縦していて、桁下が6mしかない橋の下を通らなければならないとしよう。言うまでもなく、あなたが橋をくぐりたいことと、橋を上げてもらう必要があることを橋の管理人にわかる信号で明確に伝えられることは重要だ。航海上の規則では、橋に近づいたときには警笛を3回鳴らすことになっている。この場合、信号は3回の警笛であり、その信号には「この船は橋の下を通りたがっている」という情報が含まれている。そして、その情報は橋の管理人に「この船は橋の下を通ろうとしているので、橋を上げなくてはいけない」という意味として伝わる。船の操縦者が警笛を3回鳴らすという行動をとることで、橋の管理人の行動を変化させて橋を上げさせることができれば、コミュニケーションが成立したことになる。両者の間に通じる信号がなければ、船が橋を通過しようとするたびに混乱が生じてしまうだろう。

もちろん、自然界にはコミュニケーションのしきたりを決める正式な委員会など存在しない。そのかわりに、人間が無意識のうちに微笑んだり、眉をひそめたり、しかめ面をしたりするときのように、ほとんどの行動は遺伝子の中に組みこまれている。誤解の余地がないはっきりした信号を送る動物と、その信号を認識して、そこから正しい意味を読み取れる動物は、自然選択において優位に立てる。競争相手の気分を読み取る方法を知っていれば、より長生きできるし、配偶者の攻撃を抑える方法を知っていれば、よりうまく繁殖を行えるからだ。

自然選択は、それらの信号を増幅する付属物にも有利に働く。たとえば、目の上に色の薄い模様があると表情が強調される場合には、その模様を持って産まれた個体は最適者となり、その形質は個体群の間に広まっていく。模様だけでなく、冠羽や派手な羽毛や、発声を制御する能力といった形質も、信号を強調したり、信号に注目を集めたりするためにあるのかもしれない。動物が自分に注目を集めようとする事実から、コミュニケーションがいかに重要なものであるかわかる。動物はふつうなら環境に溶けこもうと努力するものだが、その

動物たちの行動　67

努力を放棄してまでかなえようとするのだから、リスクを冒すだけの価値があるに違いない。

コミュニケーションのための信号は注目されることも重要だが、コミュニケーションをとろうとしているのだとすぐに認識してもらえることも重要だ。ディスプレイなどの信号は、自然選択を通して強調されたり、簡潔にされたり、儀式化と呼ばれる過程を通して固定されたりしたおかげで、採食や羽づくろいといった日常的な行動と簡単に見分けがつくようになった。これらの儀式化された行動は人間にもわかりやすいため、動物園を訪れた客にも、動物たちがコミュニケーションをとろうとしているのだということが簡単にわかる。

日常的な信号の意味とその見分け方

動物の発信する信号とディスプレイには、基本的に2通りのメッセージがこめられている。ひとつは非行動的メッセージ（だれ、どこ）、もうひとつは行動的メッセージ（何、どうやって）だ。非行動的メッセージには、その動物の種、性別、地位、それから時にはどの個体かという情報も含まれている。非行動的メッセージの例としては、特徴的なしま模様や、フェロモン、なわばり宣言のための鳴き声などがある。信号の受信者は、信号を通して発信者の性別や地位、どの個体かといった情報を手に入れて、その後に続く行動の背景を知ることができる。オスとメスの行動は異なっているし、優位な個体と劣位な個体の行動も異なっているので、発信者の性別と地位がわかれば、その行動を予測するのに役立つのだ。非行動的メッセージには、それ以外にも、発信者が隣の峡谷にいるのか、丘の頂上にいるのか、すぐ後ろにいるのかといった位置情報も込められている。一方、行動的メッセージとは、発信者の行動を伝えるためのメッセージだ。行動的メッセージには、発信者がこれからどういった行動をとるか、その行動をどのようにとるか（たとえば弱々しくとるか、あるいは力強くとるか、どの方角に向かってとるか）という情報が込められている。

非行動的メッセージと行動的メッセージを人間の世界にあてはめて説明するには、フットボールの審判員について考えるとわかりやすい。審判員の服装（非行動的メッセージ）は彼らが何者かを示しており、笛を吹いたりフラッグを投げたりといった行動（行動的メッセージ）は、彼が反則に気づいたことと、それに対してペナルティを課していることを示している。

🌱 動物の発するメッセージとその手段

審判員が信号を発していることを私たちが簡単に理解できるのは、私たちが普段から音声と身ぶりによってコミュニケーションをとっているからだ。人間以外の動物は、この他にも人間の感覚では感じ取れない手段を使ってメッセージを伝えている。

動物たちの発する信号は、それぞれの暮らしぶりに適合し、生息環境で効果的に伝わるように進化してきた。たとえば巡回するのに数日間から数週間かかるほど広いなわばりを持つ動物の場合、信号の発信者が去った後にも消えずにメッセージを発しつづけるような媒体を使う必要がある。においには長時間残る性質があるため、多くの動物はなわばりににおいづけをして、そのにおいによって後から通る動物にメッセージを伝えている。暗闇で活動する夜行性の動物は、においに加えて音声も利用するが、それに対して昼行性の動物は視覚的な手段をよく使う。視覚的な信号の中でももっとも印象的なのは、広々とした平原に暮らす動物の使う信号だ。そのような信号が進化したのも、彼らが障害物に視界を妨げられない恵まれた環境で暮らしてきたからだ。一方で、木の密生した森で暮らす鳥は、信号の受信者の姿を見ることができないため、視覚的な信号の代わりに歌のレパートリーを増やして様々な歌を歌えるように進化した。森の中では周波数の高い音は木の幹などにぶつかって反響してしまうことが多いため、周波数の低い音が好まれる。歌い手は、たいていは木の上にとまり、声を伝えやすい周波数帯域である「音響の窓」を利用して、もっとも効率よく歌のメッセージを伝える。同じように、海の中にも浅い海や暖かい海の表層といった超低周波音を効率よく伝える「音の通信路」が存在する。クジラはこの通信路を利用して、約3,200 kmも離れた相

◀においづけ行動
ブラックバックは顔にある分泌腺に正確に小枝を差しこんで、強いにおいのする分泌液をなすりつけ、なわばりににおいづけをする。

手に歌を伝えることができる。

　信号の発信者にとって、ふさわしい受信者に向けて明確な信号を発信する能力は、ひれのついた足や強じんな肺と同じくらい生きるために不可欠なものだ。情報の送受信を成功させるためには、受信者の側も同じように発信された信号を聞いたり、見たり、かいだり、感じたりする能力を持っていなければならない。コミュニケーションをとる動物たちは、その手段がどのようなものであっても、同種の個体が発したメッセージを受け取る能力を進化によって手に入れてきた。動物園で動物たちの感覚器をよく見れば、彼らが種特有のコミュニケーション方法に適応してきたことがわかる。主に視覚に頼る動物は大きくて光を集めやすい目を持ち、主に触覚に頼る動物は敏感なひげ、音声に頼る動物は大きくてよく動く耳を持っている。

反対の法則
動物の発する信号を読み取ろうとするときに、覚えておく

▲反対の法則
優位なオオカミの胸を張った姿勢は、劣位の個体のおどおどと身をかがめた姿勢とは明確な対比をなしている。このように明確な違いがあるおかげで、互いの信号を誤解せずにすむ。

と便利な法則がある。反対の意味を持つ信号には、概して反対の特徴がある、という法則だ。たとえば、荒々しい低音の鳴き声には威嚇の意味があるが、高音の穏やかな鳴き声には、なだめや餌乞いの意味がある。同様に、オオカミは攻撃的な気分を示すときには、胸を張って毛を逆立て、耳を前方につき出して相手をにらみつけるが、この信号は、姿勢を低くして尾を脚の間にたらし、視線をそらして耳を頭にぺたりとつけるという服従を示す信号とは正反対だ。この「反対の法則」は、動物のほとんどの分類群に共通している。この法則の主な利点は、信号に明白な違いを出せることだ。2つの行動を劇的なまでに異なるものにすることで、相手の誤解を防ぐことができる。

🌱 表情　動物同士の出会いは遠距離で起こることが多いが（遠ぼえやにおいなど）、相手と実際に顔を合わせたときには、両者の間にはるかに強い緊張が生じる。鳥類と爬虫類と両生類は顔面をあまり動かすことができないため、表情ではかぎられたことしか伝えられない。種によっては、どんなにがんばっても大きく口を開けるくらいしかできない。とはいえ、大きく口を開ければ、ずらりと並んだ鋭い歯を見せることができるため、たいていはそれだけで十分に意思を伝えられる。

　哺乳類は動物の中でもっとも器用に顔面を動かせるので、多くは唇や耳や目や鼻まで動かして信号を送る。こういった表情による信号の多くは、種内で共通しているだけでなく、科や目の内でも共通している。たとえば、霊長類（霊長目）のサルとオランウータンと人間の表情は共通している。よい例が人間の笑顔だ。人間もそれ以外の霊長類も、うれしくなったり、陽気な気分になったりすると歯を見せて笑う。だが哺乳類の場合、表情が共通しているのは科や目の内だけではない。オオカミやネコなどの肉食動物とアンテロープやウマなどの有蹄類は、多くの場面で霊長類と同じように目と唇と耳を使う。動物学者のデズモンド・モリスは、著書『アニマル・ウォッチング—動物の行動観察ガイドブック』（河出書房新社）の中で、霊長類と食肉目と有蹄類の表情の類似点について述べている。本書（今あなたが読んでいるこの本）では20種の動物を紹介しているが、それ以外の動物のしぐさを観察するときにもこの原則を覚えておくといい。

霊長類、食肉目、有蹄類の表情とその意味

耳			
信号	くわしい様子	意味	解説
耳をリラックスさせている	耳を少しだけ前に傾けて、開口部を外側（左右）に向ける。	「何も心配はない」	ニュートラルモード。広い範囲の音を聞いている。
耳をぴんと立てている	耳をぴんと立てて、開口部を前に向ける。	「警戒している」	警戒モード。音のするほうに目と耳を向けて集中している。
耳をぴくぴく動かしている	耳を前後にすばやく動かす。	「ストレスがたまっている」	興奮モード。闘争か逃走か決めかねている。
耳を回転させている	耳を伏せる前段階で、開口部を後ろに向ける。	「敵意を感じている」	闘争の前段階。耳の後ろにあるくっきりした警告用の模様を見せている。
耳を伏せている	耳を頭につけ、開口部を下に向ける。	「攻撃している、あるいは攻撃されている」	防御モード。闘争中に耳が傷つくのを防いでいる。
飛行機耳	耳を左右にまっすぐ伸ばし、開口部を下に向ける。	「あなたに危害を加えるつもりはない」	耳をぴんと立てて警戒するのと逆のモード。相手をなだめる信号で、求愛の際にも用いられる。

ぴんと立てている

飛行機耳

回転させている

伏せている

▲耳で発する信号
警戒状態にあるチーターは、耳をぴんと立てて、後ろ向きに回転させ、闘争が始まりそうになると、耳を伏せて保護するか、あるいは左右にまっすぐ伸ばして相手をなだめる。

目			
信号	くわしい様子	意味	解説
目をリラックスさせている	目を開けているが、完全に開いているわけではない。	「何も心配はない」	ニュートラルモード。強い警戒の姿勢をとる必要はない。
凝視している	目を見開いて、前方を凝視している。	「警戒している」	警戒モード。目を見開いて視野を広げている。
まばたきしている	頻繁にまばたきをくり返す。	「ストレスがたまっている」	興奮モード。まばたきをすばやくくり返すことで、おそらく目の表面をきれいに保ち、次の活動にそなえている。
眉をひそめている	眉を寄せて、目を半分閉じている。	「危険だぞ」	防御モード。目を守るために眉を下げ、視野を確保しながらできるだけ目を閉じている。
にらんでいる	眉を寄せて、目を最大限に開いている。	「私は怒っている」	矛盾する表情。何も見逃したくないが、同時に目を保護したい。
目を閉じている	目を完全に閉じている。	「降参です」	闘争の際中に、劣位な個体が目を閉じて、すべての刺激を遮断するとき。

ふさぎこんでいる

おびえている

唇をすぼませてあいさつしている

威嚇している

うれしい

▲口で発する信号
チンパンジーは、リラックスしているときには口を軽く閉じ、威嚇するときにはしっかりと閉じ、おびえたときには大きく開き、うれしいときには笑みを浮かべ、あいさつするときにはすぼませる。

口

信号	くわしい様子	意味	解説
口をリラックスさせている	口を軽く閉じるか、かすかに開けている。唇は歯を覆っていることもあるが、張りつめてはいない。	「何も心配はない」	ニュートラルモード。他の表情の基本形となる表情。
口をぎゅっと閉じている	口をぎゅっと閉じ、唇ではっきりとした短いラインを描いている。	「集中している」	極度の集中状態。他の個体と遭遇したときに、優位にあるものが控えめな敵対心をあらわす表情。
口を大きく開いている	口を大きく開け、唇を張りつめて舌を引っこめ、口の内側を見せる。「長いうなり」あるいは「高いうなり」を発する(解説も参照)。	「これ以上刺激するなら攻撃するぞ」	嚙みつくぞという威嚇。(1)唇を水平に後ろへ引く(長いうなり)と恐れていることを示し、(2)唇を垂直に引く(高いうなり)と敵意を示す。
遊びたいときの口	口を開けているが、上の歯は上唇にかくれている。	「ただの冗談だよ」	遊びたいときの笑顔。ふざけて攻撃しているだけだと相手に知らせる。
口をとがらせている	閉じた口をすぼめて、キスをしようとするようにつき出す。	「優しくしてください」	霊長類に特有の表情で、友好的なあいさつ、あるいはなぐさめを求めている。
唇を開け閉めしてパクパクと音を立てている	唇をすばやく開け閉めする。舌を口から少し出すこともある。	「仲よくしようよ」	霊長類に特有の表情で、服従を示す友好的なあいさつ。グルーミングに由来する行動。
歯を鳴らしている	口をすばやく開け閉めする。口角が引かれているので歯がガチガチと音を立てる。	「怖いけれど、あなたのそばにいたい」	唇をパクパクする行動と恐怖で口を開ける行動が合わさったもの。強い服従を示す信号で、霊長類と若いウマで見られる。
フレーメン(上唇を巻き上げている)	首を前方に伸ばし、顔を斜め上に向けて口を少し開け、上唇を巻き上げて歯と歯ぐきを見せる。	「なんていい香りなんだ!」	においを「読み取る」ために深く吸いこむ行動で、ふつうは発情したメスの尿のにおいが対象。

防御を示す長いうなり

攻撃性を示す高いうなり

▲ 「長いうなり」と「高いうなり」
オオカミは恐怖を感じて攻撃性が弱まると、口角を水平方向に引いた表情で「長いうなり」を発して防御する気持ちを示す。一方、「高いうなり」は、純粋な攻撃性を示す信号だ。このときは口角を前方に出して目を見開き、耳をぴんと立てている。

友好的な行動

　群れで生活する動物は、単独で暮らしていては得られない特権を手にしている。群れで行動すれば、よりしっかりとなわばりを守ることができ、より早く捕食者を発見できて、より効率的に食物を探し出せる。だがその反面、密接して平和に過ごすためには、仲間との間に生じる緊張状態を常に解決しつづけなければならない。動物たちは仲間とうまく暮らしていくために、対立を避けたり仲間の攻撃性を鎮めたりする方法を発達させてきた。

友好の気持ちを示す身ぶり　動物たちのとる友好的な行動のうち、動物園でもっともよく見られるのが、あいさつ行動と服従行動、グルーミング、遊び行動だ。動物は人間が握手をするのと同じように、あいさつの儀式を通じてお互いに戦う意志がないことを示す。そしてあいさつをしながら、においをかいだり触れたりすることで、相手についての情報を得る。たとえば、においからは相手が何者かということや、発情の有無や、最近何を食べたかといったことまでわかる。

　あいさつ行動が順位の等しい者同士の間で交わされる行動であるのに対して、服従行動は、劣位の個体が優位の個体をなだめて自分の身を守るためにとる行動だ。劣位の個体が服従を示しているかぎり、優位の個体は冷静さを保っているので緊張状態は生じない。服従行動には、優位の個体に道をゆずるとい

対立を避ける手段

1. 群れの仲間との間に適度な距離を保つ。
2. あいさつや遊び、あるいはグルーミングなど、何か口実をつくって相手に近づく。これらの行動は両者に利益をもたらし、密接な接触に価値を与える。
3. 過度の興奮や欲求不満を引き起こさないようにする。
4. 服従を示すディスプレイを行う。
5. 相手の恐れや攻撃を引き起こさないように、予想のつく行動をとる。
6. 攻撃の対象を変える。多くの動物は、群れ内の等しい地位の個体や優位な個体に攻撃を加えるかわりに、劣位の個体や無生物を攻撃して欲求不満を解消する。いわゆる「八つ当たり」。

ったさりげないものもあるし、優位な個体の前で無力な幼児のように卑屈にふるまうというあからさまなものもある。その他、優位の個体のグルーミングを頻繁に行うのも服従行動だ。この行動には相手の体の汚れをとるだけでなく、相手をなだめて、攻撃したくなる衝動を抑える働きもあるようだ。グルーミングには、それ以外にも両者の間に信頼関係を築く働きがある。飼いイヌやネコをなでたり、ウマにブラシをかけてやったりすると驚くほどの効果があるのは、そのためだ。

遊びには必ずしも相手をなだめる効果はないが、この行動にはいくつかのルールがあって、それが相手の攻撃性を抑える働きをする。多くの動物は、仲間を遊びに誘うときに、「次に何をするかは決めていないけれど、私は遊んでいるだけですよ」ということを示す特別な姿勢をとる。あなたの家のイヌが体の前部を低くして前脚を前方に伸ばし、お尻を左右に振っ

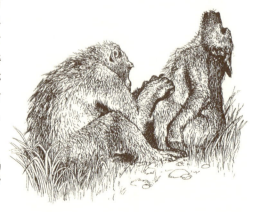

▶社会的グルーミング
グルーミングには体を清潔に保つ働きだけでなく、仲間との関係を潤滑にする働きがある。

◀遊び
この追いかけっこをしている若いラングールのように、動物は遊びを通じて、今後生きていくために必要な動作を身につける。

て、子どものように笑いかけてくるときは、あなたを遊びにさそっているのだ。遊びで行われるときには、けんかにさえ特別なルールがある。お互いに、噛みつくときは力を抜くし、たたくときもかぎ爪をひっこめて手加減する。パンダのような大型の動物のレスリングも、スローモーションのようなゆっくりとした動作で行われるので、激しさはなくて本物の闘争とはまったく異なっている。遊びで行われるけんかは激しくないとはいっても、互いの力の強さや持久力を測るのには役立つため、ある種の動物たちは、それによって群れ内の順位を決定している。また、仲間との間に将来のための協力関係を結ぶのにも役立っている。

　多くの動物は性成熟をむかえるとあまり遊びたがらなくなり、成年期に達するころにはまったく遊ばなくなる。けれども、知能が高くて好奇心が強い動物や、狩りがうまくて時間的にゆとりのある動物は、おとなになっても遊ぶことが多い。そのよい例がカワウソだ。カワウソのような遊び好きな動物を動物園で飼うときには、遊び相手を与え、環境も常に変化させて刺激を与え、活発で独創的な性質の彼らを満足させてやる必要がある。

闘争行動

　人間に暴力的な性質があるのは祖先が動物だったからだと考える人がいるが、そういった人たちは、動物の闘争行動について基本的に誤解している。動物は、実際には戦いよりかけ引きで物事を解決する。あらゆる手を使って身体

的な対立を避けようとするため、激しい暴力ざたを起こしたり命に関わる戦いをしたりすることは非常にまれだ。

だからといって、動物たちに戦う理由がないわけではない。それどころか、彼らの生死は、配偶相手や隠れ家、避難場所、巣、食物、水といった資源を、持たざるものたちから守りぬけるかどうかにかかっている。問題なのは、闘争に伴うリスクを平均的な動物がどこまで冒せるかという点だ。争いがエスカレートして殴りあいや噛みあいに発展すれば、高い確率でけがをする。たとえその闘争に勝てても、そのときのけがのせいで食物を見つけたり捕食者を避けたりすることができなくなれば、生存競争という究極の争いに負けてしまうかもしれない。たとえ戦うだけの理由があったとしても、闘争には生物学的な意義はほとんどないのだ。危険で時間がかかるうえに、膨大なエネルギーを無駄にするだけなのだから。

❦ 闘争を避けるためのかけ引き

そこで必要になってくるのが、かけ引きだ。動物たちの間では、自然選択を通して、命の危険を冒さずに自分の権利を守る方法がいくつか進化してきた。そのうちのひとつが、なわばりを持つことで生息地を分割するという方法だ。なわばりの持ち主は、視覚的なディスプレイやにおいや音声によってなわばりの所有権を主張し、侵入者が入らないように境界線をパトロールしてなわばりを守る。隣のなわばりの持ち主とは、ときおり境界線で出会ってにらみあうこともあるが、そのようなときでも、自分のなわばりの中にとどまることを選ぶ。状態のよい生息地では、なわばり分割の仕組みはうまく働いており、ほぼすべての個体が食物や隠れ家を手に入れて、求愛し、最も重要である子育てをして遺伝子を子孫に残すための空間とプライバシーを持つことができている。このなわばりの仕組みは、状況に応じて柔軟に変化する。ある種の動物は、繁殖期の間だけ、あるいは豊富な食物を独り占めしたいときにだけ、なわばりを形成する。そういった種も、水飲み場で水を飲むときや、食物を探して渡りをするときには警戒をといて群れに加わる。

激しい闘争を避けるための2つ目の方法は、集団内の順位を決定するというもので、この方法は特に、永続的な群れを形成する動物の間で用いられている。もっとも有名な例が、ニワトリで見られる直線的な「つつきの順位」だ。ニワトリの群れでは、だれがだれより優位でだれより劣位かといった社会的な

▲威嚇
あくびのようだが、武器である歯を誇示して威嚇を行っている。

上下関係が、はしご段のように直線的に決まっている。もっとも優位な個体は、生活に必要な資源を優先的に利用できるため、最良の食物や配偶者や巣づくりの場所などを獲得できる。劣位の個体は残った資源を利用し、優位の個体に道をゆずったり、グルーミングをしてやったり、ときには子どもの世話まで手伝ったりしてご機嫌をとる。

　多くの動物では、集団内の順位制はニワトリよりも複雑だ。たとえばオオカミの群れは最上位のオスとメスに率いられており、その下に3つの下位の階級が存在する。それ以外の種では、リーダーにあたる個体が1頭いて、その下に順位の等しい複数の個体がいるという順位制をとる動物もいる。集団内の動物は幼いうちから、あるいはひとつの敷地内に見知らぬもの同士が入れられた瞬間から、互いに威嚇をしたり争ったりして力量を確かめあう。争いに負けて劣位になった個体は、たいていは再び勝負を挑もうとしないので、集団内の順位が変動することはあまりない。だが実際には個体間の優劣を示すはっきりとし

動物の闘争の段階

第1段階　威嚇のディスプレイ

　第1段階として、まずは威嚇のディスプレイで相手に警告を与える。優位な個体は劣位な個体に「私のほうが優位だ」と警告し、なわばりの主は侵入者に「ここは私のなわばりだ」と警告し、被食者は捕食者に「私は自分と子どもを守るぞ」と警告する。威嚇のディスプレイでは、たいていは警告の効果を高めるために（通常はその必要はないが）、自分の持つ武器や、体の大きさ、強さ、やる気を誇示する。大半の対立はこの段階で解消する。威嚇された側は、にらまれただけでたじろぎ、恐れをなして逃げ出すことさえある。

第2段階　儀式的闘争

　威嚇で問題が解決できなかった場合、儀式的闘争の段階へと進む。儀式的闘争は、ふつうは実際の闘争を簡潔にした形で行われる。攻撃する側は手加減し、攻撃される側は傷を負わないように防御する。両者は儀式的闘争を通じてこの後の闘争がどのようなものかを試し、互いの能力を測っている。ふつうはどちらがより強く、よりすばやいかがはっきりしたら闘争は終わり、弱者はそっと去っていく。

第3段階　実際の闘争

　どちらか一方の個体が激しい痛みや恐怖を感じているときには、全面的な闘争に発展することがある。特に、どちらかが物理的に追いつめられたときや、その場にとどまって配偶者や子どもやなわばりを守らねばならないときには闘争にいたることが多い。全面的な闘争が行われても、動物の体には防護の工夫がこらされており、戦いにはしきたりがあるので、けがは最小限ですむ。たとえば体の中で一番噛みつかれたり、激突されたり、蹴られたりしやすい部分の皮膚や骨は頑丈になっている。そのうえ、動物たちは攻撃するときもされるときも、体の柔らかい部分を本能的に守る。

▲闘争
アカカンガルーはボクシングの試合に似た闘争を行う。互いの前足をがっちりと組んで押しあい、相手に蹴りつけるチャンスを待つ。

た印はほとんどないので、観察していても、集団内でけんかなどが生じなければ、順位が存在していることすらわからないかもしれない。けんかが起きたときには、ある人の表現を借りると、印画紙を現像液に浸して像が浮かび上がるときのように順位がはっきりする。集団内で反乱が起こって順位が変動することもあるが、それはどちらかといえば例外的な出来事だ。

　類人猿などの知能の高い動物の集団内では、単なる体の大きさや闘争能力よりも、政治的な要因によって階級が決まる。つまり順位に関係するのは、年齢や、他と比べて年長かどうか、ホルモンの状態、性格、母方の家系、仲間との協力関係などだ。このような集団でも、もめごとが激しい戦いにまで発展することはまれで、けんかが起きたときには、叫び声を上げたり追い払ったりという方法で無傷のうちにすばやく解決されることが多い。動物たちの世界にはこのように激しい戦いを避ける仕組みがあるため、あなたが動物園で見る可能性のある闘争行動は、主に「けがを伴わない闘争」だろう。

🌱 かけ引きが役に立たないとき　　動物が闘争を行う動機は、基本的に自己防衛と、所有物の保護（所有物には物理的な資源だけでなく自分の子どもも含まれる）の2つだ。それ以外には、交尾の権利をめぐる闘争や、親子の対立が原因で闘争が生じることもある。だが、動機が何であれ、ほとんどの闘争は両者をなるべく生存可能な状態に保つために、想定の範囲内の経過をたどるようになっている。

動物たちは確かにまれにしか暴力をふるわないとはいえ、混みあった状態では話が違ってくる。過密状態の例として古くから知られているのが、なわばりを守る習性のある魚の巣を水槽の底に2つ置く実験だ。巣を水槽の両端に置いた場合、魚たちは水槽の中央で出会って、なわばりを守るための威嚇行動をとり、戦わずにそれぞれの巣にもどる。ところが、同じ巣を水槽の中心のほうに移動させると、互いに安らげる場所がなくなるため、魚たちは常に戦い続けるという異常な行動をとり、ついには死んでしまう。この魚の例は、人間にあることを教えてくれている。世界の人口が1日に25万人も増え続ければ、人間にも同じように悲惨な結果が待っているということだ。

性行動

生物の繁殖方法として有性生殖という新たな手法が突然あらわれたのは、それほど大昔のことではない。それ以前は、繁殖にパートナーは必要なかった。生物はただ単に2つに分裂して、自分と生き写しの子どもをつくり出せばよかった。無性生殖で生まれた子孫は等しい遺伝子構造を持ち、本質的に等しい遺伝的利害を持つため、その集合体は最高に調和がとれていた。無性生殖は平和を保つという点では有利だが、新たなものをつくり出す点では不利だった。安定した環境にいるうちは、すべてがうまくいくが、環境がいきなり変化したときには問題が生じる。そのような場合は遺伝子の突然変異によって適応できることが多いが、無性生殖では突然変異が生じないのだ。

新たな遺伝的組みあわせを生み出して、生物をすばやく変化させるためには、2つの異なる個体の遺伝子を結合する有性生殖という手法が必要だ。有性生殖では、精子と卵子が出会って遺伝子が無作為に組みあわさることで、無性生殖よりはるかに高い確率で突然変異が生じ、古くから受けつがれてきた遺伝子構造に新たな展開が生まれる。生じた突然変異が生存に有益だった場合、そ

れは適応的な突然変異だ。その形質を手に入れた幸運な個体は生きのびて、適応的な形質を子孫に伝える。もしもそれが大いに役立つ形質だったときは、その形質は個体群全体にすばやく広まっていく。反対に、生じた突然変異が有害だった場合、その個体は欠陥を抱えることになり、たいていは繁殖に参加することなく死んでしまうため、その突然変異は個体群から消去される。このようにすばやく適応する能力を手に入れたことで、初期の生物は海から出て、陸上や空へ生活の場を移すことができた。現在では何百万種もの生物が、有性生殖によって環境に合わせて進化をつづけている。

　だが、有性生殖には多くの長所がある代わりに短所もある。なかでも一番問題になるのが、有性生殖をする生物は自分だけでは子孫をつくれないという点だ。子孫をつくるためには、それぞれに独立した２個体の体の中にある卵子と精子という小さな細胞を結合させる必要がある。そのためには、自分と反対の性の配偶相手を探して誘引し、自分と同じ種であることを確認して、相手の攻撃性を和らげ、性的関心を持ってもらい、お互いの性周期を合わせなければならない。有性生殖を行うには、このように多くの手順をふまねばならず、さらに配偶者との間に遺伝的・性的な利害の対立が存在するときには、これ以上の対応も必要となる。

❤ 奇妙な恋人たち

　これまで見てきたように、動物は自分と共通の遺伝子を持つ相手と協力しあう傾向がある。しかし、配偶相手との間には共通の遺伝子が存在しない（近親交配を避けるための「規則」）ため、互いに対して本能的に不信感を抱いても、それを抑える要因がほとんどない。そのため、交配のために近づけば近づくほど、両者は性的誘引、恐怖、攻撃性という相容れない３つの力にとらわれてしまう。３つのうち恐怖が他の２つをしのいだときは、動物は後ずさりをして「今から逃げるぞ」という信号を相手に送る。これに対して反対に働くのが前進して相手に近づくという行動で、これは強い性的欲望があることを示す。両者が接近すると、見知らぬものに接近したことに対する反応として、突如として攻撃性が顔を出すこともある。これらの３つの力は互いにせめぎあいながら、ゴム製のバンドのように別々の方向に動物を引っぱっている。動物たちは、逃げたくなったり攻撃したくなったりしても、性的欲望があるためにその場にとどまって相手を攻撃しないでいられる。彼らの内に生

じる葛藤は「ここにとどまる、いや、逃げる」というように頭を前後に動かす行動としてあらわれる。

　動物たちの、行ったり来たり、あるいは逃げたり誘ったりという葛藤をあらわす行動は、長い年月を経るうちに進化し、儀式化されて、定型的で複雑な求愛ディスプレイへと変化した。配偶者候補はこれらのディスプレイを見れば、この行動をとっているものが混乱していることと、この場にとどまっているのが攻撃のためではなく交尾のためだということがわかる。恐怖と攻撃性が中和されれば、せめぎあう感情の中で性的興奮が他をしのぐようになり、オスとメスは、ようやく交尾が可能な距離まで近づける。

▼ 雌雄間で相反する繁殖戦略

　有性生殖という複雑な性的関係の中で自分の遺伝子を残すために、動物のオスとメスはまったく異なる繁殖戦略をとっている。この違いがなぜ生じているかを理解するためには、動物たちの体の奥深くに入りこんで、繁殖に関わる細胞、すなわちメスの卵子とオスの精子に注目する必要がある。この２つの間には驚くほどの違いがあるのだ。人間の卵子は精子の85,000倍の大きさがあるが、卵子のほうがはるかに大きいという点は、イモリからシロナガスクジラまで、すべての種で共通している。当然ながら、ひとつの卵子をつくるには、ひとつの精子をつくるよりもはるかに多くのエネルギーと資源が必要になる。人間の場合は、ひとりの女性が生涯に生産する卵子の数は最大でも400個だ。一方、男性は射精のたびに最大で３億の精子を生産する。だが、ひとつひとつの精子はとても小さいので、それを生産するのにかかるエネルギーはごくわずかだ。

　卵子が受精すると、メスは胚を成長させるためにさらに多くのエネルギーを消費し、そのうえ多くの種では、出産や産卵がすんでからも子どもに投資を続ける。これらの投資に見あうだけの利益を得るには、メスは自分の子どもを守ってくれて、食物を与えてくれそうな最適なオスを選ばなければならない。その一方で、オスはごくわずかな初期投資ですむため、不特定多数のメスと関係をもてば利益が得られる。オスは「質より量」という戦略をとって、できるだけ多くのメスを受精させようと努力する。自分の精子が卵子という目標にいくつかでもたどりついて、自分の遺伝子の50％を持った子どもが生まれ、おとなになるまで成長するかどうかは運まかせだ。メスはそれとは対照的に、ほん

の数頭のオスに運命をかける。

　これらの違いがもっとも明らかになるのは、メスがオスの助けを借りずに自分だけでうまく子どもを育てられる種の場合だ。オスは自分の遺伝子を安心してメスにまかせていられるため、できるだけ多くのメスと交尾することにすべてのエネルギーを費やす。こういった例は特に哺乳類に多い。哺乳類のメスには、母乳を分泌するというオスには真似のできない特別の能力があるため、多くのオスは子育てに関わらないでいられる。哺乳類の95％ではオスが子育てに参加せず、一夫一妻制以外の配偶システムがとられている。

　だが、哺乳類の5％では、両親がそろっていないと子どもをうまく育てることができない。そういった種では、オスは戦略を変えてメスと同じように巣の近くにとどまり、数少ない子どもたちの面倒を見る。たとえば、ライオンの場合は敵から子どもを守るためにオスが必要だし、キツネの場合は授乳中のメスに十分な食物を運ぶためにオスが必要だ。これらのオスがメスを残して去ってしまえば、子どもが生き残る可能性はきわめて低くなる。そのような理由があるため、これらのオスたちは量より質という戦略を選んで、メスのもとにとどまっている。これと同じ理由で、鳥類では90％の種が一夫一妻制の配偶システムをとっている。鳥類のメスは抱卵、抱雛（ほうすう）、給餌といった世話を1羽だけでこなすことはできないからだ。

　人間の西洋文化では一夫一妻制が重んじられており、長期間にわたってつがい関係を維持する動物はよい動物だと考える風潮がある。しかし、偏った結論を出す前に、これらの動物は「真実の愛」を貫いているわけではなく、遺伝子の指示に従っているだけだと思い出す必要がある。動物たちは生存機械であり、彼らの使命は遺伝子プールにおける自分の遺伝子を増やすことだ。もしもオスが、自分の配偶者は自分がいなくても子どもを育てていけそうだと感じたら、すぐにでもメスを置いて去ってしまうだろう。だがそれは、人間の世界でいう放棄とは意味が違うし、メスを気の毒に思う必要もない。両者はただ単に各自の繁殖戦略に従って、自分の遺伝子をより高い地位に押し上げようとしているだけなのだ。彼らのとっている行動は適応的で、だからこそ美しい。

🌱 求愛ディスプレイ

ここまで読んできて、動物たちの「恋のゲーム」がいかに不確実で危ういものかわかった人なら、求愛ディスプレイが重要である

理由もわかるだろう。求愛ディスプレイには、相反する意図を持ち、互いに近づきたくないという本能を持った両性の精子と卵子の結合をうながす不思議な力があるのだ。交尾の前兆であるこの行動を動物園で見る機会があったら、これらのディスプレイがどれだけ役に立っているかよく見るといい。

● メスの求愛ディスプレイ

発情を示す信号：一年中繁殖を行う人間とは違って、多くの動物は決まったときにしか交尾をせず、普通はメスが発情を迎えたときが交尾の時期となる。発情の周期は月に1度という種もいれば、もっと頻度の少ない種もいる。たとえば、パンダの発情期は年にたった2〜3日間と言われている。この短い期間を逃さないように、メスが発情したことをオスに知らせるための間違えようのない（少なくとも他のパンダから見てはっきりした）信号が自然選択を通して発達した。それらの信号は種に特有のものであり、種によっては生殖器が赤く腫れたり、誘惑する態度をとったり、メスの尿中に発情の印である化学物質が含まれるようになったりする。なかには、メスがこのにおい物質を含んだ尿を使って自分の活動範囲（あるいは飼育場）ににおいの名刺を残し、それによって発情までの期間を知らせる種もいる。

すぐには交尾に応じずオスをじらす：メスは発情を迎えてもすぐには交尾に応じないが、それには理由がある。たとえばクジャクのメスは、オスに求愛ディスプレイをさせて恋心を表現させるが、自分は関心などないように食事をしたり、退屈そうにちらりと見たりするだけだ。オスは求愛を断られるたびに、ますますディスプレイの腕に磨きをかけていく。メスはオスのディスプレイの腕前やそれを続けられる持久力から、その個体の健康の度合いや遺伝子型の適応度についてある程度のことを判断しているのだろう。そうやって時間をかせいでいるうちに、メスの体内では生理学的に交尾をする準備がととのうのかもしれない。メスが最終的にしぶしぶ交尾に応じるころには、オスのほうもメスと同程度まで性的欲望が高まっていて、恐怖を感じてもそれを克服しやすくなっているのだろう。

受容あるいは誘惑行動：クジャクと同様の求愛のやり取りは、多くの種で行われている。オスはメスを説得しようと全力をつくし、メスはつがい相手としてのオスの適応度を評価する。メスにとっては、オスの枝角やたてがみがどれ

動物たちが求愛する理由

求愛ディスプレイの機能	効果
相手をひきつける	オスとメスが遠く離れていても、ディスプレイのおかげで出会える。
同種だと確認する	確実に同種とだけ交尾できるので、多種との無駄な交尾にエネルギーを使わずにすむ。
性的に興奮させる	闘争心と恐怖を克服できる。
配偶者としての質を示す	メスにとって、相手のオスがよい遺伝子を持っているか、子どもを育ててくれるかを判断するのに役立つ。
同調させる	オスとメスの生殖周期を同調させる。
準備ができたと示す	交尾の準備ができており、その意思もあることを相手に知ってもらえる。

だけ立派か、肩がどれだけ大きいかということや、他のオスと比べたときの優位性は、そのオスが遺伝的に良質な個体かどうかを見きわめる判断材料となる。それ以外にも、巣づくりや求愛給餌といった信号から、子どもを養う能力を測ることもある。

多くの種のメスは、オスの質を見きわめてつがい相手を選ぶと、受精するための努力を始める。メスはまずオスに対する恐怖心を克服しなければならず、選んだオスは自分よりかなり大きいこともあるので、その場合には特に努力が必要になる（例をあげると、ゾウアザラシのオスはメスの数倍の大きさがある）。恐怖を乗りこえて、ようやく交尾できるまで性的興奮が高まると、メスはそのことを受容の姿勢や誘惑行動によって示す。受容の信号は、たとえば、それまでオスに追われて逃げていたのに逃げなくなる、などの微妙な態度の違いであらわされる場合もある。あるいはもっと積極的に、オスを優しくなでたり、オスに向かって後ずさりしたり、お尻を見せたり、オスの前で身をかがめて誘惑をすることもある。

● **オスの求愛ディスプレイ**

　メスの準備がととのっているか確かめる：哺乳類のメスの尿には、たいてい、発情しているかどうかを知らせるにおいの情報が山ほど含まれている。シマウマやサイ、キリンを含む有蹄類の多くは、メスが発情しているか調べるた

▲求愛
アラビアオリックスは前脚を硬直させて求愛する。フウチョウは逆さにぶらさがって美しい羽毛を誇示する。リクガメは甲羅をぶつけあって相手をひっくり返そうとする。

めに、フレーメンと呼ばれる儀式のような奇妙な行動をとる。オスはメスの下腹部をそっとついて尿を出させ、そのにおいをかいだり、少し飲んだりする。メスが尿を出さないときは、メスの生殖器の周囲のにおいを含んだ空気を鼻で吸いこむ。そして最大の効果を得るために、頭を後ろにそらせて鼻を上に向け、上唇を鼻孔の上までめくり上げて、吸いこんだ空気を鼻孔に閉じこめ、嗅覚細胞によって分析する。においをかいでいるときのオスは、空腹の人が空中にただよう料理の香りをかぐときのように、うっとりと夢見るような顔つきになる。オスはこうやってにおいを分析することで、メスの年齢や性周期の段階、現在妊娠可能かどうかなど、たくさんの情報を得ている。オスにとって、メスがこれから受容可能になるかどうか知っておくことは重要だ。交尾を試みる時期が早すぎれば、鋭い歯で噛みつかれたり、正確なキックをお見舞いされたりするのだから。

他のオスと競う：個体群の中にいる交尾が可能なメスの数は、通常はとても少なくてオスの数とはつりあわないため、オスは競争に勝ち残らなければ交尾の権利を獲得することはできない。この問題を解決する方法として、一部の種は繁殖なわばりをかまえて他のオスの立ち入りを禁じる。なわばりを宣言する

ために、鳥は歌を歌い、カエルは集団で鳴き声をあげ、哺乳類の多くはにおいによってマーキングを行う。これらの信号は競争相手のオスたちに近寄るなと警告する働きをするだけでなく、メスをひきつける働きもする。なわばりにひきつけられて来たメスは、そこが気に入ればそのオスと交尾をして、そのなわばりで得られる食物と隠れ場を利用する。

なわばりには、これ以外にも一夫多妻制をとる鳥類のつくる「レック」というタイプのなわばりもある。レックでは複数のオスが集まって、キャンプ場の区画のように区分されたごく小さいなわばりでディスプレイを行う。それぞれのなわばりの広さは、最大でも数m^2ほどだ。レックをつくる鳥類にはライチョウやクジャク、シチメンチョウなどがいて、これらのオスは他のオスと戦ってディスプレイ用の小さななわばりを保持する。オスたちは、なわばりのそばをメスが通りかかるとショーを開始し、メスの気をひくために他のオスより目立とうとして懸命にディスプレイを行う。この戦いでは視覚によって勝敗が決まるため、もっとも印象的なオスは、印象の薄いオスより有利になるようだ。メスは最も劇的なディスプレイを行っているオスの前で立ち止まり、そのオスを交尾の相手に選ぶ。

メスを獲得するための3つめの戦略は、自分の交尾の相手として一時的にメスの群れを隔離してハレムを形成し、他のオスを近づかせないようにするというものだ。当然ながら、他のオスたちが割りこもうとするため、ハレムの主は大変な努力をしなければならない。1頭のオスを追い払っている間に、他のオスがしのび寄ってメスとこっそり交尾をする可能性もある。ハレムの主が病気になったりライバルに負かされたりして倒れるようなことがあれば、待ちかまえていたオスたちの1頭がすぐにその座を引き継ぐ。

賭けに出る：オスたちの見せる求愛

▶**ハレムの主**
ワピチのオスは、繁殖期になると、さかり声をあげてなわばりを宣言し、メスを誘引する。

動物たちの行動　89

ディスプレイは、自分の技を見せびらかしているだけのように見えることも多い。たとえば、ソウゲンライチョウのオスの出すブーンという声や、ヘラジカが茂みの中で行う角のぶつけあい、タシギの行う命がけの曲芸飛行などがそれだ。だが、彼らは見栄のためにディスプレイを行っているのではない。ディスプレイの目的はメスに強い印象を与えることだが、実際にはそれだけではなく、「ぼくは適応度が高いよ」あるいは「ぼくたちの子どもを捕食者からうまく守れるよ」というメッセージを伝えるためでもある。クジャクがきらびやかな羽毛を見せびらかすのは、寄生虫や病気を持っていないと自慢するためと考えられる。それと同じように、手のこんだ巣をつくったり、メスに食物をプレゼントしたりするのは、「ぼくは家族をうまく養っていけるよ」と伝えるためだ。また、ディスプレイにはオスの長所を売りこむ以外にも、オスの目的が戦いではなく交尾だと伝えてメスの恐怖を和らげる働きがある。求愛のしぐさの中には、攻撃の動作を取り入れたものもあるが、動き方は攻撃のときより明らかに控えめだし、オスがそのしぐさをとることはメスも予測している。ディスプレイの行動はこのように儀式化されているため、メスはそのおかげで気持ちを落ち着かせて、交尾に対する心構えをすることができる。ディスプレイはメスの感情面を変化させるだけでなく、生理的な面でも変化をもたらして、交尾ができる状態にするのに役立っていると考えられ、ことによると排卵をうながしている可能性もある。卵子の支度ができていなければ、せっかくの交尾も無駄になってしまうからだ。

　どのようなディスプレイも、ある程度のリスクを必ずともなう。150 cmもの長さの豪華な尾羽と派手な冠羽を持った鳥は、お目当てのメスにアピールできるが、それと同じくらい捕食者に見つかりやすい。音声やにおいをディスプレイに使う種も、目立つことはできるが敵に居場所を知られてしまう。オスの持つ求愛用の飾りは、敵に見つかりやすいだけでなく、敵から逃げたり獲物を捕らえたりするときにじゃまになる場合もある。たとえばヘラジカのオスは、角のせいでおよそ10 kgも体が重くなっている。ライオンのオスは、重くはないがふさふさのたてがみを生やしているせいで、草の間に隠れていても、動く干し草のかたまりのように目立ってしまう。

　これらのリスクを動物たちがあえて冒しているということは、交尾の成功率という点で、明らかにそれに見あうだけの見返りが得られるということだ。こ

れらのハンディキャップは、メスがオスの適応度を測る際に役立っているらしい。長い尾羽を持っていても敵から逃れられる鳥は、警戒心が強くてすばやく反応する能力を持っているはずだ。ヘラジカの場合は、硬くて大きな燭台のような角を頭につけて森の中を歩き、しかも十分な食物をとれるのなら強いオスに違いない。

けれども、これらのハンディキャップが進化を続ければ、求愛に役立つ以上にリスクが大きくなってしまう。動物たちの中には、求愛用の飾りを大きくする方向ではなく、繁殖期にだけ身につける方向に進化したものがいる。たとえば鳥類の中には、オスの羽毛が繁殖期にだけ鮮やかになるが、それ以外の季節には色あせるものがいる。もっと慎重なタイプになると、求愛用の飾りを、必要なときが来るまで隠しておく種もいる。たとえばグリーンイグアナは、ふだんは緑色の目立たない姿だが、メスが来たときにだけ喉元にある色鮮やかなひだを広げて見せる。

求愛行動のリスクを抑える3つ目の方法は、鮮やかな色を自分の体にまとわずに、巣を自分の体の延長と考えて、そちらを飾りつけるというものだ。ニワシドリとハタオリドリは非常に興味深い鳥で、メスの気を引いて交尾をしたいという気分にさせるために、多大な努力を払って建造物をつくり上げる。アオアズマヤドリはあずまやをつくって、集めてきた青い物で飾りつける。さらに、ベリーの汁などでつくったお手製の青い染料を木の枝にひたして、あずまやの壁に塗りつける。建造物が派手になるほど、鳥自身が派手な色を身につける重要性は薄れる。実際に、ニワシドリの仲間でもっとも手のこんだ建造物をつくる種の羽毛は、もっともくすんだ（そして捕食者にもっとも見つかりにくい）色をしている。

❦ 卵子を受精させる

求愛と同様に、交尾の方法もオスとメスの間で慎重に調整されていなければならない。動物にとって交尾の瞬間は、恐怖と性的欲望が究極に高まったときでもある。というのも、オスとメスが実際に触れあわねばならず、そのうえ多くの種では捕食者にねらわれやすい姿勢をとらねばならないからだ。そのようなリスクを冒して行われる交尾の主な目的は、生きた精子を健全な卵子に届けることだ。何らかの手段によって精子をメスの体内に注入できる動物は、もっとも確実に精子を届けることができる。精子が目的地

を見失ったり、水流に流されたり、日光に焼かれたりしないですむからだ。

　哺乳類の交尾の仕方は、動物の中でももっとも効率がよい。哺乳類のオスにはペニスがあり、メスには膣があるため、メスの体内で守られている卵子のすぐ近くまで、傷つきやすい精子を届けることができる。鳥類の中でもガン・カモ類やキジ目の鳥、走鳥類では総排泄孔（排泄と生殖器官の両方の役割を果たす器官）の中にペニスがある。オスは交尾のときにだけペニスを表に出し、それを用いてメスの総排泄孔の中に確実に精子を送りこむ。それ以外の鳥類と爬虫類も総排泄孔を通してメスの体内に精子を送りこむが、ペニスを使うことはできない。交尾をするとき、オスはメスの背後からマウントして、体の後部をメスの下に来るように曲げ、膨張したお互いの総排泄孔の開口部を合わせなければならない。

　サンショウウオ（両生類）のオスは、これまでのどの方法とも違うやり方でメスに精子を届ける。オスはゼラチン質の軸の上に乗った袋状の精子を地面に落とす。この精子の様子は木の上に小さなゴルフボールが乗ったところに似ている。オスはコンガ（キューバの社交ダンス）のような求愛ディスプレイを行って、その精子の上までメスを導く。メスはその精子の包みを総排泄孔ですくいとる。カエルはこれまでのどの種より確実性に欠ける方法をとる。メスが水中に卵を産み落とすので、オスがその後をついて行って、卵の上から精子をかけるのだ。この方法が成功するかどうかは、産卵と射精のタイミングにかかっている。

　たいていの動物は、交尾や受精が終わると速やかにお互いから離れる。性的な衝動が弱まったことで、心の中に恐怖と攻撃性が再びわき起こるためだ。ライオンのメスは、交尾が終わると、うなったり前足でオスをたたいたりして、ハネムーンがいったん終了したことを知らせる（ライオンのメスが不機嫌になる理由のひとつが、痛みであることは明らかだ。ライオンのペニスには根元のほうに向かって返しが生えていて、ペニスを引き抜いたときにそれがメスの膣を刺激するのだ。この刺激はメスの不機嫌の原因であると同時に、排卵の誘因ともなっている）。こういった「キスしてお別れ」式の戦略をとらないのが、イヌやオオカミ、コヨーテなどのイヌ科の動物だ。イヌ科のペニスは、交尾中にメスの膣内でコブ状に膨張して抜けなくなるため、オスとメスは交尾結合という有名な姿勢をとることになる。オスがマウントの姿勢を解いてメスの背中

から下り、後ろを向いても、生殖器がつながったままなので、両者はお尻をつきあわせた状態で30分間も立っていなければならない。この姿勢は不便で落ち着かないもののように見えるが、交尾を成功させるには欠かせない。オスとメスの生殖器が長時間つながっていることで、オスは何回か射精することができ、受精を成立させるのに必要なだけの精子を注入することができる。

育児行動

　もしも動物園にいる動物の中で、その年の「最優秀親賞」の動物を決めようと思ったら、選ぶのがとても難しいだろう。実のところ、動物の世界にはだめな親などいないのだ。他の鳥の巣に卵を産み落とすコウウチョウも、産まれたばかりの赤ん坊を誤ってふみつぶしてしまうことのあるゾウアザラシも、何年にもわたって子どもに食物を与え、守り、しつけをするゾウとまったく同じくらいに「よい」親だ。子育てのスタイルは動物によって様々だが、それらの行動は他の行動と同じように、その種が生息地に適応して暮らしていくのに何らかの形で役立っていたために進化してきた。生存競争という名の混戦において、苦労して自分の後継者を残せたすべての親は「よい親賞」をもらえるだろう。

　親が子どもの世話をする程度は、子どもがどれほど成熟した状態で産まれるか、孵化するかによって、ある程度決まってくる。離巣性の子どもは早成性で、つまり早い段階で走ったり、採食したり、捕食者から隠れたりすることができる。一方、就巣性の子どもは目も見えず、毛も生えず、自分では何もできない状態で産まれてくるので、親が助けてやらないと厳しい外界から身を守れない。巣や巣穴などの隠れ家がもっとも重要になるのは、この就巣性の動物だ。

動物の育児室
●つくりつけの隠れ家

　カンガルーやオポッサムなど有袋類の子どもは、非常に未発達な状態で産まれてくる。カンガルーの赤ん坊は、産まれたときにはせいぜいインゲンマメほどの大きさしかないが、母親の膣から伸縮可能な袋の中にある乳首まで自力で登っていかなければならない。袋にたどりつくと、子どもはその中で成長し、

▶つくりつけの隠れ家
コモリガエルの背中には卵の孵化施設がついている。卵は背中の穴の中で常に湿り気を与えられ、敵から守られて育つ。

そのうちに袋の口から顔をのぞかせるようになる。子どもはやがて、その可動式の育児室から出て生活するが、乳が欲しくなったり守ってもらいたくなったりすると、どんなに体が大きくなっていても袋に入りたがる。袋の中は子どもにとって安心できる天国なのだが、母親は最終的には天国への出入りを子どもに固く禁じなければならない。

　カンガルーほど有名ではないが、それ以外にもつくりつけの「抱っこひも」を持った動物はいる。たとえば、南米に生息するコモリガエルは、背中の穴に受精卵を入れて持ち運び、乾燥と捕食者から守りながら育てる。ペンギンなど数種の海鳥は、ひとつしかない卵を両足の上にのせてバランスをとり、岩だらけのコロニーで崖から卵が転がり落ちないようにしている。こういったつくりつけの育児室を持たない動物たちは、次善の策として身の周りにあるものを用いて隠れ家をつくる。

● 育児室をつくる
　ある種の動物たちにとって巣づくりは非常に重要な行動であるため、飼育下にあってもその衝動が消えることはない。動物園で飼育されているビーバーはポプラなどの枝を与えられると一心不乱に巣をつくるし、キツネは展示場の土を掘り返して巣穴をつくる。動物園では、これらの巣の中にビデオカメラを仕掛けて、野生ではけっして見られない動物たちの家庭生活を見られるようにしている。その他、鳥類の展示場では高い位置に通路を設けて、鳥たちの巣づくりの様子を見られるようにしてある。動物たちは（通常は春に）数日から数週間かけて巣づくりを行うので、そのころに動物園を訪れれば非常に楽しいときを過ごすことができるだろう。

私たちのまわりでは、たくさんの動物が人知れず子育てをしている。その場所は、地上や地中、水中、木の上、木の幹の中、さらには崖の上と様々だ。動物の中には、他の動物が以前使っていた巣穴を利用するものもいるし、自然にできた木のうろや岩の割れ目に無理矢理入りこむものも、自分で一から巣づくりをするものもいる。巣の形や大きさは、指ぬきのように小さいハチドリの巣から、分譲マンションのような巨大なハタオリドリの巣までと様々だ。プレーリードッグのつくる地下の巣穴のように建築工学の粋を凝らした作品もあるかと思えば、水鳥の多くがつくるような草を集めただけの雑なつくりの巣もある。

　動物たちのつくる巣は、足跡と同じように種によって異なっているので、巣を見れば、つくり主の姿が見えなくても多くはだれがつくったかわかる。同じ種であれば巣の構造は基本的に同じだが、鳥たちは周囲のものを何でも巣材として利用するため、つくり手の好みによってある程度の違いが出る。たとえば、私の勤め先の大学にいるコマツグミは、コンピュータのプリント用紙から切り取られた端の部分が大好きで、それを使って巣をつくる。動物園の鳥の巣にも、よく見ればどこかから拝借してきた巣材が使われているかもしれない。

　動物は巣材を探して巣をつくるが、巣をまとめるために、自分の腺から分泌した液や糞や唾液を利用することもある（美食家の人たちは、世間で珍重されているツバメの巣のスープの材料が、アナツバメの唾液を固めたものだと知ったら驚くかもしれない）。ハイイロアマガエルは地上の捕食者を避

◀巣づくり
多くの動物園では高い位置に通路がつくられていて、自然界の名建築家の技が見られるようになっている。

動物たちの行動

けるために樹上に集まって、メスの分泌する粘液をかき混ぜて泡をつくり、その中に産卵する。卵から孵化したオタマジャクシは、成長してカエルになると泡から出てきて地面に落ちる。

　大きくても小さくても、つくり方が雑でも頑丈でも、すべての巣は子どもが自分だけで生きていけるようになるまで守り育てるためのものだ。巣はそこに暮らす住民の姿をうまく隠し、捕食者から遠ざけ、悪天候から守っている。動物園で巣をじっくり見る機会があれば、その巣のどのような点が子どもの生存に有利に働くのか考えてみよう。親たちは、うまく機能する巣をつくれば、遺伝的な不死を少しばかり手に入れることができるため、巣づくりがどんなに大変でも公正な見返りを得ている。

🌱 誕生

ゾウやキリンの赤ん坊は、産まれたとたんにびっくりすることになる。キリンの赤ん坊は、場合によっては1.5m以上の高さから産み落とされるのだ。その衝撃によって赤ん坊は呼吸を始めるが、体を痛めることはないようだ。クジラやイルカなど水生哺乳類の赤ん坊は、キリンよりはるかに穏やかに産まれてくる。産まれて初めての呼吸をするのに助けがいるときは、母親に優しく持ち上げられて海面へ浮かぶ。地上の動物では、哺乳類の母親は産まれた子どもをなめて胎盤の組織などを取りのぞくが、これは分娩時のにおいを消すと同時に、体毛を乾かして体が冷えないようにするためだ。母親は鼻づらをなめて呼吸をうながしたり、肛門をなめて排便をうながしたりすることもある。捕食者にねらわれる危険がある場合は、赤ん坊のにおいを最小限に抑えるために、赤ん坊の糞を食べることもある。

　鳥類とほとんどの爬虫類、両生類は、母親の体内ではなく保護効果のある卵の中で成長する。鳥類は自分の体温で卵を温めるため、種によっては抱卵の時期になると胸部や腹部に羽毛が抜けて薄くなった抱卵斑という部分ができるので、この部分で卵を温める。大半の種のひなは、卵の殻から脱け出るための鋭い「卵歯」をくちばしに持って産まれる。卵から抜け出るという最初の難関を突破するには、へとへとになるほどの努力が必要だが、この作業を親が手伝うかどうかは種によって異なっている。

　アリゲーターは水辺の植物をこんもりと積み上げて巣をつくり、その中に自分の卵を埋める。植物は腐敗して堆肥のように熱を発するので、その熱で卵を

温めるのだ。母親は定期的に巣の温度を確かめて、水をかけたり、日陰をつくったり、植物を取りのぞいたりして温度を調節する。孵化する温度で性別が決まるため、温度の調節は、個体群の性比のバランスを保つうえできわめて重要だということがわかっている*。アリゲーターの母親は、何らかの方法で巣の中をちょうどよい温度に保ち、孵化する子どもの性比のバランスをとっている。赤ん坊は、孵化が近くなると卵の中で大きな声を上げるので、母親はその声を聞いて巣にかけつける。そして腐葉土の山の中から卵を掘り出して、殻を割るのを手伝ってやり、赤ん坊を口の中に入れて、傷ひとつつけずに水辺まで運んでやる。

それとは対照的に、ほとんどのカエル、サンショウウオ、ヒキガエルは「産みっぱなし」という戦略をとる。湿り気のある安全な場所に、保護用のゼリー状の物質や殻に包まれた卵を産みつけるのだ。卵と孵化したばかりの子どもは、どちらも捕食者の格好の餌食になってしまうため、そのうちの数匹でも生きのびておとなになることを期待して膨大な数の卵を産む。ヘビの中には子どもを赤ん坊の姿（おとなの小型版の姿）で産む種もいれば、卵を産んでそれを地面に埋め、あとは放っておく種もいる。いずれの方法をとるヘビも、遺伝子を子孫に受け渡したら、世話を焼いたりせずにすぐに別のことを始める。

❤ 自分の子どもを識別する

動物の中には、膨大な数の子どもを産んで自力で生きさせ、生き残りに賭けるものもいるが、ごく少数の子どもを産んで、その子を育てることにエネルギーを注ぐものもいる。鳥類では多くの場合、子どもがまだ卵の中にいるうちから母と子の交流が始まる。子どもが卵の中でピーピー鳴き声を立てると、母親は早く出ておいでというように鳴き返す。親子

---

*カメ類、ワニ類、トカゲ類などの爬虫類は、哺乳類や鳥類と異なり、性染色体によって遺伝的に性が決まる種ばかりではない。未分化の生殖腺が発生の途中で温度によって精巣か卵巣のどちらかに分化する（性が決定する）種が知られている。性決定には大きく3つのパターンがあり、(1)低温でメス、高温でオスの割合が高くなるFM型（Female-Male）、(2)低温でオス、高温でメスの割合が高くなるMF型、(3)低温と高温でメス、その中間でオスの割合が高くなるFMF型がある。メスが産まれる温度とオスが産まれる温度は種で異なり、双方に移行する温度の幅（この間ではオスとメスの両方が産まれる）も様々であることから、性が決まる温度領域は、種の生息環境に適応して変化してきたと考えられる。アメリカアリゲーターは、FMF型の性決定様式を持ち、28〜31℃でメス、32〜34℃でオス、35℃以上でメスになる。

間のこの穏やかなやりとりは、数日から数週間にわたってひっきりなしに続けられる。

　動物の中でも、とりわけ哺乳類の親は自分の赤ん坊をよく知ろうとし、その手段としてグルーミングをよく行う。母親は赤ん坊の身づくろいをしたり抱きしめたりしながら、その声やにおいや、おそらくは皮膚の味を記憶する。このように産まれてすぐの時期に自分の子どもを判別できるようにすることはきわめて重要であり、とりわけ、後になってよく似た子どもたちの群れからお互いを見つけなければならないときに必要になる。

　多くの種の子どもは、産まれて数時間から数日の間に初めて目にした動く物体に執着し、生涯その物体を「母親」として認識する。これは刷りこみと呼ばれる過程で、動物の子どもは、この刷りこみのおかげで空腹を感じたときや困ったときにだれのところに走ればよいか正確に学習できる。困ったことに、出生後に目にするものによっては、それが人間やイヌでも、トラックや三輪車であっても刷りこみは容易に生じてしまう。

　この刷りこみは、動物がおとなになって配偶者を探すときにも影響する。ある研究によれば、ハクチョウが配偶者として選ぶのは、外見が自分の親にある程度似ているが（これによって確実に同種を選べる）、ある程度以上異なっている個体だという。親とそっくり同じ個体を避けることで、近親者との交配を避けているのだ。このことから、人間の近親相姦罪について考えた人もいるだろう。人間が近親者との結婚を嫌悪するのは、文化的に許されないだけでなく、ことによると生物学的な理由があるのかもしれない。

🌱 親の仕事はきりがない
●子どもを清潔に保つ

　動物たちの世界にはおしりふきも綿棒もないが、それでも哺乳類の親は自分の子どもを清潔に保ち、においを発したり寄生虫がついたりしないように気をつけている。ネコは頑丈な舌でなめることで体毛を清潔に保ち、霊長類はしなやかな指で毛をかきわけてゴミを取りのぞき、シマウマなどの有蹄類は体についたゴミを歯でかじり取る。群れを形成する哺乳類にとって、グルーミングは母子間のきずなを強固にし、その後も仲間とのきずなを強める接着剤のような役割を果たしている。動物たちは巣や巣穴の中をとりわけ清潔に保っておかね

ばならない。というのも、不潔にしておけば病原菌や寄生虫が増加し、においによって捕食者に居所がばれてしまうからだ。そのため、多くの哺乳類は赤ん坊の糞を食べて始末するし、鳥類はひなの出す膜に包まれた糞を巣から離れたところへ捨てに行く。

● **食事を与える**

哺乳類は備えつけの給餌装置ともいえる乳房を持っているため、巣穴から出なくても、脂肪分を含んだ良質で栄養のある食物を子どもに与えることができる。アメリカクロクマは、冬眠から完全に目覚める前から赤ん坊に乳を与え始める。食物を巣穴の中まで「持ちこんで」いるおかげで、寒い戸外へ出かけずにすむ。

鳥類は授乳という便利な手段をとれないので、自力で採食できないひなを育てる親は、食物を探すために頻繁に巣を離れなければならない（大半の鳥類で両親がそろっていないと子育てができないのはそのせいだ）。育ちざかりのひなは、大きく開いたくちばしと胃袋でできているようなものだ。肝心の口の中へまちがいなく餌を入れてもらえるように、ひなのくちばしの内側は、たいてい鮮やかな色やしま模様になっている。親は大きく開いたひなの口を見ると、強烈な本能によってそこへ餌を入れねばならないと感じるため、何時間でも食物を探しつづける。多くの鳥類は、ひなのためにわざわざ特別なベビーフードを集めてくる。たとえば種子食性の鳥は、普段の食物とは違うタンパク質の豊富な虫を捕らえてくる。猛禽類は捕らえた獲物をひな用に特別に小さくちぎって与える。海鳥の親は魚を食べて吐き戻した調合食をひなに与える。

哺乳類の親も鳥類の親も、いずれは子どもに授乳したり餌を与えたりするのをやめなくてはならない。オオカミやキツネの親は、子どもに与える食物を乳から固形の食物に変える間のつなぎとして、自分で食べて消化した食物を巣穴で吐き戻して与える。最終的には捕らえた獲物のところまで子どもたちを連れて行き、狩りに参加するようにうながす。鳥類の親が給餌をやめるときは、すっかり成長した子どもがくちばしを大きく開けても無視したり、飛んで離れていくまで脅したり、ときには荒々しく追いはらったりする。

この乳離れや親離れの時期は、親と子の「利己的な遺伝子」によって生じた利害対立をさらに強める。次の子どもを産む準備を始めている親は、子どもに

これ以上の資源を与えるゆとりはない。ところが子どもにとっては、もう自分で食べていけるようになっていても、できるだけ長く親に餌をねだったほうが得になる。子どもがねだって親が拒否して、をくり返すにつれて、その頻度は少なくなっていき、やがて子どもは強制的に自立させられる。

● **温度を調節する**

多くの種の子どもは、産まれたばかりのころは自分の体温を保てない。羽毛や体毛がまだ生えそろっていなかったり、体が小さいために体に対する表面積が大きすぎたりして、体内でつくる熱量が、放出される熱量に追いつかないからだ。一方で、産まれたばかりの子どもは体温を下げることも苦手なため、直射日光にさらされればすぐに体温が上がりすぎてしまう。

そのため、忙しい親たちは手が空いたときには巣の中を適温にする努力もしなければならない。気温が低いときには巣に留まって、湯たんぽのように自分の体温で巣を温める。それ以外にも、巣の中に胸の部分の綿羽を敷いてすき間風を抑え、巣の保温性を高めたりする。ワシなどの猛禽類は、気温が高いときに翼を広げて巣に日が当たらないようにするので、その様子を注意して見てみるといい。

● **砦(とりで)を守る**

力強いライオンでさえ、子どもたちが歩きまわっているときには捕食者が来ないか見張っている必要がある。親がどんなに強い動物でも、その子どもは捕食者の格好の餌食だ。子どもたちは親ほど速く走ったり、自分の身をうまく守ったりすることができないため、特にねらわれやすい。どのような動物も子どもを失うことがあるため、それを食い止めるために、親たちは防御行動を進化させなければならない。どんなにおとなしい動物も、子どもの命が危険にさらされれば、ホルモンと本能の働きによって捕食者の手ごわい敵となる。

鳥類は子どもが卵のうちから防御のための作戦を開始する。巣にしっかりと座って卵を守ったり、歌や鳴き声で侵入者に近寄るなと警告したりするほか、種によっては魅力的なディスプレイを行って捕食者の気をそらす。親鳥がけがをしたふりをして捕食者に自分をねらわせ、卵やひなに関心が向かないようにするのだ。捕食者は楽に捕らえられる獲物を選ぶように条件づけられているの

で、「傷ついた」獲物を熱心に追いはじめる。演技をしていた親鳥はぎりぎりの瞬間に飛んで逃げるので、捕食者は腹ぺこで置き去りにされ、そのうえ巣の存在すら知らないままで終わる。捕食者にとって、いったん見つけた獲物の巣はネオンサインを灯したレストランのようなものだ。足しげくその巣に通っては、親の目を盗んでメニューの全品を平らげてしまう。巣を見つかってしまった親鳥は、別のところに新たな巣をつくり直したり、巣を完全に放棄したりする。あなたが自分の家の庭や森で鳥の巣の中の卵をどうしても見たいと思ったときには、このことを思い出すといい。巣の安全をおびやかす行為は、それが善意から来たものであろうと、親鳥に多大なストレスを与える。巣をつくり直したり新たな場所を探したりという行動は、親鳥に貴重なエネルギーを使わせて、ひなへの給餌に使うエネルギーを奪うことになる。

　動物園では、妊娠中のメスは展示場に出すのをやめて、安心できる静かな環境で子どもを産ませてやることがある。特に絶滅の危機に瀕した種や神経質な種の場合にはそうすることが多い。そのうえ24時間体制で監視を行い、母親と赤ん坊を保護するためにあらゆる努力をする。これらの努力が実を結べば、訪れた客は動物園で最高に価値のある体験のひとつをすることができる。すなわち、この世から急速に姿を消しつつある種の元気な赤ん坊を見るという、うれしい体験ができるのだ。

● 子連れで外出する

　動物の親は移動するときに、短い脚でついてくる子どもを待っていられないことがある。ネコは子どもを連れて移動するときに首筋を噛んで運ぶが、不思議なことに、外科用メスのような鋭い歯にもかかわらず子ネコに傷をつけることはない。子ネコのほうも首筋を噛まれると本能的に体の力を抜く。ハタネズミも同じ方法で子どもを運ぶが、首筋ではなく腹部を噛む。子どもを噛んで運ぶ方法として一番変わっているのがクマの方法だ。クマは子どもの頭部を丸ごと口に含んで運ぶ。まるでサーカスの芸当だが、心優しいクマの母親にとっては便利な方法のようだ。

　それ以外の動物では努力をするのは子どものほうで、母親が走ったり、木から木へ飛び移ったり、湖を泳いだりする間は母親の背中に乗ってしがみついている。アビやハクチョウのひなは、母親の背中に乗って心地よい翼の間に身を

▶子連れで外出
トガリネズミの子どもたちは、手をつないで遠足に出かける小学1年生のように、前に並んだ兄弟の尾を噛んで母親の後ろに列をつくって移動する。

隠す。霊長類の赤ん坊は、母親の背中におぶさるかお腹にぶらさがって、母親の動きに合わせて時々ぶらぶらと体を揺らしている。カンガルーをはじめとする有袋類の子どもは、母親のお腹にあるつくりつけの袋に入って運ばれるが、おかしいほど体が大きくなってからもそれを続ける。カモのひなたちは、母親からはぐれずにいる最良の方法は、後ろに列をつくってどこへでもついていくことだと知っていて、それを実行している。トガリネズミの子どもも同じように隊列を組むが、こちらは前にいる兄弟の尾を噛むという方法をとる。シロイルカの子どもは1頭だけだが、母親のすぐ後ろを「尾行」して、母親の泳ぎによって生じた後流を利用する。

● 子どもを教育する

　動物の親が子どもたちを教育しているのか、それともただ手本役を務めているのか判別するのは難しい。子どもは親を見ることで、食べるべき植物や水場の場所、危険の避け方、獲物の捕らえ方、さらには寝る場所の選び方を学んでいることも多いだろう。とはいえ、種によっては、親がより直接的に教育を行う場面もあるようだ。子どもが危険なことをしているときに、親がしかったという観察例があるからだ。それ以外にも、親は子どもに周囲を探検させたり、子ども同士で遊ぶように仕向けたりする。ことによると子ども同士の遊びは、生きるための複雑なかけ引きを身につけるのに最適の方法なのかもしれない。

共同繁殖と託児システム

　人間が考えついたその他多くの発明品と同様、子どもたちを集団で育てる託児システムも、人間が開始する以前から自然界に存在していたようだ。フラミンゴやペンギン、ダチョウ、キリン、イルカ、クロコダイルをはじめとする多くの動物は、他のおとなに自分の子どもをしばらく預けて出かけることがある。子どもを預けることで、親たちは最良の食物を探す自由を得て、成長期の子どもにそれを還元することができる。親の代理として子どもの面倒をみてくれるのは、いったいどのような個体なのだろう。ベビーシッター役は、子どもの親たちがランダムな順番でつとめる場合もあれば、親と血縁関係にある非繁殖個体がつとめる場合もある。

　これは利他的な行動に見えるかもしれないが、ベビーシッター役の個体は姪や甥や兄弟の世話をすることで、相手の中にある自分と共通の遺伝子を増殖させようとしているにすぎない。彼らの目的が遺伝子の増殖なら、どうして自分で子どもを産まないのか不思議に思う人もいるだろう。密度が許容量に達して安定している生息地では、その年に性成熟に達した若者が自力で繁殖を行えるほど、巣づくりの場所や食物が十分にはないこともある。若者たちにしてみれば、狭苦しい場所で無理に繁殖を行うよりも、今年は繁殖しないで、その間に子育てのコツを身につけ、次の年にうまく子どもを育てたほうが得になる。

　それ以外にも、子育ての手伝いをすることで、その個体の「評判」がよくなるという可能性もある。寿命が長くて知能の高い動物は、だれが子育てを手伝ってくれたか覚えていて、将来その個体が困ったときには進んで助けに来てくれるのかもしれない。人間の社会も、これと驚くほど似た原則によって成り立っている。現代の人間は森の中のゴリラのような暮らしをしているわけではないが、善行は人間社会においても遺伝的に理にかなっているのだ。

飼育下における行動

　多くの人は「野生」という言葉を自由と同意語だと思っているが、現実の動物たちの暮らしはそのようなものではない。野生動物は実際には行きたいところへ自由に行くことはできない。彼らの行動は競争相手や捕食者、防衛可能なわばりの面積、それから自分自身のエネルギー収支によって制限されてい

る。動物が自由に歩きまわるのは、実際にはどうしてもそうしなければならない理由があるときだけだ。もしも遠くへ行かなくても必要な資源をすべて手に入れられるのなら、それに越したことはない。彼らはなわばりにマーキングをすると、においでつくった「檻」の中に自らとどまって満足する。

　動物園では、通常は展示場の面積よりも質(植えられている植物や他の動物、水場などの要素)のほうが重要になる。ところが残念ながら、いまだに見世物小屋や、サーカスや、檻に動物を入れただけの旧式の「動物園」は存在しており、そういった施設では、動物たちを狭苦しくて刺激の少ない、面積・質ともに不十分な檻に入れている。そのような環境にある動物は、異常行動をとる可能性が高い。

異常行動の原因

　動物が異常行動をとる原因は、(1)恐怖を感じるが逃れられない刺激に対処するため、あるいは、(2)生活に刺激を与えるため、であることが多い。これらの原因によって異常行動があらわれるメカニズムを理解するためには、その動物の自然界での暮らしぶりについて考える必要がある。

好奇心の強い性質

　動物の中でも、ムシャムシャとササを食べるパンダや、アリを食べるアリクイなどの特殊化した食性を持つものたちと、捕食者界のトップに立つライオンなどは、ある点が共通している。どちらも明確なニッチを持ち、特定の食物以外の食物を探して時間を無駄に使わずにすむ。こういったスペシャリストたちは、食事や狩猟の合間には横になってくつろいでいられる。彼らの神経系はなまけられるようにできているので、動物園で何もせずに毎日を過ごしても不満を感じることはない。

　一方、日和見的な食性を持つ動物たちは、特定の食物を食べるのではなく、その場その場の状況に応じて食物を得ている。彼らは食物や配偶相手を求めてさまよい歩いたり、強い好奇心を発揮してすみずみまで調べてまわったりする。そして新たな発見をするたびに、生きのびるのに有利となる強みを手に入れられる。こういった新奇探索傾向のある(新しもの好きの)動物には、オオカミやアライグマ、ハナグマ、テン、マングース、サル、類人猿、それからも

ちろん人間などがいる。スペシャリストとは違って、これらの動物は必ずしも動物園での安楽な暮らしには満足できない。こういった動物たちの神経系は常に緊張状態にあり、常になわばりのパトロールをしたり、生息地内を調べたりするように動物をかり立てるからだ。

狭くて単調な展示場

　無味乾燥な檻の中をパトロールしても、動物たちは物足りなさを感じるだけだ。自然界では、角を曲がるたびに思いがけない出来事や障害物や新たな何かに出会うため、それが探索を続けるきっかけとなって、常に緊張感を保っていられる。ところが、がらんとした展示場にはほとんど刺激がないうえに、すぐになわばりの端にたどりついてしまう。時には、もっと先へ進もうというしぐさを見せるものもいるが、努力は無駄に終わる。やがて、展示場の中を儀式のように歩く行動は形式化して、変更がきかなくなってくる。クマの展示場では、行ったり来たりするクマの道筋がわだちとなって残ったり、向きを変えるときに毎回前足をつく壁に染みがついたりする。彼らは時に八の字や円形を描きながら、同じ道筋をいつまでもたどり続ける。そのうちに、これらの常同化された行動にはリズムが生まれ、たどる道筋は角をなくして丸みを帯びてくる。

　この行動の常同化は、求愛ディスプレイが儀式化する過程とよく似ている。これまでに述べてきたように、求愛行動をとっている動物は、逃げたいという衝動とその場にとどまりたいという気持ちの板挟みになっている。彼らは逃げようとするが、その衝動が抑えられるため、結果として頭を大げさに振る行動をとることになる。ゾウが体を揺らしているところや、クマが音楽に乗るように体を前後に揺らしているところを見たら、その行動は、逃げるところがないのに逃げようとする行動が様式化されたものかもしれない。特に、非常に狭い檻に閉じこめられているサーカスの動物は、こういった常同行動を示すことが多い。その動物たちを、広い展示場や生息環境を再現した刺激の多い展示場に移すと、たいていは常同行動を示さなくなる。けれども人間の神経症の多くと同じように、不幸な過去のせいで傷ついた心は、どんなに豪華な施設を与えられても癒せない場合もある。

🌱 閉じこめられることによるストレス

　動物園の動物の中には、退屈さに耐えきれなくなって生活の中に複雑さを取り戻そうとするものがいる。新たな運動パターン（ロープにつかまって何時間も回るなど）を考え出したり、反応可能な刺激を生み出したりするのだ。チンパンジーが客に向かって糞を投げるのは、反応できるような騒ぎを引き起こしたいからだ。クマが客に餌をねだるのは、お腹がすいているからではなく、客との交流を強く欲しているからだ。ネコ科の動物が肉の切れ端を何度も宙に投げるのは、それを生き返らせたいからかもしれない。それと同じように、退屈した動物は同じ展示場にいる配偶者につきまとったり、誘惑したり、性的ハラスメントを加えたりすることがある。

　それ以外にも、動物たちは刺激を渇望するあまりに、故意ではなく互いを傷つけてしまうこともある。親たちは育児行動を過剰に行うようになり、子どものグルーミングをしすぎて傷を負わせてしまったりする。さらに、自分のグルーミングをしすぎて、いらいらのあまり自分の肉を噛みちぎってしまうこともある。木を噛む習性を持った鳥は、その衝動を向ける対象がないと自分の羽毛を噛むようになる。その他、性的に活発になりすぎて、配偶者を乱暴に扱ったりする動物もいる。動物園では、多くの場合、適切な展示場を設計したり、動物たちの身体的・社会的・精神的ニーズに常に注意を払ったりすることで、これらの異常行動を防ぐことができる。

🌱 不適切な仲間

　これまで説明した原因の他に、社会的に不適切な環境も異常行動の原因となりうる。ひとつの展示場に入れる個体数が多すぎると、攻撃性が増すことがあり、特に、競争心の高まる繁殖期には攻撃的になりやすい。優位な個体のかんしゃくから逃れる場所がないと、劣位な個体はストレスと不安のあまり死んでしまうこともある。その一方で、霊長類やシマウマなど群れで暮らす動物は、仲間がまったくいない環境では元気がなくなってしまう。動物園の管理者たちは、動物を本来の群れの単位で飼育場に入れると、過食や食欲不振、性欲の減退、全般的な無気力といった問題を軽減できることを知っている。

　その他、しつけや教育の欠如も、その個体が成長したころになって異常行動の原因となることがある。たとえば、母親の教育を受けずに育った若いサル

は、親になっても赤ん坊の育て方がまったくわからない。飼育下で与えうる最良の環境においても、育児を放棄したり赤ん坊を虐待したりして、きちんとした育児ができないことがある。動物を保護して人の手で育てることは、必ずしも最善の策ではない。人間に育てられた動物は人間に刷りこまれることがあり、そうなると死ぬまで人間のことを母親や競争相手だと思ったり、ひどいときには配偶者だと勘ちがいしたりしてしまう。

個人でできること

動物園にいる有能な専門家たちは、飼育環境が引き起こす行動の危険性を十分に認識している。もしもあなたが動物園で異常行動が生じていることに気づいたら、飼育係にその行動の意味をたずねて、それをやめさせるためにどのような対策をとるつもりか聞いてみよう。飼育されている動物たちはとらわれの身ではあるが、囚人のように過ごさねばならないわけではない。ストレスのない刺激に満ちた環境を動物に与えてほしいと言う人が増えれば増えるほど、動物たちはよりよい暮らしを送れるようになる。

観察編
動物の行動の意味を読みとる

アフリカのジャングル、平原、川に住む動物

112 アフリカのジャングル、平原、川に住む動物

ゴリラ
Gorilla

　動物園の屋外展示場で野生に近い環境にいるゴリラを見ていると、それまでゴリラに対して抱いていた先入観はどこかへ吹き飛んでしまうだろう。ハリウッド映画によってつくられたイメージとは違って、本物のゴリラは内気で引っこみ思案だし、動き方も重たげだ。この動物が人間をさらったり、超高層ビルによじ登ったり、飛行機をたたき落としたりしようとするわけがない。映画の中のゴリラのイメージがどれほど的外れなのか知りたければ、早起きをして開園直後の動物園に行ってみるといい。

　暖かな朝日を浴びながら、ゆっくりとした動作で草の間に落ちた食べ物を根気よく探しているゴリラたちの姿が見られるはずだ。彼らは満足そうにげっぷに似た音（げっぷ音）を交わしあっている。こちらには、家族で食事中のゴリラもいる。凶暴だとされているオスも、敵がいないとわかっているのでくつろいだ様子で家族を見守っている。ゴリラの子どもたちは、貫録たっぷりの大きなオスに近づこうと大騒ぎだ。子どもたちが体にぶらさがったり毛を引っぱったりしても、オスは怒るどころか優しく相手をしている（このようにオスが優しいおかげで、野生の群れでも最も弱い個体がオスに守られてすごし、そのことが生存率の上昇につながっている）。やがて真昼の太陽がぎらぎら照りつけるころになると、ゴ

◀子どもの世話
ゴリラの母親は、何時間もかけて自分の子どもをじっくり観察する。

特 徴

目
霊長目

科
ヒト科

学名
Gorilla gorilla

生息場所
低地あるいは山地の熱帯雨林

大きさ
身長 140 ～ 190 cm
胸囲 120 ～ 175 cm

体重
オス 135 ～ 275 kg
メス 70 ～ 140 kg
動物園での最大記録
　　　　　　350 kg

最長寿記録
50 年

リラたちは一頭また一頭と動きを止めて、伸びやあくびをしながらワラで寝心地のよさそうなベッドをつくって昼寝を始める。

　この平和的な動物が、長いこと「自然界で最もどう猛な獣」と呼ばれていたのは、いったいどういうわけなのだろう。もちろん、そう呼ぶことが人間の利益につながったからだ。サーカスは「凶悪な殺人ゴリラ」を登場させれば記録的な数の客を集められたし、ハンターは旅先で「血に飢えた獣」をしとめたと言えば、友人たちから勇気を認めてもらえた。その結果、ゴリラに対する恐怖心や先入観が私たちの文化の中に深く根づいてしまったのだ。イギリスの子どもたちに嫌いな動物をたずねた調査で、ヘビやネズミと並んでゴリラが上位にランクインしていたのも、それほど昔の話ではない。

　その後いくつかの優れた研究が行われ、動物園において啓発の努力が行われたおかげで、ゴリラに対する人々の見方は少しずつ変化してきた。ダイアン・フォッシー（ゴリラの研究者で『霧のなかのゴリラ―マウンテンゴリラとの13年』〈早川書房〉の著者。その生涯は映画化もされている《愛は霧のかなたに》）が10頭あまりの野生のマウンテンゴリラの群れに囲まれて、仲間として受け入れられている映像など、保護活動家たちの撮影したゴリラの映像も、ゴリラが獰猛だというイメージを正すのにいくらか役立った。フランシーヌ・パターソン博士の行ったココという名の若いメスゴリラの研究は、賛否両論あるものの、フォッシーの映像と同じように、人々がゴリラに対して抱く「不気味な獣」というイメージを変える力があった。パターソン博士は1970年代の末に、アメリカの聴覚障害者の使う手話をココに教えたのだ。ココは7歳になるころには、645個の言葉を使って複数の研究者たちと「会話」することができた（手話で「ひとり言」を言ったり、ほかのゴリラに「話しかけ」たりすることもあった）。パターソン博士によると、ココは現在の出来事や今ある物についてだけでなく、過去の出来事についても話すことができたという。これは人間にしかできないと思われていたことだ。

　パターソン博士の研究結果はいまだに論争の的となっているが＊、その結果からは、木々の間から私たちを見つめるゴリラが、想像以上にものを考えてい

＊ココの研究は公的な研究機関でなされておらず、研究発表も査読を受けた論文誌では報告されず、実験結果はすべてが報告されるのではなく選択的に発表されている点などが批判を受けている。

るかもしれないということがわかる。ゴリラにスタンフォード・ビネー式の知能検査を（手話で）受けさせたところ、ＩＱ85〜95という結果が出たという。これは人間の平均的な子どもの結果とほぼ等しい。この検査が人間向けにつくられていることを考慮すると、この結果は大いに注目に値する。たとえばゴリラは「雨が降ったらどこへ行く？」という質問をされても、「家」という答えは思いつけなかった。検査上は不正解で点はとれなかっただろうが、ゴリラとしては「木」という答えのほうが、より理にかなっていて正解なのだ。

一般の人々がゴリラの知能について話しあうのは歓迎すべきことだ。以前も学者たちがクジラの知能を調べはじめたとき、捕鯨反対運動に驚くほどの進展があった。人は、ある動物が自分の身に起きていることを理解できているということを知ると、その動物に対して、より強く感情移入する傾向があるのだ。クジラの場合と同じように、ゴリラのまなざしにも人々の心を動かす力があるかもしれない。この美しく傷つきやすい生物が窮状から抜け出せる日が早く来ることを願っている。

基本的な行動

移 動

ゴリラは人間とよく似た体つきをしているが、体の大きさに比例して腕が長く、上半身（胸と肩と首と頭）は人間のものよりもずっと大きくて重い。四足で歩くときは、長い腕を前脚として使う。そのときは手の平を地面につけるのではなく、指を曲げて地面につけるナックルウォークという歩き方をする。脚の動かし方は、対角線上の前後の脚を同時に動かす斜対歩法で、歩いたり、早足で歩いたり、走って早く移動することもできる。動物園では若いゴリラが木に登っているところをよく見るが、年をとって体が重くなるにつれて、高いところへはあまり登りたがらなくなる。

採 食

ゴリラはいくつかの亜種に分かれており（ニシローランドゴリラ、ヒガシローランドゴリラ、マウンテンゴリラ）*、湿気の多い谷間から、空気が薄くて盆栽のように矮生化した木しか生えない高山まで、様々な標高の場所に暮ら

している。低地の多雨林、高地の多雨林、竹林にいることが多く、その中でも野火や暴風で植生が被害を受けて再生中の開けた場所を好む。そのような開けた場所には日の光がたっぷりと注いで、みずみずしい葉や茎や新芽や果実が育つため、座ったままで手を伸ばせば楽に食物が得られる。ゴリラは草食性で、体重200 kgの個体が十分な栄養をとるためには、一日あたり最大で32 kgの食物を半日以上の時間をかけて食べる必要がある。都合のいいことに、彼らは常に食物に囲まれて暮らしているため、移動に大量のエネルギーを使う必要がない。一日に移動する距離はたいてい800 m以下で、のんびり歩きながら食物をつまんで食べたり、草木の茂った場所に座りこんで、大きな腕で届くかぎりの食物を引きよせて食べたりする。青々としげった植物を食べていれば一口ごとに水分がとれるので、水場で水を飲む必要はほとんどない。

　ゴリラが食事をするところを見ていると、食べることを楽しんでいるのがこちらにも伝わってくる。彼らの立てる舌鼓の大きな音や満足げなムシャムシャという音を聞いていると、こちらまでお腹がすいてくる。ゴリラが生息環境とのバランスを保ちながら暮らしていけるのは、選択的な食べ方をしているからだ。彼らはある場所の植物を根こそぎ食べつくすことはなく、決まった植物の決まった部位だけを食べて移動していくので、植物はまた伸びることができて食べ跡も元通りになる。

　動物園でゴリラが食べ物を扱っているところを見たら、人間に似た器用な手をじっくり観察するといい。ゴリラの親指は人間と同じようにほかの指と向きあうようになっているので、竹でも仲間の手でも、何でも握ることができる。また、その他の多くの霊長類に比べて親指とほかの4本の指の位置が近いため、このことからも人間に近いということがわかる。

ひとり遊び

　人間と同じように、ゴリラは（特に若いゴリラは）次から次へといろいろな遊びを思いついて夢中になって遊ぶ。展示場のロープやつるにぶらさがってくるくる回ったり、宙返りをしたり、登ったり、ジャンプをしたり、草や木をた

＊以前は1種3亜種とされていたが、最近ではニシゴリラ（ニシローランドゴリラとクロスリバーゴリラ）とヒガシゴリラ（マウンテンゴリラとヒガシローランドゴリラ）の2種に分ける説もある。

▶ゴリラのベッド
枝や葉を自分のほうに引きよせて折り曲げ、弾力性のあるベッドをつくる。

たいたり、両ひじをつきだして走ったり、おなかで斜面をすべったり、自分の体をじっくり調べたりして自分だけの世界に入りこむ。展示場に水場があれば、その中を歩いたり、水面をバシャバシャたたいて水をかけあったりすることもある。展示場に何か目新しいものがあるとすぐにそれで遊び始めるが、人間の子どもと同じように、たいていは棒きれや枝や、竹の棒、バナナの葉、ロープ、麻袋といった単純なものがいちばんいいおもちゃになる。ゴリラの遊ぶ様子を見れば、彼らが環境にどれくらい満足しているかがよくわかる。ストレスや気がかりなことがあると、あまり遊ばなくなるからだ。

睡眠

　動物園に行ったときにゴリラたちが寝ていても、がっかりしてはいけない。彼らは自然界でも食事と食事の間に長時間の昼寝をするが、それは退屈だからではなくお腹がいっぱいになって満足しているからだ。良心的な動物園では展示場に生きた植物などが入れられているので、ゴリラたちはそれを使って寝床をつくる。

　昼寝のときにつくる寝床は、たいていはワラの切れ端を集めて急ごしらえのマットレスにする程度の簡単なものだ。けれども、日暮れの1時間ほど前につくるのは、湿った地面に体をつけないで寝られるような、乾いていて弾力性のある複雑な構造のベッドだ。夜のベッドをつくるときは、まず自分の周囲に手をのばして、とげのある植物を注意深くよけながら、大きな葉の植物や草の茎を自分のほうに折り曲げる。そして中央の部分の枝を絡みあわせて、直径

ゴリラの出す音声とその意味 （頻度の高い順）

ゴリラの出す音声	意味
げっぷ音	採食中に満足していることを示す
クスクス笑い	社会的遊び
ブーブーという声	軽い敵意。群れの移動中
フーホーという声	群れの移動を開始する
しゃっくり音	ごく弱い警戒もしくは好奇心
泣き声	赤ん坊が母親から離されたとき、苦痛を感じたとき
クエスチョン・バーク（たずねるようなほえ声）	ごく弱い警戒もしくは好奇心
叫び声	群れ内の攻撃的な衝突。交尾中のメスの声
連続したあえぎ声	軽い威嚇（メス）
交尾中のあえぎ声	交尾中（オス）
うなり声	軽い威嚇
ウラーという声	突然の警戒。予想外の出会いがあったときや、大きな物音がしたとき
雄たけび	強い敵意（オス）

1.5mほどのおわん型のベッドをつくる。地面でなく灌木や低木に登って枝を折り曲げ、木の上にベッドをつくることもある。

社会行動

ゴリラはシルバーバック（生後11年から13年たったオスの背中の毛が鞍型に銀色に変色することからそう呼ばれる）と呼ばれる優位オスに率いられた小規模な群れで暮らしている。群れは通常シルバーバックと2〜3頭のブラックバック（若いオス）、数頭のメス、メスの産んだ子どもからなる。群れの規模は亜種によって異なっていて、2〜35頭と幅があるが、ふつうは6〜16頭だ。

ゴリラの暮らしは、たいていは平穏無事に過ぎていく。群れを率いるシルバーバックは、おとなのメスと交尾する権利を群れの若いオスたちと争う必要もない。シルバーバックは群れのリーダーとして、群れの行く先や休息するタイ

ミング、毎晩の眠る場所を決定する。ジャングルをかきわけて移動するときには一列になって進むが、先頭をシルバーバックがつとめ、その後ろにブラックバックのオス、最後にメスとその子どもたちが続く。

ブラックバックは成熟してシルバーバックになると、群れを離れて単独で行動するか、自分の生まれた群れに残る。群れに残る場合は優位オスと力を合わせて侵入者を撃退する。シルバーバックが複数頭いる群れは、侵入者に対してより激しい威嚇(いかく)を行うが、若いシルバーバックのほうが高い確率で前線をつとめるので、優位のシルバーバックは後方に下がって、多少は危険を避けることができる。下位のシルバーバックはその見返りとして若いメスと時々交尾ができるし、チャンスをうかがっていれば、優位オスの力が衰えたときにその座を奪うこともできる。

一方、メスの子どもが自分の生まれた群れにとどまることはほとんどない。

▲ゴリラの家族群
ゴリラの家族は、採食や休息、グルーミング、遊びといった行動のすべてをシルバーバックの見守る中で行う。

メスはおとなになるとすぐに群れを離れ、単独のオスとともに行動するか、他の群れに合流する。おとなのメスが他の群れに加わることで、その群れに新たな遺伝子がもたらされるため、遺伝的組みあわせが均一にならずにすんでいる。群れにいるメスたちは別々の群れから来た個体なので血縁関係がなく、メス同士の関係は薄い。そのためゴリラの群れの結びつきは、実際には優位オスとメスたちとの間に存在するきずなによって成り立っている。

メスはオスのもとにいることで、いくつかの利益を得ている。一つめは、体が大きくて力の強いオスに捕食者から守ってもらえたり、採食場所から競争相手を遠ざけてもらえたり、群れ内の争いを治めてもらえたりする点。二つめは、群れを乗っとろうと侵入してくるオスから子どもを守ってもらえる点だ。群れを乗っとろうとするオスは、メスが再び妊娠可能な状態になって自分の子どもをつくれるように、現在のシルバーバックとの間に産まれた子どもを殺して食べることがあるのだ。三つめは、「住みこみの」ボディガード兼ベビーシッターがいる点だ。メスはそのおかげで、少し足をのばして、よりよい食物を探せる。

友好的な行動

群れの移動を調整する
採食中のゴリラは互いに自然な距離をとって行動しているが、満足そうなげっぷ音やうなり声によって連絡を取りあっている。群れが移動するときには、シルバーバックが群れのメンバーをまとめる。シルバーバックは「ブーブー」という声で群れをひとつにまとめ、「フーホー」という声(犬のほえ声に似ているが、「ワウワウ」ではなく「フーホー」)で群れを急がせる。

社会的グルーミング
グルーミング(毛づくろい)を行うときは、相手の皮膚や体毛や爪を丹念に見て、指や唇を使って掃除する。体の中でも特に重点的に手入れをするのは上半身(肩や頭や顔、首、腕)だ。ゴリラは他の霊長類ほど頻繁に社会的グルーミングを行わないが、それでもこの行動は観察するだけの価値がある。だれがだれのグルーミングをするといったことからも、ゴリラの群れの社会構造について多くのことがわかるからだ。

たとえば、おとなのメスはめったにシルバーバックのグルーミングをしない

が、これはおそらく、すでにシルバーバックから気に入られているので、彼との間のきずなをこれ以上強める必要がないからだろう。おとなのメスは、そのかわりに、長い時間をかけて自分の子どもをグルーミングする。これには実用的な意味と、母子間のきずなを強めるという2つの意味がある。若いゴリラたちは、おとなのメスとちがってシルバーバックとの「コネ」を最初から持っているわけではないので、彼との間によい関係を築く努力をしなければならない。若いゴリラにとって、シルバーバックのグルーミングをすることは将来への投資だ。というのも、現在のシルバーバックの気を鎮められるだけでなく、将来助けが必要になったときのために、彼との間にきずなを結べるからだ。

社会的遊び

若いゴリラは、毎日多くの時間を遊んですごす。遊びとは、はっきりした目的がないように思える何かを活発に行うことだが、これはゴリラと人間との間のもうひとつの類似点でもある。遊びは仲間との間のきずなを保つのにも役立つが、それだけではなくて、知能の高いゴリラは人間と同じように遊びを楽しんでもいる。

▲社会的遊び
ゴリラの子どもたちは、よくこうやって連なって遊ぶ。

◀気取った歩き方
シルバーバックは自分の優位性をほかのゴリラに誇示するために、足をぴんと伸ばして立ち、気取った歩き方で歩く。

　ゴリラはよくプレイフェイス（遊びの顔）と呼ばれる口を開けた満面の笑い（歯は見せない）をつくって、仲間を噛みつきごっこや追いかけっこや、ぶつかりっこや、取っ組みあいやレスリングといった遊びにさそう。遊びを始めるときは、たいていはお互いに向きあって座っているか、二本足で立って両腕をゆっくりと交互に振りながらお互いに歩み寄る。相手に近づいたら、スローモーションでレスリングの試合をするように、ゆっくりと組みあう。ある研究者はこの行動を相撲取りの儀式化された行動にたとえている。噛みつきごっこのときは、相手の首と肩の境目のところに噛みつくのが好きで、その場所にうまく噛みつけると、人間によく似たクスクスという笑い声をあげる。

対立行動

威嚇の身ぶり　ゴリラは相手を威嚇するときにガイガーカウンターのように大げさな身ぶり（ジェスチャー）をする。彼らは威嚇をすることで「自分は機嫌が悪いので、それ以上近づいたらおまえに襲いかかるぞ」と相手に警告を与えている。機嫌の悪い優位オスは、少し威嚇しただけで群れのゴリラたちを思い通りに追い散らすことができる。侵入者に対してはもっと大げさに威嚇するが、相手がそれを見ても退却するそぶりを見せなければ、威嚇がエスカレートして本物の戦いに発展する場合もある。

　ゴリラが怒ったときに最もよく見せるサインのひとつに、唇を固く閉じた表

情があるが、これは人間がかんかんに怒ったときの表情に驚くほど似ている。ゴリラは怒ったときは首を下に曲げて、唇をギュッと閉じ、内側に巻きこんで、ひそめた眉の下から鋼のような鋭い目つきで相手をにらみつける。ときにはうなり声も添えて自分の優位性を誇示する。そのほか、連続したあえぎ声（パント）で怒りを表現することもある。これは空気を爆発的に出し入れすることで、群れのほかの個体に自分が怒っていることを示すものだ。怒りがもっと激しいときには、いきなり相手に顔を向け、上下の顎を打ちあわせて大きな音を立てる。そのほか、「気取った歩き方」で相手を威嚇することもある。これは威嚇する相手の前で足をぴんと伸ばして立ち、すり足で大げさなステップをふむという行動だ。上半身を持ち上げ、両腕はひじのところで外側に曲げて、頭を左右どちらかに傾け、視線を相手からそらしておいて時おりちらりと見上げる。攻撃的な気分が高まってくると、口角をつき出して唇を巻き上げ、ずらりと並んだ恐ろしげな歯をむき出して相手をおどす。

　ゴリラが手で胸をたたく有名な行動（ドラミング）は、遊んでいるときや性的に興奮したとき、いらいらしたとき、侵入者（動物園の客も含む）を見つけて警告するときなど、様々な状況で見られる。このドラミングは一連の長い動作（以下の3種の突撃行動についての記述を参照）の一部として行われることが多いが、単独でも行われる。大きなポコポコという音が出るのは、丸めた両手に空気をためて胸の無毛の部分をたたくからだ。このとき、喉頭にある発達した袋が共鳴器（共鳴袋）として働く。メスは胸のかわりに腿をたたくことがある。

◀ドラミング
警戒したときや興奮したとき、いらいらしたり怒ったりしたときに、両手を丸めて胸をたたき、ポコポコという大きな音を立てる。

このドラミングが威嚇のために行われるときは、拳をふりまわすのと同じような効果がある。ドラミングによって自分の強さと大きさを誇示することで、実際には攻撃しないですむからだ。優位オスは移動を開始するために群れのメンバーを集めるときや、メスの気をひくとき、仲間同士のけんかを止めるときなどにもドラミングをする。ときには群れのゴリラたちが音で自分の位置を知らせあうように、次から次へとドラミングを始めることもある。野生の個体群では、ドラミングは群れ同士の距離を保って食物資源をめぐる競合を避けるのに役立っている可能性がある。

威嚇の突撃行動

　威嚇の身ぶりをしても効果がないときは、仕方なく「ダイアゴナル・チャージ（対角線状の突撃行動）」、「ラッシュ・チャージ（突進する突撃行動）」、「スラム・チャージ（ぶつかる突撃行動）」という3種類のうちどれかひとつの方法で相手に突撃して威嚇することもある。どの行動も後ろ足で立ち上がった姿勢か、四足をつっぱって両ひじを張り出した姿勢から開始される。このとき「フー、ホー」という声を出すが、最初はゆっくり発音し、次第に間隔をせばめていって、音の境目がわからないくらい早くなったところで威嚇のクライマックスを迎える。威嚇の最中は、片足を蹴り出したり、雄たけびをあげたり、草や葉や石を片手でつかんで空中に投げたり、ドラミングをしたりする。「ダイアゴナル・チャージ」は二足か四足で横向きに走り、威嚇する相手を最大20ｍ通り過ぎたところで止まる。「ラッシュ・チャージ」は相手に向かって真っすぐ突進し、衝突する直前で止まる。「スラム・チャージ」は最も激しい威嚇方法で、相手に実際にぶつかって肩で押したり、突進して相手を通り過ぎ、展示場の壁をたたいて音を立てたりする。

闘争

　ゴリラは威嚇行動をとっているとき、ふつうは突撃中に相手を肩で押したりぶつかったりする以外は相手に接触しない。相手と本気で戦うことは非常にまれで、通常は群れのオスと、それに戦いを挑んだオスとの間にしか戦いは生じない。闘争中はお互いに歯をむきだしたり、叫び声をあげたり、怒りに満ちた吠え声をあげたりするので、見れば戦っていることがわかる。

服従と恐れ

　上に書いたような激しい戦いを避けたいゴリラは、様々な

へりくだった身ぶりで相手との対立を避ける。優位な相手への服従を示すときは、お腹を守って地面に伏せ、背中だけを相手に見せる。両腕で頭をかかえることもある。ほかのゴリラと交流したいのに自信がないときは、上下の唇を内側に巻きこんで相手から視線をそらす。唇を巻きこんだ表情は、人間が唇を噛んだときの表情によく似ている。緊張したときには、あくびをくり返すこともある。

ゴリラが警戒や直接的な恐怖を表現する音声には、いくつかの種類がある。「クエスチョン・バーク（たずねるようなほえ声）」（2音目が高いため、「フー・アー・ユー？（あなたはだれ）」とたずねているように聞こえる）や、「しゃっくり音」というぴったりの名前のついた音声は、軽い警戒や好奇心をあらわすものだ。これらは遠くで鋭い音がしたときの反応としてよく聞かれる。強い恐怖を感じたときには、群れ全体が凍りついたようにぴたりとだまりこむ。極度の危険に出会ったときは、口を大きく開け、頭をのけぞらせて叫び声をあげる。警戒をあらわす音声としては他にも、叫び声ほど鋭くなく、うなり声ほど低くない「ウラー」という声がある。動物園でも、ふいの物音に驚いたときなどに、この声を突然あげることがある。

性行動

ゴリラについては、底なしの性欲の持ち主だという俗説もあり、「好色な獣が、ジャングル内のキャンプ地から女性をさらっていった」などというひどい話がまかり通っていたりする。だが実際には、ゴリラのオスは性欲が弱いほうだ。それはおそらく、メスたちとの間にしっかりしたきずなが結ばれているため、求愛したりメスをめぐって争ったりする必要がないからだろう。交尾が行われるときは、実際には発情したメスがオスを誘うことが多い。メスは妊娠すると発情中よりさらに性的に活発になるが、行為の相手はシルバーバックではない。同性を相手に穏やかな性行為をしたり、自慰行為をしたり、群れ内の若いオスと性行為をしたりする。シルバーバックはそのメスのお腹にいる子どもが間違いなく自分の子であるかぎり、こういった「不道徳」な行為を大目に見る。

求愛　　ゴリラのメスは毎月3日間発情する。発情を迎える直前になると

▲誘惑行動
発情したメスは露骨な行動でオスを誘惑する。

体のにおいが変化するため、オスはメスの脇の下や生殖器のにおいを時間をかけてかぐようになる。メスは明らかにオスを気にするようになり、オスにお尻を見せたり、四肢をぴんと伸ばした姿勢でオスを見つめたりする。オスの前でうつ伏せや仰向けになって腰を挑発的に動かし、誘うように片手を差し出すこともある。こういった誘惑行動の間、メスは唇をギュッと閉じて口角をひっこめ、唇をつき出した表情をつくる。オスも求愛行動の間は同様の表情をつくり、そわそわした様子ですばやく顔の向きを変えて、メスをちらっと見たりする。メスの気を引きたいときは、胸を張って気取った姿勢をとったり、ドラミングをしたりする。

　ゴリラがまれに見せる求愛行動として、馬乗りになるという行動がある。これはメスが馬に乗るようにオスの背中に乗るもので、オスのほうも馬のように背中を上下に動かす。2頭は明らかに興奮の度合いを増していき、じきに交尾にいたる。

🌱 **交尾**　ゴリラは交尾のときに、一般的なマウンティング（背に乗る）以外にも向かいあわせの姿勢をとることがある。科学者によれば、交尾のときに複数の姿勢をとることができるのは脳が比較的大きいことと関係している。交尾の最中は、オスもメスも目をぎゅっとつぶって口を閉じ、口角をひっこめて唇をつき出した独特の表情をする。この表情は交尾が終わるころになるとさらに強調され、オスはぼうっとした顔つきになる。交尾のときには、特徴的な音声も立てる。オスは断続的にあえぎ声をあげ、メスはときには叫び声をあげる。さらに、オスもメスもブーブーという声や短いうなり声をあげる。こういった交尾の様子や音声を聞きつけて、群れの若いオスたちが近寄ってくることがよくある。若者たちは、交尾中の2頭の生殖器に触れようとしたり、あとで自分の指のにおいをかいだりする。おそらく、将来自分でも体験する交尾の仕方をそうやって学んでいるのだろう。

育児行動

　ゴリラは3年から5年に一度しか子どもを産まず、その間は子育てに専念する。ゴリラにとって幼児期と子ども期は、群れ内のルールや共有されている情報など、たくさんのことを覚える大切な時期だ。社会的な生活を送る方法をこの時期にきちんと身につければ、おとなになってからもうまく暮らしていける。

🌱 **出産**　動物園のゴリラが妊娠したときは、出産3か月前になれば乳首が腫れたりお腹がふくらんだりしてくるので、見ればすぐにわかる（お腹については、妊娠していないメスでもお腹がふくらんでいることが多いので、わかりにくい）。そのほか、妊娠すると目に見えて落ち着きが出てきて、仲間とあまり遊ばなくなるし、ある飼育員によると感情の起伏も少なくなるという。出産が近づくとメスは怒りっぽく神経質になって、子どもが産まれるまでの時間を計っているように、ときおり自分の外陰部をさわってその指をなめたりする。

🌱 **子育て**　出産が終わると、母親は産まれたばかりの赤ん坊のグルーミングを始める。このグルーミングはこの日から毎日儀式のようにくり返される。母親は赤ん坊をひっくり返したりして様々な苦しそうな体勢をとらせながら、

なめたり、かじったり、つまんだり、ひっかいたり、こすったりして隅から隅まで手入れする。赤ん坊は、ときには体をよじったり、蹴ったり、気味が悪いほど人間に似た泣き声をあげたりして抗議する。幼いゴリラはこれ以外にも、母親に置いていかれたり、木から降りられなくなったり、困ったり不快に感じたりしたときに泣き声をあげる。人間の赤ん坊と同じように、泣き方は次第に激しくなってかんしゃくを起こしたようになるが、自分の要求が通ればたいていはぴたりと泣きやむ。

　ゴリラの母親が四つ足で歩いているところを後ろから見ると、そのお腹の毛に赤ん坊がしがみついているのが見える。赤ん坊はもう少し成長すると、母親の背中に乗って移動するようになる。メスは子どもに授乳している2年から4年の間は発情しない。子どもが母親なしでやっていけるようになるまで成長して手元を離れると、再び月経が始まってオスを誘うようになる。

人間との関係

　ゴリラにはマウンテンゴリラ、ヒガシローランドゴリラ、ニシローランドゴリラという3つの亜種が存在しており（p.116の〈注〉参照）、それぞれがアフリカの異なる地域に住んでいる。現在のところ最も絶滅の危機に瀕している亜種はマウンテンゴリラだ。野生のマウンテンゴリラは2012年11月の時点でおよそ880頭しか残っていない。ヒガシローランドゴリラとニシローランドゴリラの状況はそれより少しはよいが、将来が危ういという点では変わりない。現在では動物園や博物館のために野生のゴリラを捕獲することはなくなったが、それ以外の新たな脅威が彼らをおびやかしている。その他の多くの動物と同じように、ゴリラは生息地をめぐって人間と対立関係にあり、その争いに負け続けている。人間が農業や木材や居住スペースのために森を切り開けば、そのぶんゴリラの住める自然の環境がせばまっていくのだ。

　現在残ったわずかな保護区の中でさえ、ゴリラの家族は安心してすごすことができない。ゴリラを捕獲することは法律で禁じられているが、密猟者たちはジャングルの奥地に暮らすゴリラを捕らえようと森の奥へ分け行っていく。どんなに厳しい法律がつくられようと、ゴリラの頭骨や手や足（幸運のお守りにされる）

に喜んで大金を出す人々や、ゴリラの赤ん坊をペットにしたがる金持ちがいるかぎり、殺りくが終わることはない。密猟者は、1頭のゴリラを捕らえるために群れのゴリラを例外なく皆殺しにしてしまう。仲間や子どもを助けようとして、ゴリラたちがいっせいに襲いかかってくるからだ。

　悲しいことに、ゴリラはほかの動物用のわなにはまって命を落とすこともあるし、農作物への被害を恐れた農民たちに殺されることもある。ゴリラが農作物を食べることは以前から知られていたが、頻繁に食べるわけではないし、人間が彼らの広大な生息地を破壊してきたことに比べれば、ささいな罪ではないだろうか。けれどもこのような主張も飢えの前では無力だ。農作物を守るためだろうが肉を得るためだろうが、地域住民がゴリラを殺せば結果は同じだ。繁殖速度の遅いゴリラの家族が丸ごと消えてしまうのだから。

　アメリカでは近ごろマウンテンゴリラに関する調査結果が発表され、この動物が非常に深刻な状況にあることを、より多くの人々が知るようになった。動物園に行けば野生に近い環境にいるゴリラを見ることもできる。その体験を通して、もっと多くの人が関心を持ってくれたら、と願う。もしも世論の高まりによって事態が改善するのなら、そのうねりは動物園の中だけで収まるはずはない。人々の思いは海を越えて現地に届き、調査方法を改善させたり、密猟者の取締りを強化したり、地域住民に教育の機会を与えたりといった形であらわれるはずだ。そうすれば、殺りくを中断させて個体数を安定させるほどの時間をかせぎ、さらに、保護区内では昔どおりの状態を取り戻すことさえできるかもしれない。

動物園/自然界で見られる行動

基本的な行動

移動
- ナックルウォーク
- 速足
- ゆるいかけ足
- 登る

採食
- 採食する

ひとり遊び
- 回転
- 宙返り
- 登る
- とびはねる
- 草や木をたたく
- 走る
- すべる
- 自分の体を観察する
- 水遊び

睡眠
- ベッドをつくる

社会行動

友好的な行動
- ■群れの移動を調整する
- げっぷ音
- ブーブーという声
- フーホーという声
- ■社会的グルーミング／社会的遊び
- プレイ・フェイス(遊びの顔)
- 噛みつきごっこ
- 追いかけっこ
- ぶつかりっこ
- 取っ組みあい
- レスリング
- クスクス笑い

対立行動
- ■威嚇の身ぶり
- うなり声
- 連続したあえぎ声
- 急に相手に顔を向ける
- ドラミング
- 気取った歩き方
- 歯をむきだしておどす
- ■威嚇の突撃行動
- ダイアゴナル・チャージ(対角線状の突撃行動)
- ラッシュ・チャージ(突進する突撃行動)
- スラム・チャージ(ぶつかる突撃行動)
- ■闘争、服従と恐れ
- うずくまる
- 唇を内側に巻く
- あくびをする
- クエスチョン・バーク(たずねるようなほえ声)
- しゃっくり音
- だまりこむ
- 叫び声
- ウラーという声

性行動
- ■求愛
- においをかぐ
- 相手にお尻を見せる
- 相手を見つめる
- 腰を動かす
- 気取った姿勢
- ドラミング
- 相手の背中に乗る
- ■交尾
- 交尾中の表情
- 交尾中の音声

育児行動
- ■出産
- ■子育て

行動早見表

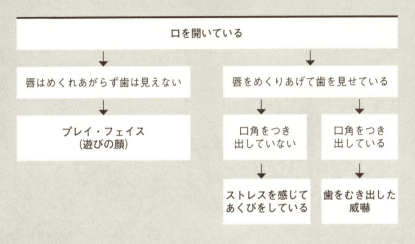

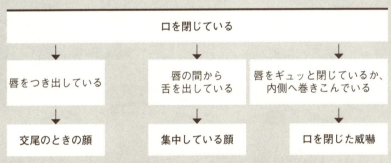

集中している顔

口を閉じた威嚇

歯をむき出した威嚇

プレイ・フェイス

▼授乳と遊び
エネルギーのかたまりのようなライオンの子どもは、いつもお腹をすかせている。母乳を飲んですくすくと育ち、遊びを通じて筋肉をきたえて、将来の狩りにそなえる。

ライオン
Lion

　あなたの家のかよわいシャム猫が、飼い主抜きでも楽しそうにしているのを見ると、体重が250 kgもあるライオンはさぞかし自立していて、だれとも関わらずに生きていると思うのではないだろうか。ライオンたるもの、生きていくのに助けなど必要ないだろう。ところが実際には、ライオンは非常に社会性の強い動物で、獲物を捕らえたり健康な子孫を残したりするのに仲間の協力を必要とする。この協力関係がどのように進化したかを理解するには、どのような力がこの種を形づくったかを知るとわかりやすい。

　ライオンは「チャンスに満ちた地」で進化してきた。アフリカのサバンナには、群れをなして移動するひづめを持った獲物が何百万頭もいたため、それらを食べる様々な捕食者が誕生した。捕食者たちは種ごとに少しずつ異なる狩猟戦略をとり、異なるニッチ（生態的地位）を占めていた。ほとんどの捕食者は体重100 kg以下の種を獲物とし、その中でも年寄りや病気や幼い個体に的をしぼって狩りをする。ところがライオンはネコ科の進化の過程で大きくまわり道をして、小規模の群れで狩りをするようになった。仲間の協力としのび歩きの技を手に入れたおかげで、若くて健康な獲物でも倒せるようになり、250 kgを超えるキタハーテビースト（偶蹄目ウシ科。中東、北アフリカに生息していたが絶滅）やヌーやシマウマ、イボイノシシ、トピ、インパラ、おまけに巨大なキリンまで標的にできるようになったのだ。ライオンはこれらの獲物を独占することで、サバンナの捕食者の中で

特徴

目
食肉目

科
ネコ科

学名
Panthera leo

生息場所
ステップ、ブッシュ、サバンナ

大きさ
オス　体長　約 1.7〜2.4 m
　　　肩高　約 1.2 m
メス　体長　約 1.4〜1.7 m
　　　肩高　約 1.1 m

体重
オス　約 150〜250 kg
メス　約 120〜180 kg

最長寿記録
飼育下で30歳
平均で15歳

も特別な地位を手に入れた。

　このような大きな獲物は1頭で倒すこともできるが、成功率は高くない。ある調査によると、1頭で狩りをした場合に成功した率はわずか17％だった。一方、2頭か3頭で協力すると、成功率は倍になる。アフリカのサバンナに暮らすライオンの場合、何よりもこの利点が社会的な生活様式の進化につながった。

　ライオンは3頭から12頭のおとなのメスと、2頭から4頭（たいていは2頭）のおとなのオス、それから様々な年齢の子どもからなるプライドと呼ばれる群れで暮らしている。プライドのサイズは5頭から40頭ほどと地域によって異なる。プライドのメンバーはひとつのなわばりの中で行動していて、互いに出会ったときには友好的に接するが、すべての個体がひとつの場所に集まることはめったになく、たいていは2～3頭の狩猟グループで行動している。この狩猟グループ同士が遭遇したときは、相手がプライドの仲間かどうかすぐに見分けがつく。なわばりに侵入したよそ者だった場合は、けっして受け入れられないので、オスもメスも即座に反応して追い払いにかかる。

　群れの暮らしとは結局そのようにして守るだけの価値があるのだ。多くの個体が集まることで狩猟や防衛といった点で有利になるだけでなく、家族のきずなのおかげで子育てが大幅に楽になる。プライドのメスたちはほぼ同時に発情するため、子どもたちもほぼ同時に産まれてくる。子どもの授乳や保護といった世話は共同で行われ、すべてのメスが自分の子どもを含めたすべての子どもの世話をする。こうした「託児システム」があるおかげで、メスは子どもが捕食者や群れに侵入してくるオスから危害を加えられないかと心配せずに、子どもをおいて定期的に狩りに出かけられる。

　群れに侵入してくるオスは群れから追い出された放浪者（ノマド）たちだ。ノマドたちは乗っ取りのチャンスをうかがいながら、群れの周辺で暮らしている。すべての若いオスと増えすぎたメスの一部は群れを追い出されてノマドになり、新しいなわばりを自分で見つけなければならない。こうやって群れの規模を調整する仕組みがあるおかげで、群れの個体数は適正な数に抑えられており、なわばりの許容量を超えることはない。

　セレンゲティ平原では、ライオンの全個体数の20％をノマドが占めている。ノマドたちはなわばりを持たず、食料を得るには長距離を歩かねばならず、単

独で狩りをするので群れにいる者よりはるかに努力しなければならない。お腹に子ども（たいていはオスのノマドとの間の子ども）がいるメスのノマドは、子どもを育てあげるのに非常に苦労をする。託児システムに頼れないうえ、オスに守ってもらうこともできないからだ。ノマドが状況を改善するには、自分たちで新たなプライドをつくるか、今あるプライドに加わるしかない。すでに許容量に達しているプライドに余分なライオンが入るためには、だれかが死んで開いた穴におさまるチャンスを待たねばならない。その穴が自然に開かない場合、オスのノマドはしばしば力ずくでプライドに入りこもうとする。つまりクーデターを起こすのだ。危険ではあるが、ノマドのオスにとってはこれが自分の遺伝子を残す唯一の確実な方法だ。

　プライドの繁殖オスの座を奪うのは簡単なことではなく、とくに1頭で挑むのは困難だ。兄弟のオスがプライドから同時に追い出されると、ノマドとしていっしょに行動することが多く、その場合は繁殖オスの座を奪うのに成功する確率が上がる。だが兄弟がプライドへの侵入に成功しても、繁殖オスの座にいられるのはせいぜい2～3年だ。そのころには、自分たちより若くて健康状態のいいノマドの兄弟や単独のオスがやってきて、群れから追い出されてしまう。群れから追い出されたオスは、ふたたびノマドになる。このように群れのメンバーがくるくると入れかわるのも、ライオンの社会行動の興味深い特徴のひとつだ。だが、群れに属さないひとり身のライオンの生活や各個体の行動にも、観察するだけの価値はある。

基本的な行動

移動

　ライオンは最高で時速60kmのスピードが出せる。走っている人間など、止まっているようにしか見えないだろう。全速力で走っているライオンをスローモーションで見れば、両前足を地面についたあと、猛スピードで前進しながら、前足の外側のはるか前方に両後足をつくのがわかる。流れるように繰り返される動きは、思わず見とれるほど魅力的だ。ライオンの動きは歩いているときでさえ見るに値する。しなやかな筋肉のおかげで音もなくなめらかに歩けるだけでなく、獲物を狩るときにも並みはずれた力を発揮できるのだ。

▲しのび歩き
頭を低く下げ、体を草の陰に隠して音もなく歩く。

採 食

　ところが長距離の追跡になると、時速80kmで疾走する獲物にたやすく逃げられて土ぼこりの中に置き去りにされてしまう。ライオンたちはそれにくじけず、獲物に近づく新たな技を編みだした。じれったいほどゆっくりと慎重にしのび寄るという技だ。

　獲物にしのび寄るライオンの姿は、近所のトラネコがスズメにこっそり近づこうとする姿によく似ている。獲物にしのび寄る動作は、基本的に「しのび歩き」、「かがみ歩き」、「かがむ」という3つの段階にはっきりと分けられる。「しのび歩き」の段階では、脚を少しだけ曲げて頭を低くし、耳を前方に向けて、早足か小走りで移動する。姿を隠すために、身の周りにあるアリ塚や、道路のくぼみや、斜面や灌木を利用する。獲物に近づいて気づかれる危険が増してくると、体を低くして頭を地面すれすれまで下げ、耳も目立たないように左右に下げて、風にゆれる草にすっかり姿を隠す。「かがみ歩き」の段階では、獲物が周囲に気を配っていないときだけ前に進み、相手が少しでもあやしむそぶりを見せればぴたりと止まる。このように進んで止まることを繰り返して、獲物から10〜20mほどの距離まで近づく。最後の「かがむ」段階では、か

がんだ姿勢で筋肉を緊張させ、身震いしながら、飛びかかるタイミングをはかる。人間はこのシーンに出会ったとき、心の中でライオンと獲物の両方に共感して、ひりひりするような緊張感と不安を感じてしまう。おそらく、自分たちも有史以前のサバンナで同じように獲物にしのび寄っていたことと、その自分たちにも敵の動物が確実にしのび寄っていたことを本能によって感じ取るのだろう。

　ライオンは有史以前の人間の百倍も狩りがうまい。シマウマやイボイノシシなどの危険に敏感な獲物が反応するよりも早く、隠れ場所から一気に飛び出して前足の一撃で引き倒し、首筋や鼻づらに深々と歯をつきたてる。その後、荒馬に乗るように獲物をおさえつけて、狂乱状態の相手が窒息して抵抗をやめるまで待つ。ライオンの頭部は頭骨が大きく、鼻づらは短く、力強い上下の顎に大きな歯が並んでいて、この手の殺し方に完璧に適応している。舌でさえ獲物をしとめるのに役立っている。舌の表面には喉の奥に向かってカーブしたとげ状の突起が生えていて、すべりやすい獲物の肉をしっかりおさえるのに役立つのだ。

　ほとんどの動物園では、今のところ肉食獣に生きた獲物を与えることはまだ行っておらず、少なくとも客がいる間は与えていない。それが実行される日が来るまでは、ライオンの狩りの様子が見たければ、動物番組を見たり、アフリカ旅行に出かけたりするしかなさそうだ。そのときは、狩りのスタイルが8通りもあって、なかでも最もよく見られるのが「しのび歩き」の方法と「協同狩猟」（P.143を参照）の方法だということを覚えておくといい。

排　泄

　あなたの家のきれい好きな猫とは違って、ライオンはどこでも好きなところに糞をして、わざわざそれを埋めたりしない。排尿するときにはオスもメスもかがんだ姿勢をとるが、尿のにおいをふりまいてなわばりのマーキングをするときは別の姿勢をとる。そのときは尿のにおいで印をつけるために、立った姿勢のまま、木の幹や展示場の壁や、ずらりと並んだ観客をねらって後ろ向きに尿を吹きかける（P.144の「においづけ行動」を参照）。

自己グルーミング

ライオンのオスは自分の体の毛づくろい（自己グルーミング）をていねいに行う。特に前足を念入りにきれいにし、たてがみの前面と胸も丹念に手入れする。だが顔の手入れをするときには仲間に協力してもらう。体がかゆかったり体についた虫を取りのぞきたいときには、何かに体をこすりつけたり地面を左右に転がったりする。動物園でライオンの観察を行っている人によると、たとえば、群れにうまく溶けこめていないときなどストレスにさらされているときに、より頻繁に自己グルーミングをするようだという。動物園に行ったら、ライオンがどれくらい頻繁に自分の毛づくろいをするか見て、快適に過ごしているかどうか調べてみるといい。

体を冷やす

熱帯の暑さをしのぐため、ライオンはよく背中を地面につけて寝転がり、四本の脚を宙に投げ出して毛の少ないお腹に風をあてて涼む。子どもたちはおとなほど日ざしに強くないので、たいていは木の陰や親切なおとなの陰に逃げこんで日ざしを避ける。群れでたっぷりと食事をとってお腹がいっぱいになったときには、全員が日陰に入って横になり、よだれをたらしながらハーハーとあえいで体を冷やす。

睡 眠

動物園でライオンが寝ているのを見たら、あなたの家のなまけ者のネコのことを思い出してほしい。そのネコが1日に何時間眠るか知っているだろうか。まずあなたが寝ているときには寝ているし、あなたの仕事中にも寝ている。実のところ、ネコは日中にはほんの数回しか活発に動かない（たとえば、あなたが朝ゆっくり寝ていたいと思うときなど）。ライオンはネコと同じくらい寝るのが好きだ。灼熱の平原に生きるライオンの休息時間は、多いときで1日に21時間にもなるのだ。動物園のライオンは1日に10〜15時間寝ているらしい。

なまけ者だと思うかもしれないが、ライオンにしてみれば賢い生き方だ。一度狩りをすれば大量の食料が手に入るので、しょっちゅう獲物を追う必要もないのだから。狩りの合間にむだに動いてエネルギーを消費する理由がどこにあ

るだろう。エネルギーをむだに消費すれば狩りの回数を増やさなければならないが、わざわざそんなことをしたがるはずがない。

人間との関係

　ライオンのような力強い無敵の肉食獣は、いろいろな意味で動物の中でももっともねらわれやすい。まず、自分の強さを誇示したがるハンターから、まっ先にねらわれてしまう。かつてライオン狩りは男らしいスポーツとして人気が高く、法外な料金を支払ってでもライオンをしとめようとする白人が後を絶たなかった。ひとつのグループが一日に10頭以上殺すこともめずらしくなかった。現在では保護法によって狩猟は規制されているが、男らしさを証明するための残虐な行為は違法に続けられている。また、人間の居住地付近に住むライオンには、それ以外にも危険なことがある。家畜に近づくと、それだけで大半の農民から銃を向けられて殺されてしまうのだ。

　さらに深刻なのが、生息地の問題だ。ライオンの生息地は、ゆっくりと、だが容赦なく減少を続けている。ライオンは獲物の採食地となる広大な土地がなければ生きられない。生息地が減少して獲物の個体数が減れば、必然的にライオンの個体数も急減してしまうのだ。

　とはいえ、国立公園内で保護していくことはまだ可能かもしれない。なにしろ人気の高い動物だ。サファリツアーでもライオンを目当てに来る客が最も多く、1970年代末にケニアのアンボセリ国立公園の生物学者が概算したところによると、ライオンのオスは生涯に100万ドルをかせいでいたという。現在の金額に換算すると、320万ドルだ。残念なことに、こうして金額で示さないと価値をわかってもらえない場合は多い。動物園でこの素晴らしい動物に会い、顔を合わせれば、唯一無二の価値があることを強く感じると思う。たくさんの人にその体験をしてほしいと願っている。

あくびをする

グルーミング

爪をとぐ

ほえる

あくび

　ライオンは休息から目覚めたときや食事のすぐ前などにあくびをする。これは血中の酸素濃度を高めて、そのあとの活動にそなえるためだ。あくびは伝染するようで、1頭があくびをすると、それが引き金になってあちこちであくびの合唱が起こる（人間にもおなじみの反応だ）。あくびがうつるのは、おそらく群れが敵から逃げたり、狩りをしたり、飼育員を出迎えたりするときに、極端に反応の遅いメンバーがいないようにするためだろう。要するに、あくびは群れのメンバーの体の状態をそろえるのに役立っている。

伸びと爪とぎ

　伸びをするときは、両前脚をまっすぐ前に伸ばして背中を弓なりにするか、4つの足を全部寄せて背中を丸める。この行動をとるのは、休息の後や活動時間の前だ。また、木の幹に両前足をついて、（あなたの家のネコが上等なソファーにするのと同じように）かぎ爪をリズミカルに出したり引っこめたりする行動も注意して見てみるといい。この行動は背中の筋肉と前脚と足の部分の筋

肉を動かすことを目的としているらしい。

社会行動

友好的な行動

あいさつ　もしもあなたがライオンのプライドの一員なら、子どもを育てるにも、狩りをするにも、なわばりを守るにも、仲間に助けてもらわなければならない。そのためには、仲間と常にいい関係でいられるように、お互いの緊張を和らげて、きずなを深めておく必要がある。その方法のひとつとして、ライオンは起きたときや、しばらく離れていた仲間と近づくとき、狩りなどの協同作業を始める前にあいさつを交わす。ライオンのあいさつ行動を見るときには、飼いネコのあいさつとどれくらい似ているか注意して見てみよう。

あいさつをするときは、互いの頭や額をこすりつけあう。ときには激しくこすりつけあって、連続した低い声やうなり声をあげる。もっと丁寧にあいさつするときは、相手の周りを旋回しながら頭と額を相手の全身にこすりつける。このとき、尾を相手の背中に向けてさっと上げ、自分のお尻を少しだけ頭のほうに向ける。体の小さい個体が大きい個体にあいさつするときは、相手の顎の下に自分の頭や体をこすりつけたり、なるべく体を密着させようとするように、熱心に相手の胸にもたれかかったりする。簡易版のあいさつは、体に触れずに少し頭を下げる程度なのでわかりにくい。

これらのあいさつ行動は友好の気持ちを示すほか

▶あいさつ
飼いネコと同じように頭を相手の体にこすりつけてあいさつする。

▲遊びに誘う
大きくなっても子ネコのようなしぐさをする。「遊ぼうよ」と仲間をさそうときには、体の前部を低くしてかがみこんだ親しげな姿勢をとる。

に、プライドのメンバーに同じにおいをつける働きをしている可能性がある。ライオンのあいさつ行動を見ていると、メスと子どもたちは互いによく頭をこすりつけあうし、オスに対しても頻繁にこすりつけるのに、オスがあいさつを返すことはめったにないことに気づく。オスは優位な立場にいるので、他の個体との間にきずなを結んだり、だれかの怒りを鎮めたりする必要がないからだと考えられる。

　そのほかの注目すべきあいさつ行動としては、肛門のにおいをかぐ行動がある。一方がもう一方の肛門のにおいをかぐか、あるいは同時にかぎあう行動だ。このあいさつ行動は、よく知らない個体どうしが「身分証明書」を確認する意味で行うことが最も多い。そのほかオスがメスの肛門のにおいをかぐこともあるが、特にメスが尾を上げてオスの周りを旋回しながら頭をこすりつけてきたときにかぐことが多い。メスのそういった行動は性行動を連想させるので、オスは親しみ以上の気持ちがこめられているか確かめるためにかぐのかもしれない。

✤ 社会的グルーミング　　ライオンは自分でなめられない顔や首や肩を互いになめあうという社会的グルーミングを行う。舌の表面にざらざらした突起が生えており、なめたときにその突起が体毛の根本まで入りこんで、かゆみの原因になる虫やごみをからめとるのだ。おもしろいことに、寄生虫を取りのぞく効果は自己グルーミングよりも社会的グルーミングのほうが高いらしい。自分

でグルーミングをするときには毛の流れにそってなめるが、他の個体になめてもらうときには毛の流れに逆らってなめてもらえるからだ。

　社会的グルーミングには衛生面以外の働きもある。互いの依存関係を深めて親密さを増すという潤滑油としての働きだ。ライオンたちは明け方と夕方にグルーミングと頭をこすりつけるあいさつ行動をひとしきり行うが、これはとりわけ社会的な意味あいが強い。注目すべきは、どの個体がどの個体のグルーミングを行うかという点だ。野生の群れでは、メスはオスと子どもと他のメスたちに対してグルーミングを行うが、オスはだれに対しても行わない。求愛のときにはメスに近づいて形ばかりのグルーミングを行うことがあるが、それだけだ。あいさつ行動の場合と同じように、優位な立場のオスは他の個体をなだめる必要など感じないからかもしれない。

🐾 社会的遊び

　ライオンの子どもはわんぱくで遊び好きなことで有名だが、遊び好きなのは子どもだけではない。ライオンはおとなになっても年老いても遊ぶのが好きだ。メス同士が追いかけっこをしながら噛みつきあったり、互いに飛びかかったりして楽しそうにじゃれあう光景もめずらしくはない。メスは子どもの相手をしているうちに子どもの心を取り戻すこともある。メスが子どもたちにぶたれたり、かじられたり、体の上を這われたりしても、いかに優しく子どもたちの相手をするか見てみるといい。遊んでいて子どもの動きが鈍くなってくると、メスは「しっぽの先をつかまえてごらん」というように尾を上下に動かして子どもを誘う。このゲームは夢中になるほど楽しいだけでなく、獲物を捕らえる動きを教えるのに役立っていると考えられる。

🐾 協同狩猟

　最もよく行われて最も成功率の高い狩猟方式のひとつが、協同で狩りを行う協同狩猟だ。これは動物園で見られなくてもテレビの動物番組で見ることができるだろう。最初に獲物を見つけた個体は、耳をピンと立てて目を大きく開き、獲物がいる方向をじっと見つめる。それに気づいた仲間たちが、同じ方向に目を向ける。その場の全員が標的を確認すると、1頭が獲物に向かってまっすぐ進んでいく。他のライオンたちは斜めの方向に進み、獲物を取り囲むようにして扇形の陣形をとる。獲物がライオンの1頭に気づいて反対方向に逃げていくと、その先には何頭もの敵が牙をむいて待ち構えているとい

うわけだ。

対立行動

ほえる　ライオンの特徴の中でも最も有名なのが、とどろくような大音量のほえ声だ。これはすべての方向にいる個体に向けて「おれはここにいるぞ！　ここはおれのなわばりだ！」と告げる信号のようなもので、遠くまで伝わる。動物園ではしばしば大きな物音に反応して1頭がほえ、それに刺激されて展示場にいるライオンたちが次々にほえるところが観察される。

遠くまで伝わるほえ声を手に入れたのは、広大な生息地に適応した結果だ。ほえ声は8km以上離れた個体にも伝わり、それを聞いた相手もほえ声を返す。この声は遠くまで伝わることで2通りの役に立っている。なわばりに侵入したオスに「出ていけ」と警告できるし、遠くに散らばった仲間に「もどってこい」と呼びかけることもできるからだ。ほえ声は近くにいる相手にも効果がある。特に、攻撃的な気分になったときに、自分を実際より強く見せようとしてほえることが多い。

においづけ行動　においづけ行動は、においという長時間残る物質によって、離れた相手に自分のことを伝えるコミュニケーションの方法だ。においの主が去った後でも、それを残したのがライオンで、いつそこにいたのかを伝えられるし、だれなのかもおそらく伝えられる。ライオンは犬と同じように、だれかがにおいづけ（マーキング）したポイントを見つけると、その上に自分のにおいをつける習性がある。また、互いの間の距離が近くなったときや、攻撃的な出会いをしたときにもにおいづけをする。

草原や動物園でにおいづけをするときは、木や灌木に向かって後ずさりしながら、尾を上げて後ろ向きに尿のしぶきを飛ばす。木の幹や灌木を尿でぬらせば、広い面積からにおいのメッセージを発することができるし、通りすがりの個体の鼻の高さににおいをつけられるからだ。この行動をとるのはほとんどがオスだが、メスも発情すると同じことをする。

動物園にいるライオンの中には、観客を動かす手段として、お尻を向けて後ずさりして尿のしぶきをいきなり飛ばすことを覚えたものもいる。尿の射程距離は3～4mなので、最前列の人たちは被害を受けてしまう。だが本書を読

▲尿によるにおいづけ(スプレーマーキング)
プライドのライオンは、通りすがりのライオンが気づくように鼻の高さの木などに尿をかけて自分のにおいをつける。

んだあなたなら、においづけ行動について理解しているので、尾を上げないか注意していて、もしものときには安全なところまで下がれるはずだ。1頭が尿を飛ばしたときには、同じ展示場にいる他の個体にも注意したほうがいい。排尿や排便は、伝染したように次々に行われることがあるからだ。

　ライオンはかがんだ姿勢で排尿するときに、においづけをすることもある。後脚に尿をかけて、その脚で後ろ向きに地面を蹴ることで、においと目に見える印とを同時に残すのだ。そのほか、頭や口を灌木や木の枝などにこすりつけて、臭腺から出た物質や唾液をなすりつけることもある。

　動物園の展示場に木が生えていたら、爪とぎの跡(幹に垂直方向についたひっかき傷か溝)を探してみるといい。ライオンは両方の前脚を伸ばして幹に爪を立て、それを引き下ろすことで爪とぎをする。そうすると爪が樹皮に食いこんで、鞘状になった古い爪が楽にはがれるし、爪跡も残る。爪跡には視覚的な

メッセージだけでなく、においのメッセージも残されている可能性があり、ライオンにとって社会的に重要な意味がある。

程度の弱い威嚇（いかく）

ライオンのほえ声やにおいづけ行動には、互いの間に十分な距離を保って個体間の対立を防ぐ働きがある。なわばりの境界を越えて他の個体とふいに出会ってしまったときは、威嚇の仕方を変えて身ぶりで相手を脅す。この威嚇の身ぶりは、プライド内のいさかいを収めるときにも利用されるので、動物園でも見る機会があるだろう。

威嚇の身ぶりの中でも最も程度が弱いのが、相手を正面からにらむというものだ。見える距離から声を出さずににらむことで、貴重なエネルギーを使わずに自分の優位性を誇示できる。劣位のライオンはどうすべきかわかっているので、素直に脇によけて、にらんでいるライオンに道をゆずる。オスはこのほか

▲闘争
プライドの繁殖オスの座をかけて争う。

にも「気取った姿勢」で自分の優位性を示すこともある。そのときは体を一番大きく見せられるように、四肢をぴんと伸ばして首もまっすぐに伸ばし、横を向いて最大の大きさになった自分の姿を敵や気をひきたいメスに見せつける。

🌱 程度の強い威嚇

相手をにらんだり気取った姿勢で威嚇したりするときに、おどしの効果を上げる必要があると感じると、威嚇の強度を高めて攻撃的な威嚇を行う。そのときには表情がきわめて重要な役割を果たす。頭を両肩の位置まで下げて相手をまっすぐににらみつけ、少しだけ口を開く。口角を前方につき出し、上下の唇がほぼ直線を描いて、歯がほとんど見えなくなるくらいにする。耳を立てて、開口面を後方に向け、耳の後ろのよく目立つ黒い模様を相手に向ける。さらにすごみを効かせたいときには、うなり声をあげたり咳のような声を出したり、尾を上下に激しく動かしたりする。動物園では餌の時間に空腹の個体どうしが近づきすぎると、この攻撃的な威嚇行動がとられる。

恐怖を感じながら相手を威嚇するときは、攻撃的な威嚇ではなく防御的な威嚇を行う。そのときは攻撃的な威嚇とは違って、口角を引いて歯をむき出し、「長いうなり」声を上げて、耳を後ろに倒して伏せ、目を細める。これは相手にひっかかれたときにそなえて、耳と目を守るためだ。

防御的な威嚇の最中にさらに恐怖心が増すと、頭を横に向け、顔をそむけて相手の視線を避ける。防御的な威嚇の程度をもっとも強めるときは、口を開けてすべての歯をむき出しにし、さらに相手に突進したり噛みついたり前足ではたいたりして威嚇の効果を上げる。この行動は、交尾前のメスや交尾中のオスも行うし、緊張を伴う遭遇（特に食物をめぐる遭遇）をしたときには、オス、メスどちらも行う。

恐怖を感じて、リスクのある接触を完全に避けたいと思う場合は、「しのび歩き」、「かがみ歩き」、「かがむ」の方法で、ライバルや捕食者や人間や予想外の訪問者から見えないところまでこっそり移動する。

🌿 性行動

メスは平均して3～4週ごとに発情するが、メスが発情したときには、そのことに最初に気づいたオスが一時的な配偶者になる。プライドにいるその他のオスは、配偶者となったオスの権利を尊重し、ふつうはそのオスに戦いを挑ん

だりせずに自分の番が来るのを待つ。この時点で争うことは、貴重なエネルギーを消費するだけでなく戦略的にも賢くないからだ。プライドのオスたちはノマドを撃退するために協力しあう必要があるので、団結を崩すことや仲間を戦えない状態にすることは避ける。そのうえ、順番待ちをしているオスは通常は配偶者になったオスと血縁関係にあるため、交尾するのが自分でなくても遺伝子の一部は受けつがれることになる。

　だが、おとなしく順番を待つ最大の理由は、どのオスにもいずれはチャンスが巡ってくるということだ。オスが1頭だけでは、発情したメスの求める交尾の頻度に応じることはできないのだ。発情したメスは、数日の間平均して15分に1回の割合で交尾を行う。そのうえプライドにいる他のメスたちもじきに発情するため、他のオスが交尾できる可能性はさらに高まる。発情期に入ったライオンは、性的に驚くほど活発になる。ある調査では、1頭のオスが2頭のメスと55時間で計157回の交尾を行ったという。このオスは平均で21分に1回交尾し、さらに交尾の間に60秒から110分の休憩をとっていたため、食事などの普段の行動に使える時間はわずかしかなかった。

🌱 **求愛**　求愛は通常は開けた場所で行われ、場合によっては群れの仲間から離れたところへ行くこともある。オスとメスは互いの周りを落ち着きなく旋回しながら、一連の特徴的な求愛行動をとる。オスは鼻づらにしわを寄せて唇を持ち上げ、歯をむき出しにするという配偶時特有のしかめ面（フレーメン）をつくる。さらに、くしゃみのようなうなり声をあげたり、口をゆっくりと開いて音を立てずに頭を左右に動かしたりする。この行動は防御的な威嚇のときに見られるうなり声をあげる行動に似ているが、音を立てない点と口をゆっくり開く点が異なっている。メスがすぐに体をかがめて交尾の姿勢をとらないときは、オスはメスに近づいてグルーミングをするようにメスの体をなめはじめる。それでも交尾を受け入れる状態にならないとき、メスは立ち上がって尾をループ状に高く上げ、何歩か移動する。その場合、オスはメスにぴったりとついて歩く。メスは最終的にはオスのほうにお尻を向けて体の前部を下げ、体の後部を上げて、体をかがめたプレゼンティングの姿勢をとる。

　メスは、求愛行動に関してけっして受け身でいるわけではない。ある研究によると、観察された求愛行動のうち57％ではメスのほうからオスを誘惑して

配偶時のしかめ面（フレーメン）

メスによる誘惑

首を噛む行動

交尾後の威嚇

いた。求愛するとき、メスはオスの周りを旋回して体をこすりつけたり、体を巻きつけたり、オスの前でかがんで見せたりする。飼育下のメスは、野生のメスよりもオスを頻繁に誘惑する傾向がある。動物園では、メスがくり返しプレゼンティングの姿勢をとるところや、そのときに前足で足ぶみするところがしばしば観察される。また、飼育係によると、発情したメスは背中を下にして寝転がりながら、前足で後ろ足を押さえて噛むこともよくあるという。動物園でメスがこの動作をするところに出会ったら、観察を続けてその後に何が起こるか見てみるといいだろう。

交尾

オスは交尾をしている間はメスの首の後部を噛んでゆさぶっているが、首より後ろには力を加えない。メスは、交尾中はうなり声をあげつづけて、攻撃的な威嚇のときと同じ表情を浮かべる。攻撃的な威嚇と違うのは、耳の開口部を後ろではなく前に向けている点だ。オスもニャアニャア声をあげつづけて、こちらは防御的な威嚇のときと同じ表情を浮かべる。オスは射精する

ときには長く続く遠ぼえのような声をあげ、射精を終えるとすぐにメスの上から体をどかす。

🌱 **交尾後** 交尾が終わると、メスはそばにいるオスを即座にふり返って歯をむきだしてうなったり、攻撃的な威嚇の表情でオスに噛みついたりする。もしもあなたがライオンのメスだったら、同じようにうなり声をあげるだろう。ライオンの陰茎には根元のほうに向かって何本もの棘状の返しが生えているのだ。そのため、陰茎が引き抜かれるときにメスは強い刺激を受け、その刺激によって排卵が誘発される。メスはオスと離れると何歩か移動して、官能的なしぐさであお向けに寝転がり、次の交尾にそなえて休息する。

育児行動

🌱 **子どもの世話** 野生のライオンの子どもは、5頭のうちわずか1頭しか2歳まで生き残ることができない。一腹の子どもの数は2〜3頭で、出生体重はわずか1,300gほど。目も見えず自力では何もできない状態で産まれてくる。出産から数週間たつと、母親は子どもをプライドの仲間のもとに連れていってそこで育てるが、それまでは自分だけで世話をする。狩りに出かけたり仲間と過ごしたりするときには、子どもをできるかぎり茂みの中に隠していくが、それでも子どもはハイエナやヒョウの餌食になりやすい。母親は子どものところに戻ると、「出ていらっしゃい」というように、低く短いうなり声や優しいほえ声を上げる。子どもの隠し場所は1〜2回変えるが、そのときには飼いネコが子どもを運ぶときのように子どもの首の後ろを噛んで運ぶ。生まれてから2か月間は主に母乳を与え、栄養を補うために肉も与える。

ライオンの母親の世話の仕方には、少なくとも人間の目で見るとずさんな点がある。たとえば子どもが1頭しかいない場合、母親は例外なく子どもを見捨てて死なせてしまう。薄情だと思うかもしれないが、これは生態学的に見れば理にかなった行動だ。子どもを1頭だけ見捨てることで再び交尾できるようになり、より多くの子どもを持つチャンスを得るのだから。母親は食事のときにも利己的に思える行動をとる。必ず自分の空腹を先に満たしてから、ようやく子どもたちを獲物のところへ連れていくのだ。獲物の大きさによっては、すべての子どもが食べられるほどの肉は残っておらず、何頭かの子どもは飢えて死

ぬことになる。特に乾季にはほとんどの獲物が北へ移動してしまうので、セレンゲティ平原では小さなトムソンガゼルで飢えをしのぐしかない。ここでも子どもより自分に投資したほうが得をするのは確実だ。産まれて数か月にも満たないライオンの子どもは何かあればすぐに死んでしまうため、母親は子どもが欠けた分を取り戻すために、体力を維持して繁殖能力を最大にしておかなければならないのだ。

🌱 共同保育

産まれた子どもが最初の6〜8週を生きのびると、母親は子どもをプライドの仲間のところへ連れて行く。子どもたちはそこで、同じ時期に産まれた他のメスたちの子どもとともに共同で保育される。共同保育では、どのメスからも乳をもらうことができるので、自分の母親が死んでも生きのびる可能性が高い。子どもたちは、ある程度大きくなると母親について獲物のところまで行くようになり、産まれて11か月が過ぎるころには自分でも狩りに参加するようになる。子どもたちが狩りに出かけるときは、捕食者や群れを乗っ取ろうとするオスがいないかどうか、群れのオスたちが常に目を光らせている。

　子どもたちは共同で保育されていても自分の母親とは特別な関係にあり、その関係は母親が次の子どもを産む2年後まで維持される。子どもたちを危険な状況（オスをイライラさせるなど）から懸命に遠ざけたり、獲物のところまで連れて行ったりするのはその子の本当の母親だけだ。動物園でも、どの子どもとどのメスが親子なのかは簡単に見分けがつく。元気すぎる毛玉のような子どもたちに引っぱられたり、抱きつかれたり、飛びかかられたりしているのが母親だ。子どもたちは空いた乳首を夢中で探しながら、母親の我慢の限界を試しているようにも見える。

たてがみの長所と短所

　人間の王や支配者たちは、昔から力や威厳のしるしとして首や肩に豪華なマントをはおってきた。たてがみをまとったライオンの姿には、マントをはおった王族と同じような風格がある。ライオンのオスにとって、たてがみは優位性のシンボルとしてなくてはならないものなのだ。たとえば群れで食事をするときにも、一番大きなたてがみを持つオス（おまけに体も一番大きいオス）は、その場に姿をあらわすだけで下位のライオンたちを退けて、だれよりも先に食べることができる。また、たてがみは闘争を避けるのにも役立っている。大きなたてがみのオスを地平線近くに見つけたら、そちらに近づかないようすればいいし、近距離で他のオスに出会ってしまったときには、お互いのたてがみを見比べてから戦うかどうかを決められるからだ。相手と互角だと両者が思ったときには闘争が始まるが、前足や牙による攻撃のほとんどをたてがみが吸収してくれる。大きなたてがみはメスにも人気があるため、オスは配偶者としてふさわしいところを示すために、メスの前を行ったり来たりして、自分のたてがみを見せびらかす。

　たてがみの最大の長所は、ふわふわの毛でできているので、見た目の半分も重さがないという点だ。プライドにいるオスにとって体の重さは大きな問題ではないかもしれないが（オスの代わりに、ほっそりしたメスたちが狩りをしてくれる）、ノマドのオスは自分で獲物を追わなくてはならないため、体が重かったら生きていけない。だが、たてがみは軽いとは言っても目立つので、こっそり獲物にしのび寄るときには邪魔になる。ある研究者によれば、狩りのときのオスの姿は「草の間を動く大きな干し草の山」のようだという。欠点があるとはいえ、たてがみは地位の向上に役立ったり体を保護したりと、欠点を帳消しにするくらい役立っている。

オスの役割

　ライオンのプライド内での分業の様子を見ていると、メスの負担がかなり大きいように思える。群れの中で優位な立場にいるのはオスだが、群れが移動するときや寝る場所を決めるとき、水場を探すときなどにはメスが群れの行動を決定する。移動のときには必ずメスが先頭を切って歩き出し、その後に子どもたちが続いて、昼寝から目覚めたオスたちが子どもの後から小走りでついていくということが多い。狩りをするのもほとんどがメスだが、これはメスがオスよりも軽くて目立たないことを思うと理解できる。ところがメスたちは、しのび歩きで時間をかけて獲物をしとめても、後からのんびりやってきたオスに先をゆずって、食事の順番を後ろで待っていなくてはならない。

　しかし、何もしていないように見えてもオスにはオスの役割がある。オスがいなければ、プライドが多くの子孫を残すことは難しいだろう。第一に、プライドの繁栄は豊富な獲物を得られるかどうかにかかっている。ある広さの土地で生きていけるライオンの頭数はかぎられているため、狩猟なわばりを競争相手から守ることは重要だ。オスは常に周囲に気を配ったり、マーキング跡やほえ声に注意したり、自分が群れを守っていると周囲に知らせたりする役割を果たしている。なわばりへの侵入者を撃退するときにはオスもメスも働くが、侵入者がオスだった場合は体重の軽いメスでは撃退できないので、オスが引き受ける。第二に、オスはプライドが移動するときには常にあたりをうかがって、子どもたちを捕食者から守っている。

　第三に、これがもっとも重要な役割なのだが、オスたちはプライドに入りこもうとするよそ者のオスからプライドを守っている。よそ者のオスはプライドに入りこむと、なるべく早く自分の遺伝子を残そうとする。そのための確実な方法として、前にいたオスの子どもを殺してメスの授乳をやめさせ、ふたたび発情させて、自分の子どもを妊娠できる状態にさせようとする。プライドのオスはそのことがわかっているので、自分の遺伝的利益を熱心に守ろうとするし、プライドの他のライオンたちも、そのことによって利益を得ている。

動物園/自然界で見られる行動

基本的な行動

移動
・全速力で走る
・歩く
採食
・しのび歩き
・かがみ歩き
・かがむ
排泄
自己グルーミング
体を冷やす
睡眠
あくび
伸びと爪とぎ

社会行動

友好的な行動
■あいさつ
・頭をこすりつける
・相手のまわりを旋回する
・体をこすりつける
・尾をさっと上げる
・お尻を頭のほうに向ける
・肛門のにおいをかぐ
■社会的グルーミング
・仲間の体をなめる
■社会的遊び
■協同狩猟
対立行動
■ほえる/においづけ
・尿でにおいづけ(スプレーマーキング)
・後脚で地面を蹴る
・爪とぎ

■程度の弱い威嚇
・正面からにらむ
・気取った姿勢
■程度の強い威嚇
・攻撃的な威嚇
・うなる
・咳のような声
・尾を上下に激しく動かす
・防御的な威嚇
・頭を横に向ける
性行動
■求愛
・フレーメン(配偶時のしかめ面)
・求愛時の追尾
・プレゼンティングの姿勢
・誘惑
■交尾

・首に噛みつく
・うなる
・攻撃的な威嚇の表情
・ニャアニャア声
・防御的な威嚇の表情
・遠ぼえ
■交尾後
・攻撃的な威嚇
・あお向けに寝転がる
育児行動
■子どもの世話
・低く短いうなり声
・優しいほえ声
・子どもを運ぶ
・獲物を与える
■共同保育

行動早見表

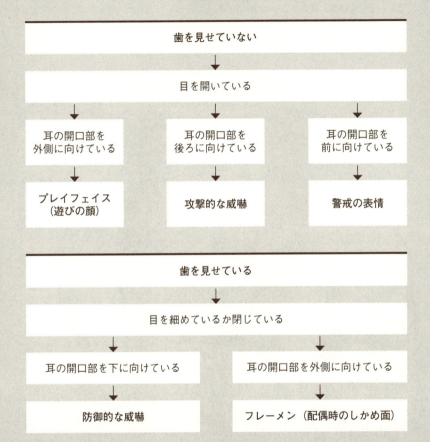

▼あいさつ
お互いの口の中に鼻先を入れて「握手」をする。おそらく味覚と嗅覚によって様々な情報を得ているのだろう。

アフリカゾウ
African Elephant

ゾウという動物はあれほど体が大きいのだから、どこか乱暴なところがあると思っている人もいるだろう。たしかに私たち人間が5〜6トンもの巨大な体を持っていたら、それをいいことに威張り散らしていたかもしれない。だがゾウはそんな動物ではない。陸上最大の哺乳類であるゾウは、あれほどの巨体にもかかわらず、きわめて温厚な性格の持ち主だ。彼らの体重は詰め物の入った4本の足の裏に魔法のように分散されるため、歩いたあとにはかすかな足跡しか残らない。槍のように長い牙は、ランドローバー（四輪駆動車）の金属製の車体に穴を開けられるほど鋭いが、それよりも木の根を掘ったり、食べるために樹皮をはいだり、水を得るために地面を掘ったり、メスをそっと押して交尾をうながしたりといった穏やかな使い方をすることのほうが多い。皮膚は厚さが4cm近くあるが、とても傷つきやすいので、動物園では毎日体を洗って、皮膚を清潔で健康な状態に保ってやらなければならない。

アフリカゾウは対立を避け、協力しながら穏やかに暮らしている。50〜70年という長い生涯の間、群れの仲間とは非常に親しく過ごす。群れに赤ん坊が生まれれば全員で祝い、だれかが死ねば、鼻先を使って全員で必死に起き上がらせようとする。仲間同士のきずなは非常に強く、家族群の誰かがハンターに撃たれたときには、離れていたメンバーは逃げるどころか撃たれた仲間のもとにかけよってくる。

そのように結束の強いアフリカゾウの社会の基本単位

特徴

目
ゾウ目

科
ゾウ科

学名
Loxodonta africana

生息場所
草原と森林の境界を好み、特に川の近くでよく見られる。深い森や開けたサバンナ、湿地、とげのある低木林、半砂漠の低木林にも生息する。

大きさ
体長 約6.0〜7.5 m
肩高 約3.0〜4.0 m

体重
2.2〜7.5トン

最重量記録
10トン

最長寿記録
飼育下で70歳

は、母子を中心とする家族群だ。家族群はメスの家長（リーダー。通常は最年長のメス）と、その娘であるおとなのメスたち、その子どもである未成熟のオスとメスから成り立っている。リーダーの妹やいとこ、その子どもたちが群れに加わって合計で最大24頭になることもあるが、平均的な群れの頭数は10頭以下だ。家族群内の順位は体の大きさと年齢で決まるため、もっとも大きい最年長のメスがもっとも優位となり、もっとも小さくて若い子どもがもっとも劣位となる。青年期のオスの間では頭突きによって順位が決定されるが、その場合は体の大きさと年齢に加えて、力の強さと気性の激しさも重要な要素となる。

ほとんどのメスは自分の生まれた群れで生涯を過ごすが、ごくたまに自分に従うものを連れて群れを離れ、別の群れをつくって新たなリーダーとなるメスもいる。一方、オスは性成熟するとすぐに（10〜20歳で）自分の生まれた群れを離れなければならない。オスの中には、そこまで群れにいられないものもいる。乱暴にふるまってメスたちに愛想をつかされれば、年齢に関係なく群れから追い出されてしまうからだ。群れから出たオスは放浪の生活を始める。一生のほとんどを単独で過ごし、配偶者を求めて行動圏の中を縦横に移動する。オスが家族群とともに行動するのは、発情中のメスを見つけたときか、そうでなければ採食や季節移動の最中にたまたま近くに居合わせた場合だけだ。それ以外のときにはオス同士で群れ（独身オスの群れ）を形成することもあるが、群れのつながりはゆるやかで、メンバーは日によって入れかわる。

アフリカゾウは家族群と独身オスの群れ以外には、いくつもの群れが集まった血縁群（クラン）と呼ばれる群れを形成するが、その場合には70頭という大群になることもある。この血縁群は2〜5つの群れが集まったもので、ひとつの家族群から分かれて近くにとどまっていた群れが、交流のために時おり集まるときに形成される。雨季の後には、数km四方にいたいくつものクランが集まり、数百頭から2,000頭もの大群となって新芽を採食することもある。

動物園で5頭だけで飼われていても、草原で2,000頭の大群で行動していても、ゾウたちはみな仲がよくてリーダーに忠実だ。ゾウの家族が採食や水浴びや移動をするところを見ていると、メンバーはリーダーからおよそ50m以内のところにとどまっていっせいに動いていることがわかる。仲間との間を低木でさえぎられていても、特別な鳴き声や、おそらくにおいも利用して常に連絡

を取りあっている。群れに危険がせまると1か所に集まって、リーダーを最前線の中央にして共同戦線を張り、その後ろに子どもたちを下がらせる。そして、おとなも子どもも鼻を「ティーポットの注ぎ口」の形に上げて、においで状況を把握しようとする。状況に応じてリーダーが相手に突撃したり、全員で巨大な灰色の頭を振りながら、甲高い鳴き声（トランペット音）を上げていっせいに逃げ出したりする。

　ゾウはそのように興奮して集団で暴走しているときにも、他の動物ではなかなか見られないような優しさを示す。子どもがよろけて転んだりすれば、全員が立ち止まって、母親と数頭で子どもを起き上がらせ、しっかり立たせてやってから再び走り出すのだ。このように共同防衛を行う点や、子どもや病気の個体やけがをした個体の世話を協力しあって行う点など、カバやサイといった厚皮動物（かつてゾウ類、サイ類、カバ類は同じ分類群に入れられていた）より霊長類との（すなわち人間とも）共通点が多い。

▲ティーポットの注ぎ口の形にした鼻
興味を持ったり不安になったりすると、「潜望鏡」を上げてにおいをかぎ、危険がないか調べる。

基本的な行動

移動

アフリカゾウはのんびり歩いていても、1時間に3〜6kmほどは楽に移動できる。全力で走れば時速約40kmという猛烈なスピードが出せるので、人間など短距離走のチャンピオンであってもかなわないだろう。

採食

野生のアフリカゾウにとっては、産まれてから死ぬまでのすべての時間が食事時だ。彼らは1日に16時間も動きまわって、あらゆる高さにある植物質の食物を食べる。つまり、地中でも、地表でも低木や樹木の上でも、しなやかな鼻が届くかぎりのところから食物を集めて食べている。木の上や根に鼻が届かなければ、手っ取り早く木を倒したり根を引き抜いたりする。食事の内容は50％以上がイネ科の草本で、その他に広葉草本、葉、小枝、樹皮、根、少しの果実、種子、花を食べている。デーツ（ナツメヤシの実）やブラックプラム、ラズベリー、ショウガ、野生のセロリ、オリーブ、イチジクの実、コーヒーの実といった変わったものがメニューに加わることもある。

おとなは食物を豊富に得られるときには1日に約140〜270kgもの食物を食べるが、これは消化吸収率の悪さを量によって補うためだ。食物を少なくとも4回反芻するウシとは違って、ゾウは反芻ができないため、食べた食物の40％しか消化吸収できず、消化できなかった食物をそのまま排泄する。幸運なことに、ゾウは胃の中の細菌がつくり出す酵素のおかげで、莫大な量の食物をすばやく処理できる。その結果が大量の糞だ。動物園でゾウの糞を掃除しているところを見たことがあると思うが、彼らは驚くほどの量の「肥やし」を1日に10〜30回も排泄する。

飲水行動

アフリカのサバンナに暮らすすべての動物は、毎年、降ったり照ったり、お腹いっぱい食べられたり飢えたりとジェットコースターのような浮き沈みの激しい暮らしをしている。ゾウは乾季の間は基本的に水場から離れずに暮らし、ときには水場から水場へ何kmも移動して1日に約90リットルもの水を飲む。

▲穴を掘る
牙を使って地面を掘ることで塩分をとったり、乾季のときに水を飲んだりする。

ゾウが水を飲むところを動物園で見ることもあると思うが、鼻を使って一度に8～11リットルの水を吸い上げ、口の中に勢いよく流しこんで飲む。サバンナではゾウが水場に近づくと、たいていの動物はゾウに場所をゆずる。ゾウが堂々とした態度で鼻を少しゆすれば、それだけでキリンもバッファローもサイも、ライオンさえ後ろに下がってゾウに順番をゆずる。

　動物たちの中には、ゾウが水を飲んでくれなければ、順番を待つどころかまったく水が飲めないものもいる。干ばつが厳しくて川が干上がってしまったときにも、ゾウは牙を使って川の地下に眠る水を掘り出すことができるのだ。そのときは数mの深さの穴を掘り、砂の上に水がゆっくりとにじみ出てくるのを待つ。そして、そこへ来るまでにどれだけ長距離を歩いてきたときでも、どれだけ喉が渇いているときでも、水に混ざった砂が沈んで水がきれいになるのを辛抱強く待ち、それから時間をかけて飲む。ゾウが去ると、他の動物がその穴に集まってきて水を飲む。サバンナの動物にとって、ゾウの掘る「井戸」は気候が厳しい時期の命綱となっている。ゾウが減少しつづけて絶滅してしまえば、非常に困った事態になるだろう。

水浴び、泥浴び

動物園で見られるもっとも楽しい光景のひとつが、たくさんのゾウが楽しそうに池に体を浸したり、長い鼻で噴水のように盛大に水しぶきを上げたりしているシーンだ。もしもその動物園に泥浴び場があれば、家族全員で楽しそうに泥に浸かったり、泥の中をごろごろ転がったり、鼻を使って体に泥をかけたりしているところも見られるだろう。ゾウの表皮には特別なしわがあるので、水や泥は滴となって落ちずにしわの奥深くに染みこんでいく。この水分はゆっくりと蒸発して、その際に熱エネルギーを放出するため、水浴びや泥浴びをした後しばらくの間は涼しく快適に過ごせる。

グルーミング

泥浴びや水浴びには体温を下げるだけでなく、繊細な皮膚を乾燥やひび割れから守る効果や、ダニなどの寄生虫を体から追い出す効果もある。泥浴びをしたあとは、ちょうどいい岩やアリ塚を見つけて体をこすりつけ、体にすみついている寄生虫を追い出す。体をこするだけでは足りずに、体に土を吹きかけて泥をこすり落とすこともある。泥をこすり落としたあとは、体に残った泥や土のおかげで体が生息地（あるいは放飼場）の地面と同じ色になり、おまけに強烈な太陽から皮膚を保護することができる。

体を冷やす

ゾウのように大きな体を持つと、立派な体からつくり出される熱を放出するには表面積が足りないという問題を抱えることになる。ゾウと比較するために、あなたの家の近所にいるリスが、体の体積に対してどれだけの表面積を持っているか考えてみるといい。リスの体には十分な表面積があるので、体温が上がっても熱を放出できる。ゾウはこの点を補うために耳を大きく進化させ、追加の表面積を手に入れた。この耳には（特に裏側には）たくさんの血管が通っており、熱を逃がす天然のラジエーターとして役に立つ。耳を広げてゆっくりパタパタと動かすと、血管に風が当たり血液を冷やし、温度の下がった血液を体に送ることができるのだ。気温があまりにも高くなって体温が上がりすぎたときには、水につかって体を冷やす。

▲水浴び
水浴びをすることで体の汚れを落としたり体を冷やしたりする。鼻で一度に10リットルもの水を吸いこんで、シャワーのように体にかける。

睡 眠

　ゾウの眠りがもっとも深くなるのは、ほとんどの人間と同じで真夜中をすぎたころだ。ゾウは夜だけでなく昼間の一番暑い時間帯にも昼寝をすることがあり、合計すると1日に4時間の睡眠をとっている。ゾウの群れが眠りにつくとき、群れのメンバーは合図に従うように次から次へと横になっていく。寝ている間に1頭が姿勢を変えると、巨大なウェーブが伝わるように他のゾウたちも次々と寝返りを打っていき、最後の1頭が寝返りを打ちおわると再び静まり返る。寝ているゾウの群れを見た人は、だれでも同じことを考える。夜のアフリカでこれほど安らかに寝ていられるのは、動物界の女王というゆるぎない地位を持ったゾウだけだろう。

ゾウの特徴

ぶらぶらと揺れる鼻 ゾウが腕のように使っているこの器官は、実は鼻と上唇が合わさって変形したものだ。中には鼻孔が通り、表面には触覚のような働きをする毛が生えていて、内部には4万もの筋肉が通っている。この鼻は木を引き抜いて持ち上げられるほど強力だが、触覚と嗅覚を兼ねそなえた繊細な精密機器でもある。鼻の先にある指のような2つの突起は、草を1本だけでつまみあげられるほど器用だ。その他にも水を飲んだり、あいさつをしたり、仲間をなでたり、川を渡るときにシュノーケルとして使ったり、水を吹きかけたり、土を吹き飛ばしたり、威嚇(いかく)をしたり、仲間同士の連絡音を出したりと様々なことに役立つ。

宝飾品として珍重される牙 カーブして生える美しい象牙は、上顎の切歯が伸びたもので、大部分が象牙質で形成されている。ゾウの牙は一生伸びつづけるため、オスでは60歳になるころには左右のそれぞれが平均で60kgもの重さになることもある（メスの牙は1本でおよそ9kg）。最大記録は非常に高齢のゾウの牙で、長さ2.3m、重さ約130kgもあった。動物園のゾウを見ていると、左右の牙の長さが必ずしも等しくないことに気づくかもしれない。これは、人間に利き手があるのと同じように、ゾウもどちらかの牙をより頻繁に使うからだ。よく使う牙は、より早く摩耗する傾向がある。生きている象牙には柔軟性があって、圧力がかかるとしなるが、大きすぎる圧力がかかると折れることもある。

ゾウにとって不運なことに、象牙の象牙質にはひし形をした独特の網目模様があり、ふつうの歯よりもつややかに輝くという性質がある。1970年代になると、この「ホワイトゴールド」の需要が急増したために、象牙の価格がはねあがり、自動小銃を抱えた密猟者たちが毎年10万頭近くものゾウを殺害していった。現在では象牙の取引きは禁止され、象牙製品のボイコット運動も行われているが、いまだに多くのゾウが命を奪われている。動物園にいるゾウが長くて美しい牙を持っていたら、じっくり見ておくといい。自然界では、もうそのような牙を持ったゾウを見る機会はなかなかない。年長の牙持ちのゾウは、象牙をねらう人間の格好の標的にされてしまう。

優れた記憶力 ゾウはそれ以外にも、伝説になるほど記憶がよいことで有名だ。ゾウの記憶力が他の動物より優れているかどうかを知る方法はないが、他の種より有利になると思われる身体的特徴を示すことはできる。ゾウの脳は産まれ

た段階ではまだ35％しか発達しておらず、誕生後に発達する余地がたっぷりと残されているのだ。人間の赤ん坊の脳は、誕生時には27％しか発達していないため、ゾウよりも発達の余地が多い。それとは対照的に、たいていの動物は脳が90％発達した状態で産まれてくるため、新たな情報を得たり学習したりする余地は10％しか残されていない。

ゾウはおそらく試行錯誤や観察や洞察を通して物事を学習している。若いゾウは同じ群れにいる年長者を見ることで、生涯を通じて学習をする。そしてその知識を、自分より若い世代に伝えていく。そうすることで個体群内の知識の伝え手は常に確保され、知識は永遠に受け継がれていく。この過程で必要不可欠なのが、おとなのリーダー（通常はメスの家長）の存在だ。リーダーは間違いなく厳しい干ばつを生きのびてきた個体であり、次の干ばつがやってきたときには、群れのメンバーを確実に水が得られる場所まで連れて行くことができるからだ。

社会行動

ゾウの交流を見る機会があったら、特に各個体の頭と耳と鼻に注目するといい。それらの部位は、もっとも多くの視覚的な信号を発しているからだ。信号のルールは単純だ。(1)頭の位置が高ければ高いほど興奮しており、(2)耳の広げ方が大きければ大きいほど攻撃性が高まっており、(3)鼻を正面に出していれば自信があることを示しており、(4)鼻を体のほうに曲げていれば、ためらいや恐れがあることを示している。ただし、真剣な攻撃のために鼻を保護している場合は別だ（p.182の「行動早見表」も参照）。これらの信号を観察するときには、彼らが視覚的信号以外にも、においや音や触覚を利用してコミュニケーションをとっていることを忘れてはいけない。

友好的な行動

仲間と連絡を保つ　ゾウのように大きな動物を見失うのは難しいと思うかもしれない。だが、アフリカの広大な空間では、絶えず動いているオスは、時として他のゾウたちからあっというまに離れてしまう。互いにすぐそばにいる場合でも、植物が茂った環境で採食していれば、仲間の姿が見えなくなるこ

とがある。だがゾウは相手の姿を見失っても、低周波の音声とマーキング行動によって連絡を取りあえるので、はぐれることはめったにない。動物園でゾウがもっともよく出している音声は二重奏、つまりコンタクトコールとそれに対する返事（返答コール）で、これは人間の耳には聞こえないが、空気が震えているのを感じ取れることがある。群れをまとめるのに用いられるもうひとつの鳴き声は、群れを移動させるときにリーダーが発する「移動しよう」という意味のとどろくような低い声（ランブル音）で、これは起床ラッパのような働きをする。

あいさつの儀式
もしもあなたがゾウだったら、他のゾウに対してとれるもっとも友好的なしぐさは、耳を広げずに高く上げて歩みより、相手と鼻の先を合わせるというものだ。さらに相手の口の中に鼻先を入れてもいいだろう。ゾウはこのようなあいさつの儀式を通じて、家族や親戚との社会的なきずなを再確認しており、特にしばらく離れていたときにはこの儀式が重要になる。このあいさつは、離れていた時間が長ければ長いほど念入りに行われる。長い間行方不明になっていた家族や親せきの群れに再会できたときには興奮して、これらのあいさつ行動以外にも、排尿や排便をしたり、数分にわたって甲高い声（トランペット音）や、叫び声や、大きなランブル音を出したり、スキンシップをさかんにとったりする。このような騒々しいあいさつは、友好関係を深めるのに役立つだけでなく、生存に必要な情報を交換するのにも役立っている可能性がある。

交尾時の大騒ぎ
このような騒ぎは、2頭のゾウが交尾をしている際にも生じる。交尾中のつがいのところへ家族群のメンバーたちがかけよって、興奮が伝染したかのように鳴き声を上げたり、排尿や排便をしたり、側頭腺から分泌液を流したりするのだ（p.171の「求愛前のオスの行動」を参照）。

集団防衛
家族群のゾウたちは、群れに危険がせまると1か所に集まって集団で敵に立ち向かう。そのときは、一丸となって、頭を振ったり激しく動かしたり、トランペット音を上げたり、短距離の突撃を行ったりする。こういった騒動の間は、互いの体に軽く触れたり、互いの口の中に自分の鼻先を入れ

たりして安心感を得ている。体の小さい子どもたちは、おとなの頑丈な脚の後ろに避難している。

🌱 社会的遊び

ゾウの子どもはおとなによく面倒を見てもらい、しっかり守ってもらっているので、子ども時代を遊んですごせる。子どもたちが頭をぶつけあってスパーリングをしたり、鼻と鼻でレスリングをしたり、追いかけっこをしたり、地面に転がって取っ組みあいをしているところをよく見てみるといい。子どもたちは、これ以外にも遊びの中でマウント行動などの性行動のしぐさをすることもあり、遊びを通じておとなになったときの練習をしている。オスの子どもは、成長するにつれて順位をかけて張りあうようになるので、スパーリングは、より重要性を帯びてくる。

対立行動

ゾウのメスは、たいていは共同生活に適した平和な行動をとるので、メス同士が対立行動をとることはほとんどない。一方、オス同士は競争関係になることがあるため、特に若くてまだ順位の決定していないオスの間では対立行動がよくとられる。

だが、いったん順位が決定してしまえば、おとなのオス同士が全力で戦うことはめったにない。彼らはそのかわりに威嚇のディスプレイによって自分の強さを誇示する。特に見知らぬオスの強さを確かめるときや、自分の配偶者から他のオスを遠ざけるとき、あるいは、混みあった水場が気に入らなくて他の動物たちを追い払いたいときなどに威嚇を行うことが多い。メスも威嚇のディスプレイを行ったり、威嚇のために突撃したりすることはあるが、その対象は自分の家族をおびやかす侵入者にかぎられる。

🌱 威嚇

腹を立てたアフリカゾウほど恐ろしいものはない。6トンもの重さのある巨大な動物が、耳を広げてあなたの頭上に覆いかぶさり、前足で地面をかきながら、体を左右に揺すり、尾を小刻みに振って、高くかかげた鋭い牙の間から見下ろしてきたら、遺伝子に刻みこまれたすべての本能が、背を向けて逃げ出せと警告してくるだろう。

◀威嚇
競争相手に警告を与えるときは、頭を高く上げて立ち、大きな耳を広げて牙の先を相手に向ける。

服従　ゾウもこの威嚇行動に対しては同じように感じるらしい。服従する、あるいは降伏するゾウは、威嚇行動とは正反対のしぐさで恐れを表現する。姿勢を高くして耳を大きく広げるのとは反対に、頭を低くして耳を後ろに引き、鼻を内向きに巻くのだ。その場から逃げ出したり、相手にお尻を見せたりして服従の気持ちをあらわすこともある。オスだけで形成された群れでは、勝者が敗者に対してマウント行動をとることもあり、特に、敗者に逃げる場所がないときに、この行動がとられることが多い。

だが、両者の力量が同程度であれば、威嚇された側も退却しない。威嚇行動をとっていたゾウは、相手が自信満々な態度でいるときには、次の段階の行動、すなわち突撃という行動に出る。

突撃　威嚇のディスプレイを行っても効き目がなかったときは、耳をパタパタと動かし、鼻を上げてにおいをかぎながら、侵入者に向かって突進することがある。この行動は激しい金切り声やトランペット音を上げながら行われるが、相手に警告を与えるために「突撃のふり」をしている段階だ。突進したゾウは相手からかなり離れたところで立ち止まる。この「突撃のふり」は、締めくくりに激しく頭を振り、耳を体にぶつけて牛追いムチのような音を立てて

超低周波音を用いたコミュニケーション

　ゾウにまつわる逸話の中には、彼らが仲間に対して忠実で、群れの団結が固いことを示す話がたくさんある。このような強い団結を維持するためには、優れたコミュニケーションの仕組みが必要だ。この仕組みは複雑で、遠方まで音声を届けることができるが、それが解明されるようになったのはごく最近のことだ。研究者のキャサリン・ペインは、ポートランドにあるワシントンパーク動物園（現在のオレゴン動物園）を訪れた後にゾウのコミュニケーションについてくわしい研究を行うようになった（キャサリン・ペイン『ぞうの子ラウルとなかまたち』〈岩波書店〉）。彼女はゾウ舎の中に立っているときに、空中を伝わってくる振動があることを感じとり、しばらくして、それがゾウたちから発せられていることに気づいたのだ。そのときにキャサリンが感じて、研究をするきっかけとなった振動の正体は、周波数の低い「超低周波音」と呼ばれる音だった。

　超低周波音は地震や風、雷、火山、荒れた海などからも発せられている。地球は超低周波音で満ちており、人間はそのほとんどを聞くことはできないが、人間以外の動物たちはその音を活用して毎日を過ごしている可能性がある。たとえばクジラは、くだける波の立てる超低周波音を聞いて、浅い海岸に乗り上げるのを防いでいると考えられている。

　ゾウのそばに立っていると、ゾウとの距離や鳴き声の大きさ、周波数によって、彼らの声を低い音として聞けたり振動として感じられたりすることがある。音や振動が感じられないこともあるが、それでもゾウたちを見ていれば、彼らがコミュニケーションをとっていることが身ぶりによってわかる。ゾウはメッセージを受信するときに、それに伴う特有の姿勢——耳を広げて、鼻と頭を上げ、体を硬直させる——をとって、耳を傾けているような様子を見せるのだ。メッセージを発信する側のゾウは、口を開けて耳をパタパタと動かしたあと、動きを止めて返事を聞いているような様子を見せる。

　アフリカでゾウを調査している研究者たちは、ゾウの群れがこのようにいっせいに動きを止めて、その後、号令をかけられたように急に向きを変えることがあるのに気づいた。それ以外にも、いくつもの群れが様々な方角からひとつの水場に向かってやってきて、数分ずれるだけでほぼ同時に到着することがあるというが、その謎もおそらくこの超低周波音によって説明できるだろう。

終わる。

　それでも苛立ちがおさまらない場合には、「本気の突撃」という段階に移る。鼻をおでこのあたりに引いて拳のようにかまえ、牙を槍のようにかまえて、トランペット音やうなり声や叫び声を上げながら敵に突進していくのだ。だが研究者の記録によれば、より静かに、より直接的なやり方で本気の突撃が行われることもある。ある研究者は、激怒したオスが駐車されていた車に歩いて近づき、牙でいきなりドアを突き刺すところを見たという。

　威嚇行動や突撃を行ったあとは、興奮から冷めるのに時間がかかる。興奮状態のゾウは、人間が敵の代わりにテーブルを拳でなぐるのと同じように、エネルギーを別のものに向けることがある。そのときには、鼻や牙で植物をばらばらにしたり、後ろに向けて土や草を放ったり、肩ごしに急に振り向いたり、あるいはただ単に興奮が冷めるまで左右に体を揺らしていたりする。

✔ 闘争

　アフリカゾウは牙を用いて威嚇をすることはあるが、オス同士が真剣な闘争をすることはめったにない。たとえば2頭のオスが同じ水場へ向かっていて、そのままでは衝突しそうなときは、両者はかすかな動作によって意思をはっきりと伝えあう。優位なオスが耳を広げたり、わずかに頭を上げたりすれば、劣位のオスはその意図を読み取って脇によける。これは当然ながら適応的な行動であって、両者は信号のやり取りによってエネルギーを節約し、致命的なけがを負うリスクを避けている。

　体が一番大きくて一番年長のオスは、通常はその地域のオスの中でもっとも優位な地位につく（この後の「性行動」を読めばわかるが、マストの時期を除く）。オス間の順位は、一般的には対立行動が頻繁にとられる性成熟期に決定される。順位を決定するための闘争は、基本的には頭突きと鼻を使ったレスリングだ。若いオス同士は向かいあわせに立って鼻を巻きつけあい、交互に頭突きをしたり、相手を揺さぶったり、頭を振ったりして相手のバランスを崩そうとする。どちらかが負けを認めて敗者が決定すると、彼らは互いの順位を死ぬまで忘れない。

　だが、見知らぬオス同士が出会ったとき（たとえば放飼場に新しいオスが入れられたとき）には、順位を決定するための闘争が始まることもある。ゾウの戦いでは、上方から相手を押し倒せば有利になるため、オスたちはどちらも

斜面を登ったり、小山に登ったりしようと努力する。彼らは牙（2m以上もの長さになる）を使って、闘争中に頭が横にすべるのを押さえたり、相手の頭を上下に動かしたりする。どちらも相手の牙の先端を避けようと最大限の努力をするが、時には牙が体にささることもあり、勢いがついていればそれが致命傷になることもある。けれども闘争が原因で命を落とすゾウは非常に少なく、そのことからも、彼らの闘争が相手を傷つけることを目的としたものではなく、儀式的なものだということがわかる。

闘争中のゾウは、衝動のガス抜きとして、牙を使って転移行動をとることがある（tusking）。これは、どちらかのゾウが闘争を中断して、闘争相手以外のものに牙といらだちを向ける行動だ。転移行動には、膝をついて牙で土や泥を掘り返したり、草や丸太を持ち上げて適当な的に向かって投げつけるといった行動も含まれる。

性行動

ゾウのメスが発情する時期は特に決まっていないため、動物園では一年中繁殖が可能だ。だが、自然界では、ほとんどの繁殖活動は雨季の最中か雨季の後に行われるため、22か月後の出産は、木々が新芽をつける時期に行われることになる。オスとメスは普段は異なる群れに属しており、行動圏も異なっているため、両者が出会って繁殖を行うためには特別な調整が必要だ。後述するが、ゾウたちはこの「遠距離恋愛」のジレンマを解消するために、非常に興味深い信号や音声を発達させてきた。

求愛前のオスの行動

動物園がオスのアフリカゾウを飼育するのをためらう理由のひとつに、オスの「マスト」と呼ばれる時期がある。マストとは成熟した（30歳以上の）オスに年に一度訪れる性的エネルギーと攻撃性が高まる時期のことで、この名前は「陶酔」を意味するペルシャ語から来ている。マストの時期にはテストステロン（男性ホルモンの一種）の濃度が50倍に上昇するため、オスは気が荒くなって、予測のつかない行動をとるようになる。そのうえ、その状態が1〜127日間続く。マスト期のオスは、その間だけ社会的に最高の地位に登りつめる。そのオスより体が大きくて、普段は優位な地位にいるオスたちも、マスト期のオスには近づかないように気をつける。マスト期の

オス2頭と発情期のメス1頭が1か所に集まれば、致命的な事態が生じかねないが、幸いなことに、そのようなもめごとはめったに起こらない。

人間との関係

　原始時代の人類とゾウは、アフリカの大地で何千年間も共存しながら懸命に生きのびてきた。人類はゾウを狩り、ゾウは時に狩られ、時に逃げのびて、その適応の結果を子孫に受けついできた。だが残念なことに、その競争関係は著しく不均衡になり、ゾウは現代の人類から加えられる激しい攻撃を進化という手段でかわすことは不可能になってしまった。

　ゾウの世界に何らかの異変が起きているという兆候は、まず群れから年長の個体がいなくなるという形であらわれた。野生のアフリカゾウは少なくとも50〜60年は生きるが、象牙目当ての密猟者によって大量に虐殺されたために、年齢の中央値が35.9歳に低下してしまったのだ。密猟者に襲われた家族群は、リーダーであるメスの長老を失って壊滅的な被害を受け、かろうじて生きのびた個体も多くが孤児となる。リーダーを失ったこれらの群れは集合する傾向があるが、それはおそらく、原始時代の人類から身を守っていた本能が呼び覚まされるせいだろう。昔はそういった集合体は一時的につくられるだけで、危険が去れば分裂してまたもとの群れの単位に戻っていた。だが現代のアフリカではゾウたちは常に危険にさらされているため、いったんつくられた集合体はその後も分裂せずに行動する。

　ゾウたちを苦しめるものは、ハンターや農夫や象牙目当ての密猟者ばかりではない。閉鎖的な環境で暮らさねばならないため、食物の乏しさにも苦しめられている。現存するアフリカゾウのほとんどは国立公園や保護区の中で暮らしているが、それらの生息地はアフリカの大自然の残骸にすぎず、そのうえ周囲を農場などの人工的な環境に囲まれている。結果としてゾウたちは保護区に閉じこめられ、わずかに残った安息の地にみずから大きな被害を与えてしまっている。

　ゾウにとって好物の葉を得るために低木や木を引き抜いたり、倒したり、ふみつけたりするのはきわめて自然なことだ。ゾウという天然のブルドーザーが通り過ぎた跡は、野火が起きるのにぴったりの環境になる。いったん火の手が上がれ

ば炎は高温となり、再生途中の木々の芽生えや若木を焼きつくす。最終的には、森林だった環境が草原に変わり、その結果、ゾウを含めて森林に暮らしていたすべての生物が、食物や隠れ家を得にくくなってしまうのだ。

　現在のような国境や柵が設けられていなかった時代には、ゾウはわずかな面積を荒らすだけで立ち去っていたため、木々は再生することができた。だが現在の国立公園は人工的な環境に囲まれているため、その中に閉じこめられたゾウは公園の植生に多大な影響を与える。ゾウを管理するために「過剰分」を殺すべきだと考える者もいれば、個体数がいずれは生息地に対してつりあいのとれる数におさまるだろうと考える者もいる。だが、そのことが他の種にどれだけの影響を及ぼすかについては、だれにもわからない。

　たとえ個体数の調整を自然にまかせようと思っても、現在では人間活動の影響という想定外の要素が加わるため、自然界に働く抑制と均衡の仕組みも正常には作用しない。1970年代には象牙（装身具や印鑑、ビリヤードのボール、彫刻などに利用される）の価格が10～15倍に上昇し、象牙の需要を満たすために密猟が急増した。貧しい牛飼いや自給農家にとって、ゾウは歩くお宝だった。象牙を手に入れれば12年間まじめに働くより多くの金を得られる。生物学者の推計によると、ケニアに生息していた12万頭のアフリカゾウのうち、半数以上が1970～1977年の間に殺害されたという（ケニアの現在の生息個体数は、推計でわずか3万頭）。大きな牙をもった個体が姿を消すにつれ、同じ量の象牙を手に入れるために、より多くのゾウを殺さねばならなくなった。アフリカ全土で合計すると、1988年には1979年の倍の頭数が殺され、この9年の間にアフリカゾウの合計個体数は130万頭からおよそ73万5,000頭へと激減してしまった。

　1990年に「絶滅のおそれのある野生動植物の種の国際取引に関する条約」（ワシントン条約、CITES）に参加した110か国のうち105か国が、未加工象牙の取引を禁止することに同意したが密猟がやむ気配はない。専門家の読みでは、密猟者たちは闇取引の新たなネットワークを構築しようと、強力な武器を手に大量の象牙をかき集めているのだろうという。

　そして、その密猟から逃げのびたとしても、ゾウたちは安心して暮らせるわけではない。現存する生息地は農地に削られて年々減少を続け、その中で過密な状態で暮らさなければならない。現在ではすべてのゾウが危険な状態にあるため、危険かどうかよりも、過密状態、森林環境の改変、密猟などのうち、いずれが最

大の脅威かということが問題の焦点になる。現在確認されているもっとも差し迫った問題は、丹念に築かれてきた社会構造の崩壊だ。世界中に残る50万頭のアフリカゾウの大半は、すでに年長者から知恵をさずかる機会のないまま成長してきたものたちだ。この世代と、さらにその先の世代は、どんなに保護された環境に暮らしていても、すでにゾウとしては取り返しのつかない欠点を抱えてしまっている。

マスト期のオスには使命がある。発情したメスを見つけて、自分以外の劣位のオスたちの求愛から遠ざけ、自分が交尾をするという使命だ。彼の使命はたいていの場合は果たされるが、それは彼の地位が上昇していて、そのうえメスも他のオスよりマスト期のオスを選ぶからだ。実のところ、発情したメスのほうも、他のオスから逃げてマスト期のオスのもとに走り、彼のもとにとどまって気をひこうとすることが多い。

メスはオスがマスト期に入ったことをどのようにして知るのだろうか。オスはたくさんの信号を発しているので、ゾウのメスほど感覚が鋭くない私たちでも、以下の兆候に注目すればマスト期のオスを見分けることができる。

- **顔の側面からべたべたした液をたらす**。頭の両側面の目と耳の間にある側頭腺という腺から、甘いにおいのする分泌液をたらす。まぎらわしいことに、メスも、マスト期でないオスも側頭腺から液体をたらすことがあり、特に、警戒しているときや、他の個体との交流によって興奮しているときにたらすことが多い。だが、それらの個体が分泌する液体はさらさらしていてすぐに蒸発するが、マスト期のオスが分泌する液体はべたべたしていてなかなか蒸発しないという違いがある。
- **尿をたらす**。マスト期のオスは、ペニスを露出しないで、包皮からにおいの強い尿を絶え間なくしたたらせる(マスト期でないオスはペニスを露出して排尿する)。この尿はマストのはっきりとした兆候であり、オスはこれによって視覚的・嗅覚的メッセージをメスに送っている。
- **マスト期特有のランブル音(低くとどろくような声)を出す**。これはゾウが出す低周波数音のうち、人間の耳でも聞ける音のひとつだ。脈を打つような低く響く音なので、彼らの出す音を注意して聞き、それと同時に、耳がたた

まれているのにも注目しよう。マスト期のオスは1時間に数回この声を出しており、そのたびに最後に耳を振ってパシンパシンという音を立てる。研究者によると、ゾウはこのランブル音によって遠く離れた相手とコミュニケーションをとっている可能性がある。というのも、周囲に他のゾウがいないときでも、ランブル音を出す前と後に、人間には聞こえない会話をしているかのように、耳をすますようなしぐさをするからだ。おそらく、何kmも離れたところにいるオスが自分に挑んでいる声や、発情したメスが自分を誘惑している声に耳をすませているのだろう。

- **鼻で側頭部に触れる。**頭を高く上げ、口を開けて鼻で側頭腺に触れる。鼻を絵筆のように使って、側頭腺の分泌液を植物になすりつけ、においをつける。
- **マーキングをする。**自分の行動圏内の木々に側頭腺をこすりつけたり、口から出た粘液を塗りつけたり、牙で傷をつけて視覚的な印を残したりする。
- **マスト期特有の歩き方（マスト・ウォーク）をする。**草で覆われた広い放飼場にいる場合でも、オスがマスト期に入っているかどうかは歩き方を見ればわかる。まずはマスト期でないオスの歩き方をよく見てみよう。マスト期でないオスは頭を肩の高さかそれより下に下げ、わずかに前に出して、耳を寝かせてゆったりと歩く。それとは対照的に、マスト期のオスは頭を肩よりずっと高い位置に上げ、顎を引いている。耳を高い位置でぴんと広げ、頭と牙を軽く振りながら歩く。
- **頭を振る。**野生のゾウを観察している研究者によれば、マスト期のオスは立っているときに頭を振って大きな八の字をえがき、バランスをとるために時々片足を上げることがあるという。これは正常な行動だが、飼育下のゾウで時おり見られるような、頭を振る常同的な異常行動とよく似ている。オスが頭を振っているところを見たら、それがマスト期の行動なのかどうかを判別するために、他の兆候もよく見てみよう。
- **牙を使って転移行動をとる。**マスト期のオスは、イライラすると牙を使って非生物を対象に攻撃性を発散させる。この行動は特に闘争中にとられることが多い。

求愛前のメスの行動

発情したメスは、マスト期のオスに見つけてもら

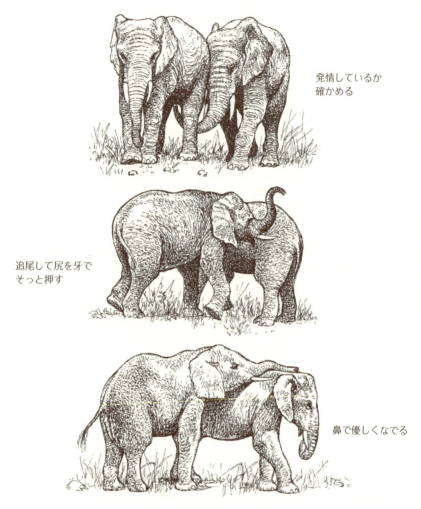

発情しているか
確かめる

追尾して尻を牙で
そっと押す

鼻で優しくなでる

▲求愛
オスは鼻先でメスの生殖器に触れたり、においをかいだりして、発情しているかどうかを確かめる。メスが発情していたら、追尾してメスのお尻を牙でそっと押す。交尾の直前になると、メスの背中に頭を乗せ、鼻でメスをおさえて優しくなでる。

えるように、自分が発情したことを宣伝する。そのときにメスたちが用いるのは、数種類の超低周波音の鳴き声だ。そのうちの2つを以下に示す。

- **複数のメスによる合唱**。マスト期のオスが家族群の行動圏に入って近くでランブル音を発していたり、メスたちのにおいをかいだりしたときに近距離から複数で発する声。地面にしみているオスの尿のにおいをかいだときにもこの声を出す。
- **発情期、あるいは交尾後の声**。発情したメスが出す低周波の鳴き声。この声をもっともよく出すのは交尾の直後だが、交尾中に出すこともある。

🌱 **求愛**　　オスはメスを発見すると、発情の度合いを確かめるために鼻先をメスの外陰部にあてる。これはおそらく、性周期を知らせる多様なホルモンを、味覚と嗅覚によって判別するためだ。メスが発情していて交尾の準備ができていれば、短時間だけメスを追いかけたり、牙でメスのお尻を突いたりする。やがてメスが動きを止めると、オスはメスの背中に頭と牙と鼻を乗せ、鼻でメスをおさえて優しくなでる。メスが向きを変えてオスと顔を合わせると、両者はしばらくの間、鼻を巻きつけあう。そのうちにオスがメスをさらに突くと、メスが体を後ろ向きにしてプレゼンティング（交尾直前の姿勢）の姿勢をとり、交尾が成立する。メスのほうから求愛することもあり、その場合はメスがオスに向かって後ずさりし、オスにお尻をこすりつけて気をひく。

🌱 **交尾**　　6トンもの重さのオスが後足で立ち、3トンしかないメスに前足をかけるというゾウの交尾には驚かされる（おまけに、少し心配になってしまう）。だが、メスの家族はその光景を見るとうれしくなるらしく、交尾が行われていると「友好的な行動」で説明したような「交尾時の大騒ぎ」を引き起こす。幸いなことに、交尾は2分程度と短時間で終わる。交尾が終わると、2頭は離れて普段通りに採食を始めるが、10〜20分後に再び交尾することもある。

育児行動

🌱 **出産**　　出産が近くなると、母親は他のメスを1頭連れて群れから離れ、前足で地面の土をほぐしてやわらかい産床をつくる。母親はしゃがみこんだ姿勢で出産し、母親の産道を通って出てきた赤ん坊は、産床に頭から落下する。

落下するときの衝撃で、へその緒が切れ、驚いた赤ん坊は呼吸を始める。そして、母親はすぐさま赤ん坊のほうに向き直って世話を始める。

🌱 子どもの世話

産まれたての赤ん坊は体重が約 120 kg もあるが、母親の巨体の下では小さくてかよわい生き物に見える。母親は小さな人形のような赤ん坊の体の下に足を差しこんで、起きるのを手伝ってやり、鼻で支えてしっかりと立たせてやる。ほんの何秒か見ていれば、子どもを産んだばかりの母親がどんなに献身的に子どもの世話をするかわかるだろう。母親は本能的に赤ん坊を引き寄せて自分の顎の下に入れ、鼻でなでてやる。

子どもが産まれてから 6 か月の間は、母親は子どもの後をどこまでもついて行き、目の届かない所にはけっして行かせない。それ以降は、子どものほうが母親の後をついて歩くようになり、母子は頻繁にコンタクトコールを発したり、おそらくにおいも利用したりして常に連絡を取りあう。子どもは少なくとも 4 歳までは母親をひとり占めできるが、その後は母親に再び子どもが産まれるので乳離れしなければならない。

🌱 教育

子どもは乳離れした後も 8～10 年間は親のもとにとどまって、教育を受けながら成長する。子どもは母親を注意深く観察していて、母親の口の中に鼻先を入れることすらある。おそらくこれは、親がどんな種類の植物を食べているか調べるためだろう。自然界で生きていくためには、たくさんのことを学ぶ必要がある。いちばんおいしい食物を探す方法だけではなくて、いい水場の場所や、泥地の場所、木陰をつくってくれる木の場所、季節移動のルートを知らなければならない。

🌱 共同保育

ゾウの子どもたちは、母親だけでなくヘルパーにも面倒を見てもらえるという恵まれた環境にいる。ヘルパー役を務めるのは未成熟のメスだ。ヘルパーは母親を手伝って子どもの世話をしたり、教育したり、捕食者から守ったり、暑さや寒さといった物理的な危険から守ってやったりする。母親以外の個体が子守をするこの行動は、ゾウたちの間で昔から受けつがれてきたもので、群れの関係を長期にわたって継続させ、きずなを強めるのに役立ってきた。ヘルパー役をしていたメスが自分の子どもを産むころには、過去に面倒

▶授乳、鼻を使った
レスリング
赤ん坊は鼻ではなく口を使って大きな音を立てて乳を飲む。奥は、順位をかけて争う2頭の若いオス。

を見てやったメスが5〜10歳になっているので、恩返しとして子育てを手伝ってもらえる。

けれども、子どもを気づかうのはヘルパーだけではない。子どもが少しでも苦痛や不快を示せば、群れのすべての個体が子どものもとに集まって様子を見てやる。このような共同防衛は、群れで暮らすことの明らかな利点のひとつだ。群れで防衛できるので、母親が1頭だけで守るより、ライオンやハイエナなどの捕食者に対してはるかに強い抑止力を発揮できる。この共同防衛の仕組みが進化したのは、捕食者に対抗するためだけではなく、初期人類の攻撃をかわすためでもあったのだろう。

動物園/自然界で見られる行動

基本的な行動

移動
- 歩く
- 走る

採食
- 植物を集めて食べる
- 木を倒す

飲水行動

水浴び、泥浴び
- 水浴び
- 泥浴び

グルーミング
- 体をこする
- 体に土をかける

体を冷やす
- 耳を広げる
- 耳をパタパタと振る

睡眠

社会行動

友好的な行動
- ■仲間と連絡を保つ
- ・コンタクトコール
- ・返答コール
- ・「移動しよう」という意味のランブル音
- ■あいさつの儀式
- ■交尾時の大騒ぎ
- ■集団防衛
- ■社会的遊び
- ・頭をぶつけあってスパーリングをする
- ・鼻でレスリングをする
- ・追いかけっこ
- ・地面に転がって取っ組みあい
- ・マウント行動

対立行動
- ■威嚇
- ■服従
- ■突撃
- ・突撃のふり
- ・本気の突撃
- ■闘争
- ・頭突き
- ・鼻を使ったレスリング
- ・牙による攻撃
- ・牙を使った転移行動（tusking）

性行動
- ■求愛前のオスの行動
- ・側頭腺から分泌液をたらす
- ・尿をたらす
- ・マスト期特有のランブル音
- ・鼻で側頭部に触れる
- ・マーキング
- ・マスト期特有の歩き方
- ・牙を使った転移行動
- ■求愛前のメスの行動
- ・複数のメスによる合唱
- ・発情期の声
- ■求愛
- ・発情の度合いを確かめる
- ・メスを追いかける
- ・メスのお尻を軽く突く
- ・メスの背中に頭を乗せる
- ・メスを優しくなでる
- ・メスがプレゼンティングの姿勢をとる
- ・メスがオスを誘惑する
- ■交尾

育児行動
- ■出産
- ■子どもの世話
- ・赤ん坊を引き寄せる
- ・赤ん坊をなでる
- ・コンタクトコール
- ■教育
- ■共同保育
- ・ヘルパーによる世話
- ・共同防衛

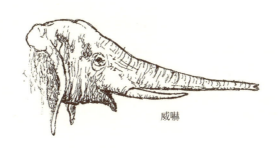
威嚇

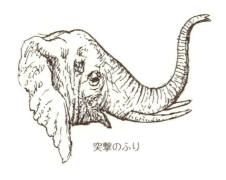
突撃のふり

恐怖と攻撃との
間の葛藤

服従

アフリカゾウ 181

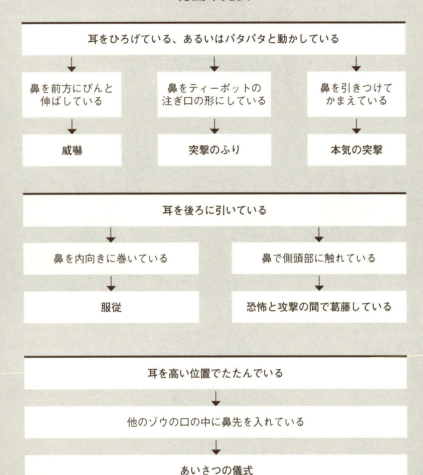

サバンナシマウマ
Plains Zebra

　隠れる場所のない開けた草原に暮らすということは、金魚鉢の中の魚になって、腹ぺこのネコから常にねらわれているのに似ている。アフリカの草原の場合、ねらっているのはライオン、ねらわれているのは鮮やかなしま模様のサバンナシマウマだ。だがシマウマはしのび歩きの得意なライオンにねらわれても、激減することなく栄えている。それは彼らの体と行動が環境にうまく適応しているおかげだ。

しま模様の効果：シマウマを見たときにあなたがまず考えるのは、黄金色の草原の中で暮らしたり姿を隠したりするのに、あの白黒模様はまったく不向きだということだろう。だが、そう思うのはおそらく見る位置が近いせいだ。あのしま模様のカムフラージュ効果を確かめるには、できればアフリカの夏を思わせるようなもやの立つ暑い日に動物園へ行って、数百m離れたところからシマウマを見てみるといい。ゆらめく大気の中では、あのしま模様のせいで各個体の輪郭があいまいになるのに気づくと思う。第二次世界大戦中には、水平線上にいる船の姿を消えやすくするために、船にあのようなしま模様が施されていた。

　次にあなたがシマウマの群れをようやく見つけたライオンだったらと想像してみよう。あなたは群れの中でもっとも足が遅くて、もっとも弱そうで、もっとも攻撃しやすい個体にねらいを定めて、じりじりと近づいていく。群れに近づくにつれてシマウマたちは1か所に集ま

 特　徴

目
奇蹄目

科
ウマ科

学名
Equus burchelli

生息場所
草原

大きさ
体長 約2〜2.5 m
肩高 約1.1〜1.4 m

体重
約175〜385 kg

最長寿記録
飼育下で25歳

▲群れをまとめるための威嚇
家族群のリーダーのオスは、群れの行先を変えたいときには頭を下げて耳を後方へ伏せる。

って円陣を組み始める。あなたは幻想的に動くしま模様を見ているうちに、ねらっていた個体を見失ってしまう。そして、攻撃する個体を間違えてエネルギーを無駄にするよりも、あきらめて退却することを選ぶ。実のところ、あのしま模様は、相手がどんな動物の場合にも目くらましの効果がある。サバンナの大半の動物を苦しめる吸血性の寄生虫ツェツェバエでさえ、しま模様のせいでシマウマを見ることができない。腹の白い部分を目指そうと思っても、しま模様のせいで輪郭がよく見えず、個別の動物として認識することができないのだ。

　だが、しま模様のカムフラージュ効果がどれほど優れていようと、それはこの模様の唯一の機能でも主な機能でもないようだ。この模様の本当の目的は、同種の目をひいて、互いにひきつけあうことらしい。それだけではなく、しまのパターンは個体ごとに異なっているので、目がくらむほどの大群から個体を見分けるのにも役立つ。つまり、互いをひきつけ、仲間を見わけさせることでシマウマ社会の結びつきを強めているのだ。そのおかげでシマウマは、ライオンにねらわれながらも栄えることができている。

群れの中に身を隠す：サバンナという金魚鉢の中でうまく暮らしていくコツは単純だ。要するに、友は多ければ多いほどいい。複数で敵を見張っていれば、捕食者に襲われる前に気づける確率が高くなる。1頭より群れでいたほうが捕食者に対する威嚇（いかく）の効果が高いし、攻撃を加えられたときにも防衛の効果が高い。たとえ群れの1頭が捕食者の犠牲になっても、平均の法則のおかげで各個体は利益を得られる。獲物の個体数が多ければ多いほど、各個体が食べられる可能性は低くなるからだ。

　群れをなすというシマウマの性質は、胃袋を満たす面でも都合がよい。彼らは草本を採食するグレイザーなので（おまけに採食効率がよくないので）、十分な栄養をとるためには大量の草を食べなければならない。草の栄養分がもっとも豊富な時期に食べられるように、シマウマは「雨の後をついて歩いて」芽生えたばかりの草を食べる。当然ながら、その他の何千頭ものシマウマたちも同じごちそうを目指して移動してくる。そんなときにも、多数で群れることをいとわないという性質のおかげで、すべての個体が最良の草を食べられる。

　シマウマは互いに近づくことを嫌がらないだけではない。彼らは家族群の仲

間に対して心からの忠誠と強い愛情を示す。家族群は強いきずなで結ばれているので、草原にいる大きな群れの中からでも、動物園にいる小さな群れの中からでも、家族群を見分けるのは簡単だ。互いにグルーミングをしたり、鼻をこすりつけあったり、遊んだり、いっしょに採食やうた寝をしたりしているのが家族群だ。

驚くべきことに、大きな群れの中にいる家族群は、他の家族群に対して必ずしも攻撃的なわけではない。家族群のリーダーであるオス同士はむしろきわめて友好的だが、この性質は有蹄類（ゆうているい）の間では少々めずらしい。シマウマ以外のたいていの有蹄類のオスは、他のオスからなわばりやハレムを守ろうとして攻撃的になるのだ。サバンナシマウマの社会では、家族群の成熟したメスと交尾する権利を他のオスが奪おうとすることはほとんどないため、メスを取られる心配もない（後に説明するが、若いメスの場合は話が別だ）。リーダーであるオスが年老いたり病気になったりして他のオスがその座に収まるときにも、ふつうは戦うことなく交代が行われる。

シマウマはこのように家族群の中でも家族群同士でも仲よく過ごすことで、最良の食物が得られる場所や水場を平和的に共有している。そういった資源の数が乏しくて、資源間の距離も離れているような地域では、なわばりより社会的なきずなを形成するほうが理にかなっているのだ。

基本的な行動

移動

捕食者が近づいてきても、シマウマには逃げるためのたくましい脚がある。彼らは全速力で走れば、短時間なら時速約80kmというスピードが出せる。動物園でも若いシマウマが競争や鬼ごっこをしているときに、驚くようなスピードで走ることがある。彼らの走る姿を見ていると、しま模様を別にすれば同じ科の動物――競走馬のサラブレッド――と非常によく似ていることがわかる。シマウマはウマと同じように斜対歩法（しゃたいほほう）（対角前後肢が同期して動く）で歩き、速歩（トロット）で速度を上げて、襲歩（しゅうほ）（ギャロップ）で敵から逃げる。サラブレッドに比べれば体のサイズは小さくて体重も軽いが、水の中にも平気で入っていく。水が深すぎて背が届かないときには、驚くほど上手に泳ぐこと

もできる。

🌱 採食

　動物園で他の行動が見られないときでも、採食行動だけは必ず見られるはずだ。草に含まれるセルロースを分解するための4つの胃を持つ反芻（はんすう）動物とは違って、シマウマは単純な胃をひとつ持っているだけだ。そのせいで1日の半分以上を採食に費やさねばならず、その他のグレイザーたちと同じだけの栄養分を得るには2倍の草を食べなければならない。幸いなことに、シマウマはみずみずしい草でも、乾燥した硬い草でも何でも好き嫌いなくよく食べる。そのうえ、草の先端から生え際まですべての部分を嫌がらずに食べる。そして、必要なだけの草地を得るために移動しながら暮らすという習性を発達させ、他のグレイザーとの競合を避けるために先手を取って行動している。

　草原に雨季が訪れて緑の新芽が勢いよく伸び始めると、新芽の伸びた場所に集まり、多いときで何万もの群れを形成して豊富な草を食べる。シマウマはアフリカの草原に暮らす動物のうちで唯一切歯を上下とも持っているため、草を引きちぎるのではなくて2つに噛み切ることができる。シマウマが丈の高い硬い草を食べると、丈の低い草があらわれるので、後から来る他の動物はそれを食べることができる。シマウマはこのように草原の草の「下処理」をしているが、これ以外にもシマウマにしかできないたくさんの重要な役割を果たしている。

🌱 飲水行動

　厳しい干ばつのときは、水場の周辺に集まって大群を形成する。川が干上がってしまったときは、前足のひづめで砂を掘って、川底の地下にしみこんだ水を飲むこともある。草原に暮らす他のすべての動物と同じように、水を飲むときには特別に用心をする。水場には、腹をすかせた捕食者が獲物を探しにやってくるからだ。

🌱 自己グルーミング

　もしもあなたが背中のかゆいところをうまくかけずにイライラした経験があるなら、シマウマが体をかくのにちょうどいい柱などに固執するわけもわかる

◀こすりつけ行動
アリ塚は、体をこすりつけてゴミやかゆみを取りのぞくのにぴったりだ。

だろう。スイスの動物園で「アフリカの草原」の放飼場に人工のアリ塚を設置しようとしたとき、作業員は、うれしそうなシマウマの群れにしつこく追いまわされて困ったという。シマウマたちは、作業員がアリ塚から離れたとたんにいっせいにアリ塚に群がって、今までの分を取り戻そうとするかのように幸せそうに体をこすりつけていたそうだ。シマウマはアリ塚以外にも木に体をこすりつけて、体についた虫や抜けた体毛やふけを取りのぞくこともある。体全体をこすりたいときは砂や土の上で転げまわるし、肩のまん中がかゆいときには草の上にあお向けになって転げまわる。頭や首をかきたいときには犬のように後脚を使ってかくこともある。体から虫や土を払い落としたり、突然の大雨でぬれた体から水を切りたいときには、体をぴくぴく動かしたり震わせたり揺さぶったりする。グルーミングをしてもらう相手がどうしても見つからないときには、口の届くかぎりの場所を自分で噛んでかゆみやゴミを取りのぞく。

睡眠

眠るときには、たいていは群れの中の1頭が眠らずに見張りに立つ。ぐっすり眠るときには体の下に脚を折りたたんだ姿勢で眠るため、見張りが警戒音を発したときにはすぐに飛び起きることができる。子どもは体の側面を下にして脚を片側に伸ばして寝るので、寝ている姿勢を見れば子どもだと見分けることができる。うたた寝をするときには、立ったまま頭を下げて目を半分だけ閉

▲睡眠
群れの仲間が寝ている間も、1頭は寝ないで見張り役を務める。

じ、耳を左右の外側に向けて、尾でハエなどを払いながら寝る。

社会行動

　シマウマの社会には家族群と独身のオスの群れという2通りの基本単位があり、十分な数のシマウマがいる動物園なら、どちらの群れも見られるはずだ。家族群は1頭のオスと6頭ほどのメス、それからその子どもたちで形成され、合計の頭数は2〜16頭ほどになる（野生の群れでは平均7頭）。家族群のオスは群れの中でもっとも優位な地位にあり、メスと交尾できるのもこのオスだけだ。オスの子どもは1〜3歳になると家族群を離れて独身群に加わる。独身群（オスだけの群れ）の頭数は10頭ほどになることもあるが、平均は3頭だ。

　シマウマの家族群のメンバーは、オスに強制されて群れにとどまっているのではなく、互いに驚くほど強いきずなで結ばれて行動を共にしている。グルーミングなどの友好的な行動は、個体間の関係を良好に保つ社会的な潤滑油の働きをしている。皮肉なことに、対立行動でさえ個体間の緊張を和らげるのに役

サバンナシマウマ　189

立っている。対立行動により順位が決定され、すべてのメンバーがそれを知って順位に従うことになるからだ。

動物園にいるシマウマの間で順位制が機能するところを見たければ、移動の仕方をよく見てみるといい。移動のときは一列になるが、もっとも優位なメス（アルファメス）が先頭を務め、その後ろを他のメスたちが順位通りに並んで歩く。子どもたちは一番幼い子どもを先頭にして自分の母親の後を歩く。子どもたちは成熟すると自分の母親の順位を受けつぐ。オスは列の後ろか脇を歩き、採食や飲水の行先はメスに決めさせて、たいていは文句を言わずに従っている。だが、時には自分の行きたい方向を主張することもあり、そのときには群れをまとめるための威嚇のしぐさ（p.195の「威嚇」を参照）によって自分の意志を示す。

シマウマの研究者によると、メスの順位は群れによっては数か月ごとに変動するという。動物園の群れでも、何回か見に通っていれば順位が変わるのを見られるかもしれない。まずアルファメスがどの個体かを判別して、行くたびにその個体を注意して見るといい。動物園にいるのが独身のオスの群れだったら、おとなのオスを判別してみよう。若者にいばりちらしているオスがいたら、それがおとなのオスだ。

友好的な行動

シマウマの群れを少し観察しただけでも友好的なしぐさをするところを何度も見られるはずだ。それらのしぐさは群れのメンバー同士の信頼関係を強化して互いの関係を再確認し、群れのきずなを強めるのに役立っている。

家族群の個体間でグルーミングをする組みあわせ

もっとも頻繁	メスともっとも幼い子ども
↓	メスと上から2番目の子ども
↓	オスとメス
↓	オスと子ども
もっとも頻度が少ない	メスとメス

サバンナシマウマの発する音声とその意味

音声の種類	状況	意味
2音節の「イーハー」という声、あるいは鼻を鳴らす大きな音	危険が近づいたとき	警告
口を軽く閉じ、息を吐いて唇を震わせて出す音	満足しているとき	満足していると示す
「ハ、ハハ、ハハハ」というコンタクトコール	仲間が迷子になったとき 群れが他の群れと混ざってこみあったとき	仲間と連絡を保つ、あるいは連絡を取る
甲高い金切り声	痛みや苦痛を感じたとき	助けを求める
長い金切り声	子どもが痛みや苦痛を感じたとき	助けを求める

社会的グルーミング

シマウマは時間帯に関係なくいつでもグルーミングを行う。いったんグルーミングを始めると、長いときで30分ほど続けることもある。2頭でグルーミングを行うときには、向かいあわせに立って、まず歯を使って互いの首と背中を手入れするところから始める。そのまま尾のほうに向かって体の片面の手入れを続けていき、尾までたどり着いたら反対側にまわりこんで、また同じように首から手入れを始める。相手の体を噛んでやるときは、毛の流れに逆らって上の切歯で体をこすり、抜けた毛や皮膚の汚れを取り除く。

産まれて2～3日の子どもも含め、群れのメンバーは例外なく互いにグルーミングをしあう。どの個体がどの個体のグルーミングをするか見ていれば、個体間の関係を見分けるのに役立つ。もっとも強いきずなで結ばれた個体同士は、もっとも頻繁にグルーミングを行う。グルーミングの頻度と個体間の関係については、p.190の表を参照してほしい。

ひとつの群れを長時間観察していると、家族群のリーダーであるオスがグルーミングの相手を選ぶ際にえこひいきをしていることに気づくだろう。オスは特定のメスを相手に選ぶことが多く、特に発情中の若いメスがいる場合には、そのメスを特別扱いする。独身のオスの群れでは、すべての個体がかたよりな

く互いにグルーミングをしあう。

　人間に飼われているウマの場合、社会的な「グルーミング仲間」の役割を人間が果たしている点が興味深い。どんなに臆病なウマでも、調教師に常にブラシをかけてもらったり体をかいてもらったりしているうちに信頼するようになる。動物園の飼育係によると、シマウマが相手でもブラッシングなどの手入れをしてやると信頼を得ることができるという。このことは予防接種や治療を行うときに大きな意味がある。手入れをさせるほど飼育係を信頼していれば、鎮静剤を注射するといった心理的ショックを与えずに治療できるからだ。

🌿 社会的遊び

　シマウマの子どもは、産まれて2～3週目から数歳になるまで人間の子どもとよく似たやり方で——つまり遊ぶことによって——互いの間にきずなを形成する。エネルギーの塊のような子どもたちは、競争やけんかごっこ、おとなの行動のまねなどをしていつまでも遊び続ける。首を使ってレスリング（首ずもう）をしたり、噛みあいをしたり、後脚で立ち上がったり、追いかけっこをしたりと激しく遊ぶが、互いに敵意があるわけではない。精力的に遊んで疲れたら、互いの背中に頭を乗せて休憩し、さらにきずなを深める。同じ年代の遊び相手がいないときには、相手をしてくれるおとなや、あるいはガゼルやマングースや鳥など他種の動物を相手に追いかけっこをすることもある。

　独身群にいる若いオスは特に元気がいいので見ていておもしろい。興奮すると、いきなり全速力で走り出して、レースのような接戦をくり広げることもある。レースの決着がつくと、解放的な気分になって、勝利を祝うようにおどけたしぐさであいさつの儀式を交わして遊びをしめくくる。彼らはこのような遊びを通じて身体的・社会的な反応をとぎすまし、将来の生存に必要となる逃げ脚をきたえたり、仲間との信頼関係を築いたりしている。

🌿 仲間と連絡を保つ

　人間界の有識者たちは、動物園へ行ってシマウマから他者に優しい穏やかな社会のつくり方を学ぶべきかもしれない。シマウマを見ていれば、たとえば、移動するときにも子どもや年寄りや体の不自由な仲間を置いていくようなことはしないのがわかるだろう。群れの移動する速度は、足の速い個体ではなくて足の一番遅い個体に合わせて決められる。そのうえ群

れの仲間がはぐれたときには、リーダーのオスが長距離を歩いて探しに行き、たとえ1万頭の大群の中からでも探し当てる。そのときにはリーダーは動きまわる大群の間をかき分けながら、目と耳と鼻を使って迷子の仲間を探すが、手がかりが少ないときにはコンタクトコールをくり返し発する。シマウマのコンタクトコールは、息を吸ったり吐いたりするロバの鳴き声のような音とほえ声を組みあわせたもので、オスはこの鳴き声を他の群れのオスとの連絡にも使用している。

🌿 あいさつの儀式

異なる群れのオス同士が出会ったときには、2頭の間で性的な要素と攻撃的な要素を含む美しいあいさつの儀式が交わされる。まず初めに、両者は首を前方に伸ばして互いの鼻づらのにおいをかぎあう。次に、互いに向きあうか横に並んで相手に顔をのばし、「あいさつの表情」を浮かべる。耳を前方に寝かせて唇を後方に引き、口を少し開いてかすかに噛むようなしぐさをするのが「あいさつの表情」だ。この表情は、201ページの「交尾」で説明する発情期の表情によく似ている。一部の研究者は、これらの表情がどちらも服従を示していて、「私はあなたと戦うつもりはありません」と伝えるための表情だと考えている。

あいさつをするオス同士の順位が等しくないときには、劣位のオスだけがあいさつの表情を浮かべ、儀式はそこで終了する。2頭の順位が等しいときには、次にそれぞれの頭を相手のお尻に向けた「においかぎの姿勢」がとられる。両者は互いの脇腹に頭を押しつけて上下に激しくこすりつけ、時々止まって互いの生殖器のにおいをかぎあう。最後に、鼻づらのにおいをかぎあって、短縮版の「別れのジャンプ」をする。別れのジャンプの完全版は、両後脚で立ち上がって跳びはねながら別れるというものだが、それよりも短縮版を見る機会のほうが多い。これは1本の脚を突き出したり、頭を後ろに反らせたりしてジャンプを表現する動作だ。

これ以外にも、動物園で独身群のオス同士があいさつを交わすところを見る機会があるかもしれないが、それらのあいさつには特に決まった型もなく、儀式的でもない。あいさつの最後には、どちらかのオスが相手の背中に頭を乗せる。この行動は、2頭のオスが攻撃的な出会いをした際に、優位なオスが服従を示したオスに対して最後にとるのと同じものだ。これらはすべて両者が相手

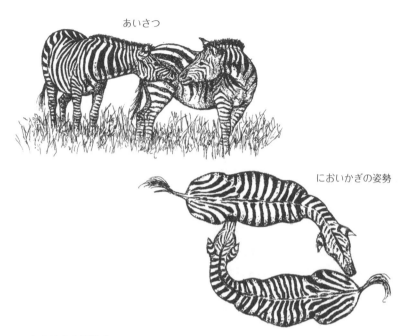

あいさつ

においかぎの姿勢

▲あいさつの儀式
シマウマ同士が出会ったときには、互いのにおいをかぎあって緊張を和らげ、相手をなだめる行動をとる。互いに逆向きに立って、相手の脇腹に頭をこすりつけたり、相手の生殖器のにおいをかいだりする。

の存在を認め、互いに争う気はないと知らせて安心させるための行動だ。

共同防衛 シマウマ社会のネットワークがもっとも有効に働くのが、ライオンやハイエナやリカオン、ヒョウ、チーターなどの捕食者が付近の草むらに潜んでいるときだ。見張りを務めていた個体は捕食者を発見したり、動物園で怪しいものを見つけたりしたときには、警戒音を発して群れの仲間に注意をうながす。警戒音を発するときには、鼻を大きく鳴らして前足で地面を踏み鳴らす場合と、口を開けて息を吸ったり吐いたりしてロバの声のような耳障りな

音（イーハー、イーハー）を出す場合がある。群れの仲間たちはその音を聞くと、そのときにしていることをやめて危険のあるほうをいっせいに見つめる。捕食者が接近してくるときは、半円の陣形をとって頭を上げ、耳を前方に傾けて敵のほうを向く。

防衛の方法としては、その他にも、捕食者のほうに歩いて行ってにらみつづけるという方法がある。シマウマの逃走距離は30 mほどで、捕食者がその線を越えて近づいてきたら、シマウマたちは向きを変えて逃げ出す。敵から逃げるときには、家族群ではリーダーのオスが後衛を務め、鋭くて力強い脚を敵に向かって振りまわしたり、時々振り返って追手に噛みついたりしながら逃げる。大きな群れの中からひとつの家族群が逃げ出すと、他の家族群はそれを見て早めに警戒することができる。

家族群から離れていた個体が危険な目にあうと、群れの仲間は危険をかえりみずに救出作戦を決行する。ある研究者は、2頭の子どもと1頭のメスがハイエナの群れに攻撃されているところに、群れの残りの10頭が全力でかけもどってくるのを見たことがあるという。シマウマたちは攻撃を受けていた3頭を取り囲むと、ハイエナが追ってこないように後ろ向きに蹴りつけながら全員でその場から走り去ったそうだ。動物園ではシマウマの放飼場にハイエナやライオンを入れることはないので、こういった行動は見られないが、テレビの動物番組や広大な自然動物園、あるいはサファリ旅行でなら見ることができるかもしれない。

対立行動

サバンナシマウマにはなわばりをかまえる習性がないため、特定の場所を守ろうとする行動は見られない。そのかわり、食物や水や、体をこすりつける物を利用する順番をめぐって争う。たとえば動物園に水桶や餌桶が1か所しかない場合には、広がって水を飲める自然界の水場よりも多くの争いが起きる傾向がある。だが、蹴ったり噛んだりという闘争を行って自らを危険にさらすよりも、初めから終わりまで威嚇によって争いの決着をつけることが多い。

威嚇 威嚇のしぐさは、通常は真剣な闘争の動作を簡略化したものであり、その後に生じる闘争の予告編だとも言える。威嚇のしぐさには、拳を振り

人間との関係

シマウマの大群の上を飛んだり群れの中を車で走ったりしていると、あの大胆なしま模様のせいで目がちかちかしてくる。あまりにたくさんいるように見えるので、サバンナの他の動物と違って数が減ることなどありえないと思うだろう。けれども実際には、シマウマの2亜種はすでに乱獲によって絶滅している。バーチェルサバンナシマウマ *Equus burchelli burchelli* は、皮から機械の接続用ベルトをつくるために、入植者に乱獲されて絶滅してしまった。それと同じようにクアッガ *Equus quagga* も、入植農民や開拓民に乱獲されたため、無数にいたものが40年もたたないうちに絶滅してしまった。こちらは食料にされたり、その皮から荷物入れをつくったり、後脚の関節から靴底をつくったりされた結果だった。

サバンナシマウマは現在では75万頭ほどしか生き残っておらず、そのうえ家畜用の土地を確保しようとする人間によって生息地を奪われ続けている。サバンナシマウマの6亜種のうち、1亜種はすでに絶滅している。たとえ上空から見る群れやテレビ番組に映るシマウマが無数に見えても、見た目はあてにならないと覚えておこう。あのしま模様が錯覚を生じさせるのと同じように、見た目と真実は異なっているのだ。

まわしながら「その行動をやめろ。必要とあればおまえと戦うぞ」と言うのと同じ意味がある。

シマウマはごく弱い威嚇を行うときには、頭を下げて耳を後方へ伏せるという単純なしぐさをする。家族群のリーダーのオスが群れの行先を変えさせたいときには、この威嚇行動（群れをまとめるための威嚇）を行いながら仲間を脇からそっと押す。メスも自分より劣位のメスが自分の前に割りこんできたときには、この威嚇を行って相手を脅すことがある。

これより程度の強い威嚇をするときは、首を前方に伸ばし、威嚇する相手に頭を向けて耳を後方へ伏せる。ひどく興奮して「噛みつくぞという威嚇」をするときには、口を開けて歯をむき出しにし、必要となれば噛みつく意志があることを示す。さらに、威嚇の次の段階である闘争行動の象徴として、蹴るしぐさをしたり、後脚で少しの間立ち上がったり、前足で地面をかいたりする。メ

▲蹴るしぐさで威嚇
メスは一般的に後脚で蹴るしぐさによって相手を威嚇する。

スは一般的に後脚で蹴るしぐさをすることで相手を威嚇する。

　シマウマ同士のいさかいは、たいていは威嚇を行ったり、時には相手を追い払ったりするだけで解決される。もしも真剣な闘争が突然始まることがあれば、それはおそらくオス同士の闘争であり、取りあいの対象になっているのは若いメスと交尾する権利だ。動物園へ行ったときに複数のオスが同じ放飼場の中に飼われていたら、メスをめぐる戦いが起きないか注意して見ているといい。

🌱 闘争　シマウマの闘争は格闘技の演武に非常によく似ている。2頭はまず互いに逆向きに平行に立って、相手の背中や脚を噛もうとし、自分は噛まれないように逃げながら旋回しはじめる。2頭はそのままぐるぐるとまわり続けて、後脚を噛まれないように姿勢を低くしていき、しまいにはお尻を中心に回転することになる。ひとしきり回転すると、今度は首を使ったレスリング（首ずもう）を始め、人間が指ずもうをするときのように相手の上に首を置こうと競いあう。一方がもう一方の首の上に自分の首を乗せて下向きに押し、乗せられたほうは全力で上向きに押し戻す。下にいた個体がいきなり力を抜いて首を引き抜き、相手の首の上にすばやく乗せることもある。

サバンナシマウマ

旋回する

蹴ったり噛んだりする

▶闘争
互いに相手の後脚に噛みつこうとしながら、噛みつかれないように逃げる。相手の首に自分の首をのせて体重をかける「首ずもう」も行う。シマウマの脚はサラブレッドのようにたくましいので、噛みつくより蹴るほうがはるかに大きな打撃を与えられる。

首ずもう

この首ずもうがエスカレートして真剣な闘争に発展することもあり、そのときは後脚で立ち上がってひづめで蹴りあう。ひづめはシマウマにとって唯一の強力な武器であり、十分な力をこめて蹴れば相手にひどい傷を負わせられるほど鋭い。蹴る以外の攻撃として、相手の首や耳やたてがみに噛みつくこともある。ときには相手を押さえようとしてきつく噛むこともあるが、幸いなことに、ほとんどの歯は葉をすりつぶすことですり減って丸くなっているので、頑丈な皮膚に穴があくことはめったにない。こういった激しい攻撃の本当の目的は、相手のバランスを崩すことのようだ。相手をよろけさせることができれば、しっかり立っているほうは相手より優位な立場を手に入れられる。

　動物の世界で行われるたいていの闘争と同じように、シマウマの闘争で死者が出ることはまれだ。蹴ったり強く打ったりして相手の体に傷をつけることはあっても、相手を弱らせるほど攻撃することはあまりない。闘争がそこまで激しくなる前に、たいていはどちらかが降参して逃げ出すからだ。

　交尾相手を獲得するための闘争には、特定のメスを獲得する以外にも生態学的な意味がある。オスは闘争に勝たなければメスと交尾することができないので、個体群の中でもっとも強くもっとも健康な個体だけが子孫をつくって遺伝子を残せる。この選択過程は種全体の適応度を高めるのに役立っている。

性行動

　シマウマの性行動を見るのに適した季節は特に決まっていない。子どもは1年を通じてどの季節にでも産まれてくる。メスは毎月1回、1週間だけ発情し、それがきっかけとなって性行動が開始される。

求愛　シマウマのとる性行動は、その個体が何者で何歳なのかによって細かい部分が異なってくる。すでに子どもを産んだ経験があり、家族群に属して落ち着いているおとなのメスの場合は、発情期は穏やかに訪れる。家族群の中で唯一交尾の権利を持っているオス（リーダー）は、メスの尿や糞に含まれるホルモンから発情の状態を知る。オスはメスのお尻のにおいをかいで排尿をうながした後、尿のにおいをたっぷりと吸いこんで頭を上げ、鼻を上に向けて、唇を後方にまくり上げる（フレーメン）。この表情をつくるのは、唇をまくることで鼻の穴に蓋をして、ヤコブソン器官と呼ばれる嗅覚受容器に効率的

ににおいが届くようにするためだ。そしてメスの糞の上に排便したり、メスが尿をした場所に自分の尿をかけたりする。研究者によると、この行動はメスの発情の状態を近くにいるオスに知らせないようにして、メスが離れていかないようにするためではないかと考えられている。

　若いメスが初めて発情を迎えた場合、それに対する求愛行動はもっと劇的な経過をたどる。群れのリーダーであるオス（通常はそのメスの父親）は、若いメスが発情している間は熱心につきまとったり、時間をかけて世話（グルーミング）をしたりする。だが初めて発情したメスに対しては、リーダーのオスはいつもの当然の権利を主張できない。メスは産まれて13〜18か月たつと発情期を迎え、交尾ができるようになる数か月前から自分の発情の状態をあたりに知らせるようになる。つまり後脚を開いて立ち、尾を約45度の角度に上げるという明らかな誘惑の姿勢をとる。さらに口を開けて威嚇に似た表情をつくる。

　そのメスの周囲の数km以内にいるオスたちは、メスのディスプレイに気づくと交尾のチャンスが得られることを期待して集まってくる。メスは何週にもわたってオスたちの求愛を拒絶しつづけるが、オスたちは期待をこめてメスの周辺にとどまりつづける。その間、リーダーのオスは常に気を張りつめて求婚者を次々に追い払い、そのメスを自分のものにしようと努力する。期待に満ちた他のオスたちは、その様子をよく見てチャンスをうかがい、通常はリーダーが他のオスと闘争している最中にメスをさらっていく。だがここでメスを最初にさらったオスが、必ずしも生涯の伴侶となるわけではない。メスはその後も他のオスのもとへ数回移動していき、およそ2歳半になるころには別の新たな群れの正式なメンバーとなって、その後は生涯その群れにとどまる。

　このことは若いメスを失う家族群のリーダーにとっては損失のように思えるが、種全体としては利益になる。家族群のメンバー同士がいかに強いきずなで結ばれているか考えてみるといい。もしも初めて発情したメスが他の群れのオスを誘惑して自分をさらうように仕向けなければ、そのメスはおそらく群れからけっして去ることはなく、近親交配が生じて個体群は弱体化してしまうだろう。若いメスは別の群れに加わることで自分の遺伝子を拡散させ、さらに種の遺伝子プールをより豊かにしているのだ。

🌱 **交尾** 　家族群のメスの中で、他の群れのオスに対して誘惑のしぐさをとるのはもっとも若いメスだけだ。年長のメスが誘惑のしぐさをとったときには、リーダーであるオスがそのメスにすかさずマウント行動をとり、他のオスに彼女を見せたり誘惑されたりする隙をほとんど与えない。シマウマ社会では群れの安定性が非常に重要であり、こうやって親密な行動によってメスを他のオスの目にふれないようにすることは、群れの安定性を保つのに役立っている。

メスは交尾の前や最中に、「発情期の表情」と呼ばれる独特の表情を浮かべる。これは耳を後ろ向きに伏せて倒し、口角を後ろに引いて、口を開けて少しだけ歯をのぞかせて噛むしぐさをするというものだ。このときによだれを垂らすこともある（劣位のオスが優位のオスと向きあって服従を示すときにも、この表情を浮かべる。それについてはp.193の「あいさつの儀式」を参照）。時おりオスに向かってふり向いて、すばやく噛みつくふりを2～3回することもある。一部の研究者は、この発情期の表情が、防御のための噛みつき行動から派生したと考えている。

育児行動

🌱 **出産** 　メスの出産が近づくと（1年間の妊娠期間の後）、オスはそれまでにも増してメスを守るようになる。動物園に行ったときに妊娠中のメスがいたら、オスの行動を注意して見てみよう。オスが興奮していなないていたら、もうすぐ出産が始まるというしるしだ。メスにも出産の兆候はあらわれる。腹部が膨張して外陰部が腫れ、尾を上げて、後脚を動かしにくそうにしていたら、じきに出産が始まる。

出産のとき、メスは体の側面を下にして横になる。赤ん坊はひづめと頭を先頭に胎盤や羊膜などとともに産まれてきて、母親に手伝ってもらわなくても、体を振って自分で付着物を取りのぞく。産まれてほんの20分後には立ち上がって、へその緒を切り、まわりの世界を調べ始める。

🌱 **子どもの世話** 　子どもが生まれて数日の間、母親は子どもを群れの仲間から遠ざけて、子どもの父親にさえ会わせようとしない。子どもをこのように他の個体から遠ざけておくのは、母親以外の動物を母親だと認識させないため

だ。子どもは産まれて最初に見たものを刷りこまれるため、その重要な時期に間違ったものを見ると、それを母親だと誤解してしまうのだ。母親は子どもを自分に刷りこませて乳を吸うように仕向けなければならない。そうしないと、子どもは自分より大きいものなら人でもヌーでもランドローバー（自動車）にでも乳をねだるようになってしまうからだ。母と子がにおいや声やしま模様で互いに認識できるようになれば、いつでも連絡がとれるので再び群れに合流できる。

共同保育

シマウマの子どもにとって、群れの中は成長するのにぴったりの安全な環境だ。何か危険な目にあったときには、長くて甲高い鳴き声を上げれば群れの仲間がかけつけて助けてくれる。たくさんの捕食者がシマウマをねらっているのに、犠牲になる子どもの数が驚くほど少ないのは、このような独自のやり方で共同保育をしているからだ。

発情期の表情

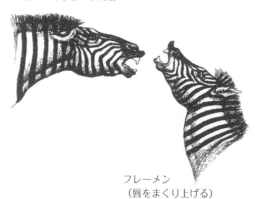

噛みつくぞという威嚇

フレーメン
（唇をまくり上げる）

動物園/自然界で見られる行動

基本的な行動

移動
- 歩く
- 速歩（トロット）
- 襲歩（ギャロップ）
- 泳ぐ

採食
- 草を食べる

飲水行動

自己グルーミング
- 体をこすりつける
- 砂や土の上で転げまわる
- 後脚で体をかく
- 歯で噛む

睡眠

社会行動

友好的な行動
■社会的グルーミング
- 歯で噛む

■社会的遊び
- 競争
- けんかごっこ
- あいさつの儀式

■仲間と連絡を保つ
- においをかぐ
- あいさつ
- においかぎの姿勢
- 頭をこすりつける
- 別れのジャンプ

■あいさつの儀式

■共同防衛
- 警戒音
- 敵をにらむ
- 集まって半円の陣形をとる
- 敵に近づく
- 仲間を助ける

対立行動
■威嚇
- 群れをまとめるための威嚇
- 噛みつくぞという威嚇
- 前足で地面をかく
- 蹴るしぐさ
- 後脚で立ち上がる
- 相手を追い払う

■闘争
- 旋回する
- 首ずもう
- 後脚で立ち上がる
- 蹴る
- 噛みつく

性行動
■求愛
- においをかぐ
- フレーメン（唇をまくり上げる）
- グルーミング
- 誘惑の姿勢
- メスをさらう

■交尾
- マウント行動
- 発情期の表情
- すばやく噛みつくしぐさ

育児行動
■出産
■子どもの世話
- 子どもを群れの仲間から遠ざける
- 授乳

■共同保育
- 子どもの甲高くて長い声
- 群れの仲間が子どもを助ける

サバンナシマウマ

行動早見表

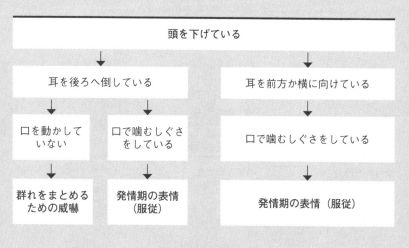

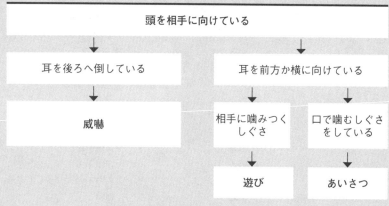

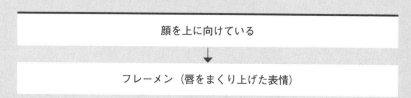

クロサイ
Black Rhinoceros

　サイはけっして華やかな動物ではないが、神秘的な魅力があり、マディソン街（ニューヨークの広告業界の中心地）の人々の間では人気が高い。現実の世界では絶滅危惧種だが、広告の世界では、つや出し剤から警備システム、ヤッピー（エリートサラリーマン）向けの酒場、果ては昔ながらのビールにいたるまで、様々な広告に登場して商品の売上げに一役買っている。がっしりとした体躯と先史時代を彷彿とさせる外見のせいでブリンクス社の装甲車のような動物だと思われ、頑丈さと不滅のシンボルとされているからだ。

　だがサイの暮らしぶりについて考えてみると、彼らの持つ最強のよろいと武器は少々大げさに思えてくる。何といってもサイはゾウに次ぐ陸上第2位の大きさの哺乳類だ。自然界にはおとなのサイにかなう敵は存在せず、たいていの動物（人間のハンター以外）は彼らに近寄ろうともしない。それでは、なぜサイはあれほど戦闘向きの体つきをしているのだろう。この問いに答えるためには、広告業者たちにもある意味では正しいところがあると認めなければならない。あの体のつくりは大昔にできあがったものなのだ。おそらくサイは、はるか昔には恐ろしい捕食者に追いまわされていたのだろう。それらの巨大な肉食獣は今ではもういないが、敵に対するありったけのそなえを必要とした時代の名残りとして、サイの行動と体のつくりはあのようになっているのだ。

　大昔のサイたちは、生きのびるためのもっとも優れた戦略とは、戦いに近寄らないようにすることだと学ん

 特徴

目
奇蹄目

科
サイ科

学名
Diceros bicornis

生息場所
森林と草原の境界域、とげのある低木の密な林、アカシアの林、あるいは標高約 2,700 m までの開けた環境にすむ。

大きさ
体長 約 3.0 ～ 3.8 m
肩高 約 1.4 ～ 1.5 m

体重
約 1.0 ～ 1.8 トン

最長寿記録
飼育下で 45 歳

▲泥浴び
泥浴びをする母と子。サイは泥浴びをして体を冷やし、皮膚から寄生虫を取りのぞく。

クロサイには2本の角がある。彼らは一生のほとんどを単独で過ごす。

だ。彼らは当時の捕食者に立ち向かうかわりに聴覚と嗅覚を発達させて、危険に近づく前に自分から気がつけるように進化した。現在でもサイはカップ状の耳を全方向に向けてどんなにかすかな物音でも聞くことができるし、鼻を使って、本を読むようににおいから情報を読みとれる。あの頭の中を通る鼻腔は、脳よりも大きな容積を占めるほどなのだ。そして危険だと判断すれば、すばやく方向転換して時速50〜60kmものスピードで茂みの中へかけこめる。あのブルドーザーのように巨大な体で木々をなぎ倒すこともできるし、正確に動く筋肉を駆使して見事なジグザグ走行をすることもできる。

ここまでは逃げるのがうまいという話ばかりをしてきたが、それでは、だれもが映画などで見たことのある、鼻を鳴らしたり、前足で地面をかいたり、まっしぐらに突進したりするサイはいったいどうなったのだろう。彼らはあのように興奮することもあるが、それは不意打ちをくらったときや、オスが競争相手に挑戦するときなど、まれな場面にかぎられる。あの角やがんじょうな皮膚が大昔のように役立つのは、そのようなときだけだ。

ひとり暮らしには訳がある：サイはふだんは群れを形成せずに単独で行動し、食物にする木本植物（樹木）を十分に得られる広さの行動圏の中で生活している。厳密ななわばりを構える習性はないが、自分の行動圏には侵入者に対する「立ち入り禁止」のサインとして一面ににおいづけをする。このように行動圏を十分に確保したがる性質は、互いのストレスを軽減して争いを避けるのに役立つだけでなく、生息地の環境にもよい影響をもたらしている。もしも十分に間隔を空けずに採食していたら、行動圏内の食物を過度に採食して激減させていただろう。

だが、この単独で暮らすというルールにもいくつかの例外がある。サイの世界でもっとも長続きする社会的な関係は母親と子どもの関係だ。母と子は母親に次の子どもが産まれるまで最長5年間行動を共にする。場合によっては、前からいる子どもと新たに産まれた子どもの両方がそばにいることを母親がしばらくの間許すことがあり、そのときには3頭のサイの群れが見られることになる。単独ルールのその他の例外としては、オスとメスの「デート」のときがあげられるが、こちらは母子の関係ほど長続きしない。それ以外にも、サイたちは毎日の飲水と泥浴びのときには定期的に同じ場所に集合する。同じ水場を使う個体同士は顔見知りになるので、見知らぬ個体があらわれたときには即座に追い払ったり威嚇したりする。

　水場を共有するサイたち（あるいは動物園でいっしょに飼育されているサイたち）は互いの存在を容認するものの、シマウマやキリンのように友好的な関係を築くことはないので、そのような行動は観察できない。なぜなら、ある種の有蹄類が互いを必要とするような理由がサイにはないからだ。草原に暮らす動物たちは常に捕食者の視線にさらされているが、クロサイは隠れ場所の豊富な森に暮らしており、そのうえ身を守るために群れをなす必要もない。動物園でサイを見るときには、そのことを覚えておくといい。彼らは場所取りのために他の個体と争ったり異性に求愛したりすることはあっても、ほとんどの行動を単独でとる。

基本的な行動

移　動

　サイはずんぐりした脚と角ばった胴体の持ち主だが、動きは驚くほど敏捷だ。ふだんは速めの歩き方で歩くが、何かに驚いたときは頭を上げ、尾を上げるか後方へまっすぐに伸ばして速歩で走る。とどろくような足音を立てて全速力でヘアピンカーブを描くこともできるが、ダンスのような優雅なステップでメスに求愛することもできる。動物園に行ったら、放飼場の地面に3本指でトランプのクラブのような足跡がないか探してみるといい。地面がすり減って道になっているところには必ず足跡があるはずだ。サイは動物園でも野生でも習慣をきっちりと守ることで有名だ。人間と同じように、歩くときにはいつも

同じ場所を選ぶので、そこに道ができる。

🌿 採　食

サイの鼻づらは固くて恐竜のようだが、その先端にはよく動く柔軟な唇がある。彼らはこの唇を指のように使って、アカシア群落内に生えている様々な低木の小枝や葉を採食する。角で植物を引き下ろして食べることもある。その他には、ごくたまにヌーなど他の動物の糞を食べることもある。糞を食べるのは、小枝や葉の量が足りなくて、さらに、それを補足する草も食べつくされたり火事で燃えたりして足りないようなときだ。新鮮な草が食べられないので、他の動物によって部分的に消化された草（つまり糞）を食べてミネラル分を補うというわけだ。

🌿 飲水行動

乾季になると、クロサイは実質的に水場から離れられなくなる。歩きまわっていても、水の飲める場所から5km以上離れることはない。地表の水が干上がったときには、自分で井戸を掘ることもある。前足を使って土を後方に跳ね飛ばしながら穴を掘り、地下水を掘り当てたらたっぷりと水を飲む。

🌿 泥浴び

うだるような暑さのアフリカでは、飲むためだけでなく体を浸すためにも水が必要だ。サイの大きな体は余分な熱をたくさん発するが、それを放熱するには表面積が足りない。そのため、体表面の代わりに蒸発作用の力によって体温を下げねばならない。サイの体には汗腺がなく、汗で体を湿らせることができないので、泥を体に塗って乾かすことで体を冷やす。この泥のパックは吸血性のハエにもいくらか効果があり、泥が渇いてはがれ落ちるときにダニなどの寄生虫を落とすこともできる。サイは動物園でも泥を与えられれば泥浴びを楽しむようだ。水場や泥場を用意してある動物園では、それらがない動物園よりもはるかに活発に行動する傾向がある。

🌿 角とぎ

サイは木や岩に角をあてて前後にこすることで角とぎをする。岩でとぐと木

◀角とぎ

角は何年もとぐうちにすり減るが、また伸びてくる。

でとぐよりもすり減るのが早いが、角はまた伸びてくる。特に若いうちは伸びるのが早い。

睡 眠

　サイは採食行動のほとんどを早朝か夜間に行い、日中の一番暑い時間帯には日陰や水たまりや泥の中で休んでいる。眠るときには地面に横になるか、四つ足で立ったまま頭を下げて、耳だけを動かしながら眠る。眠っている最中には、気をひきしめようとしているかのように、いきなり動きだして速歩で移動する、ということを数回くり返す。さらに、「パートナー」（現地の部族の人々から「サイの警察」と呼ばれている鳥）にも、寝ている間の見張りを手伝ってもらう。ウシツツキという名前のこの鳥は、サイが寝ていると背中にとまって背中の虫を食べたり、何かが近づいて来たときにしわがれ声でうるさく鳴いて起こしてくれたりする。サイは地域によっては常に人間からねらわれており、そのような地域では、昼夜の行動を逆転させてほとんどの活動を夜の間に行っている。もしも人間にあまり悩まされなくなれば、これらのサイも昼行性に戻るのではないかと研究者らは考えている。幸いなことに、動物園のサイたちは快適に暮らせているようで、日中に採食し、夜に8〜9時間眠るという生活を送っている。もしも閉園後の動物園に行く機会があったら、サイのそばへ行って耳をすましてみるといい。聞き覚えのある音——いびきの音——を聞けるかもしれない。

人間との関係

　おそらくサイの体ががんじょうにできているせいだろうが、私たちは彼らが滅びることなどないと考えがちだ。だが実際には、サイは種としてはきわめて脆弱だ。サイのメスは発情期間中に1回しか交尾をせず、3～4年に一度しか子どもを産まないため、1頭が死ねば減少分を補うのに時間がかかる。それでも寿命が長く、死亡率も低いため、人為的な介入がない時代には何の問題もなかった。ところが現在では、いくつかの個体群は角を手に入れようとするハンターたちにねらわれ、それ以外にも干ばつに苦しめられ、種全体が生息地の減少に悩まされている。

　その結果、クロサイの個体数はみるみるうちに減少していき、今現在もその状況は変わらない。クロサイの亜種である西クロサイは、2011年にすでに絶滅している。禁猟区ではサイを守るために飛行機や武装した監視員によって監視が行われているが、密猟者はどんなに厳しい監視の目もかいくぐって目的を達成する。密猟が成功すればとてつもない富が手に入るからだ。

　サイの角の粉末は、中国と韓国、台湾、タイでは薬として、インドでは性欲亢進剤として利用されている。未加工の角には1kgあたり10万ドルという驚くような値段がつけられているので、サイの角の粉末が世界一高価な薬のひとつであることは間違いない。だが皮肉なことに、この薬にあるとされる効能には薬理学的な根拠はない。サイの角は、人間の爪などの成分と同じケラチンというごくありふれたタンパク質からできているのだ。

　1980年代になると、北イエメンでサイの角に対する需要が急激に高まった。北イエメンでは、思春期に入った男子に男らしさの象徴とイスラム教への信仰の証としてジャンビーヤという特殊なナイフを贈るが、そのナイフの柄にサイの角が使われる。サイの角を使用したジャンビーヤは10万ドルもするため、それを手に入れられるのは長い間イエメンの中でもエリート層にかぎられていた。1970年に内戦が収まると、イエメンの人々は石油資源に恵まれた隣国のサウジアラビアへ出稼ぎに行って高給を得るようになった。個人所得が5倍に増加するにつれて、サイの角を用いたジャンビーヤの需要が高まり、密猟者にとってサイは危険を冒すだけの価値のある獲物となった。

　1991年6月に生物学者が報告したところによると、アフリカに残されたクロ

サイはわずか3,400頭。20世紀初頭に200万頭いたものが、そこまで激減してしまった。現在の正確な生息頭数を出すことは難しい。密猟者からの絶え間ない攻撃によって日々減少しているからだ。サイの外見に不滅のイメージがあるとしても、それは希望的観測にすぎない。どんなにたくましくがっしりした動物も、人間の欲望の対象にされているかぎりけっして逃げ切ることはできないのだ。

社会行動

友好的な行動

サイは社会的な動物ではないため、友好的な行動をとることはめったにない。だが子連れの母親たちが交わすあいさつの儀式なら見る機会があるかもしれない。あいさつの儀式では、まず母親同士が鼻先をふれあわせて、互いに危害を加える気はないことを伝えあい、次に子ども同士が同じことをする。

対立行動

においづけ サイのとる行動の目的は、他の個体との対立を避け、できれば他の個体とまったく出会わずにいることだ。そのことを覚えておくと行動が理解しやすくなるだろう。サイのオスは、その目的のために自分の行動圏に頻繁ににおいづけをする。においづけに使うのは糞や尿や皮膚のかけらなど、においが長時間残る物質だ。自然界では同じ地域にすむサイたちは、オスもメスもすべての個体が同じ場所に糞をする。糞の山の上に排便した後は、においのメッセージを周囲にまき散らそうとするかのように糞の山に後脚をこすりつ

▶**糞の山を足でかき混ぜる**
何頭分もの糞の山を後脚でかき混ぜて脚ににおいをつけ、においの足跡を残す。

ける。これは足ににおいをつけて、その場所から立ち去るときに、においの足跡を残しているのだろう。これ以外にも、低木や岩に体をこすりつけて、皮膚のかけらや体についていた泥をなすりつけてにおいを残すこともある。

オスはこの他にも、通り道や行動圏の境界にある低木や草の茂み、木の切り株、その他目につくものをめがけて後ろ向きに尿を飛ばしてにおいづけをする。尿は細かい霧状になって3～4mほど後ろまで飛ぶので、においを広い範囲にまき散らして長時間残すことができる。オスの尿のにおいには順位に関する情報も含まれているらしく、その地域を通る他のサイに有益な情報を伝えている。たとえば、劣位のサイは尿のにおいからそこにいるサイが優位であると知ったら、たいていはまわれ右をして逆の方向へ去っていく。メスのサイも尿を霧状に飛ばすことがあるが、オスとは目的が異なっている。メスは尿を飛ばすことで「においの名刺」を残して、交尾可能な状態になったことをオスに知らせるが、それは発情期の間だけだ。

動物園のサイの場合、放飼場の糞は掃除されてしまうので糞の山をつくるこ

▲尿を霧状に噴出する
自分のにおいを広範囲につけるため、4mほど尿を飛ばして木などに吹きかける。尿を飛ばす目的は、オスは他のサイを遠ざけるため、メスは交尾相手となるオスをひきつけるためだ。

とはできない。それでもサイたちは毎日同じ場所に糞をするので、掃除されてもにおいは残る。飼育係はサイにとって行動圏が非常に重要であることを知っているため、放飼場に新しい個体を導入するときには特別に気を使う。たいていは中立エリアに入れて、等しい立場で平和的に出会えるようにする。

威嚇　このように他の個体と出会わないように用心していても、時には他の個体とばったりと出会ってしまうこともあり、そのときには即座に不和を解決しなければならない。解決の手段には威嚇行動から角を使った闘争まであるが、それらは決まった経過をたどりながら激しさを増していく。映画では、この経過の後半の突進したり暴走したりしている部分が描かれるが、前半の目立たない威嚇行動はほとんど描かれない。

確かにサイは腹を立てれば「威嚇のための突進」を行って、敵に警告を与えることがある。そのときには頭を下げて上目づかいで相手をにらみ、耳をぴんと立てて尾を上げ、上唇をまくり上げて甲高いうなり声を発しながら相手に突進していく。この恐ろしげな威嚇行動は、真剣な攻撃が生じるのを防ぐためにとられるもので、なかなか効果がある。たいていの敵は、この威嚇によって戦う意志があることを示されると、向きを変えて逃げていく。動物園では放飼場の面積がかぎられているので、敗者の逃げこめる場所に代わるものを用意してやらなければならない。そのため、放飼場には劣位の個体が隠れられる目隠しとして丘や岩や木などが設置されている。

だが、ふつうは上記の「威嚇のための突進」の前に、もっと目立たない威嚇行動がとられる。出会ったのがオス同士で2頭の間の距離がいくらか離れているときには、サイたちは武器（角）を見せびらかすように頭を左右に振り、角の大きさと自分の体

▶**威嚇のための突進**
この行動が本気の闘争に発展することはめったにない。これは「近寄ったら痛い目にあわせるぞ」と相手に警告するための行動だ。

の大きさ、それから必要となれば戦うつもりだということを示す。さらに尿を霧状に噴出したり、木の枝を折ったりして自分の優位性を示す。水場や泥浴び場などで出会って2頭の間の距離が近いときには、はじめからいたオスは後から来た個体に向かって頭と角をくり返し宙に突き出して威嚇する（horning）。わざわざ立ち上がらずに威嚇をすることもあり、その場合は、もとからいる個体がうつぶせのまま無造作に角を振るだけで、後から来た個体は納得して自分の番が来るのをおとなしく待つ。

　出会ったのがオスとメスだったときには、まったく異なる行動がとられる。メスが発情していれば、オスは場合によっては求愛を始める。メスが発情していなければ、オスもメスも鼻でプップッという音を出しあう。オスはメスに向かって、2拍子のステップを踏みながら突進のふりをする。これは、気取ったステップで小刻みに歩きながら、時々鼻を鳴らし、頭を左右に振って角を宙に突き出すという行動だ（動物園でも飼育係や近寄りすぎた客に対してこの行動がとられることがある）。メスがオスに近づくか攻撃してきたときには、オスはいったん逃げるが、それまでと同じ跳ねるような軽い足取りで大きく円を描いてメスのもとに戻ってくる。オスとメスは時には何時間もこれらの一連のディスプレイをくり返して互いの様子をうかがい、最終的にはどちらかが去っていく。

闘争

　自然界では、オスは自分の威嚇行動を完全に無視するようなオスに出会うことがある。行動圏の持ち主が侵入者を威嚇しても無視されたときには、本気の闘争が開始される。本気の闘争では、お互いに頭を下げて何度か突進したあと、相手を角で上向きに突いたり角でたたいたりして、ひどいけがを負わせることもある。行動圏の主が負けて侵入者に追い出された場合、そのオスは隣のオスの行動圏へ行って、そこを奪おうとする。隣のオスは、負かされるとさらに隣の行動圏へ行って、そこを奪おうとする。いくつかの地域でこのドミノのような行動圏の奪いあいが始まったことがあり、そのときは、けがをしたオスや死んだオスが突然あらわれるようになったのを研究者らが目にしている。だが、そのような行動圏の奪いあいも、やがては自然に収まって通常の状態に戻る。

🌱 性行動

オスとメスが交尾を成立させるためには、互いに対してわきおこる敵意を克服しなければならない。互いを受け入れられるようになるには時間がかかるため、それまでは求愛のディスプレイの最中にも攻撃的なしぐさが何度もとられる。交尾が行われる季節は特に決まっていないが、アフリカにおける野外調査の結果から、発情期らしい時期があることはわかっている。それは3月から4月、それから7月という2つの時期で、その時期にはそれ以外の時期よりも性行動が活発に行われる。

🌱 求愛

発情を迎えたメスは、ホルモンを含んだ尿を霧状に噴出して自分が交尾可能であるという信号を発する。オスはそのにおいに磁石のようにひき

唇をまくり上げる表情（フレーメン）

角をやさしくぶつけあう

▲求愛
メスが交尾可能かどうかを調べるために、オスはメスの尿のにおいをかいで上唇をまくり上げ、においを鼻腔に閉じこめて分析する。交尾の前にオスとメスは角をやさしくぶつけあう。

つけられてやってくる。そして、ホルモンの情報をよりよく得るために、唇をまくり上げた表情（フレーメン）をつくり、尿のにおいを鼻腔に閉じこめてくわしく分析する。メスの発情を確認したら追尾して、メスが動きを止めて交尾の姿勢を取ってくれるまで気をひきつづける。

　オスは求愛行動をとるときに、脚をぴんと伸ばしたこきざみな歩き方でメスに近づくが、そのときに、糞の山に脚をこすりつけるのと同じやり方で後脚を引きずってみせる。それと同時に、角を地面や低木でぬぐったり、猛スピードで前後に走ったり、尿を霧状に噴出したりという象徴化された攻撃的な動作をとる。オスはこの「出陣の踊り」をすることで、マウント行動をとるための勇気をふりしぼっているのだろう。というのも、メスの力の強さを考えると、メスの機嫌次第では、マウント行動はとても危険な行為になるからだ。

　メスはオスに誘われても、はじめのうちは攻撃してオスを追い払う。オスはそれでも円を描いてくり返しメスのところへ戻ってきて、メスがいくらか緊張をといてくれるのを待つ。メスの緊張がとけてくると、2頭で向きあって角をそっとぶつけあったり、オスがメスの脚の間やお腹をそっとつついたりする。最終的にオスがメスに十分に近づいて、メスの背中に頭をのせられるようになるまで、これらのやり取りが数時間続くこともある。背中に頭をのせられてもメスがオスを攻撃しなくなれば、じきに交尾が成立する。

🌱 **交尾**　オスはメスの背中を頭でしっかり押さえると、次に前半身を起こしてメスの背中に両前足をかけ、交尾の姿勢をとる。けれども、初めのうちは

◀交尾
サイの交尾は長時間続く。サイの角が性欲亢進剤になるという迷信が生まれたのは、そのせいだ。

この姿勢でじっとしているだけで、10分ほどたつと足を下ろす。実際に交尾をするまで、多いときで20回もこの行動をくり返す。

実際の交尾は、数分から長いときで1時間半も続き、その間オスは1～2分おきに射精する。交尾時間がこのように長いことから、昔の人はサイの角の粉末を性欲亢進剤として使うことを思いついたのだろう。だが、科学者によれば、サイの交尾が長いことと角の成分とは何の関係もない。ついでに言えば、サイに効く成分が人間にも効くという保証もどこにもない。それでもサイの角の神話を信じる人は後を絶たず、そのせいでサイの命が奪われつづけている。

育児行動

出産　自然界にいても動物園にいても、サイは出産するときにはひとりきりになりたがる。サイの母親は、自分の体重の4％しかない小さな赤ん坊を1頭産む。産まれたときからよろいを着たような姿の赤ん坊は、誕生から1時間もたたないうちに立ち上がって、ぐらついた足取りで母親の乳首を探す。母子は誕生から2～3週間は他のサイから離れた安全なところで過ごし、互いのにおいや声を覚えて、この先長く続く親子間のきずなを形成する。

子どもの世話　母親と子どもは、母親に次の子どもが産まれるまで3～5年は非常に緊密な関係を保つ。子どもはほとんど常に母親の後をついて歩くが、草や低木を母親に踏みならしてもらえるので歩くのに苦労することはない。危険がせまったときには、母親は敵に体の側面を向けて子どもを守る。母親が子どもを見失うことはめったにないが、見失ってしまったときには甲高いミャーというような声を発して子どもを呼ぶ。呼ばれた子どもは母親のもとに走ってくる。それと同じように、子どもが苦痛を感じたときに大きな金切り声を上げれば、母親が助けにかけつける。

乳離れ　サイの子どもは1～2歳になると乳離れするが、母親が次の子どもを妊娠している15か月の間は母親と共に行動して、出産直前になるまでそばにいる。出産直前になると、母親は上の子どもを威嚇するようになり、子どもが離れていくまでそれを続ける。母親に追い払われた子どもは仲間を求めてさまよい、他の子どもと合流したり、あるいは子連れや単独のおとなのメス

と行動を共にしたりする。やがては新しい仲間とも別れて、おとなのサイとして単独行動をとるようになる。

動物園/自然界で見られる行動

基本的な行動

移動
・速めの歩き方
・速歩
・全速力

採食
・小枝や葉を食べる
・糞を食べる
飲水行動

泥浴び
角とぎ
睡眠

社会行動

友好的な行動
・あいさつの儀式
対立行動
■においづけ
・同じ場所に糞をする
・糞の山に後脚をこすりつける
・体を木や岩にこすりつける
・尿を霧状に吹きかける
■威嚇
・威嚇のための突進
・武器（角）を見せびらかす
・尿を霧状に吹きかける
・木の枝を折る
・角を宙に突き出す

(horning)
・鼻を鳴らす
・2拍子のステップで突進する
■闘争
・頭を下げて突進する
・角で上向きに突く
・角で横向きにたたく
性行動
■求愛
・尿を霧状に吹きかける
・唇をまくり上げる（フレーメン）
・脚をぴんと伸ばした歩き方
・角を地面や木でぬぐう
・猛スピードで行ったり来たりする

・円を描いてメスのところに戻る
・角をそっとぶつけあう
・メスをそっとつつく
・メスの背中に頭をのせる
■交尾
育児行動
■出産
■子どもの世話
・自分の体を盾にして子どもを守る
・母親の発する甲高い声
・子どもの発する金切り声
■乳離れ

▲伸びをする
活動の前後に伸びをして血液中のガスのめぐりをよくする。

キリン
Giraffe

　昔から巨人の話は人々に人気があり、恐ろしい巨人や、本当は優しいのに誤解されている巨人など、様々な巨人の話が語られてきた。世界一背の高い陸上哺乳類が私たちの想像力を大いにかきたて、心を捕らえて離さないのは、おそらくそのような理由からだろう。キリンは産まれた瞬間から巨大だ。おぼつかない足取りで立ち上がったときには、頭までの高さがすでに1.8m、体重は68kgもある。オスの子どもは毎月7〜8cmの速さで成長を続け、おとなになるころには大きいものでは5.2m、体重は1トンにも達している。心臓はそれだけで約12kgの重さがあり、3分につき浴槽1杯分の血液を体中に送り出している。頭の長さは約76cm、首の長さは約1.8mもあり、合計で約250kgにもなる首の重さは、たった7個の頸椎（首の骨）によって支えられている。首の骨は、ひとつひとつが少なくとも人間の骨の10倍の長さがあるのだ。舌の長さは端から端まで40〜50cmもあり、ひづめ（実際には足の爪）はディナー皿ほどの大きさがある。いざとなればこのひづめを振りまわしてライオンの頭骨さえ砕くことができるが、その能力を発揮することはめったにない。

　キリンの巨体と怪力には驚かされるが、それだけの体にもかかわらず、彼らが基本的に非常に穏やかだという点にも驚かされる。『アフリカの日々』（晶文社）の著者アイザック・ディネーセンも、著書の中でキリンの群れが移動する様子を「茎の長い、斑点のあるめずらしい巨大な花々がゆっくりと動いていくようだ」と表現してい

特徴

目
偶蹄目

科
キリン科

学名
Giraffa camelopardalis

生息場所
サバンナ、疎林

大きさ
角の先までの高さ
オス 約4.6〜5.2m
メス 約4.0〜4.6m

体重
オス 約800〜1,900kg
メス 約550〜1,200kg
平均約800kg

最長寿記録
野生で26歳
飼育下で36歳

る。キリンの背があれほど高いのは、獲物や捕食者を圧倒するためではなく、生息環境の中で特定の層の植物を専門に食べられるようにするためだ。キリンは木本植物(樹木)の小枝や芽や葉や枝を採食するブラウザーである。彼らははしごのような長い脚と首を手に入れたおかげで、地表から6mもの高さの食物を採食できるようになり、サバンナという食卓の中で競争相手のいない採食場所を手に入れることができた。

　キリンは大食漢だが、生息地の環境にとって幸いなことに、1本の木の食物を食べつくすことなく木から木へと移動しながら採食する。このように移動しながら食べるという特長的な食事の作法を身につけたのは、ことによると、好物のアカシア *Acacia drepanolobium* を食べるときに独特の「もてなし」を受けるせいかもしれない。アカシアは自然選択という驚異の力によって、シリアゲアリ属の数種 *Crematogaster spp.* との間にある種の協定を結んだらしく、枝にできた中空の黒いこぶの中にこのアリたちをすまわせている。さらに、葉柄から蜜を分泌して食物も与えている。キリンがアカシアの木を採食しはじめると、このアリたちがこぶからすかさず飛び出してきて、キリンの顔や首にたかりはじめる。キリンはアリに噛みつかれながら採食しなければならないので、長時間は耐えられずに次の木へ移動していき、その結果、アカシアの木は過度な被害を受けずにすむ。これらの関係から、生物学者たちには、アカシアの分泌する蜜は、キリンを撃退してくれたことに対してアリに支払う「用心棒代」なのではないかと考えている。

▶木の葉を食べる
長い脚と首、それから40〜50cmの長い舌を活かして、オスは6mもの高さの樹冠の葉を食べることができる。メスの口が届く範囲はそれより少し低い。

基本的な行動

移動

　キリンの姿は、一見すると、ちぐはぐな部品を寄せ集めてつくったように見える。異様に長い首の上にのった頭は小さすぎるし、前脚は後脚よりも長く、胴体は短すぎるので、もしも対角線上にある前後の脚を同時に動かして（斜対歩法で）歩けば、前脚が後脚にぶつかってしまうだろう。ところが不格好な外見にもかかわらず、キリンの動き方は全体として見れば実に優雅だ。キリンは歩くときには側対歩、つまり右側の前後の脚でふみ出し、次に左側の前後の脚でふみ出すという歩き方をする。全速力で走るときには、両後脚を前方へ出して両前脚の外側に置いて走る。揺り木馬のように首を前後に勢いよく振りながら、1歩につき3mも前に進み、速いときで時速60km近いスピードで疾走できる。タイミングよく首を前に振れば、脚の長さを活かして2mの高さの柵さえ越えられる。だが、キリンの生活には猛スピードで走らねばならない場面はほとんどないため、たいていはのんびりと優雅に歩いている。

採食

　キリンは食べ物の好みがはっきりしていて、主に木の葉や新芽を食べ、足りない分はつる植物や花、莢果（豆など）、その他、季節の果物などで補っている。1日のうち10～12時間を採食活動に費やすが、特に日の出後と日没後の各3時間に集中的に採食する。長い脚のおかげで、雨季にはサバンナの森林へ行き、干ばつの時期には川のほとりの森林へ行ってもっとも質の高い食物を食べられる。採食場所を臨機応変に変えられるおかげで、常に十分な量の食物を食べられ、いつでも好きなときに繁殖活動を行うことができる。

　キリンはサバンナという庭園を庭師のように刈りこんでいく。高木の樹冠部を採食すれば、下側だけが平らに刈り取られて傘を広げたような形になる。大きな低木を採食すれば、中央部分だけが刈り取られて上部と下部が残るので、砂時計のような形が完成する。それより丈の低い低木の場合は、上部から採食しつづけるので、その木はいつまでたっても生長せずに2mほどの高さを保つ。

　木の葉を食べるときは、40～50cmもの長さの舌を投げ縄のように使って

枝ごと引き寄せ、くしのようになった歯で枝から葉だけをこそげ落として食べる。大量の唾液と頑丈な口蓋のおかげで、棘だらけの枝を食べてもけがをすることはない。キリンは（牛と同じように）反芻動物なので、いったん飲みこんだ食物を後から反芻して消化する。キリンが食事を終えた後にその喉もとを見ていると、大きな塊が上ってくることがよくある。これは未消化の食物を反芻するために口に戻しているところだ。それからゲップの音も注意して聞いているといい。反芻動物は消化活動の副産物、つまりメタンガスと二酸化炭素をゲップとして放出する。

飲水行動

キリンにとって水を飲むのは大仕事だ。前脚があまりにも長いので、たいていの哺乳類の基準で言えば驚くほど長いあの首も、水面に口をつけるには長さが足りないのだ。ふだんは威厳たっぷりでも、水を飲むためには前脚を広げて頭を下げ、飲み終わったらよろよろとした動作で再び頭を上げなければならない。あるいは、ひざをついた姿勢で飲むこともある。どちらにしても、水を飲んでいる最中は敵からの攻撃を非常に受けやすく、特に水場は腹を空かせた捕食者が集まってくるので危険が高い。無防備な時間をなるべく短くするためには、周囲にできるだけ気を配りながら急いで飲まなければならない。

このようなジレンマを抱えてはいるものの、水を飲むのに都合のよい点もある。キリンの循環器系は、重力をものともせずに働いてくれるのだ。たとえばあなたが体をかがめて、その姿勢からいきなり立ち上がったときに、どんなふうに血圧が変化するか考えてみ

◀水を飲む
水に口をつけるためには前脚を広げなければならない。この姿勢からもとに戻るには時間がかかるため、水を飲んでいるときは敵に襲われやすい。

224　アフリカのジャングル、平原、川に住む動物

てほしい。キリンの場合は5m近くも頭を下げなければならないので、「ちょっとめまいがする」どころではないはずだ。水を飲むときは頭を心臓のはるか下まで下げるので、血管内に流量を調整するうまい仕組みがなければ、急激に上昇した血圧のせいで、脳内にすさまじい勢いで血液が流れこんでしまう。キリンの脳に出入りする動脈の内部には伸縮性に富んだ弁があり、そのおかげで首を上げ下げするときには動脈の収縮と拡張が生じて、脳に流入する血液の量が調整されている。

体の手入れ

首の長さが1.8mもあると、体がかゆいときに体中のほぼどこにでも歯が届いて都合がいい。キリンは体の端から端まで噛んだりなめたりしてグルーミングを行う。かゆみがひどいときには、それが首なら木の幹にこすりつけるし、頭なら木の枝に、お腹なら棘のある低木の頂にこすりつけてかく。羽虫にたかられたときは、長さが1.8mもある房つきの尾を振りまわして、体の周り数mにいる虫を追い払う。

その他、「助手」の力を借りて手入れすることもある。ウシハタオリやアカハシウシツツキ、キバシウシツツキなどのウシツツキの仲間の鳥はキリンと相利共生の関係にあり、キリンの皮膚につくダニや吸血性のハエを食べて暮らしている。キリンは鳥にしつこくつつかれるせいで傷がいつまでも治らないこともあるが、鳥を追い払わない。鳥たちは虫を食べてくれるだけでなく、捕食者や人間を見つけたらすぐに甲高い声で鳴いて知らせてくれるからだ。

睡　眠

キリンは午後遅くに採食をすませると、捕食者を見張りやすい開けた場所に移動する。そしてその場所で真夜中になるまで採食を続け、真夜中になると用心深く地面に腰を下ろして、2～3時間反芻しながらとぎれとぎれに睡眠をとる。ぐっすり眠っているかどうかは姿勢を見ればすぐにわかる。熟睡するときには前脚を体の下で折り曲げて、後脚を後ろに伸ばし、首を後ろに曲げて、頭を後脚にのせるか地面に置くという姿勢をとるからだ。

野生のキリンはこの姿勢で眠るとき、1回につきわずか3～4分しか眠らない。合計の睡眠時間は、おとなでは一晩にたった20分、子どもでは約1時

▲睡眠
キリンが熟睡する時間はごく短い。合計しても一晩で20分ほどだ。

間だ。動物園では捕食者がいないので、もう少し長く熟睡する。

夜以外では日中の一番暑い時間帯にも昼寝をするので、寝ているところを観察する機会があるかもしれない。仮眠をとるときには、首を立てたままで、立った姿勢か座った姿勢で眠る。そのときには耳をぴくぴく動かし、目を閉じたり開けたりしている。

社会行動

友好的な行動

キリンは、ゆるやかなつながりのある2〜10頭の群れを形成する。群れには明確なリーダーは存在せず、群れの構成はオスだけかメスだけ、あるいは性別も年齢もバラバラということもある。群れの行動圏はおよそ $100〜130 \, km^2$ ほどで、他の群れと重複しており、他の群れと出会ったときにメンバーが入れかわるので、群れの構成は頻繁に変化する。キリンの場合は、数km離れたところにいる群れも、ある意味ではいっしょに行動しているようなものだ。というのも、彼らの目は潜望鏡のように高い位置についているので、木々に視界を

さえぎられずに、はるか地平線まで見通すことができるからだ。このように遠くのキリンの行動を目で確認できるおかげで、ライオンなどの捕食者を広い範囲で「指名手配」できる。ひとつの群れがパニックを起こして逃げ出せば、それを見たほかの群れも警戒できるからだ。

🌿 スキンシップ

集団で平和に暮らしていくために、キリンは鼻で触れたり、なめたり、体をこすりつけたりといったスキンシップを頻繁にとって個体間のきずなを強化している。それらの行動は動物園でもごくふつうに見ることができる。鼻で触れるとは、他の個体に少しの間だけ鼻で軽く触れる行動で、おそらくそのときに相手のにおいをかいでいる。赤ん坊同士が出会ったときには、鼻で触れあう独特の儀式が始まる。これは互いの鼻を合わせたり、ときには舌を合わせたりしたあと、頭を下げてジャンプして離れるという行動だ。この儀式には、個体間のきずなを形成したり強めたりする働きがある。相手の体をなめる行動は、鼻で触れる行動より少しだけ長く続けられる。互いになめあうことの多い場所は胴体、首、たてがみ、角だが、ときにはまぶたをなめることもある。その他のスキンシップとして、頭や脚や体全体をこすりつけあうこともあるので、注意して見ているといい。研究者は、キリンは特定の相手とスキンシップをとることが多く、そのような相手とは友達関係にあるのかもしれないと考えている。

🌿 共同防衛

キリンはとても目がよくて、しかもその目は見張り台のように高い位置についている。人間や捕食者を見つけたときは、鼻の穴をふくらませ、耳をぴんと伸ばしてじっと見つめるという警戒の姿勢をとる。群れの中の1頭がこの姿勢をとると、他の個体も同じように警戒の対象を見つめ、たいていはその侵入者に対して体を斜めにして尾を左右に振る。侵入者からもっとも近い位置にいる個体は、相手が近寄ってきても20〜30 mまでは逃げないでいるが、それ以上近づいてきたときには、するどく鼻を鳴らして突然逃げ出す。群れの仲間たちもそれを合図に全速力で逃げ出す。キリンの警戒信号に注目しているのはキリンだけではない。キリンが逃げ出すと、エランド（アンテロープの1種）やハーテビースト、ガゼルなどが続いて逃げ出すことが多い。

対立行動

キリンたちは、たいていは平和に暮らしている。オスは若いころには順位をかけて激しく争うが、順位が決定してしまえば、それ以降は時おり威嚇によって順位を再確認するだけになる。だが、見知らぬ個体が群れに入りこんだときには、とたんに争いが始まる。このときには首を使ったネッキングと呼ばれる行動で順位が決められるが、ネッキングには愛情表現に見えるほど穏やかなものから、きわめて攻撃的なものまで様々なレベルがある。だが、ネッキングの段階にいたる前に、首の角度を変えるという単純なやり方で威嚇することが多い。

威嚇 優位なオスは尊大な態度をとるのですぐに見分けることができる。優位なオスは、歩くときには首を直立させ、頭を地面に対して平行にして、顎をまっすぐ前に向ける（平静な状態のキリンは首を地面に対しておよそ55°の角度にして立っているので、それと比較するとわかりやすい。休息や反芻をしているときには、もう少し首が下がる）。優位な個体が劣位な個体の居場所を奪いたいときは、ただ歩み寄るだけで劣位の個体はその場をおとなしく明け渡す。より強い威嚇を行うときは、首を地面に対して水平になるまで下げ、頭をできるだけ前方に伸ばす。そして最後に再び首を上げて顎を引き、相手に角を向ける。

服従 劣位の個体は威嚇されると戦わずに後退するか、あるいは首を上

威嚇 　　服従

▲対立行動
左の絵のオスは、首を地面に対して平行にのばして優位性を示している。一方、劣位のオスは、争いを避けるために角を上げて隠す。

げて鼻先を空に向け、角（武器）を相手に見せないようにして服従の意志を示す。群れに侵入してきた個体がこの「降参」の姿勢をとらないときには、場合によってはネッキングによる争いが始まる。

🌱 程度の弱いネッキング

ネッキングを行うときには、オスたちはまず同じ方向を向いて、肩を並べて隣りあって立つ。次に、誇らしげに胸を張って首をもたげ、脚を少し開いて衝撃に備える。そして互いに相手の体の側面にもたれかかって強さを確かめあう。このときは、どちらかがいきなり身を引けばもう片方が倒れてしまいそうなほど強く体重をかける。そして、たいていは体の大きいほうのキリンが頭を下げて少し横に引き、振り戻して相手の首にそっとすべらせる。2頭のキリンはしばらくの間、2匹のヘビがからみあったり離れたりするのに似た動きで互いの首を上下にこすりあわせる。このんびりとした儀式は、途中に食事やマウント行動をはさんだり、一方がいったんその場を離れたりして、長いときで20分も続けられる。気持ちが高まって攻撃的な気分になったときには、首の打ちつけあいに発展することもある。

人間との関係

今から3500年ほど昔、1頭のキリンが船に乗せられてナイル川を2,400km川下まで運ばれ、古代エジプトの女王ハトシェプストの設立した世界初の動物園で展示されて、一躍人気者となった。そのとき以来、キリンはいつの時代も変わらずに人々を魅了しつづけてきた。1827年にパリで祝典が行われた際には、キリンが街をパレードし、パリの人々は初めて本物のキリンを目にした。観客はキリンに夢中になり、その姿をよく見ようとして暴動が起きかけたほどだった。それ以後、パリでは熱狂的なキリンブーム*が巻き起こり、女性たちの間では髪を高く結い上げる「キリンヘア」が1年ほど流行した（『パリが愛したキリン』〈翔泳社〉）。

また、南アフリカの洞窟には、キリン狩りの様子を描いた壁画が残されていることからもわかるように、キリンの動きの美しさと優雅な様子に魅了されたのはパリの人々が初めてではない。アフリカの先住民たちはキリンの肉を食料に、皮

を盾やサンダルや牛追いむちや太鼓に、腱を弦楽器や糸や弓の弦（つる）に利用していた。ヨーロッパ人がアフリカを訪れるようになると、それまでよりはるかに多くのキリンが殺されるようになった。現在では国立公園内のキリンを狩ることは法律で禁じられているが、いまだに密猟は続けられている。おそらく、肉や装身具の材料を得るためだ。世の中には、たかが尾を手に入れるために、この素晴らしい動物の命を奪うものがいるのだ。尾に生えている黒くて長い毛は、ブレスレットやハエたたきや幸運のお守りの材料として使われる。

　密猟以外では、家畜の放牧地をつくるためにキリンを排除しなければならないという人々の思いこみが、より大きな問題となっている。キリンは実際には家畜の競合相手にはならない。ブラウザーであるキリンは、家畜が食べない植物を食物にしているため、牧畜業には今のところほとんど害を与えていないのだ。実を言えば、アフリカではキリンを取り入れた牧場運営の計画さえ立てられている。専門家の計算によれば、牧場の一部をキリンの生息地として維持してキリンをすまわせ、持続的生産が可能な範囲で狩りを行えば、牧場主は必要とする肉の3分の1をキリンでまかなうことができる。そうすれば、アフリカで過放牧や浸食といった問題の主な原因となっているヤギやヒツジなど家畜への依存度を下げることができる。

　現在でも、動物園で初めて本物のキリンを見た人は、およそ2世紀前のパリの人々とまったく同じ驚きを覚える。なんて大きくて、優雅で、穏やかな動物だろう！　キリンを好きになった人は、この動物が一部の地域ではいまだに虐待を受けていることを知ると、とたんに激しい怒りを覚える。キリンは人間より大きいが、傷つきやすい生き物だということを人々は心のどこかで理解する。そして、このような動物が安心してすめる世の中にしなければならないと考えるようになる。

＊キリン風な髪型、帽子、タイなど様々なものにキリンのモチーフが利用された。この年の冬の流感は「キリン風邪」と呼ばれた。

🌱 程度の強いネッキング（首の打ちつけあい）

　首の打ちつけあいを行うときには、2頭の体の向きによって激しさが異なってくる。2頭が同じ方向を向いて肩を並べて立っているときには激しさの度合いが低い。両者は脚を広げてしっかりと立ち、首を外側に曲げて、振りかぶるように少しだけ内側に戻す。

そしてその首を内側に振り戻し、50m近く離れていても聞こえるほどの大きな音を立てて互いの首を打ちつけあう。この攻撃は、一方が首を内側に振って攻撃すれば、もう一方は首を外側に引いてかわし、今度は自分が攻撃するという調子でリズミカルに行われる。首と首がぶつかるときには大きな音が出るが、この攻撃は大したダメージにはならない。実際に相手に痛手を負わせるのは、首をぶつけた後に角で相手の首や肩の下側を突いたときだ。このようにして攻撃をするせいで、オスの角の毛は2～3年もするとすべてすり減ってなくなってしまう。キリンの頭骨には角以外にも骨質のこぶが発達するが、それらは頭を保護し、さらに重さを増して頭をより強力な武器に変えるのに役立っている。

だがキリンの角の真価が問われるのは、これよりももっと激しい打ちあいのときだ。そのときは、2頭は互いに逆の方向を向いて並んで立つ。両者は首を曲げてできるだけ後ろに伸ばし、その首を相手の脇腹や腰や大腿部に力いっぱい打ちつける。この打ちあいは生殖器に刺激を与えるらしい。というのも、打ちあいをしている間、一方、あるいは双方のペニスがしばしば勃起しているからだ。この打ちあいはどちらか一方が負けを認めて数歩後ずさりするまで続けられる。その後、勝者が敗者に対してマウント行動をとるか、あるいは他のオスがやってきて勝者と敗者の両方にマウント行動をとる。勝敗が決まってしまえば、先ほどまでの争いを根に持つことはない。激しく争っていた2頭が、そのすぐ後に並んで採食したり、やさしく首をこすりつけあったりすることもある。

年長のオスは、ふつうは順位関係に変化が起こったり、新たなオスが行動圏に入りこんできたりするまでは群れの中で平穏に暮らしている。新たなオスは、ほとんどの場合は繁殖期にやってくる。その時期には、発情中のメスを探して歩きまわるようになるからだ。よそ者がやってくると、優位なオスはすぐに自分の権利を主張して争いを始める。その争いの勝者だけが、発情中のメスと交尾する権利を得られる。

性行動

オス同士の性行動

オスだけの群れでネッキングによる順位争いが行われるとき、そこには明らかに性的な要素が含まれている。その証拠に、オスた

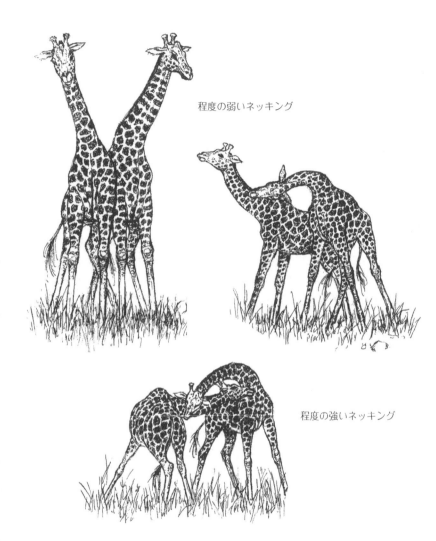

程度の弱いネッキング

程度の強いネッキング

▲ネッキングによる順位争い
同じ方向を向いて並んで立ち、互いにもたれかかって、首をこすりつけたりからませたりする。争いがエスカレートすると、首を外側に引いて打ちつけあったり、角で相手を突いたりする。さらに真剣な闘争になると、両者は逆の方向を向いて並んで立ち、相手の脇腹や腰に首を激しく打ちつける。

ちは争いの最中にしばしば生殖器を勃起させているし、争いが終わると一方がもう一方に対してマウント行動をとることも多い。オス同士の性行動は多くの種でふつうに見られるが、その理由はほとんどわかっていない。昔から動物行動学者たちは、オス同士がマウント行動をとるのは優位性を示すため、あるいはメスと接触する機会が少ないためだと考えてきた。だがキリンの研究者なら即座に指摘することだが、キリンのオスは周囲にメスがたくさんいてもオス同士でマウント行動をとる。一部の研究者によれば、オス同士のマウント行動は、おそらく性行動を体験させることでオスの欲望をかきたて、最終的にはメスとの交尾をうながすのに役立っているのだろうという。

だが、どんなに強い性的欲求を感じても、発情中のメスと交尾する権利を得るには順位のトップに登りつめなければならない。劣位のオスは性的に受容可能になった初期の段階のメスと一時的に行動を共にすることはできるが、メスが交尾可能な段階になったときに求愛できるのは、もっとも優位なオスだけだ。

求愛　オスは発情中のメスを探して群れから群れへと渡り歩く。メスが発情したかどうかは尿のにおいをかげばわかるので、オスはメスの腹部をそっとつついたり尾をなめたりしてメスがサンプル（尿）を出してくれるのを待つ。メスが排尿すると、オスはその尿を口に含んで唇をまくり上げ、歯をむき出しにする。唇をまくり上げることで鼻腔をふさぎ、尿のにおいを閉じこめ

メスの発情を確かめる

唇をまくり上げる
（フレーメン）

▲求愛
オスはメスを軽く突いて、においの情報を含んだ尿を出させる。そして、メスが発情しているか調べるために、メスの尿を口に含んで上唇をまくり上げ、鼻腔をふさいでにおいをじっくり分析する。

て、尿中に含まれるホルモンをヤコブソン器官（嗅覚器）によってじっくり分析するためだ。

🌱 **交尾**　メスは発情期の初期のうちはオスに言い寄られても歩み去り、オスがすぐ後ろをついて歩いても無視している。メスは交尾を受け入れる準備ができると立ち止まるので、そのときにはオスはメスの臀部に胸をのせ、メスの背中に両前脚をのせてマウント行動をとる。

育児行動

🌱 **出産**　出産が近いかどうかはメスの様子を見ればわかる。出産をひかえたメスは不安そうになって数時間前からほとんど餌を食べなくなり、そわそわした様子で行ったり来たりするようになる。そのうちに、膣から母子の体を保護するためのゼリー状の物質に包まれた赤ん坊の前脚があらわれ始める。母親は陣痛が来るたびに後脚を開いて首と頭を伸ばし、赤ん坊を少しずつ押し出していく。陣痛と陣痛の合間には、どの姿勢がいいか決めかねているように立ったり座ったりをくり返す。産みの苦しみは20分から長いときで数時間続き、最後のいきみとともに、赤ん坊の体は1.8 m下の地面に落下する。動物園で出産が行われるときには、捕食者にじゃまされる前に急いで産む必要がないので、場合によってはもう少し時間がかかる。

🌱 **子どもの世話**　出産が終わると、母親は2〜3日間はしきりに赤ん坊をなめたり鼻をこすりつけたりしている。これは体をきれいにしつつ、その子に特有のにおいを覚えるためだ。赤ん坊のにおいは個体によって異なっているので、においを覚えておけば、群れに合流したときに互いを探すのに役立つ。連絡を取りあう手段としては鳴き声も有効で、母と子はよく「モー」というような声を出して互いの居場所を確認している。子どもはそれ以外にも、苦痛を感じたときにヤギやヒツジのような声を上げて母親を呼ぶ。

🌱 **共同保育**　赤ん坊は産まれて1〜2週間たつと、保育所のような子どもだけの群れで暮らすようになる。赤ん坊同士はそれ以前から近くで行動しているのだが、それは、ほとんどの母親が同じ出産場所へ行って子どもを産むから

▲子どもの世話
母親は子どもの体をなめたり鼻をこすりつけたりしながら、その子に特有のにおいと模様をしっかり覚えるので、群れの中から自分の子どもを探し出せる。

だ。こういった出産場所はサバンナの中でも静かな場所にあり、キリンたちの間で古くから受けつがれてきた。

　子どもたちはひとつに集められ、場合によっては1頭のおとなに見守られて過ごす。他の母親たちはその間に遠くまで出かけて質の高い食物を食べられるので、栄養の豊富な乳を子どもに与えることができる。子どもたちは産まれてから1か月の間は、母親が授乳のために1日に2回戻ってくるとき以外は、他の子どもたちと遊んで過ごす。子どもたちは群れを形成することで、ハイエナやライオン、ヒョウ、リカオンなどの捕食者に対して常に警戒していられる。産まれて1か月たつとあまり遊ばなくなり、キリンらしい悠然とした雰囲気を身につける。産まれて5〜6か月たつと、母親（あるいはその他のメス）の後をついて採食に出かけるようになり、6〜18か月たつと親離れして、一般的にオスはオス同士、メスはメス同士で群れを形成して行動するようになる。

▲首をこすりつけあう
もっとも程度の低い対立行動。首をゆっくりこすりつけあったり、巻きつけあったりする。

動物園／自然界で見られる行動

基本的な行動

移動
・側対歩で歩く
・全速力で走る
・障害物を飛び越える

採食
・木の葉や芽を食べる
飲水行動
・脚を広げて飲む
・ひざをついて飲む

体の手入れ
・噛んだりなめたりする
・体をこすりつける
・尾を振りまわす
睡眠

社会行動

友好的な行動
■スキンシップ
・鼻で触れる
・なめる
・体をこすりつける
■共同防衛
・警戒の姿勢
・鼻を鳴らす
対立行動
■威嚇
・首を直立させる
・首を地面と水平にする
・相手に角を向ける
■服従
・後退する

・鼻先を上げた姿勢
■程度の弱いネッキング
・互いにもたれかかる
・互いに首をこすりあわせる
■程度の強いネッキング（首の打ちつけあい）
・同じ方向を向いて並んで立つ
・首を打ちつける
・角で突く
・逆の方向を向いて並んで立つ
・マウント行動
性行動

■オス同士の性行動
■求愛
・メスの発情を確かめる
・唇をまくり上げる（フレーメン）
■交尾
育児行動
■出産
■子どもの世話
・体をなめる
・鼻をこすりつける
・「モー」というような声
・ヤギやヒツジのような声
■共同保育

▲走る
左がオス、右がメス。捕食者から猛烈なスピードで逃げて身を守る。

ダチョウ
Ostrich

　いつのころからか、アニメやマンガには、いわゆる大衆的なイメージのダチョウのキャラクター——羽毛のチュチュを腰に巻いて、砂の中に頭をつっこんでいるおくびょうな大きい鳥——が登場するようになった*。本物のダチョウは気性が荒くて用心深く、アフリカのサバンナの変動の大きい環境によく適応した鳥だ。ハマアカザの茂みの陰にライオンやヒョウやチーターがひそんでいるような環境に暮らす彼らは、常に周囲に目を光らせ、耳をすませていることを学んだ。

　ダチョウが恐怖を感じると砂の中に頭をうずめるという俗説は、おそらくその昔に、ダチョウが体を平らに伸ばして昼寝をするところを見た人の話から生まれたのだろう。ダチョウは眠るときや卵を抱いているときに、姿勢を低く保つために首を地面にぺたりとつけて伸ばし、脚を体の下にたたんで平原から丸い胴体だけをつき出した姿になる。この丸い胴体は遠くから見るとサバンナに生えるハマアカザの丸い茂みに驚くほど似ており、ふわふわの短い尾羽は茂みの影そっくりに見える。おまけに頭は砂と同じ色なので、背景にうまく溶けこんで完璧に体をカムフラージュすることができる。

　ところが立っているときのダチョウは身長が 2.5 m もあるため、目のいい捕食者から格好の標的にされてしまう。そこでダチョウは身を守るために、攻撃としても有

---
*ダチョウには、危険がせまると砂の中に頭をつっこんで、敵を見ないことにするという俗説がある。

特徴

目
ダチョウ目

科
ダチョウ科

学名
Struthio camelus

生息場所
サバンナから森林

大きさ
全長 1.8 m
身長 2.5 m

体重
最大約 160 kg

最長寿記録
70 歳

効な最良の戦略、すなわち「群れれば安全」という戦略をとって、家族で群れをつくったり、水場では大きな群れを形成している。視野の広い目（大きさもテニスボールほどある）と鋭い耳のおかげで、足元から地平線までたいていの物を見つけることができる。行動の基本は「用心深く」だ。何か気になることがあれば、それがどんなにささいなことでも、またたく間に情報を伝えあって、いっせいに「高飛び」する。

　もちろん本当に飛ぶわけではない。ダチョウはエミューやキーウィ、ヒクイドリ、ペンギンと同様に飛ばない鳥であり、進化の途上で独特のまわり道をした鳥類の生きた見本だ。ダチョウは翼を広げて大空へ逃げるかわりに、強力な長い脚とがんじょうな足指にものを言わせて走り去る。走って逃げられないときには、130 kg以上の巨体でその場にとどまって、1 cm^{2}あたり35 kgという猛烈な力のこもった蹴りを敵におみまいする。あなたも、なわばり防衛中のオスが怒りに燃えて敵を蹴りつけるところを一度でも見れば、ダチョウのことをまぬけな鳥だとはけっして思えなくなるだろう。

基本的な行動

移　動

　ダチョウは短時間なら1歩で4〜5 mという驚くほどの大またで、時速80 kmという（ウマ以上の）スピードで疾走できる。走りながら片方の翼を上げ、もう片方を下げることで、右折や左折や、180度の方向転換をすることもできる。ダチョウの羽毛は普通の鳥類と違って、羽枝が噛みあっていないので飛行には役立たないが、その代わりに、まとまっていないおかげで風を通しやすく、走るときにもじゃまにならない。

　また、疲れを知らずにいつまでも歩きつづけられるので、乾季に水場まで長い距離を歩かなければならないときにも都合がいい。足の裏ではなく2本の足の指を地面につけて歩くが、指の裏側はでこぼこした頑丈なパッドを張ったようなつくりになっているので、サバンナの粗い地面の上を歩いてもすり減ったりすることはない。脚の下半分は、人間の足で言えば、かかとからつま先の部分が長く伸びたもので、ひざのように見えるこぶ状の関節は、かかとの骨にあたる。

採食

ダチョウは広い範囲を歩きまわれるうえに、くちばしで正確に食物をつつけるので、サバンナの乏しいメニューの中から最良の葉や新芽や花や種子を選んで食べることができる。食べた食物はいったん食道（ダチョウには素嚢〈そのう〉〈消化管の一部で食物を一次的に貯めておくための器官〉がない）にためておいて、数回分たまって大きなかたまりになったところで飲みこむ。動物園でダチョウが餌を食べていたら、長い首を食べ物のかたまりが下りていくところを注意して見てみるといい。

ダチョウは用心深い性質のため、採食を行うときにはジレンマに陥る。食事をするために頭を下げると、そのたびに、あたりをうろついている捕食者から襲われやすくなってしまうからだ。そこで、妥協策として、下をむいて食物をつつく行動と、頭を上げてあたりを見まわす行動とを交互に行う。そのせいで、食事時にはかなり神経質な鳥に見える。

ダチョウの警戒警報

野生のダチョウの群れは、危険がせまると突然四方八方に走り出して散り散りになってしまう傾向がある。そんなとき、優位なオスはメスを1か所に集めるために自分の翼を高く上げてメスの間をジグザグに走りまわり、メスに近づいたり離れたりしながら複雑な誇示行動を行って注意をひく。その他にもメスの後ろにまわりこんで追い立て、1か所に集めておいて、いきなり恐怖と威嚇（いかく）の音声を発しながら走り去っていくこともある。

優位メス（第1位のメス）は、危険がひそんでいそうな状況に出会うと、下位のメスに嫌な役目を押しつける。たとえば水場に近づいたとき、群れのダチョウたちは水場の手前で足を止めて、だれかが先陣を切ってくれるのを待つようにその場から動かなくなる。自分から進み出る者がいなければ、優位メスは若者か順位の低い者を犠牲に選んで蹴ったり体当たりしたりして前に進ませ、近くに捕食者がひそんでいないかどうかを試させる。

羽づくろい

ダチョウは長い首の先についた幅広の平らなくちばしを使って、ふわふわの羽毛を根本から先端まで羽づくろいする。1羽が羽づくろいを始めると、あくびが伝染するのと同じように、他のダチョウたちも羽づくろいを始める。

砂浴び

他の多くの鳥類と同じように、ダチョウも砂浴びが大好きだ。砂を浴びることで、おそらく体についたダニを落としたり、羽毛の余分な油脂を砂に吸わせたりしているのだろう。数羽でいっしょに砂浴びをして、翼をバサバサと上下に動かして砂ぼこりを舞い上げることもある。

あえぐ

ダチョウのように大きな動物は、サバンナで日陰を見つけるのに苦労する。彼らはイヌと同じように、あえぐことで口の中の組織から水分を蒸発させ、その過程で熱を放出して体温を下げる。日陰がなければ親鳥は翼を広げて日陰をつくり、そこにひなを入れて日ざしから守ってやる。

睡 眠

ダチョウは隠れる場所のない野外で群れをなして眠るが、その間はいきなり襲撃されることのないように、どの個体も常に耳をすませている。眠るときにはお腹を下にして地面に座り、首はSの字の形に上げたままか、地面に長く伸ばして眠る。群れのダチョウたちは同時にあくびをして、同時に眠る姿勢をとり、眠って、目覚めて、再びあくびをして活動を始める。このように活動を同調させることで、敵に対して共同戦線を張ることが可能になる。

あくびと伸び

あくびと伸びは、血流を活発にして血中の酸素濃度を高めるのに役立つ。睡眠後や身動きせずに立っていた後は、血流が少々にぶくなる傾向がある。脳に送られる血液が十分でない、あるいはそこに含まれる酸素が十分でないと脳が気づいたときには、脳は新鮮な酸素をもっともすばやく取り入れる動作、つまり、あくびをするように体に指令を出す。

また、体は酸素だけではなく、二酸化炭素を必要とすることもある。二酸化炭素には呼吸をうながす働きがあるからだ。脳内の呼吸をつかさどる部位が不活発になると、脳は伸びをするように体に指令を出す。伸びをすることで筋肉が収縮すると、二酸化炭素が放出され、呼吸が促進される。あくびと伸びは、寝る前や起きたときに行われることが多く、通常はセットで行われる。

　動物園では、おそらくたくさんのあくびと伸びを観察できるだろう。草原よ

▼伸びと睡眠
ダチョウが砂に頭をうずめるという俗説は、地面にぺたりと体を伸ばして寝る姿がもとになって生まれたのかもしれない。

りもくつろいで暮らすことができるうえ、じっとしている時間も長いからだ。あくびと伸びを一番よく見られるのは、共同の休息所か、あるいは水飲み場（や水おけ）で自分の順番が来るのを待っているときだ。その他、自分の巣を守っているときや、夜寝る前や、寝ていて突然何かに起こされたときにも見られる。

　1羽のダチョウがあくびをすると、じきに群れの他のダチョウも（それからおそらく動物園で彼らを見ている人も）同じようにあくびをする。この行動はコミュニケーションをとろうとして意図的に行われるものではないが、群れの仲間の行動を同調させるという社会的な機能を果たしている。劣位の個体は、優位の個体があくびをするところを見れば、周囲に敵がいないので落ち着いていられるのだとわかる。夜に群れで眠るときには、群れの仲間は優位の個体のあくびを見て、自分もあくびをすることで、緊張をほぐして眠ろうという気分になれる。神経質なダチョウたちは、このような「鎮静剤」がなければ、物音がするたびに飛び起きて散り散りになり、睡眠不足に陥って次の日に群れで行動することもできなくなってしまう。朝が来ると、ダチョウたちは再び伝染したように次々とあくびをして脳と筋肉に酸素を送りこみ、長距離の移動でも緊急の逃走でも何でもできるように体の調子をととのえる。

社会行動

友好的な行動

群れ形成　ダチョウは捕食者に備えるための対策として、群れを形成する。捕食者を見張る仲間の数が多くなれば、そのぶん、ライオンやチーターが近寄る前に警告を発することができるからだ。ずるがしこい捕食者が見張りの目を盗んで近寄ってきた場合にも、群れていたほうが都合がいい。個体数が多ければ、捕食者に目移りするほどの選択肢を与えることができて、各個体が捕らえられる確率は下がるからだ。

　ダチョウは乾季の水場など貴重な資源を利用する必要があるときには、ふだんより大きな群れを形成する。水場では、水以外のものも得られる。水場までの長旅で疲れたとしても、多くの仲間が集まることで生まれる安心感の中で、休息したり、羽づくろいをしたり、睡眠をとったり、あるいは他のダチョウた

ちと交流——つまり、見知らぬ個体同士が知りあったり、家族が迷子を引き取ったり、オスとメスが将来の配偶者ときずなを結んだりできるのだ。水場では互いに対して驚くほど寛容になるが、それでもよく観察していると、他より明らかに優位な個体がいることに気づく。このようにダチョウの群れ内には順位制があり、そのおかげで小競りあいに無駄なエネルギーを使わずにすんでいる。

人間との関係

　ふわふわしたダチョウの羽毛は、昔から人々に人気があった。西洋では帽子の飾りに使うことが流行したが、それよりもずっと古い時代から、あの羽毛は人々の憧れの的だった。古代エジプトでは左右対称の形から正義の象徴とされ、ローマでは兵士の兜に「モヒカン風」の飾りをつけるのに利用された。アフリカの部族の間では儀式用の衣装に利用されていたし、1500年代には、ヨーロッパの女性たちの間で儀式用の手のこんだ帽子の飾りとして用いられていた。1800年代のアメリカで帽子にダチョウの羽をつけることが再び流行すると、ダチョウの羽毛は南アフリカで金、ダイヤモンド、羊毛に次ぐ第4位の輸出品目となった。しかし、オープンカーが流行したことで、この市場は1941年に突然消失した。時速30km以上のスピードで疾走する車に乗るには、羽毛つきの優雅な帽子は実用的でないと女性たちは考えたらしく、代わりに頭にぴったりしたボンネットが流行したからだ。

　それでもファッション界はすでに大きな影響をダチョウに与えていた。アジアと中東に生息していたダチョウは、乱獲が原因で絶滅してしまったのだ。以前はダチョウには9つの亜種が存在していたが、今日では5亜種しか生き残っていない。現在ではアフリカやアメリカの牧場でアフリカダチョウの飼育が行われており、市場に出まわる羽毛や皮革製品、肉、卵のほとんどは飼育個体でまかなわれている。そのため、今では野生のダチョウにとっての最大の脅威は、狩猟圧ではなく生息地の破壊となっている。

◀威嚇の姿勢と服従の姿勢
手前のダチョウは羽毛をふくらませて尾羽を上げ、「いつでもかかってこい」というように口を大きく開けて声を上げている。それに対して劣位のダチョウ（奥）は首を下げてUの字の形にし、尾羽を下げ、くちばしを閉じて「降参」の姿勢をとっている。

対立行動

威嚇　水場では優位な個体を見きわめて、それに対してふさわしい態度をとるというルールに従わねばならない。幸いなことに、優位な個体を見分けるのは難しくない。誇示行動を頻繁にとって、自分の優位性を示しているので、ダチョウ以外の生物（たとえばあなた）が見ても、すぐにわかる。優位なオス（オスは白黒で、メスは茶色と灰色）は、尾羽と頭を高く上げていて、通り過ぎるダチョウに対してシューというような音を出したり、鼻を鳴らしたり、ブーという音やその他の威嚇音を発している。第2位のオスは尾羽を地面と平行にしているか、少しだけ上げている。それ以外の順位の低いオスたちは、尾羽を低く垂らしている。

　ダチョウは他の個体が自分に近づきすぎたときや、頭上を飛ぶ鳥の高度が低すぎるとき、大型爬虫類や哺乳類や、あるいは飼育員が近寄りすぎたときには、口を大きく開けて「口を開けた威嚇」の表情をつくる。口を開けているのが威嚇のためなのか、あくびなのかを見分けるためには、喉の部分の皮膚をよく見てみるといい。威嚇のときは、くちばしの下の喉の皮膚はぴんと張りつめているが、あくびのときは張りがなく垂れ下がっていて、威嚇のときとはまったく異なる。さらに威嚇のときには音声も発するため、ガイガーカウンターのように、声を聞けば興奮の度合いがわかる。威嚇のもっとも穏やかな段階では

▲蹴りあい
たくましい脚の筋肉のおかげで、猛スピードで走れるだけでなく強烈なキックをくり出すこともできる。

シューというような音を発しているが、興奮するにつれて鼻をするどく鳴らして大きな音を立てるようになり、最終的には2音節の鳴き声を上げるようになる。

🌱 **服従**　劣位の個体は、優位なオスに対して服従の姿勢をとって争いを回避する。そのときは尾羽を下げて胴体を少し低くし、首も低く下げてUの字の形に曲げる。

🌱 **闘争**　威嚇をしても効き目がないときには、場合によっては2羽の間で激しい蹴りあいが開始される。2羽は向きあって立ち、バランスを取るために翼を少し広げて、相手の柔らかい下腹部をねらって強力なキックをくり出す。この闘争は短時間で終了するが、この闘争の勝敗によって「つつきの順位」

（p.78のニワトリの記述を参照）が決定する。

性行動

　ダチョウのオスは、繁殖期が来るとメスから求められるといううらやましい立場になる。その理由のひとつに、オスがメスよりも危険の多い暮らしを送っているということがある。オスの白黒の派手な羽毛は、営巣期になるとメスだけでなく捕食者の目もひいてしまう。ダチョウの両親は抱卵を6週間行うが、その間にメスよりオスのほうが捕食者の犠牲になることが多い。それはおそらく、地味で風景に溶けこみやすいメスと違って、オスは目立ってしまうからだろう。それに加えて、オスはメスよりも成熟するのに時間がかかるため、交尾可能なオスの数はメスよりも常に少ない。おまけにオスの中には、交尾可能な状態になっても、自分のなわばりを得るという幸運に恵まれないものもいる。オスはそのような不利な状況にあるため、繁殖可能な個体数でいえばメスの3分の1しかいないのだ。

求愛前の行動
　数少ないオスとの出会いを求める繁殖可能なメスにとって、水場は格好の誘惑の舞台だ（同様の誘惑行動は動物園でも見ることができる）。交尾をしたくてたまらないメスは、排尿や排便をしたり（ダチョウは鳥類の中で例外的に膀胱を持っていて、尿酸を主成分とする白い尿を、糞とは別に排泄する）、翼を上げて生え変わったばかりの羽毛を見せびらかしたりして大胆にオスを誘う。メスは自分の舞台にじゃまが入らないように、同じようにオスを誘おうとしている他のメスや、たまたまそばを通りかかった不運な子どもを激しくつついたり蹴ったりして追い払う。
　一方、繁殖可能なオスたちも換羽（古い羽が抜け新しい羽に生えかわること）を終わらせると興奮しはじめて、互いに近距離から猛然と突進しあったり、翼を上げるディスプレイを行ったり、鼻を鳴らしたり、シューという音やブーというような声を発したりする。繁殖可能なオスは真新しい白黒の羽毛に身を包み、羽毛のない頭部と脚は鮮やかなピンク色、ペニスと総排泄腔の表面は赤色に変色して、地味な色の非繁殖鳥とは明らかに違った姿になる。オスはうっとりと見つめるメスの前で、赤くなったペニスを勃起させて儀式的な排尿や排便をしたり、ぴかぴかの翼と尾羽を高く上げてペニスを見せびらかしながら歩いたり

する。繁殖期の姿になった40羽以上のオスが、このようにしてぐるぐると歩きまわっている様は圧巻だ。

　このような性的な儀式の後で、オスは1羽のメスとの間に固いきずなを形成して、そのメスを第1位のメス（優位メス）に決め、数年間はつがい関係を保つ。また、それ以外にも2羽かそれより劣位のメスとの間に、その年かぎりのゆるいきずなを形成して、それらのメスとも交尾を行う。興味深いことに、優位メスはその年の繁殖群に加わる劣位メスを決定する権限をいくらか持っているらしい。他のメスに対する態度を見ていると、一部のメスに対してはオスに近寄ることを許すが、その他のメスには許さずに追い払ってしまうからだ。

🌱 なわばりをかまえる

ダチョウのオスたちは、新たなメスを獲得したものもそうでないものも、雨季が始まる前に水場から離れた営巣なわばりへ移動する。なわばりは以前から所有している場合もあれば、他のオスと戦って奪い取らねばならない場合もある。オスはなわばりを確保できなければメスの注目を浴びられず、ましてや交尾することもできない。たいていの若いオスは、自分のなわばりを手に入れるためには、経験豊富な年長のオスたちに蹴られながら何年も戦わなければならない。

　オスたちはおよそ 2.6 km^2 のなわばりを獲得すると、横取りしようとする他のオスから懸命に守る。なわばりを守るためには、翼をバサバサと動かしたり、両方の翼を上げる姿勢をとったりというなわばり防衛行動をとる。その他にも、「ここはおれのなわばりだ」という意味の「ブー、ブー、ブーフー」という4音節の鳴き声を始終上げる。この声をもっとも頻繁に聞けるのは、夕方から真夜中にかけての時間帯と早朝だ。これらの警告を無視してなわばりに侵入すれば、オスに追い払われることになる。

🌱 求愛

オスはメスと交尾をするときにはなわばり防衛行動を中断し、他の個体から離れる。オスとメスは左右の翼を突き出して0の字の形になるように下に曲げ、採食するときのように首を下げて歩きまわる。だが、砂や小石や草をすばやくつつくふりをしているだけなのを見ればわかるように、これは本当の採食行動ではなく象徴的な行動だ。この行動をとるのは、互いの行動を同調させて、すべての行動を同時にとれるようにするためだ。

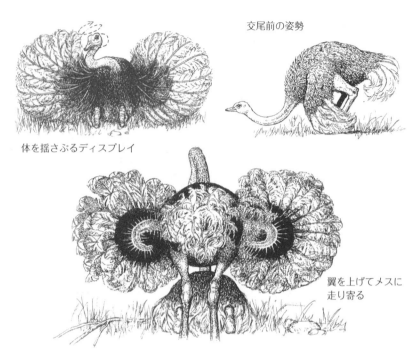

交尾前の姿勢

体を揺さぶるディスプレイ

翼を上げてメスに走り寄る

▲求愛
オスは翼で地面を払って砂ぼこりを上げながら、首をらせん状に回転させる。メスはオスのディスプレイが気に入ると交尾前の姿勢をとる。オスは翼を高く上げてメスに走り寄り、交尾の姿勢をとる。

　互いの行動を同調させることができると、2羽はオスの選んだ象徴的な営巣場所へ移動して、営巣場所における一連のディスプレイを開始する。まずはじめに、オスは両方の翼を真上に上げ（フラッギング）、左右の翼を交互にリズミカルに羽ばたいて、鮮やかな白い羽毛をちらちらと見せびらかす（翼振り行動）。次に、身を投げ出すようにして地面にしゃがみこみ、体を揺さぶるディスプレイを始める。これは、尾羽をふくらませ、左右の翼で交互に地面を払って砂ぼこりを立てる行動だ。その間中ずっと歌うようにブーという声を発しながら、首をらせん状に回転させている。
　一方、メスはオスがディスプレイを行っている間も象徴的な採食行動を続け

250　アフリカのジャングル、平原、川に住む動物

ながら、慎重な足取りで非常にゆっくりとオスの周囲を歩いている。そして、最終的に立ち止まって交尾前の姿勢をとる。これは頭を下げ、首も地面近くまで下げて浅いアーチ状に曲げ、尾羽も下げて、両方の翼を左右に突き出して先端を下げ、0の形にした姿勢だ。メスがこの姿勢をとったときには、交尾の準備ができたことを意味している。

交尾
メスがこの姿勢をとると、象徴的な巣（見せかけの巣）に座ってディスプレイを行っていたオスは跳ねるように立ち上がり、左右の翼をごく高く上げて固定した姿勢でメスに走り寄る。メスが地面に勢いよく座ると交尾が始まる。交尾中は、メスは首を前後にわずかに揺らして、地面の砂粒をつついたり動かしたりしている。オスは広げた翼を羽ばたかせてバランスを保っている。30〜40秒ほどで交尾が終了すると、オスはメスから飛び降りて離れていく。

育児行動

産卵
オスはメスにいくらか手伝ってもらいながら、干上がった川底や砂地の地面などを掘って直径3mほどの浅い巣を完成させる。優位メスは2日〜数日ごとに1個ずつ、合計でおよそ7個の卵を産む。ダチョウの卵はとても大きく見えるが（ニワトリの卵の24倍）、優位メスが20個もの卵を抱くことを考えると、ダチョウにとっては大きすぎないということがわかる。抱卵される卵は、一部は優位メスの産んだものだが、それ以外は10羽かそれ以上の劣位メスたちが同じ巣に産み落としたものだ。6週間という長期にわたる抱卵の作業は、オスと優位メスだけが行う。劣位のメスたちは卵を産んだらどこかへ行ってしまって、抱卵を手伝うことはない。

科学者たちは、この一見利他的に思える行動について長いこと頭を悩ませてきた。優位メスは、なぜ自分のものではない卵を抱くことにエネルギーを費やすのだろう。科学者たちは観察をするうちに、抱卵がダチョウにとっては非常に危険で、捕食者にとっては実に効率のいい採食のチャンスだということに気がついた。大きく開かれた巣はジャッカルやハイエナ、ライオンその他の地上性の捕食者だけでなく、エジプトハゲワシ（岩を落として卵を割る）のような空からの捕食者もひきつけてしまう。巣にある卵がすべて優位メスの産んだも

◀巣から卵を押し出す
優位メスの巣には、多いときで10羽のメスが産卵する。抱卵できる卵は20個程度なので、優位メスは自分の産んだ卵を捨てないように注意して、余分な卵を巣の外へ押し出す。巣の周囲に捨てられた卵は捕食者の腹を満たすのに役立つので、巣の中の優位メスの卵は食べられずにすむ。

のなら、優位メスは捕食者に卵を1つ奪われるたびに直接的な損害をこうむることになる。だが、自分のものではない卵が巣にたくさんあれば、捕食者に多くの選択肢を与えることができるため、自分の卵が食べられずにすむ確率は上昇するのだ。

　優位メスは自分の卵が生き残る確率をさらに高めるために、他のメスの卵と自分の卵の扱い方を変える。巣に40個以上の卵があっても、20個しか抱卵することはできないため、余分な卵を巣から90cmほど外に押し出して、冷えるままにするか捕食者に食べさせるのだが、このとき、驚くべきことに何らかの方法で自分の卵を見分けて、捨てないように気をつけているのだ。だが、いくら自分の卵を捨てないように気をつけても、他のメスの卵をいくつか抱卵せざるをえない。劣位メスたちは、このようにして最少のエネルギー投資で自分の遺伝子を残すチャンスを得ている。一方、オスはどのような場合にも利益を得られる。優位メスの卵もいくつか残る劣位メスの卵も、どちらもオスの遺伝子を半分受けついでいるため、卵が孵化すれば利益を得ることができるからだ。

抱卵　　オスと優位メスは交互に巣に座って（メスは昼間、オスは夜間）卵を温めつつ捕食者から守る。この時期のダチョウは非常に攻撃的になり、強烈なキックで若いライオンを蹴り殺すこともある。それでも、ときには親たちの鉄壁の守りをかいくぐって卵を盗む敵もおり、そういった敵は味をしめて何度でもやってくる。

ひなを守る

長い抱卵期間の末にひなが孵化すると、親たちはひなを敵の目につかないところへ連れて行って、どんな虫や植物が食物になるかを教える。捕食者が近づいてきたときには、親たちは複雑な擬傷行動＊によって捕食者の気をひいてひなから遠ざける。このときにはオスが見事な演技を披露しておとりになる。オスは前後左右にジグザグに走りながら、翼を広げてすばやく羽ばたかせ、ブーという声を繰り返し発する。そして時おり大げさに地面に座りこんで、砂の上で翼を回転させ、しばらくすると立ち上がって再び気が狂ったようにジグザグに走り出す。捕食者がオスに気をとられると、メスはすかさずひなたちを呼び集めて安全なところへ連れて行く。

共同保育

ダチョウのひなは短い雨季の間（年によって、地域によって異なる）という申しぶんのないタイミングで孵化してくるため、孵化してすぐに柔らかな新芽をたっぷり食べることができる。ひなたちは少し成長すると30～100羽ほどのクレイシという集団を形成し、親たちのうちの2、3羽に見守られて過ごす。ダチョウの場合は抱卵の段階もまとめて行うので、次の段階の保育もまとめて行うのが理にかなっているのだろう。ひなたちの世話をする親にとって、自分の子ども以外のひなは捕食者に対する緩衝材だ。捕食者が襲ってきても、自分の子ではなく他の子が犠牲になる確率のほうが高いからだ。

＊体が負傷しているとか、無力なひなに似せるなど無防備な状態に見せて捕食者を自分にひきつける。

▶擬傷行動
オスは派手な行動をとって、メスとひなから捕食者を遠ざける。

動物園/自然界で見られる行動

基本的な行動

移動
・走る
・歩く
採食

・つつく
羽づくろい
砂浴び
あえぐ

睡眠
あくびと伸び

社会行動

友好的な行動
■群れ形成
対立行動
■威嚇
・尾羽を高く上げる
・威嚇音
・口を開けた威嚇
■服従
■闘争
・キック
性行動

■求愛前の行動
・メスがオスを誘惑する
・ペニスを見せびらかす
■なわばりをかまえる
・なわばり防衛行動
・侵入者を追い払う
・ブーブーという声
■求愛
・象徴的な採食行動
・フラッギング
・翼振り行動

・体を揺さぶるディスプレイ
・交尾前の姿勢
■交尾
育児行動
■産卵
■抱卵
■ひなを守る
・擬傷行動
■共同保育
・クレイシ

行動早見表

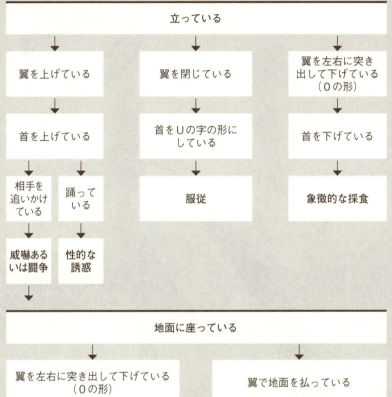

```
立っている
├─→ 翼を上げている
│    └─→ 首を上げている
│         ├─→ 相手を追いかけている
│         │    └─→ 威嚇あるいは闘争
│         └─→ 踊っている
│              └─→ 性的な誘惑
├─→ 翼を閉じている
│    └─→ 首をUの字の形にしている
│         └─→ 服従
└─→ 翼を左右に突き出して下げている（Oの形）
     └─→ 首を下げている
          └─→ 象徴的な採食

地面に座っている
├─→ 翼を左右に突き出して下げている（Oの形）
│    └─→ 首をまっすぐ突き出している
│         └─→ 交尾前の姿勢
└─→ 翼で地面を払っている
     └─→ 首をらせん状に回転させている
          └─→ 体を揺さぶるディスプレイ
```

優位性を示す

中立

服従の意志を示す

▲伸び
片側の脚と翼を同時に伸ばす。伸びをすると、血中に二酸化炭素が放出される。

オオフラミンゴ
Greater Flamingo

あなたがフラミンゴを見て、カクテルのピニャコラーダやヤシの木を思い浮かべるとしたら、同じようにイメージする人は他にもたくさんいるだろう。このピンク色で「への字口」をしたひょろ長い脚の鳥は、リゾート旅行のパンフレットに数えきれないほど登場するからだ。その中でフラミンゴはスカイブルーの池にたたずみ、南国風の植物や花々に囲まれている。だが、生物学的に言えば、そのイメージには明らかな誤りがある。

フラミンゴは実際には、地球上でもっとも人間の居住に適さないような湿地に暮らしている。彼らは蒸発率の高いアルカリ性の湖やソーダ湖、塩性のラグーン（干潟）を好むが、どこも人里離れた人跡未踏の地だ。過酷な気候のせいで周辺に広がる単調な平地には草木が生えず、ましてや花など咲くはずもない。湖の水は大量の藍藻によってどろりとにごり、フラミンゴの好物である甲殻類が大群をなしている。さらに湖底の泥の中では、栄養豊富な藍藻や珪藻やバクテリアといった沈殿物を餌に何十億もの原生動物や環形動物、昆虫の幼虫がうごめいている。さて、この「リゾート地」へ行ってみたいと思うだろうか？

フラミンゴの身になって考えてみよう。泥水に藍藻がたっぷりと含まれているような干潟は、くちばしで水をすくって食物をこしとる鳥にとっては食べ放題のレストランのようなものだ。木々が生えないということは、数万羽のコロニーを形成して繁殖する鳥にとっては、繁殖場所が豊富にあることを意味している。おまけに、ナト

 特徴

目
コウノトリ目

科
フラミンゴ科

学名
Phoenicopterus roseus

生息場所
浅い塩性の干潟やソーダ湖、湖沼

大きさ
身長 100〜155 cm
全長 125〜145 cm
翼開長 140〜165 cm

体重
オス 3.5 kg
メス 3.0 kg

最長寿記録
飼育下で 44 歳

リウムで覆われた干潟には、地上性の捕食者も、日光浴や水上スキーを楽しむ人間も寄りつかないので、比較的平和に子育てをすることができる。

それでは、リゾート地にフラミンゴがいるというイメージは、どこから生まれたのだろう。きっかけをつくったのは、1931年にアメリカ・フロリダ州マイアミのハイアリアパーク競馬場を飾るためにキューバから連れてこられた一群のフラミンゴだったらしい。その鳥たちは1日だけ競馬場にとどまっていたが、すぐに飛んで逃げてしまい、それ以来、フロリダ東海岸のリゾート地で野生のフラミンゴを見たという報告があいつぐようになった。実際には、その鳥たちはただの「お客」で、冬になるとニューヨーク州ヨンカーズから夜行特急でやってくる避寒客と同じようなものだったのだが。これが事の真相だ。

基本的な行動

移　動

フラミンゴが1羽だけでいるのを見ることはめったにない。たいてい肩が触れあわんばかりに密集して大群をなしているからだ。フラミンゴの群れは、地上では、怪しいものを見つけたときにも緩やかな足どりで一体となって歩いて逃げる。時には行進（マーチング）といって、かた苦しい歩き方でダンスを踊るようにいっせいに歩くこともあるが、これは求愛行動の一部だ。ふだんは上品に歩いているが、危険がせまれば走って逃げることもある。特に、換羽中で風切り羽が生えていないときには走るしかない。それ以外では、飛び立つときにも羽ばたきながら助走して速度を上げる。

真っ青な空をバックに、ピンクと深紅色と黒色の大きな鳥たちが飛んでいる光景は、なかなかの見ものだ。飛んでいるときは、首をまっすぐ前に伸ばして足を後ろに伸ばし、1.5 mもの長さの翼を体に対して直角に広げているので、1羽1羽が十字架の形に見える。ピンクの十字架の群れは、編隊を組んで、かぎになったり斜めの竿になったり、吹き流しのリボンのように空にゆるやかな波型のラインを描いたりしながら飛んでいく。飛びながら群れの仲間とガチョウのような鋭い声で鳴き交わすが、その声は地上からは、千匹のカエルの大合唱のように聞こえる。飛んでいるうちに加速がついて途方もない速度が出てしまうため、着陸にはとても苦労する。旅客機と同じように、上空を旋回して滑

走路を見つけ、着陸して数 m 走らなければ止まることができない。

動物園ではフラミンゴが飛んだり着陸したりするところは見られないが、泳ぐところは見られるかもしれない。フラミンゴの足には水かきがあるので、驚くほど上手に泳ぐことができる。

採 食

フラミンゴは鳥の世界のヒゲクジラだ。体が大きいというだけではなく、くちばしで水を吸い上げて、コククジラやシロナガスクジラと同じようなやり方で微小な食物をこしとって食べるからだ。そのような方法で採食するため、くちばしの構造が他の鳥とは大きく異なっている。

たいていの鳥のくちばしは、上側が頑丈で、下くちばしはそれより小さく、よく動くつくりになっている。フラミンゴのくちばしは、その逆だ。下くちばしは深さがあって水おけのような形をしており、その上に薄いふたのような上くちばしがぴたりとかぶさっている。だが、このくちばしが本当に逆になるのはここからだ。採食を行うとき、フラミンゴはくちばしを上下逆さまにして、への字口を「にっこり口」に変える。その結果、薄い上くちばし（ふたの部

◀採食
くちばしで泥まじりの水を吸い上げて、微小な食物をこしとって食べる。

オオフラミンゴ

分）が下側になるため、他の鳥が下くちばしでするのと同じように上くちばしを動かして、泥をすくったりできる。

フラミンゴの下くちばしには突起の生えたぶ厚い舌が収まっている。採食のときには、その舌をピストンのように動かすことで、1秒あたり3〜4回水を吸いこんで押し出す。このとき、水に含まれている食物は、上下のくちばしの縁に生えた固いくしのような突起によって効率よくこしとられ、水だけが突起のすき間を通って外に押し出される。オオフラミンゴのくちばしの突起は、他のフラミンゴより粗いので、無脊椎動物や昆虫、甲殻類、軟体動物、環形動物といった、他種より大きめの食物を専門に食べている。

フラミンゴは様々な方法で採食を行う。

- **泥をまき上げて食べる**。泥にくちばしを差しこんで、そこを中心に円形にゆっくり歩いて泥をまき上げる。そして、泥の中にいた小型の甲殻類が再び泥にもぐる前に、泥とともに吸いこんで捕らえる。動物園の放飼場でも、池の端の浅いところにこの採食の跡（小さな泥の山と、その周囲を円形に歩いた跡）が残っていないか探してみるといい。
- **泥をさらって食べる**。前に向かって歩きながら、藍藻の沈殿した泥の中でくちばしを前後に振って食物をこしとる。この方法で採食したときは、曲がりくねった細い跡が残る。
- **逆立ちして食べる**。水が深くて底に脚がつかないところでは、大きなピンク色のハクチョウのように水面に浮かび、逆立ちするように水中に頭をつっこんだ姿勢で採食する。この食べ方をしているときは、水面からピンクと白の羽ぼうきのようなお尻が突き出しているので、それが目印になる。
- **地表から食べる**。動物園では、地表に置かれた穀類など固形の食物をくわえて、喉の奥に放りこんで飲みこむ。

採食するときは、ガチョウのような声で群れの仲間と鳴き交わす。このときの鼻にかかった3音の特徴的な鳴き声から、南米ではチョーゴゴ（cho GO go）と呼ばれている。その他、連続して鳴き交わす声が「イーイー、カッカッ、イーイー、カッカッ」と聞こえるという人もいる。メスの高めの声が「イーイー」、それより低めのオスの声が「カッカッ」と聞こえるからだ。大きな群れの鳴き声は1.5km以上離れたところまで聞こえてくるので、あなたも動物園へ行ったときには、門をくぐる前から彼らのおしゃべりに聞き入ってしま

うかもしれない。

🌱 慰安行動

　動物園で見られる慰安行動としては、羽づくろい、伸び、頻繁な水浴びなどがある。その他、巣に入る前に足を振って水を切る行動も見られる。

🌱 睡　眠

　眠るときにはふつうは片足で立ち、首を背中にそってカーブさせるか折りたたんで、くちばしを羽毛の間に入れて眠る。繁殖コロニーでは互いにぴったりとくっつきあって眠るので、1羽がバランスをくずすと、他の鳥たちもドミノのように次々にたおれてしまうことがある。睡眠をとる時間帯は特に決まっていないため、動物園でも昼寝を観察できる可能性はある。群れのメンバーはふつうは同じタイミングで眠るので、1羽が眠っていたら、じきにすべての個体が眠ると思ったほうがいい。フラミンゴは習慣を守る鳥なので、眠る時刻は毎日だいたい決まっている。

社会行動

🌱 友好的な行動

　野生のフラミンゴは大集団を形成することがあるが、上空から撮影した写真を見ただけでも、その光景には圧倒されてしまう。何万羽もの群れは、きらきら光る青いキャンバスにピンク色の絵の具で描いた絵画のようだ。ピンクの絵画は、群れが移動するにつれて広がったり分裂したりと形を変える。このような「大集会」が催されるのは基本的には繁殖期だが、それ以外にも食物の豊富な場所に集まるときや、干ばつの時期に新たな場所へ移動するときにも大集団が形成される。フラミンゴたちは集会の目的が繁殖ではないときにも、p.263ページの「性行動」で述べるような様々な求愛のしぐさをとる。その目的は仲間とのきずなを形成することだ。動物園でも、繁殖期以外に群れの仲間とともにこれらの行動をとることがある。

▶警戒の姿勢
首をまっすぐに伸ばし、頭を前後にゆらして、耳と鼻と目を使って危険がないかどうか調べる。

対立行動

警戒行動

フラミンゴの警戒行動は、遠くから見ている人間にもわかるほどなので、他のフラミンゴたちもすぐに気がつく。警戒行動をとるときは、さっと気をつけの姿勢をとって首をまっすぐ上方にのばし、つま先立ちするように体をのばして、他のフラミンゴたちの頭ごしにあたりをうかがう。そして、その姿勢で頭を左右に振りながら周囲を見まわして、胸の奥深くからガチョウの声のような警戒音を発する。

威嚇(いかく)

フラミンゴ同士のいさかいは珍しくないが、特に繁殖期の間は怒りっぽく短気になるため、対立行動が頻繁に見られるようになる。求愛中や抱卵中の夫婦が侵入者におびやかされたとき、優位な個体（通常はオス）は首をかぎ状に曲げて威圧的な威嚇行動をとる。この威嚇行動は闘争の前後や、交尾の前後などの性行動の際にも見られることがある。怒りに燃えたオスは、相手に向かって首をのばして少し前方に傾け、貫録を出すために肩と背中の羽毛をふくらませながら、断固とした態度で相手に歩みよる。そしてぐいっと下を向いて、くちばしの先端を自分の胸に向け、首とくちばしでかぎ状の形をつくる。相手がこの警告を無視したときには、次に、より程度の強い「首を振る威嚇」を行う。

「首を振る威嚇」を行う場合は、頭をさらに下げて首をほぼまっすぐに伸ばし、水平方向の弧を描くように、首全体をしなやかに左右に振る。気分が高まってくると、とがったくちばしの先端を相手にむけてまわして見せる。威嚇行

▶威嚇
侵入者に求愛行動を妨害されると、優位な個体は首をかぎ状に曲げ、くちばしを下げて侵入者に警告を与える。それでも侵入者が警告を無視したら、より程度の強い「首を振る威嚇」を行う。

動をとっている間は肩と背中の羽毛をぴんと逆立てて、ある研究者の表現によると「巨大な菊の花のような」姿になる。その間は威嚇音も発しているが、初めは低くうなるような声だったものが、気分が攻撃的になるにつれて次第に鋭く大きくなっていき、しまいに甲高い声になる。闘争を開始するときは、直前にくちばしを少しだけ開いて見せる。

🌾 **闘争**　威嚇を行っても侵入者が退却しない場合は、互いに首を振る威嚇を行いながら、相手の攻撃をかわしあう小競りあいを始める。本格的な戦いを行うときには、胸と胸をつきあわせるほどの距離に立ってつつきあう。ふつうはどちらかがひどいけがを負う前に、劣勢な側が負けを認めて退却する。

🌾 **服従**　他の個体を怒らせずにそばを通り抜けたいときには、頭を下げ羽毛を体に添わせた姿勢をとる。これは優位性を示したいとき（羽毛を逆立てて首をぴんと伸ばす）とは対照的な姿勢なので、争いたくないという意志が相手にはっきり伝わる。

🌿 性行動

　フラミンゴが群れでとる行動の多くには、性的な要素が含まれているが、それらは繁殖期（3月から6月）における性的衝動を同調させるのに役立っている。変動しやすい環境に暮らすフラミンゴにとって、性的衝動を同調させることはとても重要だ。塩湖の水深と生産性が最適な状態になったときに繁殖の支

▲噛みつく威嚇、服従
頑丈なくちばしで噛みつかれると痛いので、この威嚇方法は効き目がある。

度ができていなければ、ごく短い好機を逃してしまう。動物園で飼われているフラミンゴの群れは、繁殖期だけでなく、その前後の時期にも求愛の儀式を始める傾向があるため、どんな時期でも注意深く観察しておいて損はない。

求愛

頭の旗振り：求愛行動の中でもっともよく見られるのが「頭の旗振り」と呼ばれる行動だ。この行動は警戒の姿勢とよく似ているが、誇張されているので求愛行動だとわかる。まず群れの中の2～3羽が、ガチョウのような2音節の鳴き声を大声で上げながら、頭を左右に水平に振りはじめる。群れの他の個体もすぐに同じ行動をとりはじめ、気分が高まるにつれて、その速度をあげていく。この旗振りを1～2分間続けると、たいていは次に「翼の敬礼」を行う。

翼の敬礼：頭の旗振りをしていたフラミンゴたちは、旗振りとガチョウのような鳴き声を突然止めて、くちばしをまっすぐ空に向け、低く短いうなり声を連続して発する。そして尾羽を上げて肩の羽毛を逆立て、翼をぱっと左右に開いて黒い羽毛を表に出し、一面ピンク色の群れの中でその黒い羽毛を見せびらかす。その姿勢で3～4秒間羽毛を見せびらかしたら、翼を勢いよく閉じて、次に「体をひねった羽づくろい」を行う。

体をひねった羽づくろい：この行動はグルーミングから派生したものだが、求愛のために行われるときには、仰々しい態度で行われるので、ただの羽づくろいではないことがわかる。このときには左右どちらかの後方へ首を曲げ、翼を下方向にぱっと広げて、黒い初列風切(しょれつかざきり)を見せびらかす。それから１〜２秒間羽づくろいのようなしぐさをするが、本当に羽づくろいをしているわけではない。

逆の敬礼：この行動は、頭の旗振り、翼の敬礼に続いて行われることが多い。まず首を伸ばして体を前方に傾け、体の前部を下げて、肩より尾羽が上に来るようにする。次に首を下げて翼をさっと開き、背中の上で一瞬停止させる。このとき、翼の屈曲部は下側に向け、黒い初列風切は空に向けている。このときあなたが彼らの前に立っていたら、赤い羽毛がちらりとのぞくのが見えて、鼻にかかったような柔らかな吐息が聞こえるはずだ。１〜２秒間この姿勢をとったあと、もとの姿勢にもどって採食や羽づくろいを始めたり、さらに頭の旗振りを続けたりする。

翼と脚の伸び：「体をひねった羽づくろい」と同様、この動作もふつうの伸びとよく似ているが、態度が仰々しいので見わけることができる。この動作をとるときは、片方の脚と翼を同時に外側後方に伸ばして、「満足のため息」と表現するのがぴったりの短い鳴き声を上げる。

行進（マーチング）：フラミンゴが群れでとるもっとも風変わりな行動、つまりマーチングを見られたら、あなたは運がいい。この行動を見たいなら、求愛シーズンの最盛期に観察を行うといい。その時期のフラミンゴは、とりつかれたように夢中で求愛行動をとるからだ。マーチングの始まり方は神秘的だ。まず初めに、数百羽から数千羽ものフラミンゴがぴたりと動きを止める。そして全身をまっすぐに起こし、軍隊の行進のような足どりで足早にそろって歩き出す。しばらくすると、目に見えない指揮者に操られているように、いっせいに向きを変え、同じ歩調で別の方向に歩き出す。そして、しばらくすると、再びいっせいに向きを変えて……ということを繰り返す。その様子は、人間には聞こえない音楽に合わせて、集団でタンゴを踊っているかのようだ。

採食のふり：美しくも奇妙な求愛行動をひきしめるアクセントとなっているのが、この「採食のふり」だ。マーチングを行っている数百から数千羽ものフラミンゴたちは、いきなり速度をゆるめて、いっせいに首を前方に曲げ、水中にくちばしを入れる。実際に採食するわけではないが、数秒間くちばしをもぐもぐ動かして食べるようなそぶりを見せる。そして再び頭を上げ、歩く速度を1秒につき2歩ほどに上げて（早送りのような歩き方で）歩き出す。

つがい形成

動物園によく行く人であれば、フラミンゴの中には毎年同じ相手とつがいになるものもいれば、年によって違う相手とつがいになるものもいることに気づくと思う。フラミンゴは集団で求愛の儀式を行うが、その結果、以前からの相手と再びつがいになることもあれば、新たな相手とつがいになることもある。つがい関係にあるオスとメスを見わけるには、両者の結束を示す微かなしるしに注意するといい。たとえば、つがいの2羽はいっしょに眠ったり、採食したり、互いに助けあったりするし、早足で歩いたり採食のふりをしたりするときにも、共に行動する。

交尾

つがい形成と求愛のためのディスプレイは、数週間から数か月間続けられるが、交尾が行われるのは、たいていは営巣の最中か産卵の直前だ。つがいの2羽は群れから離れ、オス（2羽のうち大きいほう）は首をかぎ状に曲げた姿勢でメスを追尾しはじめる。この場合、この姿勢は威嚇を意味するのではなく、メスに対して性的な興味が高まったことを意味している。メスは交尾の準備ができるまでは、首を曲げて採食のふりのときと同じ姿勢をとっている。オスはメスの後にぴったりとついて追尾しながら、首を斜めに伸ばして、くちばしか胸の一部でメスに触れようとする。メスは最終的に歩くのをやめて静止し、左右の翼を上げてオスに「OK」の合図を送る。オスはこの合図を見るとすかさず交尾の体勢をとり、メスと総排泄腔を2〜3秒間合わせて交尾を

◀**集団で求愛行動をとる**
手前側の左下から時計まわりに（1）旗振り、（2）翼の敬礼、（3）逆の敬礼、（4）体をひねった羽づくろい。求愛は（1）→（2）→（3）または（4）の順で行われる。奥は行進と採食のふりをする群れ。フラミンゴたちは突然、集団でタンゴを踊るようにいっせいに歩き出し、突然立ち止まって、採食をするときのように頭を下げてくちばしを水につける。

行う。交尾が終わると、2羽は首を地面に向けて伸ばし、勝利の儀式のように鳴き声を上げる。

育児行動

巣づくり　つがいは次に営巣場所を選ぶが、そこが他の個体のものだった場合は、奪う努力をしなければならない。そのときには、激しい攻撃をしつこくくり返して、もとの持ち主を追い出してしまう。営巣場所を手に入れると、もしそこにまだ巣がつくられていなければ、くちばしで泥をすくってずんぐりした塔状の巣をつくる。巣の大きさは高さが15〜45cm、根元の直径が40〜50cmほどだ。塔の頂上にはくぼみをつくって、その中にひとつだけ卵を産む。巣のおかげで卵は地面から離れた場所に置かれるので、地面の熱で焼けたり、突然の洪水でぬれたりしないですむ。フラミンゴの巣づくりには終わりがない。産卵がすんでからも、巣の修理をしたり手を加えたりしつづける。

フラミンゴのつがいは1羽のオスと1羽のメスとはかぎらない。オスがオスに求愛することも多いし、時には1羽のメスと2羽のオスが子育てをすることもある。興味深いことに、オス同士のペアは、卵を産めなくてもわざわざ労力をかけて巣づくりをする。

卵の世話　オスとメスは交代しながら最長で32日間抱卵を行う。抱卵するときには、屋根になるように翼を少しだけ広げて卵を守る。巣の中に雨水が入りこんだときには、すぐにくちばしで吸い取って取りのぞく。この時期の親たちは、卵を守るために好戦的になっており、特に、よそのコロニーのフラミンゴが侵入してきたときには激しく戦う。

フラミンゴにとって、孵化の瞬間は刷りこみの行われる重要なときだ。卵にひびが入って孵化が始まると、親鳥は卵に顔をよせて、殻の中のひなに向けて「クラッ、クラッ、クラッ」という甲高いコンタクトコールを発する。ひなはこのときに両親の声を覚えるので、孵化してから混雑するコロニーの中に入っても、両親を探し出すことができる。ひなにとって、親鳥をしっかり覚えることは生死にかかわる重大事だ。なぜなら、孵化して数週間は、親から与えられる食物だけを頼りに生きていかねばならないからだ。ひなのくちばしは最初のうちはまっすぐな形をしており、孵化して14日を過ぎるとようやく曲がり始

人間との関係

　太陽はフラミンゴに大いなる恵みを与えてくれた。あの美しいピンク色の羽毛は、体から抜かれて日光にあたるとすぐに色あせてしまうのだが、そうでなければ、この鳥はファッション業界に目をつけられて、ダチョウと同じように追いまわされる運命をたどっていただろう。この魅惑的な鳥にとってもうひとつ幸運だったのは、生息地が人里離れた過酷な環境で、少なくとも今までは人間にとって魅力のない土地だったという点だ。ところが近年になって、古くから繁殖地として利用してきた土地が、塩や炭酸ソーダを採掘するために開発され、ラグーンが浚渫(しゅんせつ)されて漁港が建築されるようになってきた。その結果、より多くの人間がフラミンゴの生息地を訪れるようになり、必然的に環境が「改良」されて、繁殖活動が妨げられるようになってしまった。

　人間活動の影響が大きくなれば、その変化がわずかであってもフラミンゴにとっては深刻だ。たとえばコロニーの上を飛行機が低空飛行すれば、親鳥たちは驚いていっせいに逃げ出し、卵やひなを踏みつぶしてしまう。周辺の村や町から野良ブタや野良イヌという未知の捕食者がやってくれば、抵抗の仕方もわからずに大きな被害を受けてしまう。フラミンゴは神経質なので、繁殖の条件が十分に整わない年には巣づくりを行わない。ひなの生まれない年が数年続けば、個体数は減少しはじめる。

　とはいえ、人間の活動の中にはフラミンゴの繁殖活動と両立できるものもあるようだ。皮肉なことに、塩や炭酸ソーダの採掘によって生じた塩性のラグーンのうちのいくつかは、フラミンゴの採食地として利用されている。ラグーンの周囲に村落が建設されず、繁殖地として使える場所がいくらか残されていれば、採掘者とフラミンゴが共存することは可能かもしれない。この鳥にとって最大の脅威は生息地の減少なので、あまり多くの人間が関与せずに繁殖地を増やせるのであれば、かえって都合がいいようだ。

めるが、それ以降もまだ食物をこしとって食べることはできない。

🌱 給餌

両親は巣に食物を運んでくるかわりに、オスもメスもくちばしから血のように赤い液体（フラミンゴミルク）をたらしてひなに与える。この栄養豊富な液体は、胃からではなく喉と消化管の上部から分泌される。成分として15％の脂肪と1％の赤血球、それから、羽毛をピンク色に変える色素のカンタキサンチン（カロテノイドの一種）を大量に含んでいる。この色素はひなのうちは肝臓に蓄えられているため、ひなの羽毛はピンク色ではなく灰色をしているが、成鳥になるころには色素を含んだピンク色の羽毛に生えかわる。

野生の成鳥は、昆虫や甲殻類、藻類といった食物からカロテノイド（ニンジンにも含まれる色素）を補充している。動物園では、フラミンゴたちが体の色と体調をよい状態に保っていられるように、カロテノイドを多く含む食物を与えるように気をつけている。体がピンク色でなくなると、繁殖する意欲まで失うことがわかっているからだ。

🌱 共同保育

ひなは孵化して約1週間たつと、まだ飛ぶことはできなくても、巣から出て食事のとき以外は両親から離れているようになる。ひなたちは数百羽から数千羽で集まってクレイシという共同保育場所を形成し、2～3羽の成鳥に見守られてすごす。子守役をつとめる成鳥は、親鳥の中の1羽であることもあるが、そうでないこともある。両親が採食から戻ってきて鳴き声で呼ぶと、ひなは親のもとに走ってきて食事をもらう。

動物園では群れが小さいうえに、両親が遠くに離れることはめったにないので、給餌はもっと単純だ。ひょろ長いヒナは、ただ鳴いて親の首の羽毛をつつけば食事がもらえる。時には、すっかり大きくなった子どもが親にしつこく餌をせがんでいることもある。子どもが親に餌をねだるときには、首を地面まで下げて、親の胸元で、できるかぎりの速さで体を揺さぶって注意をひく。親の気をひけたら首を上にのばして、食事をもらえるまで大きな声で鳴きつづける。

▲給餌
両親は、喉にある腺から栄養豊富な赤い液体（フラミンゴミルク）を分泌して、ひなの口の中にたらしてやる。

動物園/自然界で見られる行動

基本的な行動

移動
- 歩く
- 行進（マーチング）
- 走る
- 飛ぶ
- 着陸

- 泳ぐ

採食
- 泥をまき上げて食べる
- 泥をさらって食べる
- 逆立ちして食べる
- 地表から食べる

慰安行動
- 羽づくろい
- 伸び
- 水浴び
- 足を振って水を切る

睡眠

社会行動

友好的な行動
（性行動を参照）

対立行動

■警戒行動
- 警戒の姿勢
- ガチョウに似た警戒声

■威嚇
- 首をかぎ状に曲げる威嚇行動
- 首を振る威嚇

■闘争
- 小競りあい
- つつきあい

■服従

性行動

■求愛
- 頭の旗振り
- 翼の敬礼
- 体をひねった羽づくろい
- 逆の敬礼
- 翼と脚の伸び
- 行進（マーチング）
- 採食のふり

■つがい形成

■交尾
- 首をかぎ状に曲げた姿勢
- 採食のふり
- 交尾
- 勝利の儀式のよう

育児行動

■巣づくり

■卵の世話
- 抱卵
- コンタクトコール

■給餌
- 分泌液を与える

■共同保育
- クレイシ
- ひなが餌をねだる

ナイルワニ
Nile Crocodile

恐竜たちがあわただしくあらわれては消えていく中で、その親戚であるワニたちは衰えることなく繁栄を続けてきた。現在生きているクロコダイルやアリゲーターや、そのいとこたちの姿と行動は、1億年前からほとんど変化していない。ワニたちは体のつくりが優れていたおかげで白亜紀の環境にも現代の環境にも適応して暮らすことができ、爬虫類としては地球上でもっとも長期にわたるショーを演じてくることができた。

ワニたちが成功してこられた要因のひとつは、動物園で一部の客をがっかりさせる原因ともなっている。それは、この動物が、どこからどう見てもなまけているようにしか見えないという点だ。1日の大半はほとんど身動きもしないでじっとしているため、実情を知らない人には、つまらない動物に見えるかもしれない。だがそれは大間違いだ。鳴き声を立てず、身動きひとつしなくても、彼らは生きるために忙しく働いている。ひなたぼっこをしているワニは、日光の温もりを吸収して新陳代謝のためのエネルギーを得ているところだし、水中に身を隠しているワニは、全身を目と耳にして獲物を追っているところだ。丸太のようにじっと横たわっているのは、相手のすきをついて爆発的な攻撃をしかけるためでもある。

必要なとき以外はじっとしていれば、エネルギーを節約できる。その結果、より少ない食物で生きられるので、常に狩りをしている必要がなくなり、その分のエネルギーを成長や他の個体との交流や子育てに使える。大

特徴

目
ワニ目

科
クロコダイル科

学名
Crocodylus niloticus

生息場所
川、湖、海岸の水際

大きさ
メス 全長 2.5〜3.0 m
オス 全長 3.0〜3.7 m
最大記録 5.0 m

体重
最大記録約1トン

最長寿記録
50歳以上

▲闘争
戦いの最終段階になると、互いの尾のつけ根に嚙みつく。

▲腹を地面から離して歩く
水から出て地上を歩くときには、脚をまっすぐに伸ばして体を持ち上げ、腹を地面から離して歩く。

きく成長した後は、カエルからスイギュウまでどんな獲物でも食べられるようになり、そのうえ、たいていの捕食者から襲われなくなる。また、他の個体との交流にエネルギーを使えれば、相手とよい関係を築いて、生息地をうまく分配し、混みあった環境でも大きなもめごとを起こさずに暮らしていくことができる。ワニにはこれ以外にも繁殖活動に大量のエネルギーを使用するという特徴があり、その点がトカゲやヘビやカメといった他の爬虫類とは異なっている。他の爬虫類は卵を産みっぱなしで子どもの世話を行わないが、クロコダイルの仲間はどれも卵を守ったり、孵化を手伝ったり、孵化した子どもを安全な環境に送り出してやったりして何か月間も世話を焼く。水辺には飢えた捕食者が集まってくるので、子どもを守るためには、昼夜を問わず見張っていなければならない。親はたいていの行動をとるときと同じように、横たわった姿勢のままで熱心に見張りを行う。

　本章で紹介するのはナイルワニの行動だが、その他のワニ（ナイルワニ以外のクロコダイルやアリゲーター、ガビアル、カイマン）も、同じような行動をとる。

基本的な行動

移動

　見張りも「行動」の一種だと考えると、ワニは動物園の中でもっとも活発に行動する動物のひとつになる。水中で見張りを行うときは、水面から鼻の穴と

目だけを出して浮いた姿勢で見張るか、あるいは太い尾を左右に振って水面をゆっくり泳ぎながら見張る。速く泳ぐときには、尾を激しく振って推進力を生みだし、脚を胴体にぴったりつけて魚のような体形になる。部分的に水かきのついた足を広げ、舵のように使って急旋回することもできる。

急いで移動する必要があるときには、驚くほどのスピードで前方に突進することや、巨大な魚のように水面からジャンプすることもできる。ワニがそのような激しい行動をとるのは、なわばりへの侵入者を追い払うときか、好物の獲物を見つけたときだ。獲物を襲うときには、時間をかけて辛抱強く獲物にしのび寄り、爆発的な勢いで一気に襲いかかる。そのときには、尾を激しく振りながら勢いよく獲物に食らいつき、頭を左右に振りまわす。

地上で移動するときには、腹部を地面から離して歩くか、全速力で走る(ギャロップ)か、腹部で地面をすべって高速移動する。腹部を地面から離して歩くときには、四肢を伸ばして腹を持ち上げて歩く。前脚より後脚のほうが少し長く、体の後ろ半分が肩より上にくる。歩くときには、対角線上の前後の脚を同時に動かして歩く(斜対歩法で歩く哺乳類と同様の動き方)。動物園でワニが水から上がったり陸上で歩いたりするときには、歩き方をよく見るといい。

急いで移動したいときには、両前脚を後ろ向きに蹴り出し、両後脚を前向きに腹の下に蹴り出してギャロップで走る。一定のスピードを超えると、移動方法をギャロップから腹ですべる方法に変える。そのときは地面に勢いよく腹をつけて、腹部にあるつるつるの鱗を地面にすべらせ、体を左右にくねらせて四本の脚で懸命に地面をこいで前進する。急な土手を降りるときには、この方法で斜面をすべり降りるので、観察してみよう。

採 食

ワニは必要なときにしか動かず、その動きもゆっくりしているため、一度食事をとればしばらくは食べないでいられる。野生のナイルワニは1年に50回ほどしか食べなくても生きていける(といっても、そのうち数回は満腹するまで食べるのだが)。成熟したナイルワニは、アンテロープやシマウマやイボイノシシを襲えるほどの力を持っているし、巨大なアフリカスイギュウさえしとめることができるのだ。彼らが巨大に成長するのは、まさにこういった大物を食べるためでもある。若くて体が小さいうちは、小さなカエルや魚や昆虫を食

▶水中から獲物に突進する
丸太のように水面に浮かんだ状態から、瞬時に飛び上がって獲物に襲いかかる。

べているが、成長するにつれて大きい獲物をねらうようになる。だが、どんなに大きく成長しても、小さな獲物への興味は失わず、目の前に小さなカエルや魚がいれば飛びついて食べるので、状況に合わせて様々な獲物を食べていることがわかる。

　浅瀬で狩りを行うときは、水中に身を隠して大口を開け、鼻と目だけを水面から出して、丸太のように身動きせずに待ち伏せする。本物の丸太などの浮遊物のそばに浮かんで、水面から出た鼻と目まで隠すこともある。彼らはこの姿勢で目と耳と鼻を使って獲物を見張り、それからおそらく敏感な顎によって、通り過ぎる魚の振動を感じ取っている。魚がそばに来ると、「丸太」は瞬時に息を吹きかえして目にも止まらぬ早さで食らいつき、ピチピチはねる魚を宙に放り上げて、飲みこみやすいようにくわえ直してから丸飲みにする。それ以外では、泳いで獲物を追うこともある。

　ナイルワニは水中で狩りを行うだけでなく、水辺に水を飲みにやってくる哺乳類にも常に目を光らせている。よさそうな獲物を見つけると、さざ波ひとつ立てずに水中に潜って、こっそりと岸に寄っていく。そして、全身のたくまし

ナイルワニ

い筋肉を収縮させて水中から飛び出し、恐怖におののく獲物めがけて土手をかけ上がる。後脚を泥に食いこませて勢いをつければ、自分の全長の数倍の距離を驚くようなスピードで走れるのだ。土手の斜面が急なときには、上方に1.5 mほど飛び上がり、土手のてっぺんに頭をひっかけて体を引き上げることもできる。

ナイルワニの巨大な上下の顎には、かみそりのように鋭い70本ほどの武器（歯）がずらりと並んでいる。それぞれの歯は、一生の間に45回も生え変わる。歯の縁はのこぎりのようにぎざぎざになっていて、獲物の脚に噛みつけば、皮膚に穴を開けるだけでなく骨まで砕くことができる。獲物の鼻づらに口が届くときには、その部分に万力のようにしっかりと食らいつき、水中に引きずりこんで、おぼれるまで押さえつけている。しとめた獲物が大きいときには、死体の一部にしっかりと歯を食いこませ、そのまま水中で自分の体を回転させることで一口大の肉をちぎり取って食べる。そうやって深い噛み跡を点線状につけていったあと、その線に沿って肉を食いちぎって食べることもよくある。

陸上で獲物を襲うときには、がっしりした頭をハンマーのように獲物に打ちつけて、気絶させてから食らいつくことがある。それ以外には、尾を利用した様々な戦術も使う。そのうちのひとつが、土手沿いに生えているアシの葉を尾で折り曲げて、ハタオリドリの巣の中身を出すという戦術だ。その他には、岸に沿って平行に泳ぎ、尾の上部に生えている鱗を使ってさざ波を立てるという戦術もある。さざ波を立てると、浅瀬にいる小さな魚が波の前方に逃げるので、ナイルワニは首を曲げて頭と岸との間に魚を閉じこめて捕らえるのだ。彼らはこのような方法で獲物を捕食するが、屍肉も喜んで食べる。その場合には、他の個体と食物を分けあうこともある。

呼 吸

ワニはエラではなく肺で呼吸をしているので、定期的に水面に上がって息をしなければならない。都合のいいことに、彼らの鼻の穴と目は頭のてっぺんについているので、水面からいくつかの「こぶ」を出しておくだけで息ができるし、あたりを見張ることもできる。水面が穏やかなときには、そうやって目と鼻だけを潜望鏡のように出して息をしながら目立たずに見張れるが、風のせい

で水面が波立っているときには、息をするために頭全体を出さなくてはならない。そのため、水面が荒れているときには、姿をあらわすことを嫌ってその場から離れていくことが多い。

水中に潜るときには、強力な筋肉によって鼻の穴を閉じることができるので、水を吸いこまずにすむ。喉の出入り口にもふたがあって、水が入らないつくりになっているので、水中で口を開けてもおぼれずに魚を捕らえられる。

体温調節

すべての爬虫類にとって、体温調節は行動を大きく左右する重大事だ。爬虫類は代謝を通じて十分な体温をつくり出すことができないので、日光浴をしたり、温水につかったり、あるいは室内の展示場では赤外線ランプの光を浴びたりして体を温めなくてはならない。彼らの1日は気温の上下を中心にまわっている。朝になって日が上ると、長い夜のうちに体が冷えて動きがにぶくなったワニたちは、水から上がって直射日光を浴びる。朝以外では、食事をした後にも、代謝機能を高めて消化できるようにするため、日光浴をして体を温める。

太陽が高く昇って日ざしが強くなってくると、体温が上がりすぎたことを体内の「サーモスタット」が知らせてくれる。そんなときには、体温を下げるために上顎を上げて口を大きく開き、湿った口の内部を外気にさらす。すると口腔内の組織から水分が蒸発して、その際に体の熱が放散される。この方法で間に合わないくらいに気温が上がったときには、日陰か水に入って体温を下げる。

夕方になると、ワニたちは陸に上がって、沈みゆく太陽の最後の光を浴びる。そして、夜が近づくと再び水中に戻る。水のほうが大気よりも

◀口を開けて体温を下げる
体温が上がりすぎたときには、口を開けて内部に風をあてる。水分の蒸発とともに熱が放出されて、体温が下がる。

ナイルワニ 279

日中の温もりを長時間保っているからだ。だが、朝になるまでには水もすっかり冷え切ってしまうため、日が上ると再び陸に上がって、待ち望んでいた日ざしをたっぷりと浴びる。

ここまでの説明でおわかりのように、野生でも動物園でも、気温の変化に対応できるかどうかは、ワニの体調や生死を左右しうる。動物園では、体を温める手段を与えられていないワニは餌を食べようとしないし、もしも食べたとしても、胃が冷え切っているので、食べたものを消化できずに胃の中で腐らせてしまうことがある。動物園で飼育係に質問するときには、まず日光浴ができる環境かどうかをたずねてみるといい。特に、そこのワニが食欲のなさそうな様子だったらなおさらだ。

社会行動

かつては、ワニは脳みそが小さくて、「プログラム」から外れるような行動はめったにとらない原始的な動物だと考えられていた。やがて研究が進むにつれ、複雑で繊細な社会行動をとる動物だということがわかってきた。ワニは社会的な順位に従って、互いに関わりを持ちながら生活している。その順位は、食物資源に集まったときや繁殖期に観察するとわかりやすい。彼らの順位制には、融通がきくという特徴がある。互いの助けを本当に必要とするときには、優位な個体も劣位な個体も一時的に戦うのをやめて協力するという高度な行動をとるのだ。そのような行動は現代の爬虫類の間ではきわめてまれだが、ワニのもっとも近縁な親戚、つまり恐竜たちの間ではごく普通だった可能性もある。観察の際には、そのことを覚えておくといい。

友好的な行動

協同採食　人間の私たちも知っているように、ベッド用のシーツをたたむときなど、1人より2人でやったほうが楽にできる作業がある。それと同じように、ワニたちも、小型や中型の獲物を食べるときには協力しあったほうが楽だということを知っている。しとめた獲物が大きいときには、自分だけでも水中で回転する技を使って肉をちぎって食べられるが、獲物が小さいときには、肉を食いちぎろうとして回転しても獲物まで一緒にまわってしまう。そん

なときには、彼らは近くにいるワニにたのんで獲物をおさえてもらい、お礼に食べ残りをいくらか分けてやる。不思議なことに、このようにして獲物を分けあうときには争いは生じない。

🌱 **協同狩猟** 　ナイルワニは協力しあって狩猟を行うことがあるが、そのときにも一時的に休戦する必要がある。ナイルワニのすむ川では、一年のうちのある時期になると水量が増して水が土手を超え、氾濫原（洪水のときに水で覆われる平地）に流れこんで浅い池ができる。ワニたちはそれらの浅い池に集まって、水の流れこむ場所を囲んで半円形に並び、口を開いて、流れこんでくる魚を網で捕らえるようにして一網打尽にすることがある。このときにも獲物をめぐる争いは生じないが、それはおそらく、漁の持ち場を離れるものがいると「網」に穴が開いてしまうからだろう。

対立行動

🌱 **威嚇（いかく）** 　もしもあなたがワニと同じような武器を持っていたとしても、同じだけの武器を備えたワニとの戦いは避けたいはずだ。特に相手のサイズがあなたより大きいか同程度の場合にはなおさらだ。ナイルワニの中でも、優位なオスは劣位なオスより大きくて攻撃性も強く、メスの倍の大きさがある。頂点に立つこれらのオスたちは、配偶者や巣づくりの場所や食物、生活の場といった資源を独占している（メスたちの間にも順位はあるが、それが明らかになるのは巣づくりの場所をめぐる争いのときだけだ）。

　優位なオスは簡単に見分けることができる。水面から堂々と頭と背中と尾を出して、体の大きさと地位を誇示しながら泳いでいるからだ。優位なオスは、なわばりに他のワニが入ろうとしているのを見つけたら、頭を水面にたたきつけて威嚇する。これは、頭を水面から出して口を大きく開き、下顎を水面にたたきつけながら同時に口を閉じて大きな音を立てるという行動だ。このときの音は爆音のようにすさまじく、特に静まり返った夜には、あたり一面にバシャンという大きな水音と口を閉じる音が響きわたる。昼間であれば、顎をたたきつけたときに立つ大きな波も、相手を視覚的に威嚇するのに役立つ。頭をたたきつける威嚇のすぐ後には、口と鼻から泡を吐きながら、尾を高く上げ左右に激しく振って水面を波立たせるので、注意して見ているといい。

▶頭を水面にたたきつけて威嚇する
大きなシャベルの平らな面で水面をたたいてみれば、ナイルワニの威嚇音がどのようなものかわかるはずだ。

この他の威嚇方法としては、侵入者を猛烈なスピードで追いかける方法もある。そのときには、口を開いて尾を激しく振り、水面をモーターボートのようにすべりながら泳ぐ。追いかけた後に、水面から全身を出し、体を大きく見せる姿勢をとって自分の大きさを誇示することもある。それでも侵入者が速やかに撤退しないときには、相手の尾のつけ根に噛みついて、戦えば痛い目にあうということを思い知らせる。

▼ **服従**　劣位のオスやメスは、優位オスと争いたくないときには、水面から鼻先を出して降参の合図を送る。そのときには、体を大きく見せるような姿勢の優位オスとは明らかに対照的に、頭だけを水面から出して、体の他の部分は水中に沈めている。そして、できるかぎり早く水中に退却して、姿を消す。

▼ **闘争**　オス同士は、なわばりやトップの地位をめぐって時おり小競りあいを行う。そのときには、両者は腹ばいの姿勢で向きあい、鼻の穴から息と水を勢いよく吹き出して、「鼻の間欠泉」と呼ばれる小さな噴水を宙に吹き上げる。次に相手に向かって突進して、ずらりと歯の並んだ口を大きく開きながら、顎で突いたり、うなったり、噛みついたりという行動を数回繰り返す。最終的には、相手の鼻づらか尾をがっちりとくわえておさえこんだ側が勝者となり、優位な地位を獲得する。敗者がかろうじて拘束から逃れても、勝者はしつこく追いかけて再び戦いを挑む。この戦いにけりがつくのは、どちらか一方が逃げ去ったときだが、そのときには敗者は鼻づらを上げて負けを認めながら去っていく。

性行動

　ナイルワニは、生息域の一部では繁殖期になっても自分の行動圏から離れずに繁殖を行う。その場合、オスは一年中同じ行動圏にとどまって、その場所を他のオスから守る。ところがケニアのルドルフ湖では、繁殖期になると200頭以上のナイルワニが自分の行動圏を離れて1か所に集合する。オスたちは集合場所に到着すると順位争いを行い、その争いが終わるころには、なわばりの所有権を主張できるのは15頭以下の優位オスだけになっている。これらの優位オスたちは、自分のなわばり内にいるすべてのメスと交尾する権利を持っており、劣位のオスがなわばりに侵入しようとすれば、威嚇して追い払う。だが、メスのほうは優位オスに忠誠を誓っているわけではないので、劣位オスもしのびこむのに成功すればメスと交尾することができる。とはいっても、デートは手短にすませなければならない。優位オスに見つかれば、水面に頭をたたきつける威嚇行動でじゃまされて、追い払われてしまうからだ。繁殖期には、このようにオス同士の突発的な攻撃行動だけでなく、オスとメスの間の求愛行動も頻繁に見られる。動物園でも、晩春から初夏にかけては、彼らの恋の儀式を見られる可能性がもっとも高い。

求愛前の行動　　オスは頭を上げ、胸の奥から周囲に響きわたるようなうなり声を発してメスの気をひく。メスはこの声にたまらない魅力を感じるらしく、自分からオスに近づいて行ったり、オスが自分に近づくのを許したりする。オスが近くでうなり声を上げていたら、メスは危害を加える意志のないことをオスに伝えるために、鼻先を上げてみせる。

求愛　　オスの発したうなり声にメスが反応すると、オスは水をはね上げる求愛行動か、噴水を吹き上げる求愛行動、あるいはその両方の行動をとってそれに応える。「水をはね上げる求愛行動」をとるとき、オスは体を弓なりにして尾と頭を水から出し、低周波音を発するが、その音は（近くで聞いていれば）人間の耳には遠くで鳴っている雷のように聞こえる。水が澄んでいれば、オスがこの音を発するときに、胴体の筋肉を収縮させているのが見えるはずだ。このときの音波によって、背中の上に浅くかかっている水が泡立ってはね上がる。この求愛行動をとるとき、オスはさらに尾を左右に激しく振ったり、

▲水をはね上げる求愛行動
オスは胴体の筋肉を震わせて低周波音を発し、水を細かくはね上げてメスに求愛する。

口を開け閉めしたりして水を波立たせる。もうひとつの求愛行動が「噴水を吹き上げる求愛行動」だが、これは水中に鼻先を入れて首をふくらませ、鼻孔から勢いよく空気を吐き出して、1.5ｍほどの高さまで噴水を吹き上げるという行動だ。

　求愛行動がすむと、オスはメスに近づいて並んで泳ぎ、数分後にメスを追い越して、くるりと逆を向いてメスと向かいあわせになる。次に２頭は円を描き

▲噴水を吹き上げる求愛行動
鼻から噴水を吹き上げるオスの求愛行動に対して、メスは鼻先を上げてこたえる。

人間との関係

　ワニたちは、はるか昔からアフリカの川や湖における最上位の捕食者であり、水辺の食物連鎖の頂点に立つ存在だった。彼らは環境と調和し、他のどんな爬虫類にも魚類にも哺乳類にも、その地位をおびやかされることなく生きてきた。もちろんそれは現生人類が登場するまでの話だ。ワニ革や安全な水辺を手に入れたいという人間の欲望のせいで、この1世紀たらずの間に大量のワニが殺され、彼らの輝かしい歴史も途絶えようとしている。殺されたワニの中には革のために殺されたものもいたが、「ワニだから」というだけで殺されたもののほうが圧倒的に多かった。

　人間はワニに対して激しい憎悪を抱いているが、たいていの場合と同様、その憎悪の根底には恐怖がある。ワニは体が大きくて力も強く、人間が食物にするような哺乳類を狩ることもできる。そのことが私たちを不安にさせるのだ。足音を響かせながら水辺へ水を飲みにやってくる家畜は、ナイルワニなどの大型のワニにとっては簡単にしとめられる格好の獲物だが、それと同じように、水をくむために水辺に来る人間の女性も、獲物の条件にあてはまってしまう。人間は毎日ほぼ同じ時刻に同じ場所へ来る哺乳類で、最大級のワニの14分の1しか体重がなく、反応も鈍いからだ。そのため、ワニたちが長生きできていた時代には、大きく成長した個体が人間という獲物を襲うこともあり、1人が水中へ引きずりこまれるたびに、仕返しとして何十頭ものワニが殺されてきた。

　ワニに対する報復は容赦なく速やかに行われ、アフリカでワニの多かった地域でも、しまいには大きい個体はすべて駆除されてしまった。後に残された小さな個体は、人間を見たら襲うどころか逃げていくようなものばかりだったが、ワニを殺したいという人々の衝動はおさまらず、報復の次は、金のためにワニを殺しつづけた。1950～60年代になると世界中でワニ革の人気が高まり、ワニは根絶やしにされる勢いで殺されていった。1970年代に入るころには、野生のワニ革の入手が非常に困難になったため、各国でワニの養殖が始まり、野生のワニを保護する法律がようやく制定され始めた。現在では、合法的に輸出できるのは、これらの養殖施設で刻印が押されたワニ革だけだ。

　天然のワニ革製品の輸出は法律で禁じられたものの、法外な利益を生む違法製品や密猟品の闇市場が消えることはなかった。2013年の時点で、ワニ革のハ

ンドバッグは物によっては 62,000 ドル、靴は 2,000 ドル以上の値がつくほどだった。その結果、密猟者たちは、1 か月間まじめに働くよりも一晩密猟をするほうが稼げるようになってしまった。高性能のライフル銃を抱えてナイトスコープを装着し、高速モーターボートを乗りまわす現代の密猟者にかかれば、わずか数晩で個体群が壊滅させられてしまう。そのうえ、密猟で逮捕されても、罰金より儲けのほうが大きい場合がほとんどだ。

ワニ革の需要を減らす方法として、ワニ革製品すべての不買運動が唯一の道だという意見もあれば、不買運動だけでは不十分なので、養殖業者の力を借りるべきだという意見もある。多くの国では、保護する価値があるとされるのは人間の役に立つ動物だけだ。養殖業者としても、飼育個体の遺伝的多様性を保つために、野性の個体群が消失してしまっては困る。ワニによって収入を得ているかぎり、世界中に生息する野生のワニを保護することは、業者にとっても利益につながるのだ。

だが、たとえ養殖場のある国々で密猟を完全に取り締まることができても、ワニの個体数を以前のようなレベルに戻すには、さらなる問題を解決しなければならない。彼らの生息地である川辺や湖畔の環境が、人間のせいで劇的に変化してしまったためだ。たとえば熱帯雨林が伐採された跡地では、川にトン単位の泥が流入して沈泥となり、水深が浅くなって、魚が減少したり、ひどい氾濫が起きてワニの巣に深刻な被害が生じたりするようになってしまった。そのうえ、伐採された跡地の土壌は養分を保持する能力に欠けるため、降雨のたびに土壌中の硝酸塩やリン酸塩が水中に流れこむ。水中の養分が増加すれば、藻類が繁茂して、ワニの食糧となる魚からかけがえのない酸素を奪ってしまう。ワニが子育てをする川には、沈泥以外にも鉱山から出る残渣やその他の汚染物質が流入し、流れがせき止められたり水が汚染されたりしている。生息地の近くに人間の居住地が建設されれば、川や湖にボートが行き交うようになり、ワニたちは繁殖に向かないような生息地の隅へ追いやられてしまう。

結局のところ、銃に加えて沈泥、化学物質、汚染物質、スクリューと、人間はあの手この手で「人食いワニ」への仕返しに成功してしまっているようだ。恐竜の絶滅後も生きのびてきたワニだが、人間からこれだけの攻撃を受けても持ちこたえることができるだろうか。その答えは、だれにもわからない。

ながら泳ぎ始めるが、メスはその間は断続的に鼻先を上げたり、うなったり、口を開け閉めして音を立てたりしている。それから、2頭で時おり水中にもぐって、ひとしきり泡を立てたり鼻をこすりあわせたりする。それらの行動が終わると、オスはメスの背中に前脚をかけてマウント行動をとる。

🌱 交尾
マウント行動は、たいていは水深の浅いところで行われる。オスは力強い両前脚でメスの体にしっかりと抱きつき、尾と体を曲げてメスの体の下に差し入れて、メスと総排泄腔を合わせる。そして互いの尾をからませて、水中で激しく振りながら交尾を行う。1〜2分たって交尾が終了すると、メスから離れていく。

🌱 巣を守る
メスは巣の近くの低木や木の陰から熱心に巣を見張る。巣の近くにはオスもいるが、巣に近寄ろうとはせず、巣を直接的に守る仕事はすべてメスにまかせている。メスは卵が孵化するまでの2〜3か月の間は、巣から離れず食事もとらずに見張りを続け、巣に近づくものがあれば、即座にうなったり、突進したり、体当たりしたりして追い払う。だが、捕食者にとっては幸いなことに、この厳重な見張りにも弱点がある。個体によって警戒の度合いに差があるため、捕食者は辛抱強く待っていれば、メスが目を離したすきにこっそり卵を盗むことができる。

🌱 孵化を手伝う
泥でできた巣の中の卵は、捕食者に食べられたり時おり襲ってくる洪水に流されたりせずにすめば、巣の中で温められて膨らみ始める。孵化のときが来ると、卵の殻は割れるが、殻の内側で子ワニを包んでいる丈夫でしなやかな膜（卵殻膜）は、破れずにそのまま残ってしまう。都合のいいことに、卵の中の子ワニは脱出用の道具——石灰分が沈着してできた卵歯と呼ばれる突起——を鼻先に持っているため、それを使って卵殻膜から脱出する。だが、その先には押し固められた土の天井という最後の難関が待ち受けている。巣の土は、そのころには日に焼かれてセメントのように硬くなっているが、外の世界へ出るには、そこを抜けなければならないのだ。卵歯があるといっても、ほとんどの子ワニはこの難関を突破できるほどの力を持っていないので、母親に助けてもらわなければならない。子どもたちは声をそろえて大きな

ほえ声をあげるか、人間の耳にもはっきりと聞こえる「イーオー」というような叫び声を上げて母親を呼ぶ。その声を聞いた母親は、トーポー状態（一時休眠状態のこと）にあっても目覚めて巣にかけつけ、かぎ爪と口で巣を掘って子どもたちを救出してやる。

幸運にもこの救出劇を見ることができた人は、母親が次にとる行動を見て心配になってしまうかもしれない。3か月間飲まず食わずで卵を守っていた母親が、まだ孵化していない卵を口に入れるのだから。だが母親は卵を食べているわけではない（昔の研究者は食べていると思ったようだが）。舌と口蓋の間で卵を優しくころがして、子どもが孵化するのを手伝っているだけだ。母親はそうやって卵を2〜3個ずつ口に入れて子どもを出してやり、次に、顎を地面につけて口を開き、約30cmの小さな子ワニたちが入れるようにしてやる。口の中が子ワニでいっぱいになると、水辺まで歩いて行って口を開け、水の中で前後に振り動かして子どもたちを出してやる。飼育下では、オスがこの作業を手伝うこともある。

水中に放された子ワニたちは、本能的に隠れ場所になる植物の茂みを目指して泳いで行く。孵化した瞬間から、周囲にたくさんの捕食者がいるので隠れなければならないことを知っているのだ。これは進化を通じて「学習」した知識だろう。子ワニは孵化して最初の2〜3週間は子どもだけで集団をつくり、両親に見守られながら水生植物に隠れて過ごす。孵化後しばらくは、体内に残ったニワトリの卵ほどの大きさの卵黄嚢の栄養を利用しているが、卵黄嚢が空になると、甲虫やトンボ、大型の水生昆虫、カエルなどを捕らえて食べるようになる。なお、子ワニの性別は巣の温度により決定する（p.96参照）。

共同防衛

ナイルワニはこの他にも爬虫類としてはめずらしい行動をとる。子ワニに危険がせまると、おとなたちが協力して子どもを守るのだ。子どものうちの1匹が大声で長々と続くディストレスコール*を発すると、付近にいる他の子どもたちもすぐに同じ声で鳴きはじめる。この甲高い鳴き声を聞くと、子どもの両親もそれ以外のおとなたちも、何があったかを調べに急いでかけつける。そして侵入者がいれば、それがどんな相手でも即座に威嚇したり、

---
*動物が空腹や不快感を感じたとき、庇護を求めるときに発する鳴き声。

▲孵化を手伝う
母親は卵を口に入れて殻を（優しく）割ってやり、子どもたちを水辺へ運ぶ。

場合によっては攻撃したりして子どもを守る。

　子どもたちは、最長で12週間を親のそばで過ごした後に分散していく。親離れしたあとは、おとなに対してそれまでとは正反対の態度をとるようになる。それまでは身を守るためにおとなに近づいていたが、親離れしてからはおとなを避けるようになり、おとなのいない池や川をすみかとして選んだり、自分より少しでも大きい生物を見ると急いで逃げたりするようになるのだ。自分と同じ大きさの子ワニといるときだけはくつろいでいられるので、子ワニ同士で協力して川の土手に3mほどの深さの巣穴を掘ることもある。その後5年ほどは、捕食者に追われたときや天候が厳しいときに逃げこむ場所として、その巣穴を利用する。

動物園／自然界で見られる行動

基本的な行動

移動
- 浮かぶ
- ゆっくり泳ぐ
- 速く泳ぐ
- 突進する
- 水面からジャンプする
- 腹部を地面から離して歩く
- 全速力（ギャロップ）で走る
- 腹部で地面をすべって高速移動

採食
- 待ち伏せして捕らえる
- 泳いで捕らえる
- 水から飛び出て突進する
- 頭を打ちつけて気絶させる
- 尾を利用して捕らえる
- 死肉を食べる

呼吸

体温調節
- 日光浴
- 口を大きく開く
- 日陰に入る
- 水中へ戻る

社会行動

友好的な行動
- ■協同採食
- ■協同狩猟

対立行動
- ■威嚇
- 水面から全身を出して見せびらかして泳ぐ
- 頭を水面にたたきつける
- 口と鼻から泡を吐く
- 尾を左右に激しく振る
- 侵入者を追いかける
- 体を大きく見せる姿勢
- 相手の尾のつけ根に噛みつく
- ■服従
- 鼻先を上げる
- 頭以外を水中に沈める
- 退却する
- ■闘争
- 鼻の間欠泉
- 相手に突撃する
- うなる
- 噛みつく
- 鼻づらか尾をくわえておさえこむ

性行動
- ■求愛前の行動
- オスがうなり声を上げる
- メスが鼻先を上げる
- ■求愛
- 水をはね上げる求愛行動
- 低周波音を発する
- 尾を左右に激しく振る
- 鼻から噴水を高く吹き上げる求愛行動
- 平行に並んで泳ぐ
- 円を描いて泳ぐ
- 鼻先を上げる
- うなる
- 口を開け閉めして音を立てる
- 泡を立てる
- 鼻をこすりあわせる
- オスがメスの背中に乗る
- ■交尾

育児行動
- ■巣を掘る
- ■巣を守る
- うなる
- 突進する
- 体当たりする
- ■孵化を手伝う
- 孵化した子ワニが鳴く
- 巣から子ワニを掘り出す
- 卵を口の中でころがす
- 孵化した子ワニを水辺へ運ぶ
- ■共同防衛
- ディストレスコール
- 子ワニに何があったか調べにかけつける
- 侵入者を攻撃する

アジアの森に住む動物

▲採食
4本の脚をすべて使って、竹の皮をむいたり葉をむしったりして食べる。

ジャイアントパンダ
Giant Panda

　世界一かわいいぬいぐるみは、重さが90kg以上もあり、がっしりした顎と鋭いかぎ爪つきなので、抱きしめたり片手で持ち歩いたりするのには向かないかもしれない。それでも、このぬいぐるみ（ジャイアントパンダ）は万人に愛される魅力があるので、絶滅危惧種の保護を訴えるイメージキャラクターとしてはぴったりで、世界自然保護基金（ＷＷＦ）のシンボルマークにもなっている。

　パンダの白黒模様は人々の心をとらえるのには役立っているが、野生の世界で生きていくうえでは、どのように役立っているのだろう。不思議なことに、はっきりしたことはだれにもわからないようだ。竹林の中の光と影にうまく溶けこむことでカムフラージュの役に立っているのではないかという説があるが、パンダには隠れなければならないような天敵がいないことを考えると、この説はあまりあてにならない。あの模様のおかげで社会的な信号が強調されたり、遠くから互いを見つけられたりして、パンダ同士の出会いが避けられているのではないかという説もある。その他には、黒い部分が熱を吸収し、白い部分が反射することで、体温を一定に保つのに役立っているという説もある。だが実際のところは、動物の生態にまつわるその他の多くの謎と同じように、パンダが白黒である本当の理由はだれにもわからない。

　この件について、中国には次のような話が伝わっている。パンダがまだ白一色だった遠い昔、ひとりの少女がパンダとヒョウの戦っているところに出くわした。少女

 特　徴

目
食肉目

科
クマ科

学名
Ailuropoda melanoleuca

生息場所
山岳地帯の竹林

大きさ
体長 約1.2〜1.5m
肩高 約75cm

体重
約75〜165kg

最長寿記録
飼育下で推定30歳

はパンダが殺されそうになっているのを見て助けようとしたが、ヒョウに殺されてしまった。パンダは深く悲しみ、少女のためにふさわしい葬式をあげようと世界中からパンダを呼び集めた。パンダ界のしきたりに従って、パンダたちは黒い腕章をはめて葬式に参列した。彼らはひどく悲しんで、あふれ出る涙をぬぐったり、悲しみをこらえるために自分の体を抱きしめたりした。そのときに腕章の黒い染料が目のまわりと腕と背中に広がり、嘆き悲しむ声が聞こえないように耳をふさいでいたために、耳にもついてしまった、というのだ。（私としては、体温調節説と同じくらいにうまい話だと思う）

パンダには模様の他にも謎がある。肉食に適した歯と消化管を持ちながら、なぜあれほど好みの偏った植物食者に進化したのだろうか。一見すると、間違った方向に進化してしまったようにも思える。パンダの消化管は他の草食動物より短いので、食べた物を長時間体内にとどめておくことができず、十分な栄養を吸収することができない。そのうえ、腸内にはセルロース（植物を構成する固い成分）の分解を助けてくれる微生物がいない。パンダ以外のほとんどの草食動物は植物の消化に適した装備を持っているので、食べた物の80％を消化できるが、パンダは17％しか消化できない。

しかし、おそらく読者もお察しの通り、自然選択は困っているパンダを見捨てはしなかった。パンダは消化に適した装備のかわりに、むだのない動きで採食する技を身につけ、記録的な速さで膨大な量の食物を詰めこめるように進化した。彼らは目にも止まらぬ早わざで竹を引き抜いて、折って、皮をむいて食べられるし、1本を食べている間に次の1本に取りかかることもできる。竹の葉を食べるときには、口を使って枝から次々に葉をむしってくわえておき、片手で束ねて食べる。そうやって次から次へと食べながら、竹のいちばん栄養のある部分だけを消化する。

パンダは食べるのも早いが、消化のスピードもそれに負けないくらい早いので、満腹になることなくいつまででも食べつづけていられる。ウマやウシなどが食べたものを排出するのに24時間もかかるのとは違って、食べたものを5〜13時間後には排出するので、あいたすき間にまた食物をつめこめる。毎日16時間以上を採食に費やし、日に18 kgもの食料を平らげることもめずらしくない。そうやって大量に食べる一方で、のんびりと過ごしたり、他の個体との出会いを避けたり、行動圏を狭く抑えたり、妊娠期間を短く抑えたりして、エ

ネルギーを節約している。この習性は体の大型化にも役立ったため、その結果、エネルギーの消費速度をさらに抑えられるようになり、小動物よりも長い時間体温を保っていられるようになった。

人間との関係

中国の墓石に刻まれた碑文によれば、ジャイアントパンダは 2000 年以上も昔から人々の心を虜にしてきたようだ。だが、この種の歴史はそれよりもはるかに古い。繁殖速度が遅く（3 年に 1 頭しか子どもを産まない）、ほぼ竹しか食べないという偏った食性にもかかわらず、太古の昔から生きのびてきたのだ。主食にしている竹には周期性があるため、パンダたちはそれに合わせて生きる必要があった。竹は毎年、種子ではなく地下茎から新しいタケノコを生やして増える。寿命（種によって約 15 〜 125 年と異なる）が来ると、生涯にただ一度の花を咲かせて、種子をつけ、枯れてしまう。新たな竹が育つには 6 年かかるため、竹に依存しているパンダやその他の動物にとって、竹の枯死(こし)は命にかかわる一大事だ。中国の大地がまだ手つかずで、動物たちが何の制約もなく移動できていたころには、竹が枯れても問題にはならなかった。1 種類の竹が枯れても、森の中を移動して異なる周期で生える竹を見つければよかったからだ。だがそれは、自由に動きまわれる土地があったころの話だ。

現代の中国では、13 億 5 千万人の人間が食料や土地、水、木材その他の資源を奪いあいながら生活している。それに対して、生き残っている野生のパンダは 3,000 頭にも満たない。わずかに残された生息地は農場や村落によって容赦なく細切れにされ、パンダたちは小さな個体群に分断されて、互いに行き来することもできなくなっている。分断された個体群は近親交配を起こす危険があるうえ、いつなんどき竹の枯死に出会うかもわからない。1975 年から 1976 年には、中国政府の保護下にあった個体群が矢竹(やだけ)という竹の枯死にみまわれてしまった。この個体群は世界でも特に重要な群れだったが、パンダたちは他の竹を手に入れることもできず、よその保護区へ移動する回廊も持たなかったために、頭を抱えて飢え死にするしかなかった。

中国政府は国宝であるジャイアントパンダに当然ながら誇りを抱いており、残

されたパンダを救おうと懸命に努力している。26の保護区を設置し、密猟撲滅のための対策も講じてきた。それでも、密猟の被害を完全になくすことは難しい。

ジャイアントパンダをシンボルマークにしているＷＷＦは、現在、中国の研究者たちと協力して、密猟や森林伐採、迫りくる近親交配の危機からパンダを救うためのよりよい方法を探っている。そのうちのひとつが、竹を植えて回廊をつくり、保護区をつないで、新たな交配相手を探しに行けるようにするという方法だ。だが、そういった作戦を機能させるためには、保護区やその周辺における人間活動の広がりを抑える必要もある。一方、世界中の動物園にいるおよそ100頭のパンダたちは、手厚い保護のもとで大勢の人々の熱い視線を浴びている。アメリカ、中国、メキシコ、スペイン、日本の動物園（和歌山県のアドベンチャー・ワールドは特に有名）はパンダの繁殖に成功した経験があり、その経験から得た知識を他の動物園に伝えようと必死に活動を行っている。

いっしょにいても互いに無関心：幸運にもパンダのいる動物園へ行けた人は、パンダのエネルギーの使い方について気づくことがあると思う。動物園側がいくら最適な相手を選んでいっしょにしてやっても、パンダたちは、ほぼ常に互いを無視している。豪華な展示場にペアでいても、独りきりでいるようにふるまう。実をいうと、彼らが互いに無関心なのは相性や性格のせいではなく、生息地における暮らしぶりのせいなのだ。パンダは中国の高山に広がる密度の高い竹林に生息しているため、立ちこめる霧や茂った葉によって周囲にいる他の個体との間をさえぎられている。その結果、群れをつくったりせずに単独で暮らすようになったのだ。

動物にとって単独より群れで暮らしたほうが有利になるのは、原則として、食

▲体をかく
鋭い爪を使って慎重にかく。

料を得たり敵を追い払ったりするのに協力が必要なときか、生きのびるために群れの仲間から多くのことを学ばなければならないときだ。パンダの場合は、生きのびるのに複雑な技は必要ない。食料は豊富にあるし、襲ってくるような大きな捕食者もいないからだ。だから、性行動のとき以外は互いに距離を置いている。だが残念なことに、ワシントンの国立動物園で行われたシンシンとリンリンの初期の繁殖計画について知る人ならおわかりの通り、その性行動さえも常に双方が乗り気になるとはかぎらない。

繁殖が難しいのは動物園のパンダだけではないようだ。パンダは野生でも、頻繁に交尾をしたり、たくさんの子どもを産んだりする動物ではない。常に問題になるのはオスとメスの相性だが、パンダは交尾のためには本来の非社会的な性質を抑えて、その上で相性の合う相手を見つけなければならないので、厄介だ。メスは気に入った相手としか交尾をしないが、飼育下にあるパンダは世界中合わせてもわずかしかいないため、気に入る相手を見つけるのは、ごく小さな町でデートの相手を探すのと同じくらいに難しい。そのうえ発情期は2〜3日間と短くて、年にたった1回しかやってこないので、出会いもちょうどよいタイミングでなければならない。ようやく産まれた赤ん坊は極小サイズで弱々しく、母親から離れては生きられないので、よい条件のもとにあってもわずかしか生きのびられない。

このように、パンダの繁殖は様々な理由で失敗することが多いので、保護活動にたずさわる人々は、よい方法を必死で模索している。現存する野生のパンダが3,000頭もいないことを考えると、そのうちに動物園で飼育されている個体群からしか子どもを望めない日が来てしまうかもしれないからだ。繁殖を成功させる方法があるのなら、なるべく早く見つける必要がある。

基本的な行動

移動

パンダの特徴の中でももっとも魅力的なのが、あの歩き方だ。パンダはずんぐりした体をゆらしながら、内股のすり足でゆっくりと歩く。考えてみれば、天敵もほとんどおらず、食料のぎっしりつまった食料庫の中で単独で暮らしているパンダには、急いで動く理由などまったくない。ゆっくり歩けばエネルギ

ーの節約にもなるし、栄養の少ない食物を最大限に活用することもできる。動物園でも急ぎ足で歩くのは大きな物音に驚いたときくらいだ。木登りもできるので、あたりを見まわすためや侵入者から逃れるために木に登ったり、木の上で居眠りをすることもある。木に登るときは鋭い爪を幹にくいこませて体を持ち上げ、昔の木登り人形のような動き方で登っていく。登るスピードは、木の太さが細ければ細いほど速い。これ以外の移動の仕方としては、何歩か後ずさりで歩くというものがあるが、これは発情中のメスがよくとる行動で、普段はあまり見られない。

採 食

パンダは生きて呼吸をする竹の処理工場のようなものだ。竹を消化するのに向いた消化管は持たないが、そのかわりに竹の幹を引き寄せるためのかぎ爪や、竹をしっかりとつかむために伸びた手首の骨、竹の細胞壁をかみ砕くための臼歯と、がっしりした顎、頑丈な食道、砂嚢のように発達した胃など、竹を食べるための特殊な道具を持っている。代謝速度は遅い（体のサイズが大きくなった結果）が、そのおかげで栄養価の低い食物でも生きていけるので、それがかえって大きな強みとなっている。

パンダは起きている間のほとんどの時間を使い、4本の脚をフルに活用して、食物を集めたり、処理したり、食べたりしている。食事時の姿勢は特に決まっておらず、背筋を伸ばして座った姿勢でも、あお向けや横向きに寝た姿勢でも竹の皮をむいたり葉をむしったりしている。竹以外には（動物園でも99％の時間は竹を食べているが）、野生の花やつる植物、野草、ハチミツ、それから少量の肉を食べることもある。

そうやって大量に食べた食物は、どこかに出さなくてはならない。動物園でパンダを見るときには、展示場の床をよく見てみるといい。飼育員がどんなに急いで掃除をしても、1頭あたり24時間で22 kgも出す糞をすべて片づけておくのは難しい。

グルーミング

パンダが単独で行う行動のうち、動物園で見られる可能性の高いものとしては、もうひとつ、毛づくろい（グルーミング）がある。パンダは齧歯類が顔を

洗うのと同じようなしぐさで、首筋から耳、鼻先という順に前脚で頭と顔をぬぐっていく。前後の足で体をかいたり、舌で体毛をなめたりすることもある。足の届かないところをかくときには、立った姿勢か座った姿勢で体を上下に動かして、地面に対して垂直な物体にこすりつける。あるいは地面にあお向けかうつ伏せになって、気持ちよさそうに体をくねらせる。

パンダの肛門腺からはにおいのある液体が分泌されているので、これらのグルーミング行動のいくつかはマーキングを兼ねている可能性がある。これについては、p.300の「社会行動」でくわしく説明する。自分のにおいを周囲につける以外にも、変わったにおいを自分の体につけるのが好きなようだ。たとえば、芝生を少し掘り起こして、それを体になすりつけていることがよくある。あるいは、転げまわるときに、わざわざ地面の湿った部分を選んで、体が黒くなるまで地面にこすりつけたり転がったりすることもある。

しかし、体を清潔にするのが嫌いなわけではない。それどころか、池やプールがあれば喜んで入るし、水浴びをして体を冷やすのも好きだ。パンダが水から上がるときには離れていたほうがいい。あなたの愛犬と同じように、体をゆすってびっしり生えた短い体毛から水を飛ばすのが好きだからだ。メスは発情すると衝動的に地面を転がったり、体をくねらせたり、水浴びをしたりするようになる。その時期には皮膚がむずがゆくなっていらいらするため、無性に体をこすりたくなるらしい。

かゆいところを懸命にこすったり、転げまわったり、かいたりしているときには変わった姿勢をとることがある。パンダの動作はおどけているようにも見えるが、それは進化の過程の大部分において、捕食者や食料不足におびえる必要がなく、争う必要もなかったことが関係しているのかもしれない。そうやって気楽に暮らしてきた結果、現代のパンダはのんびりしたような独特の動き方をするようになったのだろう。

睡 眠

野生のパンダは食事の合間に2〜4時間ずつの昼寝をする。眠るときの姿勢は、横向き、あお向け、うつ伏せと様々で、体を伸ばして眠ることもあるし、丸まって眠ることもある。動物園では毎日2回決まった時間に餌をもらうので、それ以外の時間には眠ったりのんびりしたりしている。パンダは眠ってい

るときでさえとてもかわいらしい。ぽっちゃりした体は信じられないほど柔らかいので、ありとあらゆる姿勢をとることができる。なかでも、あお向けに寝て後脚を木にもたせかけ、前脚で目を覆う姿勢などは観客からとても人気がある。

社会行動

ジャイアントパンダの社会では、視覚的な信号はあまり重要ではなさそうだ。丸い顔は表情に乏しいし、尾は短くて、逆立てられるようなたてがみもない。耳はあまり動かないので、そばだてたり寝かせたりすることもできない。こういった視覚的な信号に役立つ付属物が発達してこなかった理由は、生息地での暮らしを見れば明らかだ。彼らは霧に覆われた密度の高い竹林に暮らしているので、互いの姿をよく見ることができない。もしも他のパンダを見かけることがあっても、たいていは急いで逃げてしまう。

そのため、パンダは行動圏のあちこちに落書きのように自分のにおいをつけることで、大半の情報を伝達している。他のパンダに会いたくなったら（たいていは交尾のためだが）、においをたどって行けばいい。相手と会うことができたら、今度は音声によって情報を伝えあう。そのときにはきわめて繊細な音声を駆使して、求愛から怒りまであらゆる細かい感情を表現する（p.307の「ジャイアントパンダの発する音声とその意味」の表を参照）。

また、音声を発しないことでも感情を表現する。性的な意図も攻撃的な意図も持たずに他のパンダと遊んだり、友好的な気分でいたりするときには、まったく鳴き声を立てない。動物園でパンダを見るときには、鳴き声を出しているかどうかに注目すると行動の意味がわかりやすい。

友好的な行動

社会的遊び　春（3月から5月にかけて）になると、パンダの遊ぶ姿をもっともよく見られるようになる。この時期には繁殖にそなえて他の個体に対する警戒をゆるめるからだ。他のパンダを遊びに誘うときには、相手の前で体をボールのように丸めて、でんぐり返しをして見せる。2頭で遊ぶときには、交尾や攻撃のときとは違った様子で互いに対してマウント行動をとったり、相

手の背中に乗ったりすることがある。時には、そこから取っ組みあいを始めることもあり、そのときには向きあって座って、互いにつかみかかったり、押したり、ひっかいたり、前後の足で蹴ったりたたいたりする。頭をぐいっと上げたり、突き出したり、ぐるぐるまわしたりすることもあるが、どれもゆっくり行われるので、本物の闘争のような勢いや激しさはない。前足でたたきあって遊ぶこともあるが、これは両者の足場の高さが異なるときに行われる傾向があり、特にメスがオスを見下ろすような位置にいるときによく行われる。

▲前足でたたく
この動作は、遊んでいるときか攻撃的な威嚇を行っているときに見られる。

対立行動

においづけ（マーキング）　竹林で平和に暮らしていくためのコツは、なわばりにマーキングをして、自分の存在を他のパンダに知らせておくことだ。そのために、肛門腺の分泌液を柱や木の幹や展示場の壁、あるいは地面（特に毎日歩く道のわき）などにこすりつける。そのにおいはパンダ同士を遠ざけるか、あるいは出会わせるのに役立っており、どちらの働きをするかは場合によって変わってくる。よそのなわばりに侵入したパンダは、そのときが非繁殖期であれば、なわばりの持ち主のにおいを少しでもかいだらゆっくりと退却していく。一方、そのときが繁殖期であれば、発情したメスのなわばりにはそのことを示すにおいがつけられているため、オスはそのにおいにひきつけられてくる。メスはこのとき、寄ってきたオスがなじみのあるにおいの持ち主であれば受け入れることが多い。これはおそらく、メスの行動圏内にそのオスのにおいがつけられていて、メスは一年を通じてそのにおいをかいでいたからだろう。

　マーキングをするときは独特な数種の姿勢をとるので、動物園でもこれらの

姿勢を見ればマーキング中だとわかる。尿でマーキングするとき、あるいは尿と肛門腺の分泌物の両方を使ってマーキングをするときにも同じ姿勢をとる。マーキングをしながら、口を開けて頭を上下左右に細かく動かしていることもある。肛門腺の分泌物は濃度が濃くてべとべとしているので、においをつけた部分には、削り取らなければ消せないほどの濃い染みがつく。においをつけ終わると、においのありかを他のパンダに知らせるために、そばにある木の樹皮をはいだり幹に爪でひっかき傷をつけたりして視覚的な印をつけることもある。

攻撃的な威嚇(いかく)

野生のパンダの間でもめごとが生じるのは、ふつうは繁殖期のころだ。この時期には、発情したメスとの交尾権をめぐって3～4頭のオスが争うことがあるからだ。オスとメスの間で激しい闘争が生じることもある。動物園でも同じ展示場に入れられたパンダたちは、食料や水や、いちばん居心地のいい休み場所をめぐってけんかをする。たいていのもめごとは威嚇行動から始まるが、それだけでは解決できずに真剣な闘争に発展することもある。

だが、相手をにらむだけでもめごとが穏便に解決されることも多い。腹を立てたパンダが顔を上げてまっすぐににらめば、にらまれたほうは気が弱ければ顔をそむけて姿勢を低くしたり、その場から逃げ出したりするからだ。

気の強さが同程度の2頭が出会った場合、両者は緊迫した空気の中で円を描いて歩いたり、体の側面を誇示したりして相手を威嚇し、優位に立とうとする。緊張が高まってくると、前足でたたきあったり、姿勢を低くして全力で押しあったりする。そのときにはしわがれた険悪なうなり声を発するので、じゃれあっているのではないことがわかる。

両者の気の強さが等しくないこともある。オスとメスがにらみあって膠着(こうちゃく)状態にあるときには、たいていはメスのほうがうめき声やほえ声をあげながら攻撃に出るので、オスのほうが逃げ出したり身を守ったりする。

防御的な威嚇

そのような状況で、オスが逃げ出さずにその場に留まる場合、オスは後脚で立って背筋を伸ばすか、地面に座った状態で上半身を直立させるという防御の姿勢をとる。これらの姿勢をとるのは、争いを激化させる

▲マーキング
様々な姿勢で行動圏のあちこちに自分のにおいをつける。

においづけの姿勢 (頻度の高い順)

1. しゃがむ：	後脚を曲げてしゃがみ、お尻を前後あるいは円形に動かして、低い位置にある物にこすりつける。
2. 四つんばい：	四つんばいの姿勢で柱や壁など地面と垂直な物に向かって後ずさりをして、尾を上げてお尻をこすりつける。
3. 後脚を上げる：	片方の後脚を上げて、足の部分か脚全体で切り株などをかかえこみ、体をねじって肛門腺をこすりつける。
4. 逆立ち：	一番こっけいな姿勢。地面と垂直な物に向かって後ずさりをしていって、後脚をもたせかけ、逆立ちの姿勢で尻をこすりつける。
5. 全身をこすりつける：	全身をこすりつけてにおいづけをする。

▲防御のための直立姿勢
相手との戦いを避けて身を守るため、後脚で立って直立姿勢をとる。

ためではなくしずめるためだ。オスはこの姿勢で頭と前脚を使ってメスを押してバランスをくずそうとしたり、おどして攻撃をやめさせようとする。

闘争 2頭のパンダが緊張状態にあって、どちらも退却しようとしないときには、どちらかがいきなり突進し、相手にもたれかかって噛みつきはじめることがある。このときは主に体毛の黒い部分、つまり、肩から背中の模様の部分か、耳か、脚を攻撃する。特にオスとメスが非繁殖期に出会ったときには闘争が生じやすい。メスはしばしばオスに対してマウント姿勢をとるか背中に乗るかして、頭突きをしたり、オスの背中や側面に噛みついたりする。噛みついたまま頭を激しく振り、顎に力を入れて、オスが金切り声を上げて引き下がるまで離そうとしない。

🌱 性行動

🌱 求愛前のメスの行動　パンダのメスは年に一度、たいていは春に発情する。交尾が可能な期間はごく短く、2〜3日しかない。動物園の飼育員たちはパンダを繁殖させようと熱心に観察を続けてきたため、メスの発情が近づいたときの兆候を見分けられるようになった。それらの兆候は、あなたでも見分けられる。

発情する1〜2週間前になると、メスの乳首と生殖器は体毛の下で腫れて赤みを帯びはじめる。メスは極端に落ち着きがなくなり、しきりに姿勢を変えたり、地面に体をこすりつけたり、転がったり、頻繁に水浴びをしたりするようになる。また、ヤギのような声や、鳥のような甲高い声、ブーブーというような声をそれまでより頻繁にあげるようになり、食欲がなくなり、丸太や岩に肛門腺をこすりつけて激しくマーキングをするようになる。メスがこまめにマーキングをするのは、一年のうちでこの時期だけだ。あとわずかで短い発情期に入るという段階になると、ヤギのような鳴き声を上げて、頭を振りながら2〜3歩後ずさりで歩くという行動をとるので注意して見ているといい。

🌱 求愛　求愛行動が激しくなると、メスはオスに対して攻撃的でなくなり、交尾をしようという心構えができてくる。オスがそばに寄っても怒らなくなり、後をついて歩くのを許すようになる。尾を上げた姿勢でオスに向かって後ずさりして、気をひくこともある。そのときは、お尻を持ち上げ、尾を上げて水平に保ち、上半身を低くするので、背中にくぼみができる。また、頭を下げて胸の下に押しこんだり、頭を壁や木にもたせかけたりしながら、下半身を持ち上げてオスの気をひくこともある。オスがそれに反応しないと、あお向けに寝転がり、体をくねらせたりよじったりしながら、前足をそっとオスに伸ばす。求愛されたオスは、メスの尾のあたりのにおいをかいだり触れたりしたあとで、おそらくメスと同じように交尾の心構えをするために、もう一度たっぷりとにおいを吸いこむ。

🌱 交尾　交尾のとき、オスはほぼ直立した姿勢でメスの後ろに立ち、頭を上げて、ヤギに似た声を上げながらメスに噛みつくようなしぐさをする。このしぐさはネコ科の動物が交尾の際に首筋を噛む典型的なしぐさによく似てい

▲求愛
メスがオスを交尾に誘う。

る。オスはメスの背中に何度も乗ったり下りたりするが、なかなか実際の交尾にはいたらない。ある研究グループの調査によると、3時間のうちに48回マウント行動をとり、その間に4分間の交尾を1回行っただけという例もあったという。オスとメスは2〜3日の発情期の間は激しく交尾をくり返し、その後は互いから離れて再び単独で生活する。

育児行動

子どもの世話　パンダの繁殖の仕方には変わった点が多いが、なかでも

ジャイアントパンダの発する音声とその意味

音声	意味
ヤギのような声	求愛
さえずるような甲高い声	求愛
ハーハーと息を吐く音	敵意
鼻を鳴らす音	敵意
ウーといううなり声	敵意
ほえ声	敵意
ムシャムシャ噛む音	敵意
ワンワンというような声	敵意
うめき声	敵意
歯をガチガチ鳴らす音	敵意
キャンキャンというような甲高い声	敵意
ガチョウのような声	不安または苦痛
キーキーという声	不安または苦痛

　もっとも変わっているのが、赤ん坊が約110gという小さな姿で生まれてくることだ。これは人間で言えばおよそ70gにあたり、大さじスプーンに収まるようなサイズになる。驚くほどの小ささだ。そのためパンダの子育ては大仕事で、母親は最短でも8か月、長いときには次の子どもが産まれるまでの2年間は昼夜を問わず子どもの世話をしなくてはならない。

　出産は人里離れた静かな場所で9月に行われる。母親は老木のうろや岩の割れ目に竹の細枝や葉を敷いて産室をつくり、その中で出産する。産まれたばかりの赤ん坊はとても小さいので、母親は常に前脚で抱いていなければならず、移動するときには口にくわえて運ばなければならない。赤ん坊の鳴き声はキーキーという大声で、母親に注意をうながしているようにも聞こえる。母親は1日に多いときで14回も授乳をしなければならず、自分でも生きるために大量の竹を食べなければならないので、目がまわるほど忙しい。子育て中は子どもの分まで食べて、110gのひ弱な赤ん坊が1年で40kg以上の大きさに育つほどたっぷりと乳を与えなければならないのだ。

🌱 双子が産まれた場合

とはいえ、パンダの母親は子どもに無限のエネルギーを注ぐわけではない。産まれた子どもが双子だった場合（全出産の60％は双子）、母親は弱いほうの子をわざと冷たくあつかったり無視したりして、強い子の世話をこまめにやく。野生ではこのような方法をとることで、強い子に最善の世話を与えて、少なくとも1頭の子どもの生き残る確率を高めることができる。だが、飼育員によってすべての出産がつぶさに観察されている動物園では、なるべく多くの赤ん坊を救えるように、これらの弱い子を人工飼育で育てる方法が模索されている。

▲子どもの世話
一風変わった方法で子どもを運ぶ。

動物園/自然界で見られる行動

基本的な行動

移動
- ゆっくり歩く
- 急ぎ足で歩く
- 木に登る
- 後ずさりで歩く

採食
- 竹の幹の皮をむく
- 竹の葉をむしる

グルーミング
- 前脚で体をぬぐう
- 前後の足や物を使って体をかく
- 地面に寝て転げまわる
- 水浴びをする

睡眠

社会行動

友好的な行動
■ **社会的遊び**
- でんぐり返し
- マウント行動
- 背中に乗る
- 取っ組みあい
- 前後の足でたたく

対立行動
■ **においづけ**
- しゃがむ
- 四つんばい
- 後脚を上げる
- 逆立ち
- 全身をこすりつける
- 樹皮をはぐ
- 幹に爪で傷をつける

■ **攻撃的な威嚇**
- にらむ
- 体の側面を誇示する
- 前足でたたく
- 全身で押す
- うなる
- うめく
- ほえる

■ **防御的な威嚇**
- 背筋を伸ばした姿勢
- 頭と前脚で押す

■ **闘争**
- 噛みつく

性行動
■ **求愛前のメスの行動**
- 落ち着きがなくなる
- 体をこすりつける
- 転がる
- 水浴びをする
- においづけをする
- 後ずさりする

■ **求愛**
- 尾を上げた姿勢
- メスの尾付近のにおいをかぐ

■ **交尾**

育児行動
■ **子どもの世話**
- 口にくわえて運ぶ
- 授乳

▲警戒音を発する
最初に危険を感じた個体は、コッコッコッコッという警戒音を発する。

クジャク
Peacock

　ある日の朝、仕事場の窓の外から、突然、人間のような、ヒヒのような叫び声が聞こえてきた。その時間帯は近所の子どもたちは学校へ行っているし、大人たちも仕事へ出かけているので、あたりには誰もいないはずだった。何が騒いでいるのか確かめるため、私はおそるおそる窓の外をのぞいてみた。そこにいたのは、見事な飾り羽を広げてメスに思いの丈を打ちあけている1羽のオスのクジャクと、我関せずといった態度の2羽のメスだった。うちの裏庭でクジャクが求愛をしている！

　思い当たる節があって、近所のコモ動物園（アメリカ・ミネソタ州）に電話をしたところ、私の推理は当たっていた。コモ動物園にかぎらず、たいていの動物園ではクジャクを放し飼いにしている。そんなことができるのも、この鳥が定着性の強い鳥だからだ。クジャクは食料の確実に得られる餌場と、水と、ねぐらに適した木さえあれば、その場に留まる習性がある。けれども私が実際に見たように、生息地が破壊されたり繁殖期に入ったりしたときには、数日間どこかへ飛んで行ってしまうこともある。

　裏庭の珍客たちは見るからに用心深くて、茂みから何かをついばみながら、ひっきりなしに右、左、上と首を振ったり、背の高いアメリカシナノキの枝の上をにらんだり、上空を見まわしたりしていた。彼らは本来の生息地では、クマタカやジャッカル、テン、トラ、ヒョウ、ジャコウネコといった敵を常に警戒していなくてはならない。採食場所を選ぶにも細心の注意をはらい、何かが

特徴

目
キジ目

科
キジ科

学名
インドクジャク
Pavo cristatus
マクジャク
Pavo muticus

生息場所
低木の点在する開拓地

大きさ
飾り羽を入れて
オス 180〜250 cm
メス 60〜90 cm

体重
オス 4.0〜6.0 kg
メス 3.0〜4.0 kg

最長寿記録
20歳

来てもすぐに発見できるような開けた場所を好む。仲間とは互いの姿が見えて声が聞こえる距離以上に離れることはなく、危険を感じたら、即座に警戒音を発する。警戒音を聞いた仲間は、立ち止まって敵を確認したりせずに一目散に逃げていく。クジャクはシチメンチョウほどもある大きな鳥だが、走って隠れ場に逃げこむこともできるし、鋭い角度で飛び立って、あっという間に高度を上げることもできるのだ。敵と戦わなければならないときには、鋭い蹴爪（けづめ）で闘鶏のように攻撃して敵を撃退する。

ところが、オスの成鳥はこういった防御のための戦略すべてを台なしにするようなものを必ず持っているため、非常に敵からねらわれやすい。どんなに目と耳がよくても、どんなにすばやく反応できても、最長1.5mにもなる重くてやっかいな150枚の飾り羽を引きずっているのだ。この飾り羽は捕食者の格好の標的になるだけでなく、じゃまになるのですばやく逃げることができない。飛ぶときにも、余計な荷物のせいで頻繁に着地しなければならず、この羽が木などにからまって飛び立てなくなることもしばしばだ。これほど明らかなデザイン上の欠陥が、自然選択によってふるい落とされずに残ったのは、なぜだろう。

動物行動学者たちは、このばかげた飾り羽が存在するわけを長年考えつづけてきた。この羽には明らかに欠点があるが、その欠点を帳消しにするような利点もあるはずだ。そうでなければ、代謝的にもコストのかかる羽をわざわざ生やしたりはしないだろう。後にわかったことだが、この飾り羽の利点は、動物界に存在する様々なデザインの多くと同じものだった。すなわち、自分の遺伝子を残すのに役立つのだ。オスはきちんと「着飾って」いれば、3〜5羽のメスをひきつけることができる。そして、派手な求愛行動を演じてメスに気に入られれば、ライバルを押しのけてメスたちと交尾する権利を独占し、子どもを産ませて、自分の遺伝子を集団内で増やすことができる。

だが、メスは交尾相手を選ぶ際に、飾り羽のどのような点を見ているのだろう。虹色の輝きだろうか。形の優美さだろうか。それとも目玉のような模様だろうか。実は、メスは人間が見とれるような点には、まったく魅力を感じていないかもしれないのだ。それよりも、飾り羽のサイズに強い魅力を感じている可能性がある。というのも、そこにはそのオスの情報があらわれるからだ。長くて大きい飾り羽を持つオスは、扱いに困るハンディキャップをかかえながら

繁殖年齢まで生き残ったということであり、つまり強くてしたたかなオスに違いない。それと同じように、メスが色鮮やかな羽毛のオスを好むのも、美しいからではなくて、光沢のある羽毛の持ち主には寄生虫がいないからなのかもしれない。優れた特性を持つオスを選んだメスは、そのオスに似た子ども、つまり、生き残って子孫を残す可能性の高い子どもに自分の遺伝子を受け渡すことができる。

　ハンディキャップが優れた遺伝子の指標だとするなら、ヘラジカが大きすぎてじゃまな角をつけている理由もわかる。動物園を見まわしてみれば、動物界にはこれ以外にも奇妙で目立つ付属物を発達させてきたものがいることに気づくだろう。動物たちがこれらの美しかったり奇妙だったりする付属物を身につけているのは、たいていは見栄のためではなく、「私は伴侶として優れていますよ」と宣伝するのに、もっとも手っ取り早い方法だからなのだ。

人間との関係

　人間がクジャクを飼うようになって4000年以上の時がたつ。その昔は、王や領主や聖職者でもなければ、この鳥を手に入れることはできなかった。たとえば古代ギリシャでは、ひとつがいで現在の価格にして3,500ドルもする高価な鳥だったのだ（現在では50ドルで買うことができる）。南アジアでは、クジャクはそれ自身が王族のような扱いを受け、ヘビやトラや悪運を遠ざけてくれる鳥として人々から崇められてきた。

　ヒンドゥー教の法典では、現在でもクジャクを傷つけることを禁じている。そのおかげで、インドのクジャクたちは村落や寺院の周辺に好んで集まるようになった。そこにいれば、確実に人間から施しを受けられるだけでなく、危害を加えられることもないからだ。クジャクたちは何百羽という大群でねぐらをとり、木々をステンドグラスのような鮮やかな色彩に染めて、あたりにけたたましい叫び声を響かせている。このように半ば人間に飼われた状態にあるインドクジャクは、ヒンドゥー教の教義が変わりでもしないかぎり、生まれ故郷のインドでいつまでも安泰に暮らしていくだろう。

　一方、キジ科最大のマクジャクは、インドクジャクのように保護されてきたわ

けではない。インドクジャクより性格が荒くて攻撃的なのは、ことによるとそのせいかもしれない。だが、いくら元気がよくても、マクジャクはインドクジャクよりはるかに危険な状態にある。野生の個体は人間によってほとんど狩りつくされてしまったため、現在では、飼育下繁殖によって個体数を回復させ、いつの日か野生に戻そうという計画が進められている。問題は、どこに戻したらいいのかという点だ。ジャングルは農業や宅地開発のために猛烈な勢いで切り開かれ、安心して過ごせる生息地は急速に減少しつつある。当面のところ、彼らが一風変わった自由——恐れもせずに誰かの家の裏庭を訪れる自由——を享受できるのは、動物園だけということになりそうだ。

基本的な行動

移 動

クジャクはすばやく飛び立って急速に上昇することはできるが、一度に長い距離を飛ぶことはできず、特にオスは短距離しか飛べない。飾り羽のないメスは一度に数百m飛べるが、オスはじゃまな飾り羽のせいで、それよりずっと短い距離で着陸しなければならない。オスの飾り羽は、持ち上げて広げると船の帆のように風を受ける。このことは、求愛行動中のオスが、よろめいたり気取った歩き方をしたりしている原因のひとつでもある。人間の目には気取って歩いているように見えるが、当のオスはおそらく倒れないように必死でふんばっているだけなのだろう。

採食と飲水

クジャクは朝起きると、まず羽づくろいを行い、次に採食と飲水を行う。朝のうちは小川のほとりや伐採地、森林の端などで、草や穀類、芽、花、葉、野菜、ベリー類を探して食べている。大きな蹴爪でアリ塚を壊してシロアリを食べたり、頑強なくちばしで日に焼けた固い地面を掘りかえしてカブトムシの幼虫やミミズなどを食べたりもする。野生のクジャクは、その他にもカエルやネズミ、小さいトカゲ、ヘビ（時にはコブラの子どもも）などを食べている。飼育されているクジャクは、与えられるエサ以外にも、飛んでくる虫や地中や地

◀飲水行動
水を飲むときは、ニワトリと同じようにくちばしで水をすくって、頭を上げることで喉に水を流しこむ。

上にいる小動物など、それぞれの土地にいる獲物を食べて食生活に変化をつけている。食物を口に入れると、ニワトリと同じように、くちばしに水を含んで頭を上げ、喉の奥に水を流しこんで飲みこむ。

羽毛の手入れ

クジャクはあの美しく豪華な羽毛がなければ、寒さに凍えるだけでなく、雨に濡れ、配偶者を得ることもできず、空を飛ぶこともできない。羽毛はそれだけ大切な財産なので、当然ながらオスもメスも毎日1時間近くかけて羽毛の手入れをする。まだ夜が明けないうちから、ねぐらの木の上で羽づくろいを始め、羽毛についた夜露が乾いて飛べるようになるのを待つ。

その間は伸びをしたり翼をふるわせたりしながら、長い首を体の隅々にまで伸ばして、羽毛を1枚1枚きれいにしていく。特別な筋肉を使って皮膚から羽毛を浮かせ、くちばしで乱れを整えてまっすぐにのばす。羽づくろいを行う前には、尾羽のつけ根にある油脂腺にくちばしを差しこんで油をつける。そして、この油を羽毛に1枚ずつ塗って、防水性と断熱性を高める。この油は、くる病という骨の病気の予防に必要なビタミンDの補給源にもなっているらしい。紫外線を浴びると油からビタミンDが生成されるので、鳥はそれを皮膚から吸収したり、羽づくろいの際に口から飲みこんだりしている。

この油は少量なら有益だが、多すぎるとかえって防水性が低下したり、油脂を好む寄生虫を呼び寄せたりしてしまう。クジャクは寄生虫を避けるために、砂浴びをして余分な油を砂に吸収させる。動物園でも、しばしば乾いた地面の上で数羽が翼をバサバサとふるわせ、地面がくぼむほどの勢いで砂ぼこりを立

羽づくろい

砂浴び

▲羽毛の手入れ
毎日、羽づくろいをしたり油をぬったりして羽毛を美しく保つ。余分な油を取りのぞいて寄生虫を防ぐために、砂浴びをすることもある。

てて砂浴びしている。

　クジャクはこのようにきれい好きだが、毎年夏になると2〜3週間はみすぼらしい姿をしているので、読者の中にも不思議に思っている方がいると思う。それはおそらく年に一度の換羽(かんう)、つまり古い羽毛が抜けて新しい羽毛に生え変わる時期の姿だ。新しい羽毛は夏の終わりには生え始めるが、すっかり生えそろうには7か月ほどかかり、もっとも美しい姿でいたい春の求愛の季節にちょうど間にあうようになっている。

体温調節

　インドクジャクは気温が高く乾燥したインドに暮らしているが、おどろいたことに、氷点下の気温にも耐えることができる。どれほど気温が下がっても、体内では代謝によって常に摂氏41度の熱が生み出されている。クジャクはこの熱を逃がさないようにするために、羽毛をふくらませてその中に空気を閉じこめ、断熱材として利用している。気温が高くなって体温を下げなければならないときには、これと逆のことをする。羽毛を体にぴったりつけて空気を追い出し、体温を逃がすのだ。体温を下げるには蒸発作用も役立つが、クジャクは汗をかくことができないので、口を開けて肺の内部から水分を蒸発させる。脚は無毛だが、骨と固い腱と数本の原始的な神経と血管だけでできているようなものなので、暑さにも寒さにも強い。

睡　眠

　クジャクは夜にねぐらで眠るとき、姿を隠さなくても気にしないでぐっすり眠ることができる。それどころか、どんな相手に姿を見られても、近づいてこられる前に自分で気づけるのなら困ることもない。というのも、ねぐらとして選んでいるのが、背が高くて見晴らしがよく、下のほうに枝も足がかりもなくて敵がのぼってこられないような木だからだ。夜になると、その木の中で一番低くて、もっとも葉の少ない枝の上で、風上に顔を向け、互いに寄りそって暖をとりながら眠る。霜が降りるほど寒い夜には、くちばしを羽毛の間に入れて体温を逃がさないようにする。日中はフェンスや柱など、飾り羽が地面につかないような高いところにとまっているので探してみるといいだろう。

▼ねぐらをとる
夜には群れでねぐらをとり、敵におそわれないように力を合わせて見張りを行う。

社会行動

友好的な行動

クジャクは基本的に社会的な鳥で、移動や睡眠の際にも身を守るために多数で群れることを好む。この鳥が1羽でいるのは、(1) 春にオスがなわばりを守り、そこで求愛を行って3〜5羽のメスと交尾をするときか、(2) メスが巣づくりと抱卵のために群れから離れてひきこもるときだけだ。ひなが十分に大きく育つと、家族は再び共に行動するようになり、最終的には大きな群れに合流する。

共同ねぐら

動物園で飼われているクジャクは、毎日夕暮れになると園内のあちこちからやってきて仲間を見つけだし、お気に入りのねぐらの木の下に集まる。これは毎晩行われるお決まりの儀式で、観察しているとなかなかおもしろい。仲間が集まると、各グループのオスは木の下にメスたちを待たせておいて、ねぐらに危険がないか丹念に調べる。気取って歩きながら首を左右に傾け、立ち止まって耳をすます。何も問題がないことを確認すると、短く助走して羽ばたき、重たそうに飛び上がって木の枝にのる。メスたちはこれを見て危険がないことを知ると、オスに続いて（オスよりも楽に）木に飛びのる。そして、全員で「ヒーオン」というような鋭いコンタクトコールを交わしあってから眠りにつく。

共同防衛

夜の動物園で、クジャクは警備員のような働きをしている。私は以前、動物園の近くに住んでいたが、夜に動物園の脇を散歩するときにクジャクのねぐらのそばを通ると、私の足音で「警備システム」が作動したものだ。目を覚ましたクジャクたちが「コッコッコッコッ」という警戒音を発するのだ。野生でも何かあればこのように仲間が知らせてくれるため、比較的安心して頭を下げて採食したり眠ったりできる。

社会的遊び

これ以外に見られる友好的な行動としては、追いかけっこがある。この遊びをするのは、たいていは若いクジャクで、低木のまわりを走りまわったりして互いの後を追いかける。走る方向は、なぜか必ず反時計まわ

りだ。遊びの終わりはいつも唐突で、遊んでいたクジャクたちが、いきなり別々の方向に走り去ることで遊びが終わる。

🌱 対立行動

　動物園では2種のクジャクが飼育されていることが多い。インドクジャクは扇のような冠羽(かんう)を持ち、顔の皮膚は白色、体の羽毛は主に青色をしている。マクジャクは長い柱状の冠羽を持ち、顔の皮膚は青か黄色、体の羽毛は緑色をしている。マクジャクはインドクジャクよりも気性が荒くて用心深く、驚くほど気が短い。動物園の通路でマクジャクが誇示行動をとっているところに出会ったら、十分に距離をとったほうがいい（オス同士がにらみあっていたら、カメラをかまえて、けんかが始まるのを待とう！）。一方、インドクジャクはマクジャクに比べて単純な威嚇(いかく)行動をとることが多く、たいていは実際の闘争を始める直前に争いをやめる。これらの誇示行動や時おり生じる闘争を見るのに最適の時期は、春の繁殖期に入ったころだ。その時期には、オスたちが求愛のためのなわばりをかまえようとするからだ。

🌾 威嚇
　なわばりには目に見える柵がついているわけではないが、オスは自分のなわばりの境界線を承知していて、そこに近づくあらゆるものに対して威嚇行動をとる。そのときには、まず豪華な飾り羽を扇状に広げて、求愛のときと同じように気取った歩き方をして見せる。営巣期にはメスも防御性が高まり、短い尾羽をオスと同じように上げて威嚇するようになる。威嚇しても相手が退却しないときは、鋭い怒りの声を上げながら相手に突進していく。それでも相手が降伏しなければ、飾り羽を上げ、互いの周囲を円を描いて歩きながら臨戦態勢に入る。

　2羽は相手より優位に立とうとしながら、背後をとられないように細心の注意をはらう。オスは豪華な飾り羽のせいで、自分の背後を見ることができないという弱点を抱えているからだ。注意が足りなくて背後からの攻撃を受けてしまえば、その時点で負けが決まることもある。

🌾 闘争
　クジャクが闘争を行うと、嵐のように羽毛が舞い散る。クジャクたちは、互いの攻撃をかわしながら、相手の体に傷をつけようと蹴爪で切りつ

▲闘争
威嚇の程度を強くしていっても効き目がないときには、激しい蹴りあいを始める。足には鋭い蹴爪があるので、深い切り傷を負うこともある。

けあう。翼を羽ばたかせて3m近くも飛び上がり、相手の攻撃を必死でよけながら猛烈な勢いで蹴ったりつついたりする。たいていは、けがの多いほうが引き下がって敗者となる。敗者は勝者がそれ以上追ってこないことを祈りながら、ぼろぼろになった羽毛を引きずってやっとのことで逃げ出していく。

性行動

クジャクは一夫多妻制の繁殖システムをとるので、オスの繁殖成功度は誘惑できたメスの数によって決まる。春の求愛の季節には、鳥の世界のドン・ファンたちはいつでも準備万端だ。メスが近づこうものなら、すぐに飾り羽を広げて口説きにかかる。

求愛 オスは求愛ディスプレイをするときに色あざやかな長い飾り羽を広げるが、あの羽は後ろから固い尾羽で支えられている。求愛をするとき、オスはメスが近づくまで待ち、近づいたらメスに向かって飾り羽を扇形に広げて、その扇の後ろで短い翼を狂ったように羽ばたかせる。そして、気取った歩き方をしながら、自分の一番美しい姿を見せようとするように扇の向きをたび

▲求愛
オスは体の向きを変えながら、豪華な飾り羽をメスに見せて求愛する。その間、メスはうんざりしたような様子で、下を向いて地面をつついている。

たび変えて、「ミャオー」という大きな叫び声をあげる（ジャングルの住人たちは、この叫び声のことをクジャクの言葉で「雨が降るぞ」という意味だと言うが、確かにそれは正しい。クジャクは夏の雨季の初めに繁殖を行うからだ）。オスはさらに、体を激しく震わせて固い尾羽を打ち鳴らし、枯れ葉に雨が当たるときのような音を立てて、叫び声にリズムを添える。また、印象を強める演出として、飾り羽を広げた姿勢でメスに向かって後ろ向きに後ずさりをしていき、最後の瞬間にくるりと向きを変えて、輝くほど鮮やかな金、緑、青、青銅色、紫色の羽毛をいきなり見せて驚かせることもある。

　一方、メスのほうはオスがどんなに懸命に求愛をしても、最初のうちは関心のなさそうな態度をとっている。オスのディスプレイを見ようと顔を上げることもなく、ひたすら地面をつついて象徴的な採食行動をとる。オスはメスにつれなくされると、いっそう精力的にディスプレイを行う。メスの気を引いて自分の遺伝子を残すには、何よりも根気が必要なのだ。求愛を長時間続ければ持

久力があることを証明できるし、メスに時間を与えて、交尾のための生理的な条件を整えさせることもできる。

🌱 交尾

1時間ほど求愛を続けていると、ついに努力が報われて、メスのほうからオスに近づいてくる。今度はオスがつれないそぶりをする番だ。メスが近づくたびにオスは後ろを向くので、メスは飾り羽が見られるように、走って正面にまわる。この恋のかけ引きを何回か繰り返したあと、オスは地面をついて象徴的な採食行動をとりはじめる。最終的には、メスがオスのつついている場所へやってきて、交尾ができるように体をかがめる。

🌱 けっしてくじけない若者たち

数羽のメスを獲得してハレムを形成できたオスは、もう鳴き声を上げる必要がなくなる。ところが、若いオスはなかなかメスを獲得できずに鳴き続けるので、春の間はいつまでたっても騒々しい鳴き声があたりに響き渡っている。しかし、若者たちの努力が実ることはない。成熟していないオスは声も弱々しくて、飾り羽も華やかさに欠け、成熟したオスに比べれば全般的に弱々しいので、めったにメスから相手にされないのだ。たとえメスに興味を持ってもらえても、思いをとげる前に、まずまちがいなくハレムの主に邪魔されてしまう。さかりのついた若いオスは、それでもくじけない。3km先まで聞こえるほどの音量で、朝から晩まで鳴き続ける。あまりにうるさいので、ワシントンＤＣの国立動物園では、クジャクの鳴き声のせいで眠れないといって近隣の住民から裁判所に訴えがあったほどだ。

🌱 人間に求愛？

もしも動物園で、突然、クジャクがあなたに向けて魅惑的なディスプレイをしていると感じることがあったら、それは気のせいではないかもしれない。研究者によれば、クジャクはおそらく自分のことを誇示するために、同種のメスより人間の前で、より長く、より頻繁にディスプレイをするそうだ。ぴかぴかの車にうつった自分の姿に向かって誇示行動をとることもある。

飾り羽のマジック

　クジャクの美しい目玉模様については、現代の私たちだけでなく、古代の人々も興味を持って起源を知りたいと思っていたようだ。古代ローマでは、あの目玉はもとはアルゴスという百の目を持つ巨人の目玉だったと信じられていた。神々の女王ヘラは、アルゴスに命じて、美しいイオに目を奪われてばかりの夫ゼウスを見張らせていたが、ある日、アルゴスは仕事中に百の目をすべて閉じて眠ってしまった。怒り狂ったヘラは、アルゴスの目玉をむしり取ってクジャクの尾に投げつけ、それ以来、目玉はクジャクの模様になったのだという。

　あの模様を科学的に解説すると、アルゴスの話ほど有名ではないが、同じくらい神秘的な話になる。クジャクの羽毛は色とりどりに見えるが、本当の色は茶色だ。それぞれの羽毛は、人間の皮膚や髪や爪を形成しているのと同じ角質（ケラチン）の層からできている。その層はきわめて薄く（0.3マイクロメートル）、透明で、表面には光を散乱する溝や畝がある。角質層の内部にはメラニン色素という茶色い色素の顆粒が並んでいる。羽毛に光があたると、角質層の表面の凹凸と内部のメラニン色素によって光が様々な角度に反射して、銅色、青銅色、金色、青緑色、紫色と玉虫色に輝いて見える。クジャクの飾り羽の色は、シャボン玉の色と同じように、実在しないのに光の反射や散乱のせいで見えている幻の色なのだ。

　飾り羽にまつわる誤解として、もうひとつよく言われているのが、「飾り羽は長く伸びた尾羽である」というものだ。本物の尾羽は、飾り羽を広げて扇形に立てたときに、その後ろに立って扇を支えている硬く短い羽毛だ。扇を形づくっている150枚の羽毛は、実は尾羽のつけ根を覆う上尾筒が長く伸びたものなのだ。この上尾筒は長さが一定ではないため、先端の「目玉」は扇上に点在しているように見える。それから、飾り羽を広げたときに、その後ろで震えているのが、尾羽でも上尾筒でもない翼の羽毛だ。翼の羽毛の色は、幻の色彩を持つ美しい飾り羽とは違って、本来の色——つまり地味で実用的な茶色だ。

育児行動

巣づくり　クジャクはとても目立つ鳥だが、営巣期には自分の姿を巧妙に隠すことができる。背の高い草の茂みや森の下生え、竹林、低木、あるいは

湿地の中に隠れ場所を見つけて、その中に見えないように巣をつくる。野生のクジャクは、地面に深さ5cm、直径30cmほどの浅い穴を掘り、中に葉を敷いて巣にする。敵に襲われる心配のない動物園では、わざわざ巣をつくらないこともある。その場合は卵をあちこちに産んで、抱卵しやすそうな適当なくぼみまで転がして集める。

抱卵と抱雛

メスは1羽につき3〜8個の卵を産み、場合によっては他のメスと同じ巣に産卵して共同巣をつくる。母親たちは、かわるがわる巣に座って卵を温める。この時期には、抱卵斑といって胸に羽毛が抜けて他の部分より体温の高い部分ができる。抱卵するときには、卵をこの部分の下に押しこん

▲ひなを守る
メスのクジャクもどう猛な面を見せることがある。特に、自分の子どもに危険がせまれば、激しく戦って子どもを守る。

で、まわりの羽毛で卵の側面を包みこむようにする。卵からひながかえると、卵と同じやり方でひなを抱いて温め、雨や風から守ってやる。

🌱 給餌とひなの防御

ひなが孵化(ふか)して間もないうちは、母親はひなに与える幼虫や昆虫などタンパク質に富む獲物をとらえるために、ときどき巣を離れなければならない。母親が巣に戻ると、ひなたちは小声で鳴きながら母親のくちばしをつついて食物をねだる。しばらくしてある程度成長すると、ひなは食物を探す母親のあとについて歩くようになり、母親の行動を見て何を食べたらいいかを学ぶ。この時期の母親は神経質になる。常に侵入者に対して目を光らせ、自分の10倍の大きさの相手にも、尾羽を扇状に広げて叫び声を上げながら迷わずに突進していく。このように腹を立てた母親と出会うことがあったら、尾羽の下におびえたひなたちが隠れているのを忘れずに観察しよう。

動物園/自然界で見られる行動

基本的な行動

移動
・飛ぶ
・気取って歩く
採食と飲水
羽毛の手入れ

・羽づくろい
・油を塗る
・砂浴び
・換羽
体温調節

・羽毛をふくらませる
・羽毛を体にぴったりつける
・口を開けて体温を下げる
睡眠

社会行動

友好的な行動
■共同ねぐら
・ねぐらに危険がないか調べる
・コンタクトコール
■共同防衛
・警戒音
■社会的遊び
・追いかけっこ
対立行動
■威嚇
・気取った歩き方

・相手に突撃する
・叫ぶ
・円を描いて互いの周囲を歩く
■闘争
・蹴爪で切りつける
・蹴る
・つつく
性行動
■求愛
・気取った歩き方
・ミャオーと叫ぶ

・体を震わせて尾羽を鳴らす
・象徴的な採食行動
■交尾
・オスがメスに背を向ける
・象徴的な採食行動
・メスが体をかがめる
育児行動
■巣づくり
■抱卵と抱雛
■給餌とひなの防御

▲直立姿勢で歩く
後脚で立って何歩か歩くことがある。

コモドオオトカゲ
Komodo Monitor

　コモドオオトカゲを飼育している幸運な動物園はめったにないが、はるばる訪ねていくだけの価値はある。それは、現存する野生の個体が5,000頭しかないからという理由だけではないし、生息地であるインドネシアの島々が、資源採掘のために今にも開発されそうになっているからだけでもない。希少で絶滅の縁にあることを別にしても、このトカゲのことは、探し出してでも見るべきだろう。あなたが見たことのあるどんな爬虫類とも、頭に浮かぶどんな爬虫類とも違っているからだ。

　想像してみてほしい。あなたは小さなコモド島にいて、森の中の小道を歩いている。突然、鼻にツンとくる血のにおいを感じる。金気くさくて、むっとするような獣のにおいだ。曲がり角を曲がったところで、巨大なトカゲたちがシカの死体を食べているところに危うく踏みこんでしまいそうになる。トカゲの大きさはワニほどで、足は扁平足、体中が鱗に覆われていて、90 kgもある筋肉の塊のような体つきだ。トカゲが死体に食らいつくたびに、口の中に並んだサメの歯のように鋭い歯がちらりと見える。トカゲたちは、長いかぎ爪で死体をしっかりおさえ、頭を激しく振って、肉を大きく噛みちぎって食べている。コモドオオトカゲの顎には数個の関節があって、小さなシカなら後半身を丸ごと口に入れられるくらい大きく開くことができるのだ。

　やぶに隠れて、この宴をしばらく観察していれば、もっとおもしろい行動が見られるだろう。体の大きいトカゲたちは、死体の一番上等なところをわが物顔で独占し

特　徴

目
有鱗目

科
オオトカゲ科

学名
Varanus komodoensis

生息場所
開けたサバンナ

大きさ
オス　約3.0 m
メス　約2.0 m

体重
最大で約90 kg

最長寿記録
25歳以上

ているし、小さいトカゲたちは、端のほうで、慎重にダンスのようなステップを踏んでいる。オスはメスに対しては紳士的だが、オスに対しては攻撃的で、互いに容赦なく攻撃しあっている。このようなドラマは特に獲物の周りで見られることが多いが、それは、このトカゲがふだんは単独行動をとっていて、食事時くらいにしか出会わないからだ。彼らは社会的な行動のすべてを獲物の周りで行う傾向がある。つまり、食事の席で社会的な順位を決定して、異性に求愛し、おまけに交尾まですませてしまうのだ。

　食事が終わると、それぞれの居場所へ戻って、日光浴をしたり、休んだり、狩りをしたり、隠れ家を掘ったりする。コモドオオトカゲは、歩きながら各個体に特有のにおいを地面につけて、なわばりの所有権を主張し、他の個体を遠ざけている。自分の狩猟用なわばりに他の個体が入らないようにすることで、並はずれた食欲を満たせるほどの（おまけに、食べ残しを分けあえるほどの）獲物を確保しているのだ。土地を分配するこの方法は、生態学的に見ても理にかなっており、島というかぎられた土地に暮らしていて、食料が底をついても移動するわけにはいかない種の場合には特に有効だ。地球という惑星から基本的に出ることのできない私たち人間も、見習うべきだろう。

基本的な行動

移動

　コモドオオトカゲは外側に張り出したずんぐりした脚の持ち主だが、時速13 kmという速さで500 mあまり走りつづけることができる。走るときには、力強い尾を左右に振ってバランスをとり、後脚をカヤックのダブルブレードパドル（両側にブレードのついたパドル）のようにリズミカルに動かして走る。走るところを目撃した人によれば、消音装置付きのマシンガンのような「ダダダ」という足音がするそうだ。ゆっくり移動するときには、少しの間、後脚で立って二足歩行することもできる。若いうちは楽に木に登れるため、安全な樹上でヤモリをとらえたりして過ごすことを好む。木に登るときは、足のかぎ爪を使って、でこぼこにひび割れた樹皮に足をかけて登る。泳いだりもぐったりするのも得意で、2 mほどの深さまでもぐっていたという目撃例もある。

採食

コモドオオトカゲは、口に入れられるなら、およそどのような肉でも食べてしまう。生きた獲物も好んで狩るが、屍肉(しにく)も大好きで、死体のにおいに誘われて自分の行動圏から10km以上離れたところまで出向くこともある（胃液の酸性度が高いため、腐肉食が可能）。また、獲物の大きさによって労力を加減することもないようだ。相手がバッタだろうが600kg近いスイギュウだろうが、いったんねらいを定めたらしつこく追いかける。

成長するにつれて、様々な大きさの獲物に挑むようになる。小さいうちは主に昆虫やヤモリなどを食べているが、中くらいの大きさに成長すると、ネズミや鳥をねらうようになる。おとなになるころには、シカ、ウマ、スイギュウなど、自分より大きい獲物も襲うようになる。

生きた獲物の狩りは主に昼前ごろに、けもの道のそばで待ち伏せをして行う。そのときには、尾を下げ、前半身を持ち上げて、草の上を見通せるように頭を上げるという独特な警戒の姿勢をとる。目で見張る以外にも、時おり頭を持ち上げて舌を出し、空中に漂うにおいを舌でかぐ（におい物質を舌につけて、口の中にあるヤコブソン器官という嗅覚器に運ぶ）。けもの道で待ち伏せしていても成果が得られないときには、茂みにそっと分け入って昼寝中のシカを襲う。

その他には、自分の20倍もの大きさの巨大なスイギュウにしのび寄ることもある。それだけ大きな獲物をしとめるには、不意打ちという作戦をとる。背後からゆっくりと音もなく近寄って、いきなり突進し、相手が何に攻撃されたか気づく前に後脚に噛みつくのだ。そして、暴れまわる獲物の脚に必死でしがみついて、のこぎり状の歯で相手のアキレス腱を噛

▶警戒の姿勢
獲物を待ち伏せするときには、目で見張るだけでなく舌で空中のにおいをかいで、かすかなにおいも逃さないようにする。

コモドオオトカゲ　331

み切り、巨大な獲物が轟音(ごうおん)とともに地面に倒れるのにまかせる（噛みついた後、獲物が弱るまで追跡して食べることもある）。そして死体となったスイギュウのはらわたを引きずり出して、舌鼓(したつづみ)を打つ。食べるときには驚くほど大きな肉塊を腹につめこんでいくが、これは、ライバルたちに負けずに、できるだけ多くの肉をすばやく飲みこめるように適応した結果だ。大量に分泌される唾液のおかげで、体のサイズに合わない大きい肉塊も、少しは楽に飲みこめるようになっている。食事が終わった後に残されるのは、毛の塊がいくつかと胃腸の中身だけだ。

獲物をしとめたときには、しばしば集団で食事をとることになる。獲物を殺してから数日間は、死体のにおいにひかれて、島のあちこちからトカゲたちがやってくるからだ。すべての個体が一度に集まるわけではないが、1日に合計で17頭集まることもある。獲物に集まったトカゲたちの間には、様々な理由から緊迫した空気が流れる。とくに、小さな個体は自分自身が大きい個体に食べられてしまう可能性もあるので、用心しなければならない。

飲水行動

水を飲むときは、ヘビと同じように、頭を目のところまで水に浸して水を吸い、頭を上げて胃に流しこむ。それ以外には、水中に潜ったときに飲むこともある。

人間との関係

トカゲがシカを襲っているところを想像すると、嫌悪感を覚えたり恐怖を感じたりする人がいるかもしれないが、そう感じるのはあなただけではない。爬虫類に対して恐怖心を抱く人は多い。その感情は、ことによると現代の私たちより毒ヘビの近くで暮らしていた祖先から受けついだものかもしれない。中世の作家は、物語の中に火を吐くドラゴンを登場させて人々の恐怖をかきたてたが、ドラゴンの姿は警戒しているときのコモドオオトカゲに驚くほどよく似ていた。もしかして、私たちは意識の底でいまだにそのイメージにとらわれていて、そのせいで爬虫類を偏見の目で見てしまうのだろうか。原因が遺伝子なのか文化なのかは

さておき、オオトカゲには私たちに恐怖心を抱かせる何かがあるようだ。

　一方、実際にコモドオオトカゲが歩きまわっているインドネシアの小スンダ列島では、住民たちは現実問題としてこのトカゲに用心しなくてはならない。島では搾乳用のヤギが家の外につながれて飼われているが、このヤギが、鼻のいいコモドオオトカゲを強くひきつけてしまうのだ。トカゲはヤギを見つけると、手軽な獲物だとばかりに白昼堂々襲いかかる。犬に囲まれてほえられようが、人間が叫び声をあげようがおかまいなしだ。コモドオオトカゲの中には、そうやってヤギを襲っている最中に撃ち殺されるものもいるが、意外なことに、この種が絶滅の危機にある最大の要因は、このことではない。コモドオオトカゲ（と、その他の多くの生物）の未来を脅かしているのは、小スンダ列島（特にコモド島）に大量に眠る石油や鉱物資源だ。島には遅かれ早かれ資源調査の手が入り、トカゲたちのすみかはドリルや重機によって破壊されてしまうだろう。コモドオオトカゲの消えたコモド島は、今とはまったく異なる島になってしまう。

　このトカゲは、様々な面で島の生態系の維持に役立っているのだ。たとえば、獲物を狩るときには、足が遅いものや弱っているもの、病気のものを捕らえることで、結果的に劣った遺伝子を取りのぞいて、群れ全体の遺伝形質を強化している。

　また、コモドオオトカゲは、島に住む他の捕食者たちに、楽に捕らえることのできる獲物を提供している。このトカゲにおそわれた動物は、そのときに逃げることができても、噛まれた傷口の出血が止まらなかったり、感染症を起こしたりして弱る。そのせいで、次に襲われたときには、相手がどんな捕食者であっても逃げられない場合が多いのだ。

　そのうえ、このトカゲはコモド島で唯一の屍肉食者であるため、その点だけをとっても貴重な存在だ。島の環境を健全に保つうえで、動物の死体を片づけるという生態系サービスは欠かせない。島にいる野生の個体が絶滅するようなことがあれば、動物園で飼育されているわずかに残された個体は、一夜にして、ただの珍しい魅力的なトカゲ以上のものとなる。生態学的観点からすれば、体重分の黄金に等しい価値を持つ存在になるだろう。

ペリットの吐き戻し

　コモドオオトカゲは獲物をほとんど残さずに飲みこめるが、すべてを消化で

きるわけではない。消化できなかった体毛やひづめ、歯、未消化の骨などは、塊（ペリット）にして勢いよく吐き戻す。そのときは、喉元にペリットが上がってきたのを感じると、四肢を伸ばして立ち上がり、首を弓なりに伸ばして、喉を広げて大きく口を開く。そして、腹をへこませて頭を左右に激しく振り、咳をするようにして喉の奥から勢いよくペリットを吐き出して、遠くへ飛ばす。こうして弾丸のように発射された不要物の塊は、糞よりもずっと大きくて長い。動物園でも展示場の床に転がっていることがあるので、注意して探してみるとよいだろう。

体温調節

爬虫類は哺乳類のような方法で体温を一定に保つことはできないため、太陽や日陰など周りの環境を利用して体温を上げたり下げたりしなければならない。コモドオオトカゲの毎日は、この体温調節という手間のかかる作業を中心にまわっている。彼らは夜明け前に目覚めるが、午前9時を過ぎるまでは動きが鈍い。すばやく動けるようになるには、たっぷり3時間は日光浴をして体を温めなければならないからだ。その間は、なるべく広い体表面を日に当てられるように、地面に大の字になっている。曇り空の日には、もっと長時間、日を浴びなければならない。それ以外では、お腹いっぱい食事をした後にも日光浴が必要になる。体温が低いと、食べたものが消化されずに胃の中で腐って、そのせいで命を落とすこともあるからだ。

午後になって気温が上がると、今度は体温が上がりすぎないように日陰に入る。体温は上がりすぎても下がりすぎても危険なのだ。体温を下げるには、熱くなった地面から前半身と尾を持ち上げ、口を開けてあえぐことで、冷たい空気を口の中の湿った組織にあてて水分をすばやく蒸発させる。

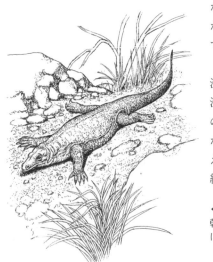

◀体を温める
朝になると、夜のうちに冷えた体を温めるために、体を伸ばしてたっぷりと日を浴びる。

夜になって気温が下がると、茂みにもぐることもあるが、自分で掘った穴に入ることのほうが多い。穴の中は湿り気があって気温の変化も穏やかなので、気候の変動から身を守れる。

隠れ家をつくる

隠れ家をつくるときには、日に焼けて固くなった地面を長く鋭いかぎ爪で掘り起こし、前脚で土を後ろへ飛ばしながら穴を掘る。川の土手に奥行9mの穴を掘った例もあるが、たいていはもっと手前で掘るのをやめる。穴に入ったときには頭と尾を外側にして体を曲げ、U字形の姿勢をとるので、穴の深さは1.2〜1.5mもあれば十分なのだ。隠れ家の場所としては、小川沿いにある粘土質の土手か、あるいは、谷間の森と高地のサバンナとの間にある開けた丘の斜面を選ぶことが多い。自分で掘らずに、齧歯類やジャコウネコ、イノシシ、ヤマアラシの掘った穴を利用することもあるし、動物園では隠れ家用につくられた人工の穴を使うこともある。その他、自然にできた穴や、張り出した植物の下、空洞になった木、岩の割れ目なども利用する。隠れ家の中は外より湿度が高いので、乾季になっても乾燥から身を守れる。

地面に休息場所をつくる

獲物を待ち伏せするときや、食べたものを消化するとき、日光浴をするときなどには、地面に休息場所をつくる。地面に腹をつける前に、地面をひっかいて植物や落ち葉をていねいに取りのぞくのだ。動物園でも、展示場の地面に休息場所の跡がないかどうか、地面をひっかいて新しい休息場所をつくろうとしていないかどうか、注意して見てみよう。

くさい物の上で転がる

これ以外にも、若い個体だけに見られるおもしろい習性がある。獲物を食べるときに、腸の内容物の上で転がったり、体をくねらせたり、体を押しつけたりするのだ。これはおそらく、糞のにおいを鱗の奥までしっかりしみこませるためだろう。研究者たちは、若い個体が必死になって自分の体に獲物の糞のにおいをつける理由を2つあげている。ひとつは、自分のにおいを隠して、大きい個体に捕食されるのを防ぐため。もうひとつは、死体から追いはらわれたと

きに、後でそこまで戻るためだ（自分のにおいをたどれば、簡単に元の場所に戻れる）。

社会行動

対立行動

爬虫類がトランプのポーカーをしたら、強いにちがいない。爬虫類は常に無表情だし、冷静沈着で、恐竜時代から続く古代の英知を内に秘めているようにも見える。それでも、見るべきポイントさえわかっていれば、ストレスを感じているかどうか見分けることはできる。ストレスの原因は、たいていは身に危険をおよぼす何らかの脅威だ。小さいコモドオオトカゲにとって、もっとも身近な脅威は、攻撃してきたり自分を捕食したりするかもしれない同種の大きい個体だ。小さい個体が身を守るためには、何よりもまず、他の個体から離れていなければならない。

においづけ（マーキング）　体の小さいコモドオオトカゲは、なわばりの周辺に残されたにおいをたよりに、大きな個体との出会いを避けている。においが残されているのは、道の交わるところや目立つ場所に落とされた糞の中だ。小さい個体は糞を見つけると、まわりを歩いたり、舌で触れたりして10分ほどかけてじっくり調べる。糞の中には、いつ落とされた糞かという情報だけでなく、糞をした個体の性別や年齢、発情しているかどうかという情報も含まれているのだろう。糞がまだ新しければ、「なわばりの主が近くにいるので、侵入するな」、少し時間がたった糞なら「注意して進め」、もっと古い糞なら「進んでよし」という意味になるのかもしれない。

なだめ行動　だが、いくら出会いを避けたくても、獲物を食べるときには、その気持ちをおさえて自分よりずっと大きな個体とも並んで食事をしなければならない。コモドオオトカゲたちの間には、イヌやオオカミと同じように明確な順位が存在している（通常は体の大きさに準じる）。体の小さい個体は、どうすれば大きい個体をなだめられるかよくわかっていて、獲物に近づく前には、離れたところを儀式的な歩き方（脚をつっぱり、体を左右に大げさに

▲儀式的な歩き方
獲物に群がって食事をするとき、若くて体の小さな個体は獲物から離れて儀式的な歩き方（体をこわばらせてゆっくり歩く）をすることで、自分が地位の低さを自覚していることと、順番が来るまで待っていることを年長の個体に伝える。

コモドオオトカゲ

振ってウェーブを描きながら歩く)でゆっくりと歩いて、自分に悪意がないことと、地位が低いのを承知していることを大きい個体に知らせる。そのときには、胴体を横方向にせばめ、背骨を弓なりにして、尾は地面から持ち上げてまっすぐ後方に伸ばす。さらに、首をアーチ状に曲げて喉をふくらませ、あいさつするかのように、頭を下げたり首をかしげたりする。相手に武器を見せないことも重要なので、歯を見せないように口を閉じて、声も出さないようにする。

小さい個体は、これらのしぐさによって大きい個体にへりくだる気持ちを示し、「私はあなたたちがおいしい肉をたっぷり食べて満足するまで待ちますよ」と伝えている。ようやく獲物に近づいて食事を始めてからも、常に大きい個体の動向に気を配っていて、大きい個体が少しでも動けば場所をゆずってやる。これらの「なだめ行動」は、人間と出会ったときにとられることもある。動物園では飼育員が近づいたときの反応を観察してみるとよいだろう。

コモドオオトカゲは、攻撃されたり手荒に扱われたりすると、恐怖のあまり胃や腸の中身を吐き出すことがある。この反応は、腹いっぱい食事をして数日間のうちに起きることがほとんどだが、それは、戦ったり逃げたりするために身軽になる必要を感じるからだ。

🌱 威嚇(いかく)

敵を威嚇するときには、他の動物と同じように自分の武器を相手に見せつける。コモドオオトカゲの場合、威嚇のディスプレイは、たいてい口を大きく開ける行動(口の中に並んだ歯を見せる)と、尾をくるりと巻く行動(攻撃にそなえて尾をふりかぶっているかのように曲げる)からなる。威嚇を行うときには、自分をなるべく大きく立派に見せるために、敵に体の側面を見せ、首を伸ばして弓なりにし、背中を曲げて体を高く持ち上げる。威嚇の効果を高めるために、体を震わせて尾を左右に激しく振ったり、口から少量の泡を吹いたり、シューシューというような恐ろしげな声を出したりすることもある。その間中ずっと頭を低くかまえて、骨状の突起の下から相手をにらみつけている。

🌱 闘争

威嚇をしても相手が引き下がらない、あるいは、なだめ行動をとらない場合、優位な個体は社会的地位を守るために、尾を激しく振ったり、相

尾をくるりと巻く

口を開けて威嚇する

◀威嚇
優位な個体は、体を大きく見せるために姿勢を正して相手に体の側面を向け、攻撃にそなえて尾を巻く。口を大きく開けて威嚇することもある。

手に突進したり、噛みついたりして攻撃をしかける。その際には、頭を低くかまえて首をS字型に曲げているので、どちらが優位な個体か見分けることができる。闘争を行うときは、場合によっては、後脚で立って（直立姿勢）互いに前脚で相手の体をかかえ、前に後ろによろよろ歩きながら、相手に噛みつこうとする。この攻撃を受けてしまうと、重傷を負って命を失うこともある。この戦いに決着がつくのは、勝者が求愛行動のときのように儀式的なマウント行動をとったり相手をひっかいたりするか、あるいは敗者が退却したときだ。

性行動

獲物の周りに集まったときは、食事をしたり、けんかをしたり、優位な個体に頭を下げたりする以外にもすることがある。異性との出会いと求愛だ。コモドオオトカゲは、異性に出会ったときには、見知らぬ相手に対する攻撃性を弱めるために、繁殖期でなくても求愛ディスプレイを行う。そうしているうちに、繁殖期に入るころには、互いに対する警戒を短い時間ならといていられるようになる。このようにして時間をかけて信頼を築くことは、コモドオオトカゲのように、相手に傷を負わせるどころか共食いまでしかねない動物の場合には特に重要だ。

▶後脚で立って闘争
相手の体を前脚でしっかりかかえて、後脚で立ち、前後によろよろ歩きながら相手に噛みつこうとする。

舌で触れる

ひっかく

交尾

▲求愛
オスはメスの体のにおいの強い部分に舌で触れる。メスの後を追い、背中をひっかいてなだめる。互いに相手を簡単に殺すこともできてしまうため、最終的にメスの背中に乗るには勇気が必要だ。

🌱 求愛
オスは求愛行動をとるとき、まず始めにメスの体の数か所——後脚のつけ根と、耳の前、それから顔の側面——に舌で触れる。専門家によれば、それらの部分のホルモンのにおいをかぐことで、メスが交尾を受け入れる状態にあるかどうかを判断しているのだという。次に、鼻先でメスをそっと突いたり、メスの体の側面や上面や首に顎をこすりつけたりする。メスはそれらの行動に対して、威嚇をしたり逃げたりという反応を示す。メスが逃げると、オスはそのすぐ後をついて歩き、追いついたら、首筋に噛みついて、メスをなだめるために体を爪でひっかく。

🌱 交尾
そのようにして何か月もかけて信頼関係を築いても、交尾するのが難しいことに変わりはない。メスはオスよりも攻撃的で、噛んだり尾でたたいたりしてくることが多いので、オスは交尾のためにメスに近づくときには、攻撃されないように目的をはっきり知らせる必要がある。そして、近づいても大丈夫だと判断すると、オスはメスにすばやくマウントして、体を固定するために首筋に噛みつき、尾をメスの体の下に差し入れてメスと総排泄腔を合わせる。

340 アジアの森に住む動物

育児行動

産卵 動物園の飼育員によれば、メスは産卵の前日になると落ち着きがなくなって呼吸も早くなる。動物園では地面に卵を産むが、そのときには四肢を伸ばして尾を上げ、体を震わせて産卵する。野生では普通は地下に巣穴をつくってそこに産む。これはおそらく、捕食者（自分以外のコモドオオトカゲを含む）の目につかないようにするためだろう。

子どもの暮らし 卵から孵化した子どもは、だれの助けも借りずに自分だけで生きていく。産まれて1年間は、大きな個体を避けるためにほとんどの時間を樹上で過ごし、ヤモリなどを食べて暮らす。90 cm ほどに成長すると、ようやく地上におりて死体を食べるようになり、やがて狩りを行うようになる。孵化してまもないうちは、大きな個体がそばに来ると本能的に緊張して、身を守るためになだめ行動をとる。

▲木に登る
1歳になるまでは、ほとんどの時間を木の上で過ごして、大きな個体との出会いを避ける。

動物園/自然界で見られる行動

基本的な行動

移動
・走る
・直立して歩く
・木に登る
・泳ぐ
・水にもぐる

採食
・待ち伏せする
・警戒の姿勢
・獲物にしのび寄る
・突進する
・噛みつく

飲水行動
ペリットの吐き戻し

体温調節
・日光浴
・日陰を探す
・あえぐ
・穴を掘って入る
隠れ家をつくる
地面に休息場所をつくる
くさい物の上で転がる

社会行動

対立行動
■においづけ（マーキング）
■なだめ行動
・儀式的な歩き方
・胃や腸の中身を出す
■威嚇
・口を大きく開ける
・尾をくるりと巻く
・敵に体の側面を見せる
・尾を激しく振る
・シューというような声を出す

■闘争
・尾を激しく振る
・突進する
・噛みつく
・後脚で立つ（直立姿勢）
・マウント行動をとる
・ひっかく

性行動
■求愛
・オスがメスに舌で触れる
・鼻先でメスをそっと突く
・顎をメスにこすりつける
・メスの後をついて歩く
・メスの首筋に噛みつく
・メスの体をひっかく
■交尾

育児行動
■産卵
■子どもの暮らし

暖かい海に住む動物

▲水面を「歩く」
スピードを上げて尾びれで水面を「歩く」。水族館のショーで芸として披露されるが、野生のイルカも同じことができる。

ハンドウイルカ
Bottlenose Dolphin

イルカという動物には人を強くひきつける魔法のような魅力があるが、いったい何が私たちをそこまで夢中にさせるのだろう。モナ・リザのような、あの微笑みだろうか。それとも、並はずれた運動能力だろうか。でなければ、船に寄ってきて一緒に泳いだり、おぼれた人を助けたりする習性だろうか。理由はどうあれ、イルカに注目してそのとりこになったのは、現代の私たちだけではない。古代の人々は、イルカのことを人間の言葉を神に伝えてくれる知的な生物として崇めていた。現在でも、イルカは人間と同等の——あるいはそれ以上の——知能と精神性をそなえた「水中に住む心を持つ存在」だと信じられている。イルカの知能の高さを信じる人々は、その証拠として、脳が大きいこと（人間より大きい）、飼育下のイルカが文法の要素を含む数十個の指示を覚えられること、音をまねる能力があること、ホイッスルやクリック音、「ギーギー」などの複雑な「イルカ語」をよどみなく操る能力があることをあげている。

一方、イルカの知能の高さを疑う懐疑派は、イルカの脳は体の大きさを考慮すればそれほど大きいわけではないと反論している。さらに、人なつこく見える行動も、イルカ本来の行動であって人間とは関係ないと言っている。たとえば、船に寄ってきて泳ぐのは、クジラに対してするのと同じように船が進むときに生じる船首波に乗ろうとしているだけだし、おぼれている人を水面に運ぶのも、親切でしているのではなく、具合が悪くなった仲間を海面に運ぶ本能的な反応にすぎないというのだ。で

 特　徴

目
クジラ目

科
マイルカ科

学名
Tursiops truncatus

生息場所
温帯と熱帯の海の主に沿岸部。湾内やラグーン内にも生息する。大きな河川をさかのぼることもある。

大きさ
体長 約 2.0 ～ 4.0 m

体重
約 150 ～ 200 kg
最大約 650 kg

最長寿記録
飼育下で 42 歳

◀人間との触れあい
オーストラリア、ウエストコーストのモンキーマイアビーチには、人間に挨拶するために定期的に浅瀬にやってくるイルカの一団がいる。

は、魚の群れを漁師の網や浜辺に追いこんでくれる行動についてはどうだろう。この協力的な行動も、浅瀬や海岸に魚を追いこんで捕らえやすくするというイルカの本能的な行動にすぎず、そのうえ、実際にはイルカが人間に協力しているわけではなく、魚を捕らえようとするイルカの行動を利用して、人間のほうが漁の方法を変えただけだというのが、懐疑派の意見だ。

とはいえ、そのような考え方では説明が難しい例もある。たとえば、オーストラリア西部のモンキーマイアビーチには、人間にあいさつをするために、座礁してしまいそうな浅瀬まで毎日やってくるイルカたちがいる。ここではやってきたイルカに魚をやっているが、驚いたことに、イルカたちはしばしばもらった魚を無視するばかりか、逆に魚や海藻といったプレゼントを人間に持ってくることさえある。他にもアメリカのフロリダでは、野生のイルカがレストランの生けすに住みついて、15年以上も店の人気者になっていた例もある。そ

の生けすからは他のイルカたちが海で自由に泳いでいるところも見え、簡単に出ることもできたのだが、そのイルカは海に戻ろうとしなかった。

　ほとんどの野生動物が人間から逃げていく世界において、人間を恐れるどころか寄ってくるように見えるイルカは、私たちの心をひきつける。イルカのすみかである大海原には人間が存在しなかったので、進化の過程で生存のために人間に対する恐怖心を身につける必要がなかった。ダイバーや調教師に慣れたイルカは、仲間に対してとるのと同じような社会的な行動を人間に見せてくれる。

　イルカは遠い昔に、身を守り食料を手に入れるために、集団で生活するように進化した。群れをなして密集して泳げば、サメやシャチといった捕食者に襲われにくくなる。獲物を探すときにも、複数で力を合わせれば、単独で探すよりも広い範囲を探索し、より多くの魚を見つけられる。だれかが魚の群れを見つければ、全員で浅瀬に追いこんだり、周りを囲んだりして楽に捕らえることもできる。集団生活はイルカにとって非常に有益であったため、仲間との関係を良好にする行動は、進化の過程で選択されてきた。コミュニケーションは社会生活の基礎となる重要な要素であるため、水族館で見てもおわかりのように、イルカのコミュニケーション技術は結果として高度に発達した。

　社交的なイルカがコミュニケーションに用いる音声は、40種類にも及ぶ。研究者の中には、この「イルカ語」を懸命に解読しようとしているものもいれば、イルカに人間の言葉を真似させようと躍起になっているものもいる。人類とイルカとの間の言葉の壁を取りはらおうとするこれらの研究には、遠大な目標がある。一部の研究者の抱く途方もない夢ではあるが、そのうちにイルカと意志を通じられるようになり、ことによると地球の歴史や深海の謎などを明かしてもらえる日が来るかもしれないと考えているのだ。あなたも水族館でギーギー音やホイッスル音を立てるイルカを見ていると、同じようなことを考えるのではないだろうか。

基本的な行動

移動

　イルカの祖先は、海辺に暮らす4本足の動物だった。それが、海中で過ごす

時間が増えるにつれ、より水中生活に適応した体に進化した。体形は流線型（潜水艦のように前後が細くなった形）になり、皮膚はなめらかに変化して弾力性が増し、泳ぐ際の乱流が抑えられるようになった。前脚は短くなって、手首から先の部分だけが体から突き出た形になり、5本の指の周囲の皮膚が結合して、ひれの形に変化した。後脚は完全に消失し、痕跡として腹部の脂肪の奥深くに小さな骨を残すのみとなった。そして、後脚の代わりに力強い尾びれが発達して、泳ぐ際の主な推進力を生み出すようになった。

イルカが泳ぐ際には、体のすべてのパーツが連携して働いている。尾を上げると、尾びれの後縁に渦が発生して水圧が下がる。そこへ頭部と背中の上の水が吸い寄せられて、体が前下方に押し出される。このように体の周囲に大きな

▼隊列を組んで泳ぐ
移動するときは積み重なるように密集して泳ぎ、そろって水面に出て呼吸をする。子どもの世話をするときは、ベビーサークルを形づくるように大人が子どもを囲んで泳ぐ。

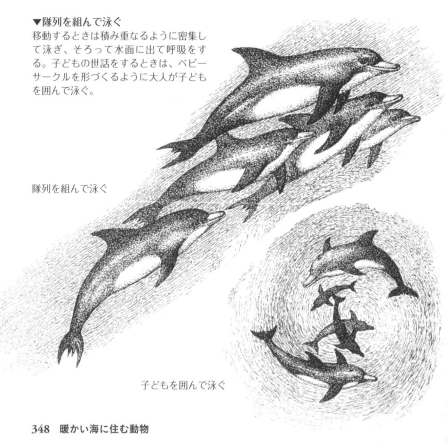

隊列を組んで泳ぐ

子どもを囲んで泳ぐ

水面を跳びながら泳ぐ
(ポーポイジング)

水の流れが生じるおかげで、そこに生じるはずの乱流が抑えられ、イルカの体は物理の法則に逆らって通常よりも速いスピードで水中を移動できる。さらに、目から筋状に分泌される大量の粘液と、体表からはがれ落ちる脂を含んだ表皮が潤滑油の働きをして、水の抵抗を減少させる。左右の胸びれが潜水艦の水平舵のような働きをして、体のバランスを保つ。それらすべてのおかげで、イルカは時速 30 km というスピードで水中を泳ぐことができるのだ。

　イルカはスピードと優雅さを合わせ持つ、生まれながらのスポーツ選手だ。水族館のショーで見せる動作のほとんどは、教わるまでもなく軽々とこなすことができる。ショーの合間や自然界で泳いでいるときにも、前方宙返りや後方宙返りをしたり、水面上に飛び出したり（ブリーチング）、尾びれで水面を歩いたりと様々な行動をとるので、よく観察してみるとよい。なかには夢中で遊んでいるときにしか見られない行動もあるが、ふだんからよく見られる行動もある。たとえば、自然界で群れをなして移動するときには、仲間と動作をそろえてポーポイジング（連続的に水面を跳びながら泳ぐ動作）をしながら、同時に呼吸をする。隊列を組んで泳ぐのも野生の群れの特徴だ。

　ハンドウイルカはたいてい水深 50 m 以内のところにとどまっており、ジャンプなどの離れ業を行うのにも海面の波を利用している。楽しそうにジャンプする姿は水族館でも見られるが、その高さは 6 m に達することもある。

呼　吸

　イルカの 2 つの鼻孔は進化の過程で融合して 1 つになり、頭上に移動して噴気孔に変化した。水中に潜るときには、この噴気孔を力強い筋肉によって閉じ、空気の漏れを防ぐと同時に水の浸入を防いでいる。水面に上がったときには、噴気孔を開けて勢いよく息を吐き出し、息を吸って次の潜水にそなえる。ハンドウイルカは、必要とあれば 7 分間も潜水していられるが、それは、肺だ

けでなく血中と筋肉にも酸素を蓄えておけるように適応した結果だ。また、潜水中は心拍数が低下するため、さらに酸素を節約できる。呼吸のために水面に上がると（1分につき4～5回）、再び心拍数が上昇して体中に酸素が送られる。

採 食

ハンドウイルカは食の好みがうるさいほうではなく、食に対する適応能力が高いおかげで世界中の海で生きのびてくることができた。好物は魚とイカだが、ウナギやゴカイ類やヤドカリなども食べる。飼育下では1日に15 kgもの餌を平らげる。

自然界で魚を狩るときには、複数で協力しあって魚を1か所に密集させ、まわりを囲んで魚群の端や下のほうから食べていくことがある。それ以外には、海岸に沿って速いスピードで泳ぎ、生み出された波によって魚を岸のほうに追いやるという方法もとる。あるいは、魚を楽に捕らえるために、海岸やサンゴ礁などの狭い場所に追いやって閉じこめることもある。獲物がトビウオのときにはジャンプして捕らえるし、元気のよすぎる魚が相手のときには、尾びれでたたいて空中を10 m近くも飛ばし、気絶しているところをすくい上げる。

また、トロール船の捨てるくず魚を食べたり、大型荷船の捨てるごみに寄ってくる魚を食べたりすることもある。

休 息

ハンドウイルカは人間のような方法で眠ることはないが、脳を半分ずつ休ませながら、水中でおぼれることなく休息をとる。休息中は起きているほうの脳で動きと呼吸をコントロールし、目も片方だけ開けて敵を警戒している。脳の各半球が、それぞれ1日に合計3～4時間の休息をとる。

飼育下では主に夜間に睡眠をとるが、日中も餌を食べた後に昼寝をする。休息中は体を水平にして水面近くに浮かび、水槽内の水の流れに頭を向けている。眠りながら、時おり尾びれを何度かゆっくり振って水面に浮かんで呼吸する。

スキンシップを求める

イルカは体に触ってもらうのが大好きなので、水族館によってはショーのごほうびとして、魚をやるかわりにくちばしを軽くたたいてやる。ダイバーや泳いでいる人間にイルカが寄っていくのも、この触覚刺激を強く求めるという性質が関係しているのかもしれない。飼育員はこのことを知っているので、トレーニングや世話のため、あるいは単にイルカを喜ばせるために頻繁に水槽に入る。

人間がそばにいないときは、はしごや水槽の底に取りつけられたブラシ、水の吹き出し口などを利用して体をこすっている。後の節で説明するように、スキンシップはイルカ同士のコミュニケーションにおいても非常に重要な役割を果たしている。

人間との関係

イルカたちは何世紀もの昔から寛大な心で人間に接し、信頼さえ寄せてきてくれた。だが残念ながら、人間のほうはいつでも同じだけの愛を返してきたとは言いがたい。たとえば、食用にしたり、カニ漁の餌に用いるなどの目的で毎年何千頭ものイルカが捕獲され殺されてきた。また、危険な軍事作戦にイルカが利用されている国もある。海軍がイルカを訓練して、人間のダイバーには危険すぎる機雷の掃海を行わせているのだ。この作戦はイルカ愛好家たちの激しい怒りをかっている。

イルカ愛好家が侮りがたい影響力を持っていることは、マグロ漁の例で証明済みだ。マグロ漁は最近まで、何千というイルカの犠牲を出しながら行われていた。イルカはマグロのすぐそばを泳いでいることが多いため、マグロの群れに混ざって網に巻きこまれてしまうのだ。網にかかったイルカのほとんどは、網から助け出される前におぼれて命を落とす。しかも、漁船の乗組員の中には、イルカを助けようとさえしない者もいた。1980年代後半になると、手紙によってイルカの保護を訴える運動とツナ製品の不買運動が始まり、製造業者らはマグロの漁獲方法を変更せざるをえなくなった。現在では、アメリカで売られているツナ缶の多くに、イルカを傷つけない漁法でとられたことを示す「ドルフィン・セー

フ」というラベルが貼られている。この件は、消費者が心から怒りを感じて組織的に行動を起こせば、事態を変えることも可能だと証明している。

社会行動

　野生のハンドウイルカは、2〜15頭の群れで行動していることがもっとも多い。社会的な基本単位は、複数のおとなのメスとその子どもたちからなるポッドと呼ばれる群れで、ポッドのイルカたちは、数日間から数週間行動を共にする。いくつかのポッドが集まって、数分間から数時間いっしょに泳いだり狩りをしたりして、再び別れることもある。そのような群れは、水深が深くなるにつれ、あるいは外洋へ行くにつれてサイズが大きくなる傾向がある。群れの顔ぶれはその都度変わるが、その中でもオスはオス同士、メスはメス同士で、年齢ごとに固まって行動する。おとなのオスは群れの行動圏の周辺部にいることが多いが、メスは主に中心部にいる。

　母と子は群れの中でも非常に強いきずなで結ばれていて、誕生から最長5年間は片時も離れずに行動する。メスの子どもはおとなになると自分の母親のいるポッドに戻って子育てをするが、その際に、同じ歳の子どもを連れたメスと行動を共にすることが多い。ポッドにいる祖母（ポッドに戻った個体の母親）は、経験上どの季節にどこへ行けばよい食物を得られるか、といった知識を豊富に蓄えているので、きわめて重要な役割を果たしていると考えられる。

　オスの子どもは成長して母親のもとを離れると、オスだけの群れに加わり、メンバーとの間にきずなを形成して15年ほど共に行動する。成熟してもメスのように母親のポッドに戻ることはなく、それ以外のメスの群れの間を渡り歩くようになる。

友好的な行動

仲間同士のスキンシップ　ハンドウイルカが生きていくためには、他の個体と社会的な関わりを持つことがきわめて大切だが、そのような関係を築いて維持するにあたって、スキンシップは重要な役割を果たしている。イルカたちは一緒に泳ぎながら、愛情をこめて自分の体を相手にこすりつけることで、

互いの間の緊張をほぐし、皮膚についたフジツボや寄生虫をとりのぞく。自分の胴体を相手の胸びれにこすりつけたり、自分の尾びれや下顎や脇腹を相手の体にこすりつけることもあるし、互いの全身をこすりあわせたり、くり返しふれあわせたりすることもある。腹を合わせて泳ぎながら、人間の子どもが「せっせっせ」をするように互いの胸びれをこすりあわせることもあり、このしぐさをショーに取り入れている水族館もある。その他、くちばしを相手の生殖孔に差しこんで泳ぐという行動もとるので、注意して見てみよう。このときは、スリット状の生殖孔（雌雄どちらにもある）にくちばしを差しこんで、相手を優しく押しながら泳ぐ。

遊び

健康なイルカをじっとさせておくことなど不可能だと飼育員は言う。水族館のイルカは、ショーの合間や客がひとりもいなくて暇なときには、水槽にあるおもちゃや掃除用具、落ちてきた羽、葉で遊んだり、飼育員と遊んだりしている。人間に何かを投げてもらって取ってくるという遊びが大好きで、投げてもらうとすぐに遊び始める。他のイルカから離れて、1頭だけで身近にあるものを使って遊ぶこともある。追いかけっこも大好きで、まるで「位置について、用意、ドン」と誰かに号令をかけられたように、いきなり何頭かで泳ぎ始めて、楽しそうに激しいレースを繰り広げる。

ハンドウイルカは他の動物に比べて遊びの最中に威嚇やけんかという行動をとることは少ないが、そのかわりに、遊びながら性的な行動をとることが多い。たとえば、勃起したペニスを露出させて、それで何かを押したり引いたりするなど、新しい遊びを考えついて遊ぶのだ。しばらく見ていると、また別の性的な遊

◀くちばしを生殖孔に差しこんで泳ぐ
友好的な行動の一種で、一方がもう一方の生殖孔にくちばしを差しこんで押しながら水槽内を泳ぐ。この行動は求愛の際にも見られる。

びを始める。

🐬 仲間とのコミュニケーション

ハンドウイルカの出す音声は、カチカチというようなクリックと、口笛のようなホイッスル、それから、ガーガー、ギーギーというような雑多な音の3種類に分けられる。クリックはエコーロケーション（反響定位）に用いられ、ホイッスルと雑多な音は、仲間とのコミュニケーションに用いられる。各個体はそれぞれシグネチャーホイッスルという個体識別のための音を持っていて、他のイルカは、そのホイッスルを聞けば0.5秒もかからずに声の主を識別できる。互いのシグネチャーホイッスルをまねることもあるので、おそらく、その能力を使って、混雑する大きな群れの中でも「名前」を呼びあっているのだろう。複数で斉唱をするように、音の高さや大きさの変化までぴったりそろえてホイッスル音を出すこともある。ホイッスル音を出すときには、たいていは噴気孔から連続的に気泡を出しているので、それを見れば、どの個体が音を出しているかがわかる。だが、気泡は必ず出るというわけではない。こっそり音を出したいときには、気泡を出さずにホイッスル音を出すこともできる。

その他、体の一部で水面をたたく音や、顎を打ちあわせる音、泡を出す音、噴気孔から勢いよく息を吐き出す音など、音声以外の音もコミュニケーションに用いている。そのような音は、欲求不満や攻撃的な気分をあらわすときに用いられることが多いが、互いの存在を確認するのにも役立っている。たとえば、群れで泳ぎながらポーポイジング（水面を跳びながら泳ぐ）をしているときは、全員で同時に水面に出て呼吸をするが、そのときの「シュー」という噴気の音は、

◀コンタクトコール
赤ん坊と母親はシグネチャーホイッスルを交わしあって互いの声を覚え、連絡を取りあう。

仲間の数を確認し、群れから離れないようにするのに役立っている。また、噴気孔から大きな気泡を出すこともあるが、この行動は、人間がとまどった表情を浮かべるのと同じように、疑問があることを表現しているらしい。

集団で救助

ハンドウイルカは具合が悪くなったときや痛みを感じたときに、2音からなるディストレスホイッスルを発する。すると、場合にもよるが、他のイルカたちは声を出すのをやめて、耳をすませているような様子を見せる。そして、数秒以内に声の主を探し当てて、その体の下に急いで潜り、水面に持ち上げて息ができるようにしてやる。おぼれているところをイルカに助けられた人によると、イルカのレスキュー隊員たちは、細かく気を配りながら、手際よく粘り強く救助してくれたという。イルカは仲間が弱っていると、何日間でも呼吸のたびに体を持ち上げてやったり、断続的に何週間も助けてやったりすることが知られている。

集団で警戒

ハンドウイルカは見慣れない物を見つけておびえると、ぴたりと黙りこむ。おびえる対象は、人間やボートやサメのこともあるし、水槽の中のボールということもある。いつもは騒がしいイルカたちがいきなり黙りこむと、水槽内には悲鳴が上がったのと同じくらいの緊張が走る。イルカたちは1か所に集まって、恐怖の対象を疑わしげに観察しながら、その前をゆっくりと泳ぎ過ぎる。そのうちに、害がなさそうだとみると、好奇心の強い個体が対象にさっと近づき、音波で探りを入れて、再びさっと遠ざかる。だんだん大胆になってくると、対象を触ったり動かしたりしてみるよ

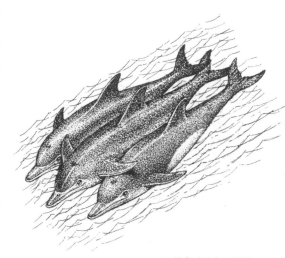

▶集団で救助
弱って泳げない仲間がいると、呼吸ができるように水面まで持ち上げてやる。

◀威嚇
尾びれで、または全身で水面をたたいて、いらだちを伝える。

うになり、そこでようやく有害か無害かの判定が下される。対象が無害であれば、いつも通りにホイッスル音を出し始めるが、有害だと感じると、警告音（アラームホイッスル）を発する。これは大音量の低音で、遠くまでよく届く。

対立行動

社会的順位

研究者によると、飼育下のハンドウイルカの集団には、ある種の「つつきの順位」が存在する場合がある。一般的には、もっとも体の大きいオスがトップの地位におり、その下にそれ以外のおとなのオス、その下におとなのメス、若いオス、そして最下位が子どもという順位になっている。同様に、メスの間では、もっとも体が大きくて年かさのメスがトップにおり、若くて体の小さいメスはそれより順位が下になる。

優位な個体は、水槽の中でわが物顔にふるまっているので、すぐに見分けることができる。ショーでは誰よりも高くジャンプし、誰よりも攻撃的で、他の個体から攻撃されたときにも大してダメージを負わない。だが、社会的な順位は不動ではないため、変化に気をつけている必要がある。それには、どの個体がどの個体を威嚇するか注意して見ているとわかりやすい。

威嚇

ハンドウイルカのとる威嚇行動のうちで、もっとも目立たないもののひとつが、にらみつけるという行動だ。下位の個体は、優位な個体ににらまれれば、たいていの場合は道をゆずる。優位な個体は、下位の個体のいる場所（ごほうびの魚の入ったバケツの目の前など）を奪いたいのに相手がゆずろうとしないときには、相手の体の上に乗るという手を使う。極端な場合には、順位に従わない相手を1頭から数頭で水槽の底に押さえつけてしまう。

もっと直接的な激しい威嚇の方法としては、口を開けて歯を見せつけるか、背中を丸めて頭を下げた姿勢によって自分の優位性を示すという方法がある。あるいは、顎を鳴らしたり、相手に突進したり、尾びれやくちばしでたたいたりすることもある。威嚇のための攻撃的な行動は唐突にとられるので、普段のゆったり流れるような優雅な動きとは明らかに異なっており、簡単に見分けることができる。上記のような行動の他にも、尾びれや胸びれ、あるいは全身で水面をたたいて水しぶきと大きな音を立て、機嫌が悪いことを伝える場合もある。

　そのような威嚇のしぐさは、水族館のショーの最中にも見られる。特に調教師に対して腹を立ててイライラしたときには、人間が足で地団太を踏むのと同じように、尾びれを水面に打ちつけて、調教師と観客を水びたしにしてしまう。同時に、噴気孔から「ブーッ」というようなパルス音を発して「やじ」を飛ばすこともあるし、噴気孔から爆発的な勢いで噴気を連発することもある。

🌱 **服従**　　優位な相手に服従の意志を示して、それ以上の攻撃を避けたいときには、口を閉じて歯を隠し、顔をそむけて、「あなたは私を攻撃できるけれど、私にはあなたを攻撃するつもりはありませんよ」というように、無防備な横腹を相手にさらす。そして、痛い目にあわないうちに、優位な個体に急いで道をゆずる。

🌱 **闘争**　　野生のイルカをじっくり見る機会があれば、彼らの体に傷があることに気づくだろう。イルカの社会も平和なときばかりではないという証拠だ。イルカたちは、物や場所や食物をめぐってけんかをするし、隊列を組んで泳ぐときの位置を取りあって争うこともある。けんかをしかけるのはたいてい若いオスで、それに対して優位なオスは、歯でひっかいたり、噛みついたり、下顎でたたいたり、強力な尾びれでなぐったりして反撃する。特に、優位なオスがメスに付き添って求愛しているところに、若いオスが「割りこみ」をしてけんかが起きることが多い。

🍃 性行動

　イルカは汎性愛者（パンセクシュアル）だと言われるが、この言葉は、彼ら

の自由奔放で型にはまらない性行動の本質をよくあらわしている。ハンドウイルカは季節を問わず、昼夜を問わず性行動をとるうえ、異性だけでなく同性も対象にする。しかも、性行動の対象は同種の動物だけではない。たとえば、人間のダイバーを相手に性的な行動をとることが頻繁にあるし、報道によれば、フロリダ州のサラソータでは、ヨットに対してマウント行動をとるイルカもいたという。だが、それらの行動の多くは純粋に社会的な行動であって、生殖を目的としているわけではないらしい。性的な行動はお気に入りの遊びのひとつでもあり、幼いイルカから年老いたイルカまで、性別に関係なく楽しげにそういった行動をとっている。

🌱 **求愛** ハンドウイルカの性行動はおそらくどの季節でも見られるが、実際の繁殖期は主に春から秋だ。この時期になると、オスは特定のメスを気にして、いつもそばにいるようになる。メスはそのオスを気に入れば、その前で体

▲求愛スイミング
互いの周囲を泳いだり、逆さになったり、らせん状に泳いだりする。水面からジャンプすることもある。

を横向きにして生殖孔を見せながら泳ぎ、相手に対して性的な関心があることをはっきりと示す。オスの関心をさらにひきたいときには、オスの背中に頭をのせてゆっくりとこすり、背びれでオスの腹部を優しくなでる。見ていると、オスとメスで立場を交代することもある。

　それよりもよく見られる求愛の方法が、求愛スイミングだ。これは、どちらか一方がもう一方の周囲を泳ぐという行動で、らせん状に泳いだり、逆さまの姿勢で泳いだりすることもある。このディスプレイは、しばしば鬼ごっこに発展し、オスとメスは追う側と追われる側を交代しながら、らせん状に泳いだり、水面からジャンプして腹から水面に落ちて大きな音を立てたりする。激しい鬼ごっこの途中に、一息つくように水面にじっと浮かんで休憩することもある。求愛中のオスは頭を下にした姿勢をとり、勃起したペニスを見せる。そのうちにメスがオスの姿勢をまねるが、このとき、しばしば他のメスもやってきて同じことをする。

　求愛中の2頭は、自分の体のすべての部分を使って互いの体を頻繁に愛撫するが、特に相手の生殖器と尾びれ、胸びれを頻繁になでる。一方が背びれの先端をもう一方の生殖孔にさしこんだ状態で、ゆっくりと一緒に泳ぐこともある。オスは特徴的なS字型の姿勢でメスの下を泳ぎながら、声を発して、その反響によってメスの下腹部をさぐる。その他には、顎を打ちあわせる、鼻をこすりつける、体をこすりつける、優しく噛む、甲高い叫び声をあげるなどの行動もとる。そのうちに、2頭で頭のぶつけあいを始めることもあるが、驚くことはない。頭が痛くなりそうだが、この行動を経ることで交尾のときが近づくのだ。

🌱 交尾

メスは交尾の心構えがまだできていない場合、オスに背を向けたり、胸びれでたたいたりする。交尾できる段階になると、メスは緊張をといて、オスが自分の下に来ても嫌がらなくなる。オスは水面までメスを優しく押していき、自分は腹を上向きにしてメスの腹部に押しつけ、互いの生殖孔を合わせる。オスは胸びれでメスの体にしっかりとつかまり、2〜3回腰を動かしたあとで、ゆっくりとメスから離れて休息をとる。

育児行動

出産　ハンドウイルカの妊娠期間はおよそ12か月なので、交尾をした次の年の繁殖期の最中に出産をすることになる。繁殖期にはオスはもっとも攻撃的になるので、メスは出産するときには群れから離れる。その際、子どものいない血縁のメスがヘルパーとして1頭母親に付き添い、出産と子育てを手伝う。水族館では、野生に近い状態で出産ができるように、出産の近づいたメスをオスから引き離す。水族館によっては、初めて出産するメスが育児のコツを習えるように、出産経験のあるメスを一緒にしてやる。

メスは出産のときには体を弓なりにして尾を曲げた姿勢をとるので、姿勢を見れば出産中だということがわかる。尾びれを水面から出して逆立ちの姿勢をとることもある。出産にかかる時間は20分から数時間とまちまちだ。陣痛が起きると、そのたびに乳腺から乳汁が吹き出し、赤ん坊が体外へ少しずつ押し出されてくる。母親が最後にいきむと、雲のように広がる血とともに、尾を先にした赤ん坊の全身があらわれる。母親が体を回転させると、へその緒が切れ

◀**子どもの世話**
産まれた赤ん坊が弱っていたり、死産だったりすると、母親は呼吸をさせるために水面まで運んでやる。

て、赤ん坊は呼吸をするために産まれて初めて水面へ上昇する。

　赤ん坊が誕生すると、水槽内のイルカたちはいっせいに鳴き声をあげはじめる。母と子は、その喧噪のなかでひっきりなしにホイッスルを交わしあう。このときに互いの声を記憶して聞き分けられるようにするのだろう。それ以後、子どもが離れて姿が見えなくなっても、母親はホイッスル音をあげるだけで子どもを呼び戻せるようになる。

🌱 **授乳**　　母と子は、音声以外にも体を触れたり擦りつけあったりすることできずなを深める。ハンドウイルカの子どもは、生後18か月まで腹が減ったときには母親の腹をつついて乳をもらう。栄養豊富な母乳のおかげで、1年間

▲母親によりそって泳ぐ
子どもは母親の動きによって生み出された水流（スリップストリーム）に便乗して移動する。

で体重は75 kg、体長は60 cmも成長する。

🌿 子どもを守る

サメやシャチのような敵が多数いる海の中では、生まれたてのイルカは格好の餌食だ。そのうえ、この時期には同種のオスも攻撃性が増していて、気まぐれに攻撃してくる可能性もある。そのため、母親は子どもに危険が及ばないよう常に目を光らせていて、見慣れない物から子どもを遠ざけたり、ジャンプしている仲間の下に行かせないようにしたり、乱暴なオスに攻撃されないように気を配ったりしている。

生まれて間もない子どもは、まだうまく泳ぐことができず、体力もないので、ほとんどの時間は母親のすぐ上か脇によりそって、母親の泳ぎによって発生する水流に運ばれて移動する。このように母親によりそって泳いでいると、子どもの体の模様が母親の模様に溶けこんで、1頭しかいないように見えるので、捕食者の目をあざむくことができる。子どもがこの「安全地帯」から離れてしまったときは、母親はすぐに子どもを連れ戻す。

エコーロケーション（反響定位）——音で見る

1946年、マイアミ動物園の園長が、当時としては荒唐無稽とも思える説を提唱した。イルカはきわめて優れた聴覚を用いて、水中の物体を「見て」いるのではないかというのだ。イルカが泳ぎながら発するクリック音は、物に当たって反響（エコー）という形で発信者にはね返っており、イルカは人間がソナー（水中音波探知機）に利用するのと同じ原理を用いているのではないかと園長は考えた。その後、この説は科学者らによって正しいことが証明された。ただし、人間のソナーは単一の周波数しか用いていないため、イルカに比べればはるかに単純なことしかできない。イルカは多様な周波数の音を発し、その反響によって対象物を詳細に調べて、立体的な三次元画像としてとらえている。その能力によって、泥に埋まった5セント硬貨と10セント硬貨を識別することさえできるのだ。このように音で周囲を見る能力は、自然界で獲物を追ったり危険を避けたりする際にも重要な役割を果たしていて、特に、濁った水の中ではなくてはならない。

イルカはどのようにエコーロケーションを行っているのだろう。科学者らによれば、音は鼻腔内にある特別な気嚢から発せられている。発せられた音は、頭の上部にある球状のメロンという脂肪組織を通過する際に集束される。イルカは、その音波を「見たい」と思う物に向けて多数発射し、対象物に当たって跳ね返ってきた音波を、下顎骨の薄くて音を伝えやすい部分でとらえる。音波は顎の骨を通って（骨伝導式電話の仕組みを考えてみてほしい）顎の基部にある脂肪組織に伝わり、中耳に到達する。そして、最終的には脳内で三次元の「画像」に変換される。これらの処理はすべて、言葉で説明するよりはるかに短時間のうちに、ソナー技師もうらやむほどの精度で行われる。

共同保育

ハンドウイルカには子どもを共同で育てる習性があるので、子どもが大きくなってくると、母親は赤ん坊のときほど常に警戒している必要はなくなる。母親が食事に出かけている間は、血縁関係にあるメスが子どもの世話をしてくれる。子どもたちは、周囲を泳ぐ2〜3頭のメスに守られながら、子ども同士で遊ぶ。子どもはこのように比較的安全な「託児所」で遊ぶことで、仲間とのつきあい方を学ぶのだ。母親は生後18か月ほどで子どもを乳離れさせ、自分から離れて行動するようにうながす。しかし、子どもはその後も最長で6年間は母親と密接な関係を保ち、その間に、群れ内に伝わる文化をじっくりと学ぶ。

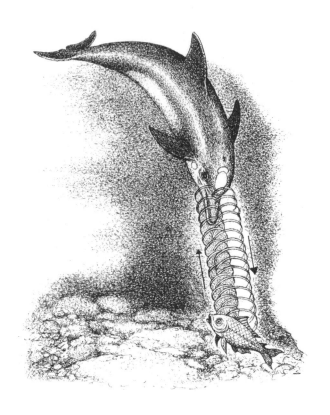

▲エコーロケーション
イルカの発したクリック音は、頭の前部にあるメロンという脂肪組織を通る際にひとつに束ねられる。音は魚にあたってはね返り、イルカの下顎骨を通って、顎のつけ根にあるもうひとつの脂肪組織に伝わる。最終的に脳内で三次元画像に変換される。

動物園/自然界で見られる行動

基本的な行動

移動
- 泳ぐ
- 前方宙返り
- 後方宙返り
- 水面上に飛び出す（ブリーチング）
- 尾びれで水面を歩く
- 水面を跳びながら泳ぐ（ポーポイジング）
- 隊列を組んで泳ぐ
- ジャンプする

呼吸

採食
- 魚の群れを取り囲む
- 魚の群れを岸に追いやる
- 魚を狭い場所に閉じこめる
- 魚を尾びれでたたいて空中を飛ばす

休息

スキンシップを求める

社会行動

友好的な行動
- ■仲間同士のスキンシップ
- 体をこすりつける
- 胸びれをこすりあわせる
- くちばしを相手の生殖孔に差しこんで泳ぐ
- ■遊び
- 物を投げてもらって取ってくる
- 他のイルカから離れて1頭で遊ぶ
- 追いかけっこ
- 複数でレースをする
- 性的な遊び
- ■コミュニケーション
- シグネチャーホイッスル
- 音声以外の音を立てる
- ■集団で救助
- ディストレスホイッスル
- 複数で仲間の体を水面まで持ち上げる

- ■集団で警戒
- ぴたりと静かになる
- 1か所に集まる
- 警戒の対象を調べる
- 警戒音（アラームホイッスル）

対立行動
- ■社会的順位
- ■威嚇
- 相手をにらみつける
- 水槽の底に相手を押さえつける
- 攻撃的な威嚇
- 水面をたたく
- ■服従
- ■闘争
- 歯でひっかく
- 噛みつく
- 下顎でたたく
- 尾びれでなぐる

性行動
- ■求愛
- 生殖孔を見せる
- 相手の背中に頭をのせてこする
- 求愛スイミング
- 鬼ごっこ
- 相手の体を愛撫する
- S字型の姿勢
- 顎を打ちあわせる
- 鼻、体をこすりつける
- 優しく噛む
- 甲高い叫び声をあげる
- 頭をぶつけあう
- ■交尾

育児行動
- ■出産
- ■授乳
- ■子どもを守る
- 子どもを自分の斜め後ろで泳がせる
- ■共同保育

▲移動
アシカは凄腕のボディサーファーだ。息継ぎをするときには、イルカのように海面に飛び出してジャンプする。

カリフォルニアアシカ
California Sea Lion

アシカといえば、昔のサーカスで鼻にボールをのせてまわしたり、チュチュを着てくるくるまわったり、その他、客の喜ぶ屈辱的な芸を辛抱強く披露している姿が有名だ。現在でも、一部のサーカスや動物園や水族館では似たようなショーをまだ行っているが、多くはこの動物の持って生まれた能力を見てもらえるような、尊厳を損なわない展示の仕方をしている。

そもそも、アシカの能力を見せてもらうのに、ごほうびでつったりする必要などないのだ。カリフォルニアやメキシコの海へ行けば、野生のアシカが岩から海へ飛びこんだり、波に乗ってボディサーフィンをしたり、ジャンプをしたり、レースをしたり、海藻の切れ端を投げ上げたりして遊んでいるのを見ることができる。そうやって遊ぶだけのゆとりを持っていられるのも、ひとつには、アシカが環境にうまく適応していて、捕食者に襲われても簡単に逃げ切ったり、瞬時にくるりと方向転換したり、瞬く間にタコを捕らえたりできる能力があるからだ。

アシカは流線型の体つきをしていて、柔軟な背骨と強靭な首、発達した胸部の筋肉を使ってしなやかに動く。水中では、幅の広い前びれでペンギンのように水をかいて前進し、後ろびれを舵のように使って方向を変える。前後の脚は、体が流線型に進化する過程で体内に埋没して、ほぼ手の平と足先の一部分だけが体外に突き出した形に変化した。耳たぶ（耳介）は縮小し、水中をなめらかに移動できるように生殖器と乳房は体内に移動した。

特徴

目
食肉目鰭脚亜目

科
アシカ科

学名
Zalophus californianus

生息場所
海、海岸（岩場、砂浜）

大きさ
オス 体長 約2.0～2.6 m
メス 体長 約1.5～2.0 m

体重
オス 約200～300 kg
メス 約50～100 kg

最長寿記録
20歳以上

シュノーケリングやダイビングの最中に野生のアシカと泳いだことのある人なら、彼らが飛ぶように泳ぐことや、いたずら好きだということをよく知っている。ダイビングを始めて間もないころに、アシカにチキンレースを挑まれた人は多い。アシカは初心者がこわごわ潜っているところに、いたずらっぽく泡を吐いたり歯をガチガチいわせたりしながら猛スピードで近づいていって、すんでのところでひらりと身をかわしてからかうのだ。最近の動物園のショーでは、こういった自然な行動を数多く取り入れているため、この動物について観客に知ってもらうだけでなく、アシカにいきいきと過ごしてもらうのにも役立っている。

　動物園ではショーのとき以外にも、とびきりおもしろい行動を見ることができる。展示場につくられた人工の崖の上で、ごちゃごちゃと入り乱れて騒いでいるところは、野生の姿そのままだ。アシカは陸上では互いに触れあっているのが好きで、野生でも積み重なるようにして密集している。それが、繁殖期に入ってなわばりや子どもを守るようになれば、打って変わって仲間を寄せつけなくなり、仰々しい威嚇行動をとったりけんかを始めたりするようになる。そのような社会行動についていくらかでも知っておけば、目の前のアシカたちがいきなりほえ声をあげたり、追いかけっこやけんかを始めたり、仲間に対して友好的な行動をとったりしたときに、意味を理解しやすいだろう。

基本的な行動

移　動

　アザラシとアシカ類（アシカやオットセイ）は、泳ぎ方を見れば区別することができる。アザラシは後ろびれを左右に振って泳ぐのに対して、アシカやオットセイは前びれで羽ばたくように水をかいて泳ぐからだ。アシカは最高時速30 kmほどのスピードで泳げるうえ、敵から逃げるときには、ポーポイジング（イルカ泳ぎ）といって、連続でジャンプしながら泳いでさらにスピードを上げることもできる。若いアシカが縦一列になって、順にポーポイジングしながら泳いでいると、まるで一頭の巨大な竜が泳いでいるように見える。また、打ち寄せる波に乗って海岸に運ばれたり、岩棚の上まで波に持ち上げてもらったりと、独特の方法で波を移動に利用することもある。

▶歩く
四つ足の哺乳類のほとんどと同じように、対角線上にある前後の脚を同時に動かして（斜対歩法で）歩く。

　陸に上がると、水中とは異なる方法で移動する。体を地面から持ち上げて、他の四つ足の哺乳類と同じように、対角線上にある前後の脚を同時に動かして（斜対歩法で）歩くのだ。前後の脚のうち体外に出ているのは下部のみである（体形を流線型にするため、上部は体内に埋没している）ため、実際には人間でいえば手首とかかとにあたる部分を使って歩いていることになる。1歩ごとに肩と股関節をまわし、頭を左右に振って歩く。

　急いで移動するときには、両後脚、両前脚という順に脚を動かして、頭を上下に振りながらギャロップで走る。平らな地面の上をギャロップで走れば、水中で泳ぐときと同程度の最高時速約24 kmというスピードが出せる。なめらかな地面や浅い水の中では、ストライドといって、腹部で体重を支えて後脚を地面から離し、前脚で地面をかいて大またで前進する方法をとることもある。オスはなわばりに入った侵入者を追い払うときは、この方法で大またに前進して相手に突進する。

採食

獲物を捕らえるときには、たいていは海中をすばやくジグザグに泳いで追跡する。獲物は主にイカだが、カタクチイワシやニシン、シロガネダラ、メバル、メルルーサ、サケ、タコなども捕食する。主に視覚に頼って追跡するが、獲物の生み出す振動を敏感なひげで感じ取って追跡に活かすこともある。研究者の中には、これ以外にも自分の鳴き声のエコーを利用して獲物の位置を測定していると考える者もいるが、まだ証明はされていない。

アシカにまつわる事柄として、もうひとつ証明されていないのが、サケなどの商業的な水産資源に深刻なダメージを与えているという説だ。アシカの保護法が存在する現在でも、アシカを競合相手と見なす漁業関係者によって数多くが撃ち殺されている。たしかにアシカは、たとえばオレゴン州のローグ川では、川を遡上しながら多少のサケを捕食してはいるが、その量は漁業に深刻な被害を与えるほどではない。アシカが食べるのは主に漁業の対象にならない魚とイカだ。

グルーミング（身づくろい）

後ろびれの指のうち3本にはかぎ爪が生えており、長く伸びたゴムのようなひれの先端部を折り曲げると、その爪を表に出すことができる。アシカはこの爪を使って犬のような方法で体をかく。背中を後ろにそらせば、全身の前3分の2に後ろびれの爪が届く。前びれで体をこすることもあるが、そのときには、片方の前びれで体を支えて首を伸ばし、顔を空に向けて、もう片方の前びれで体をこする。もっと強くかきたいときには、岩に体をこすりつけたり、砂の上で体をくねらせたり、他の個体にもたれかかったりする。海か

▶体をかく
体がかゆいときには、後ろびれの先端を曲げ、爪を露出させて体をかく。

ら陸に上がったときは、岩に顔を片方ずつこすりつけて、ひげをととのえるようなしぐさを見せることもあるので注意して見てみよう。

体温調節

アシカは2つの世界を行き来する恒温動物だ。海中では体温の低下を防ぐ必要がある一方、陸上ではしばしば暑さに悩まされる。このジレンマに対処するべくアシカの体が獲得した適応は、注目に値する。

恒温動物は水中では空中の25倍の速さで体温を失う。アシカは体を大きく、表面積を（体重と比較して）小さくして、体温の放出を抑えられるように進化した。さらに保温効果を高めるために、厚さ10cmの脂肪を体の周囲にまとうようになった。しかし、前後の4枚のひれにはそれほど厚い脂肪はついていない。アシカがよく水面からひれを出して休息しているのは、体温の低下を抑えるためだ。この姿勢をとっていると水の上に弓なりに突き出された1本の前びれと2本の後ろびれが、水差し（jug）の取っ手のように見えるため、この動作はジャギング（jugging）と呼ばれる。前後のひれは、これ以外にも血流を増減させることで、体温調節に役立っている。

水中でウエットスーツのように体を保温してくれる脂肪は、陸上ではときとして悩みの種になる。じりじりと照りつける太陽の下で体温が上がりすぎないようにするには、定期的に水に入らねばならず、そのことがアシカの行動の多くを左右している。たとえば繁殖のために陸に上がったときは、どの個体もできるだけ水の近くにいようとするので、波打ち際に密集することになる。水際になわばりをかまえることができれば持ち場を離れずに水浴びができるので、オスたちはそのような一等地をめぐって争う。メスも暑いときには海に入らなければならず、そのときは子どもを連れて行動する。集団繁殖地では、暑さの厳しい日には日が沈むのを待ってから行動を始めることもある。

遊 び

アシカは遊び飽きるということがないらしく、動物園でも始終遊んでいるので、観察できる行動は、ほとんどが遊びだ。とくに若いアシカは活動的で、植物の切れ端を振ったり投げ上げたり、岩やプールの縁をかじったり、噴出する水によって生じた波に乗ったり、水面から全身が出るくらいの勢いでジャンプ

したりと常に遊んでいる。単独より遊び相手がいるほうが楽しそうに遊ぶ。

睡 眠

睡眠をとるときには、快適な海を出て陸地の岩の上によじのぼる。傍目にはかなり苦しそうな姿勢に見えるが、しばしば前びれで体を支え、首を反らせて顔を空に向けた姿勢で眠る。うつ伏せになってひれを体の下に折りこんで眠る

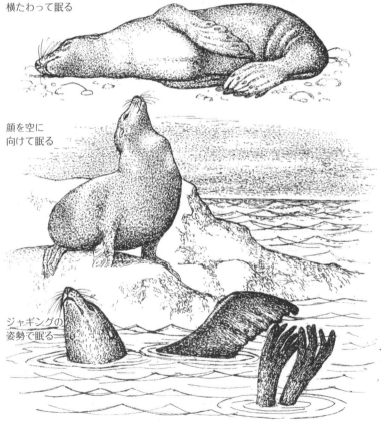

横たわって眠る

顔を空に
向けて眠る

ジャギングの
姿勢で眠る

▲休息時の姿勢
アシカは眠くなったら水中でも眠れる。

こともあるし、横向きになって、前びれを胸元に引き寄せ、後ろびれを後ろに伸ばして眠ることもある。眠っている間、ひげは使用していないときのアンテナのように畳んで顔にぴたりとつけている。水中でうたた寝をすることもあるので、体を横にした姿勢で、前後のひれを水面から出してジャギングをしているアシカを見ることがあったら、寝ていないかどうか注意して見てみよう。

社会行動

友好的な行動

身体的な接触　なわばりや子どもを守る必要のない時期には、アシカは互いに触れあっていたくて仕方がないようだ。仲間同士でぎゅうぎゅうづめになるほど密集しているので、積み重なった他のアシカたちを踏まなければ集団から出入りすることもできない。他の個体と出会ったときには、必ずと言っていいほど、ひげや鼻など顔の一部を触れあわせて、視覚、嗅覚、触覚で相手の様子をうかがう。2頭あるいは複数で親しげに鼻を相手の体にすり寄せたり、鼻と鼻をこすりあわせたりするので、注意して見てみよう。この行動はとくに、なわばりをかまえていない秋から冬にかけて見られる。

社会的遊び　アシカは仲間と遊ぶときにもよく体を触れあわせている。子どもたちはいっしょに波乗りをしたり、首をぶつけあったり、鬼ごっこをしたり、軽く嚙みあったり、背中に乗ったり、ふざけて相手に突進したりして遊ぶ。若いアシカは大岩や岩棚の頂上を取りあって、互いに押したり突いたりして遊ぶ。このような「けんかごっこ」の動作は、後になわばり争いや求愛を行うときの攻撃的なしぐさや性的なしぐさによく似ている。

▶鼻をすり寄せる
敏感な鼻とひげを他のアシカにすり寄せて、あいさつを交わす。

🦭 共同防衛

アシカの群れで注文すべき行動のひとつに、伝染したように伝わる警戒行動がある。アシカは陸上で大きな物音に驚いたり、突然近づいて来た人間やカモメの警戒音に驚いたりすると、大慌てで一直線に海を目指す。岩だらけの海岸をめがけて崖の上から飛び降りなければならないときにもまわり道などしない。この行動はすぐに他のアシカたちに伝染し、ほんの少し後には、陸上のコロニーにいた個体は1頭残らず海中に逃げて、警戒音を発している。ところが、そのうちに好奇心が抑えられなくなり、岸に近づいて、水面から頭を出して様子をうかがいはじめる。このような集団の逃走劇は動物園でも見られるが、思いがけないときにいきなり始まるので注意して見ていよう。

対立行動

カリフォルニアの沖合にあるコロニーでは、5月から8月にかけて争いが絶えない。この時期になると、オスたちが繁殖のためになわばりをもうけて、そこを守ろうとするからだ。メスはこの時期には小規模な群れをなしていることが多く、たいていのことには怒らないが、自分の子どもに近づくものがあれば威嚇行動をとる。動物園では繁殖期になると、けんかを防ぐためにオスを他の個体から引き離す。だが、飼育下でも多くの場合は社会的順位が形成されるので、以下に述べるような威嚇行動を繁殖期以外に観察することはできる。体の一番大きいオスは、日ごろから自分より小さいオスを追いまわしたり脅したりするが、とくに食べ物や居心地のいい休み場所やプールに近い場所など、自分の欲しい物がかかっているときには威嚇することが多い。

🦭 オスの威嚇行動

野生のアシカはコロニーで繁殖を行う。オスは繁殖を行う準備として、波打ち際になわばりをかまえて、他のオスが入ってこないように見張る。他のオスとは15mほどの距離を置き、近くを通りかかるメスと交尾する権利を得るために、コロニーで一番のオスになろうと全力をつくす。なわばりを持たないオスが自分の遺伝子を残せる確率は低い。メスに近づくためには、気の荒いなわばりの主に挑戦しなければならないからだ。

なわばりの主は、そういった挑戦者を遠ざけておくために大変な努力をする。ほとんど飲まず食わずで何週間もなわばりを見張り、ほぼ絶え間なく「ここはおれのなわばりだ。奪えるものなら奪ってみろ」と大声で宣言する。海に

潜っている最中もほえ声をあげるほどだ。それ以外にも、次にあげるような視覚的な威嚇行動をとる。

　隣りあうなわばりを持つオスたちは、定期的に境界線で顔を合わせて、目に見えないラインがそこに引かれていることを確認しあう。そのときは、興奮ぎみにほえ声をあげ、ひげを思いきり前方に伸ばしながら相手に向かって突進する。境界に達する手前でほえるのをやめて地面に伏せ、口を開けた状態で頭を激しく振って（口を開けた威嚇）、首を左右にゆっくりとくねらせる。そして最後に、前半身を持ち上げて互いの胸を近づけ、顔をそむけて片目で相手をにらむ（横目でにらむ威嚇）。どちらかがうっかり境界を越えてしまったとき

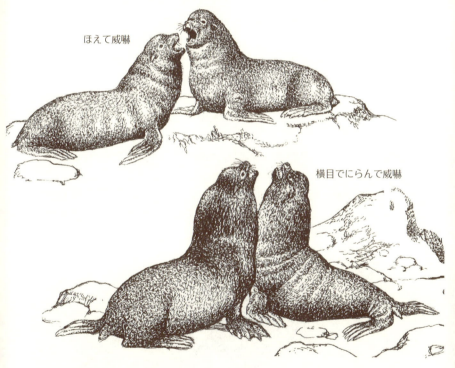

▲オスの威嚇行動
なわばりの境界線でほえあう。緊張が高まってくると頭を前後に振り、その速度を増していく。しまいには、前半身を起こして胸と胸を近づけ、顔をそむけて片目で相手をにらむ。

は、両者は逆の方向を向いて、相手の胸やひれに噛みつくふりをする。これらの一連の動作は武道の型のように儀式化されており、2頭はごく近くに寄っても相手の体に触れることはない。

🌱 メスの威嚇行動

メスは子育ての時期になると防衛本能を発揮する。自分の子どもに他のメスが近づきすぎたときには、子どもの周囲を不安そうにうろうろして、それから、近づいてくる相手に向かって突進する。2頭は向きあって首を伸ばし、口を開けた威嚇の表情をつくって頭を左右に振りあう。相手の攻撃をかわしつつ、金切り声をあげながら、しばらく2頭で頭を振りあっていることもある。緊張が高まってくると、げっぷのような音を発するが、これは金切り声よりも程度の強い威嚇音だ。不規則で耳障りなうなり声をあげはじめたら、それはもっとも程度の強い威嚇音だ。だが、恐ろしい威嚇音をあげていても、両者はそれほど激しく怒っているわけではない。1～2回相手に噛みつくことはあっても、それ以上攻撃することはまれで、たとえ闘争に発展したとしても、相手に深刻な傷を負わせることはない。この威嚇行動は、たいていはどちらかが少し後ろに下がることで決着がつく。

🌱 闘争

だが、オス同士の場合には、威嚇行動から真剣な闘争に発展することもある。とくにそれが繁殖期で、なわばりへの侵入者が上記のような儀式化された威嚇行動を見せられても退却しない場合には闘争が生じる。侵入者にしてみれば、なわばりの主と戦わなければ、交尾相手を得られる可能性は低

頭を振って威嚇

い。闘争は数分間続くが、その間、2頭は胸と胸を合わせて押しあい、相手の胸やわき腹やひれにすばやく噛みついて戦う。戦いながら、時おり動きを止めて相手をにらみ、相手より自分を大きく見せようとする。そしてすぐに戦いを再開して、相手にかわされると勢い余って顔から地面に倒れてしまうほどの激しい勢いで突進する。オス同士の闘争は水中で始まることもあり、そのときは互いに相手の後ろびれに噛みつこうとしてぐるぐる円を描いて泳いだりする。そのうちに、戦うのが嫌になった側は、後ろびれに噛みつかれないように旋回して相手と顔を合わせ、戦いから手を引く。

性行動

カリフォルニアアシカは繁殖期になると陸地へ上がって海岸に集まり、そこで同時期に出産と交尾を行う。メスは子どもを出産すると、およそ27日後に交尾が可能な状態になる。生まれた赤ん坊の世話をメスがしている間に、オスはなわばりをかまえる努力をするため、メスが発情するころには自分のなわばりを確保できている。

繁殖コロニーにおける行動

カリフォルニアアシカの一般的な繁殖コロニーを上空から眺めることができたら、なわばりを持つオスたちが一定の間隔を空けて波打ち際に直線状に並び、そのオスたちの間にメスが群れをなして密集しているのが見えるはずだ。独身のオスはコロニーの周辺に固まっていて、時おりコロニー内に侵入してくる。なわばりを持たないオスも、なわばりの主が寝ているときやよそ見をしているすきに、なわばりにしのびこんでメスに近づくことは可能だ。すばやく行動すれば、なわばりの主に見つかって追い払われる前に、1頭か2頭のメスと交尾でき、さらに妊娠させることもできる。しかし、メスを確実に手に入れるためには、なわばりの主と戦って勝ち、そのなわばりを自分のものにしなければならない。そうやって手に入れたなわばりも、いつまた奪われるかわからない。戦いに2〜3週間以上勝ち抜いて、ひとつのなわばりにいつづけることのできるオスはめったにいないのだ。

求愛

そのため、当然ながらオスはなわばりを奪われる前にできるだけ

多くのメスと交尾しようとする。交尾をするためには、まずメスたちの生殖器の周辺のにおいをかいで、交尾ができる状態かどうかを確かめる。そして、ほえ声をあげて頭を振りながら、目当てのメスのまわりを歩く。この動作は、オスに対する威嚇行動によく似ているが、メスに対してとられる場合は、メスの様子をためらいがちに探っていることを示す。オスに対して威嚇行動をとるときには、頭を振った後に相手に対して暴力的に突進するが、メスに求愛するときには、頭を振った後にメスの体にひげをこすりつけたり、メスの肩やわき腹を優しく噛んだりする。おそらくこのときにメスのにおいをかいで、交尾が可能かどうかを探っているのだろう。発情したメスは、においの他にも、生殖器周辺がピンク色に変色してわずかに腫れるという視覚的な信号を発する。

メスは発情行動によって、自分が発情していることをさらにはっきりと示すこともある。オスの前で横向きかうつぶせかあお向けに寝て体をよじり、オスを見上げて、自分の体をこすりつけたり押しつけたりして興味をひくのだ。マウント行動をとるようにオスの肩や背中に乗ることもある。オスがそれに反応してメスの生殖器周辺のにおいをかぐと、メスは背中を弓状にそらせて後ろびれを広げる。これらの求愛行動は水中でも陸上でもとられるので、注意して見ているとよい。

人間との関係

アシカは常にシャチやサメに捕食されつづけてきたが、そのことが原因で個体数が減少するようなことはなかった。同様に、何千年にもわたって行われてきた先住民族による必要最小限の狩りも、大きな影響を与えるようなことはなかった。個体数に影響しかねないような大量殺りくが開始されたのは、19世紀に入って、大がかりな装備と多くの人員を用いて油脂と食肉を目的とした商業的な狩猟が行われるようになってからだ。アメリカでは1972年に海産哺乳類保護法が施行され、このような大量殺りくが行われることはなくなったが、現在でも、漁船の網に混獲されたり、故意に射殺されたりして命を落とすものが後を絶たない。それに加えて、アシカたちは、DDT（ジクロロジフェニルトリクロロエタン）やポリ塩化ビフェニル（PCB）、重金属といった汚染物質の脅威にもさらさ

れている。汚染物質は知らぬまに体内に入りこみ、脂肪層や肝臓に蓄積して深刻な障害を引き起こす可能性があるのだ。

　だが、アシカはこういった悪条件のもとでも何かともちこたえているようだ。全世界の合計個体数は推定で数十万頭と増加傾向にある。繁栄の一因となっているのが、環境に対する適応力の高さだ。アシカは、たとえば、モーターボートによって繁殖地の安息が脅かされれば、その土地を捨てて（コロニーに適した土地があれば）他の場所に移動する。とはいえ、いくら適応力が高くても、コロニーの移動にはコストが伴う。新たなコロニーを築くためには、オスは改めてなわばりを獲得するために貴重なエネルギーを消費しなければならないからだ。人間が今後も不注意な行動を改めずに、限度を超えるストレスをアシカに与えつづければ、出生率の低下や個体数の減少を招く可能性もある。動物に対してこの手の迷惑をかけることは、とくに相手が人間に対して友好的で好奇心の強いアシカのような動物の場合には、信頼を裏切る許しがたい行為だといえる。

交尾

交尾の際、オスは多くの場合はメスの後方から背中に乗り、時には全体重を預けて、両方の前びれでメスの体をしっかりとおさえる。交尾は1時間以上継続されることもあり、オスはその間にメスの上に乗ったり降りたりを数回くり返す。短時間の休憩をとることもある。

交尾後

2頭の愛の時間に終止符を打つのはメスのほうだ。メスはいきなり前半身と頭をもたげてオスの首に噛みつき、オスの下から自分の体を引き抜く。交尾がすんでしまえば、それまでの交尾相手にも、物欲しそうな目で自分を見つめてくる他のオスにも

▶交尾
オスとメスは体のサイズがかけはなれている。交尾は陸上でも水中でも行われ、休憩をはさみながら1時間続くこともある。

冷たい態度をとる。受精卵はメスの子宮内で発育を休止し、およそ3か月半後に再び発育を始める。この休止期間があるおかげで、赤ん坊は食物が豊富になってアシカたちが再び集う暖かな夏に産まれてくることができる。

育児行動

お腹に子どものいるメスは、出産の直前になるまで陸に上がらない。出産の季節はカリフォルニアでは5月から6月だ。妊娠中は歩き方がぎこちなくなり、怒りっぽくなるので見分けることができる。普段のアシカの動き方はなめらかで溌剌としているので、重そうなお腹をかかえた動きののろい個体は簡単に見分けられる。

🌱 出産　出産が始まると、メスはますます落ち着きがなくなり、しばしば体を曲げて生殖器のあたりに鼻をこすりつける。お腹の中の赤ん坊に向けてコンタクトコールを発することがあるので、耳をすませていれば聞こえるかもしれない。赤ん坊は体長70〜80 cmほど、体重約5〜6.4 kgと大きく産まれてくる。赤ん坊が産まれると、母親はすぐに大声でトランペットの音に似た声を発して赤ん坊の注意をひく（pup-attraction call）。赤ん坊はそれに対して、ヤギのような震え声で応じる（mother-response call）。母と子はおよそ20分間休みなく鳴き交わして、互いの声をしっかり記憶する。これ以降は、母親が採食を終えて子どものもとに戻ったときには、大声で鳴き交わすことで互いを見つけられるようになる。

🌱 子どもを守る　赤ん坊が産まれてから2〜3日の間は、母親は赤ん坊を自分のそばにとどめておくことに全力を注ぐ。そのために、赤ん坊のえり首の皮膚がゆるくなった部分をくわえて、頻繁に自分のほうへ引き寄せる。赤ん坊に危害がおよびそうになると、えり首をくわえて安全な場所へ運ぶ。この時期の母親はひとときも警戒をおこたることがなく、他のアシカが自分たちに近づきすぎたり襲って来たりしたときには、口を開けた威嚇の表情で激しくほえながら相手に突進する。

🌱 子ども同士で集まって遊ぶ　母親は採食のために定期的に海に入らねば

ならないが、その間、陸に残された子どもは他の子どものもとに寄っていく。子どもたちは群れをなしてコロニーの中を自由に遊びまわるが、なわばりの境界を越えても叱られることはない。たいていは1、2頭が先頭に立って行動し、残りの子どもたちはその後から走っていくか、ぼんやりした顔でついていく。移動しながらたびたび立ち止まって転げまわったり、じゃれあったり、海岸に流れついた目新しい物で遊んだりする。とくに好きなのが、ジャイアントケルプ（オオウキモ）の切れ端を投げ上げたり、激しく振りまわしたりする遊びだ。

授乳 母親は採食を終えて陸に戻ると、声をあげて子どもを呼び始める。自分の子どもではない子が近づいてきたときには、口を開けた威嚇の表情で追い払うか、邪魔にならないようにくわえて放り投げる。子どもは母親の呼び声に対してヤギのような声で返事をしつづける。母と子はようやく出会えると、鼻をこすりつけあい、においをかぎあって互いを確認する。授乳の際には、子どもは10 m離れていても聞こえるほどの大きな音を立てて乳を飲む。授乳期間は少なくとも3か月間続くが、最長で1年間乳をもらう子もいる。繁殖期が終わると、オスは海岸沿いに北へ移動し、子育て中のメスとその子どもたちはコロニーの近くにとどまるか、あるいは冬にそなえて南へ移動する。

▲**子どもを守る**
自分の子どもに他のメスが近寄らないように、口を開けて威嚇する。

動物園/自然界で見られる行動

基本的な行動

移動
- 泳ぐ
- ポーポイジング（イルカ泳ぎ）
- ボディサーフィン
- 歩く
- ギャロップ
- 大またで前進（ストライド）

採食
- 泳いで追跡する

グルーミング（身づくろい）
- 爪でかく
- こする
- ひげをとぐ

体温調節
- ジャギング
- 水に入って体を冷やす

遊び

睡眠

社会行動

友好的な行動
- ■身体的な接触
- ・鼻を相手にすり寄せる
- ・鼻と鼻をこすりあわせる
- ■社会的遊び
- ■共同防衛
- ・警戒行動

対立行動
- ■オスの威嚇行動
- ・突進する
- ・ほえる
- ・頭を振る
- ・口を開けて威嚇
- ・噛みつくふり
- ■メスの威嚇行動
- ・口を開けて威嚇

■**闘争**
- ・噛みつく
- ・胸と胸で押しあう
- ・突進する
- ・水中で円を描いて追いかけあう

性行動
- ■繁殖コロニーにおける行動
- ■求愛
- ・生殖器周辺のにおいをかぐ
- ・ほえる
- ・頭を振る
- ・ひげをこすりつける
- ・優しく噛みつく
- ・メスの発情行動
- ■交尾
- ■交尾後
- ・メスがオスに噛みつく

育児行動
- ■出産
- ・母親のトランペットのような声
- ・赤ん坊のヤギのような声
- ■子どもを守る
- ・ほえる
- ・相手を押す
- ■子ども同士で集まって遊ぶ
- ■授乳

北アメリカに住む動物

▲遠ぼえで合唱
遠ぼえで、遠くにいる仲間と連絡をとる。合唱をするように、それぞれが異なる音程でほえる。

ハイイロオオカミ
Gray Wolf

動物の世界に人間と似た行動を探そうとするとき、私たちは決まって、進化上の祖先であるゴリラやチンパンジーなどの大型類人猿に目を向ける。たしかに初期人類の行動には類人猿と似たところが多かったのだろうが、似ている点だけでなく異なる点からも同じくらい多くのことが見えてくるものだ。親戚の類人猿と違って、初期人類は完全な菜食主義者ではなかった。大地から食物を採集する以外に、自分よりも大きくて、たいていは足も速い動物に集団でしのび寄り、殺して食料にしていた。そのような離れ業を可能にするためには進化の途上で大躍進をとげる必要があった。仲間と協力しあうようになったのだ。

オオカミも人類と同様の経過をたどった。オオカミは人類と同様にその知性と能力を集団生活に活かし、食物連鎖の頂点に立つ捕食者の一種となった。また、人類と同様様々な生息環境に適応し、やがて、砂漠と人里離れた山の頂を除くほぼすべての環境で他の動物をしのぐ繁栄をとげた。オオカミはかつて、地球上でホモ・サピエンスにつぐ広さの分布域を持つ哺乳類だったのだ。

初期人類とオオカミの祖先は、何千年にもわたって同一の地域で狩猟生活を送るうちに、相手との間に良好な関係を築きあげた。人類学者によれば、人類がオオカミを家の中へ招き入れるようになってから、おそらく1万年から1万5千年ほどの時がたつ。人類はオオカミを子どものころから飼いならし、何世代にもわたって繁殖させることで、獲物を探し出して人のところへ持って来る

 特徴

目
食肉目

科
イヌ科

学名
Canis lupus

生息場所
人里から離れた多様な環境

大きさ
オス 体長 約 1.5 〜 2.0 m
メス 体長 約 1.4 〜 1.8 m
肩高 約 0.4 〜 1.0 m

体重
オス 約 20 〜 80 kg
メス 約 18 〜 55 kg

最長寿記録
野生で 10 歳
飼育下で 16 歳

特性や、穴を掘る特性、家畜の番をする特性、あるいは優雅な身のこなしなど、様々な特性を引き出してきた。数千年後の世代の私たちは、様々な犬種のイヌとともに暮らしている。犬種によって外見は異なるが、ペキニーズからアイリッシュ・ウルフハウンドにいたるまで、すべてのイヌは現代の野生のオオカミと共通の祖先を持つということを覚えておこう。つまり、イヌのポチの行動の理由を知りたければ、動物園へ行ってオオカミの群れを観察するのが最良の方法のひとつということになる。

オオカミたちの広域放送

遠ぼえといえばオオカミのトレードマークだが、そこから、手つかずの自然を連想する人も多い（動物園から一帯に響く遠ぼえがひときわ素敵に聞こえるのも、そのためだ）。私は生まれて初めてオオカミに遠ぼえをして、オオカミから遠ぼえを返してもらったとき、腕に鳥肌が立ち、うなじの毛が逆立つのを感じた。その原始的な反応はおそらく、遺伝子に刻まれた古代の記憶によって呼びさまされたものだろう。

動物学者のフレッド・ハリントンらは、長年オオカミと遠ぼえのやり取りをして、数多くのデータを収集してきた。彼らによれば、オオカミが遠ぼえをする理由は（1）離れた場所にいる群れの仲間と連絡をとるため、（2）付近にいる他の群れに、自分たちの存在を知らせるため、（3）単純に楽しみのため、の3つだという。遠ぼえはたいてい1頭によって始められ、そこへ1頭、もう1頭と別の個体が加わって「何本もの声の糸を編みあわせるように」続けられる。遠ぼえをするときはけっして他の個体と同じ音程ではほえない。それどころか、ほえ声で和音をつくるのが好きらしい。オオカミたちがコーラスをしているところへ、人間がそのうちの1頭の音程をまねて参加すると、まねされたほうは自然と音程を変える。各個体の声が（オオカミの耳で聞けば）身分証明書のように聞き分けられるほど異なっていることを考えると、音程を変えてほえることには、コミュニケーション上の理由があるのかもしれない。それぞれが音程を変えてほえれば、自分たちがどのような群れか周りに知らせることができるからだ。また、付近にいる他の群れも、遠ぼえに含まれる声を聞き分けて群れの頭数を知り、そのなわ

ばりに入ってみる価値があるかどうかを判断できる。

　ほえ声の届く範囲に他のオオカミがいるときには、遠ぼえをしたあとに15〜20分間休止して返事を待つ。隣接するなわばりの群れから境界線越しに遠ぼえを送られたときは、返事をしない場合もある。遠ぼえを返せば自分たちの居場所を知らせることになるので、その群れがこちらのなわばりに侵入しようと思ったときに不利になるからだ。だが、仕留めた獲物やランデブーサイト（メスのオオカミが子どもを産み、育てるエリア）にいる子どもたちなど、守らねばならないものを抱えているときは、「私たちはここにいるが、不意の訪問はしないでくれ」と伝えるために、遠ぼえを返す傾向がある。守るべきものが特にないときには、用心深い群れは近くにいる群れが遠ぼえをしても返事をせず、トラブルが起きる前にその場からこっそり去る。

　単独で自分のなわばりをもうけるための場所を探している個体は、あまり遠ぼえをしないが、それはおそらく目立ちすぎてしまうからだろう。一方、大きな群れは敵を恐れる必要があまりないので、頻繁に遠ぼえをする。繁殖期にはオオカミたちは慎重さを欠いて思い切った行動をとるようになり、群れのサイズに関係なく遠ぼえをしたいという衝動にかられるようになる。オオカミの群れは広大なわばりに1〜2頭ずつ散らばって行動していても、巨大な輪ゴムでつながっているように調和して行動することができる。というのも、長距離をへだてて連絡をとる遠ぼえやマーキングといった手段を持っているからだ。マーキングは遠ぼえと同様に、友好的なメッセージと威嚇のメッセージの両方を伝えることができる。

鼻で読む標識

　野生の群れの行動圏の広さは、ミネソタ州の130 km^{2}からアラスカ州の1万3,000 km^{2}までとまちまちだ。オオカミたちは獲物を探してなわばりの中をパトロールしながら、尿や糞によって、あるいは臭腺を直接こすりつけることによって自分のにおいを残していく。動物園でも自然界と同様に自分のなわばりににおいをつけたがるので、マーキングの行動を観察することができるだろう。

オオカミはなわばりの中を平均時速8kmで移動して、約2分おきにマーキングされた箇所に出会い、そのたびに自分もマーキングを行う。糞を用いてマーキングをするときには、そばの地面を前足でひっかいて視覚的な印もつける。地面をひっかくときに、指の間の汗腺から出る汗によってにおいを追加することもある。排尿するときには、空気の流れのない地表付近ではなく、オオカミの鼻に近い高さににおいをつけるために、オスもメスも片方の後脚を上げて、より高い位置に尿をかける。
　においをつける場所としては、なわばり中の目立つところを選ぶ。道の交差するところや、進行方向を変えた場所、橋など、人間が旅をするときに仲間のために目印を残したり石を積んだりする場所と変わらない。また、決まった岩や木の切り株、丸太、雪の吹きだまり、ときには木ぎれにまでマーキングをする。
　残されたにおいは、次にその場所を通ったときに、進む方向を決定するのに役立っている可能性がある。それ以外にも、そのにおいを残した個体がだれなのか、発情しているかどうか、どこから来たか、いつそこを通ったか、健康かどうか、味方か敵か、といった情報を伝えている。それほど細かい情報をどうやってにおいから得るのだろうと不思議に思うかもしれないが、イヌ科の動物の鼻は人間の100万倍の感度で物質を検知できるということを忘れてはいけない。
　なわばりの境界線には、他の場所の倍の数のマーキングが行われる。これらのマーキングは、においを残した者の情報を伝えるだけでなく、「ここは私たちのなわばりだ。これ以上侵入するな」という意志を伝えて威嚇の役割を果たしている。移動中のオオカミが近隣の群れの残したにおいを見つけたときには、たいていはその上に自分のにおいをつけてから自分たちのなわばりへ帰っていく。このように効果的な境界線があるおかげで、隣りあった群れとよい関係を保てており、互いに相手のなわばりへ入りこんでトラブルを起こすような事態を避けることができている。

　イヌは他のイヌや人間の飼い主に対して、野生のオオカミが仲間に対してとるのとほぼ同じ行動をとる。オオカミは生息域のほとんどの地域で、平均5〜8頭（手に入る獲物のサイズに応じて群れサイズも大きくなる）で群れをなし、集団で獲物を狩ったり子どもを育てたりして暮らしている。群れ（パックと呼ばれる）は基本的に家族からなり、優位なオスと優位なメス、それから

様々な年齢の子どもたちとで形成される。ヘラジカやシカといった自分よりずっと大きな獲物を追いつめてしとめるためには、群れの仲間が不可欠だ。群れのメンバーは、子どもや病気の個体、年老いた個体などの自力では生きられない仲間を協力しあいながら守り、養っている。

群れの仲間とのチームワークは、オオカミが生きていくうえでもっとも重要であるため、観察できる行動の大半は、仲間との関係を良好にするための行動だ。オオカミの群れには指揮系統とも言うべき社会的順位が存在しており、群れのメンバーは、その順位に従って行動する。順位の頂点にいるのがアルファオスとアルファメスの2頭で、それぞれが同性の中でトップの地位を占める。トップの2頭は特権を持つかわりに、責任を負わなければならない。群れ全体のリーダーであるアルファオスは、最良の食物を得る権利と繁殖の機会を得るかわりに、群れを率いたり、最前線で戦って侵入者から仲間を守ったりする責任を負う。

群れの中でアルファオスとアルファメスのつがいは上位に位置し、繁殖に参加しないおとなは中位に位置する。群れから追放されたおとなは最下位と見なされて、常に一歩退いて行動しなければならない。2歳以下の若者たちは若者だけの間で順位を形成することが多く、性成熟に達するまではおとなの階級には加わらない。

オオカミは自分の地位を誇示行動（ディスプレイ）によって示す。相手が目の前にいる場合には視覚的なディスプレイを行うが、遠くにいる仲間と連絡をとったり、目の前にいない敵に警告を与えたりする場合には、マーキング（においづけ）あるいは遠ぼえという手段をとる（p.386～387「オオカミたちの広域放送」と「鼻で読む標識」を参照）。観察力が鋭く辛抱強い人なら、動物園でもこれら3種のディスプレイを観察することができるだろう。展示場にいるオオカミが社会的な行動をとらない場合にも、単独でとるような基本的な行動は必ず観察できる。

基本的な行動

移 動

オオカミの流線型の体は、長距離を歩くのに適している。胴体から伸びた四

肢はすらりと長く、胴体の肩の部分と腰の部分の横幅はほぼ等しい。その結果、前脚と後脚は同一平面上を動くことになるので、軽快かつなめらかな足取りで、何の苦もなさそうに歩いたり走ったりすることができる。時速8kmの小走りで休みなく移動しつづけて、1日に約200km進むことも可能だ。獲物に近づいて全力疾走するときには、時速70km以上のスピードが出せる。

採食

オオカミは主にヘラジカやシカ、カリブー、ワピチ、バイソン、ジャコウウシ、オオツノヒツジ、シロイワヤギといった大型の動物を追跡して殺すという方法で狩りをする。地域によっては、それより小さいビーバーなども狩りの対象になる。獲物をしとめたら即座に食事にとりかかり、がつがつと一度に7kgもの肉を腹につめこむ。これは人間に換算すれば、およそ90kgの体重の人が感謝祭に大きなシチメンチョウを丸々2羽も平らげるようなものだ。だが、オオカミにとっては食べ過ぎというわけではない。次の食事がとれるまで、しばらく間があくこともあるからだ。

捕らえた獲物のもっとも上等な部分はアルファオスのものだが、残りの部分はだれのものとも決まっていないので、群れの全員が食事の機会を得る。最下位の個体でも、自分の口の周囲30cmの肉を食べる権利があるし、いったん口に入れてしまえば自分のものにできる。満腹するまで食べたら、食べ残りは地中に埋める。あなたの愛犬が、もらった骨を庭の花壇に埋めたがるのも、オオカミから受けついだこの習性のせいだ。

排泄

排尿と排便にはいくつもの意味がある。老廃物を排泄するという目的の他に、尿や下痢便をすることで、恐怖あるいは服従の意志を示す場合もある。それから、イヌを散歩させる人ならだれでも知っているように、イヌやオオカミは尿で群れのなわばりにマーキングを行う。

くさい物の上で転がる

イヌはどんなにやめさせようとしても、糞や腐りかけの死体などの不愉快な物の上で転がりたがることがあるが、それはなぜだろう。オオカミも悪臭を放

つ物を見つけたときには、嬉々としてイヌと同じことをする。動物園でも、くさい物の中で転がったり身をよじったりしながら、目を閉じて満足げな顔をしている。この行動の理由については様々な説がある。新しいにおいを体にまとっておくと、体をマーキングポストにこすりつけたときに、その個体特有の体臭と新しいにおいが混ざりあって、より強いメッセージを残せるからではないかという説や、仲間と再会したり、だしぬけに出会って相手を驚かせたりしたときに怪しいものではなく仲間だと気づいてもらうため、という説もある。強烈なにおいを放っていれば、相手は襲うより先ににおいをかぎにくるからだ。それ以外には、強いにおいによって体臭がごまかされて、目立たなくなるからではないか、という説もある。

慰安行動

野外あるいは動物園の自然を模した屋外展示場で眠るときには、オオカミはぐるぐると円を描いて歩きまわり、足元の草を踏み固めて寝床にする。人間に飼われているイヌは、カーペットやベッドカバーを踏み固める必要はないのだが、眠るときにこの行動のなごりを見せる。オオカミは眠るときには体の側面や腹部を地面につけた姿勢で眠るが、熟睡するときには体を丸め、鼻を冷やさないように尾の下に入れて眠る。冬にねぐら以外の場所で眠るときには、体に吹き溜まった雪が体温を保ってくれる。

それ以外の慰安行動としては、あえぐ、体をかく、あくびをする、体をゆすって水を切る、伸び、身づくろい（かゆいところをなめたり噛んだりする）などがある。

社会行動

自分の10倍の重さがあるヘラジカを倒せる動物は、自分と同じサイズの仲間に対しては、確実にそれよりひどい傷を負わせることができてしまう。オオカミは仲間との暮らしの中で、暴力的な衝突を避けるために、友好的な儀式やディスプレイや身ぶりを数多く発達させてきた。だれかが腹を立てることがあっても、儀式化されたディスプレイによって社会的順位を示されれば、ほとんどの場合はけんかや噛みあいに発展せずにすむ。オオカミの体のつくりは、こ

れらのメッセージを誤解なく相手に伝えられるようになっている。尾と顔で様々な感情をあらわすことができるし、尾の濃色の模様や尾の先、耳、目、鼻づらはしぐさを強調するのに役立っている。また、クゥーン、クンクン、キューキュー、キャンキャン、ウー、ワオーン、ガルルッなどの様々な音声を用いてボディランゲージを強調することもできる。群れの平和を保つのに役立っている重要なディスプレイのひとつが、服従を示すディスプレイだ。劣位の個体は、このディスプレイによって自分より優位な個体に対して、攻撃しないでほしいと頼む。この服従の姿勢やディスプレイは、友好的なあいさつの場面や攻撃的な対立の場面でも数多く見られる。服従するものがいれば、優位に立つものがいる。オオカミの群れは、これらの力関係によって混乱を防ぎ、安定を保っている。

友好的な行動

個体同士のあいさつ　オオカミは相手が敵か味方か、自分より優位か劣位かを、目と耳と鼻を使って常に品定めしている。群れのメンバー同士で相手を品定めする方法としてもっとも一般的なのが、鼻や顔や生殖器のにおいをかぐという方法だ。互いのにおいをかぎあっている間、劣位の個体は尾を下げ、優位の個体は上げている。劣位の個体は、さらに自分の劣位性を認めるために、身をかがめて耳を後ろにふせ、尾を巻いて、鼻づらを上に向けて優位な個体の顔をなめようとすることもある。この顔をなめる行動は相手から好意を持ってもらうことを目的としており、積極的な服従と呼ばれる。場合によっては、同時に尾を激しく振ったり、ぐるぐると円を描いて踊ったり、クンクンという声を発したりする。この行動に見おぼえのある人もいるだろう。あなたの愛犬も、あいさつのたびにこの行動をとっている。あなたの足元でジャンプするのも、「リーダー」の顔を懸命になめようとしているからだ。

群れ同士のあいさつ　オオカミは昼寝から目覚めたときや離れていた仲間と再会したときに、うれしそうにあいさつを交わしあうが、その際にも、積極的な服従の行動を頻繁にとる。群れのメンバーは先を争ってアルファオスの鼻づらをなめたりつついたりし、その間、アルファオスは我関せずといった顔で堂々と立っている。オオカミたちはこれ以外に、獲物のにおいをかぎつけた

▲肛門のにおいをかぎあう
肛門をかぎあって相手の地位を見定める。自信のある優位な個体は尾を上げ、劣位の個体は尾を下げてにおいをかくそうとする。

ときや獲物をしとめたときにもあいさつの儀式を行う。動物園では、えさの時間にこの儀式を見られる可能性が高い。

オオカミの遺伝子に「見知らぬ個体は攻撃して追い払え」という指令が組みこまれていることを考えると、このようなあいさつの儀式がなければ、群れ同士が出会うたびに大きなストレスが生じていただろう。この儀式があるおかげで、互いに近寄ってにおいをかぎあうことができ、相手が昔の仲間だと気づいたり、「これは見知らぬ個体ではなく、群れの仲間だ」と気づいたりすることもできる。あいさつの儀式は、群れの行動を決定づけたり群れの中心となったりするリーダーに対して、メンバーが忠誠を誓う手段としても役立っている。

🌱 鼻を首筋にうずめてフンフンいわせる オオカミの見せるしぐさの中でもとくに優しいもののひとつに、鼻を相手の首筋にあてて、体毛の下の皮膚に鼻で触りながらフンフンいわせる、というしぐさがある。これは親しい仲間に対してとられるしぐさで、興味深いことに、私たち人間も愛犬を抱きしめるときには同じことをする傾向がある（そして、イヌも飼い主に対して同じしぐさを返す）。

🌱 **前足を上げる**　イヌに前足を上げる「お手」を覚えさせるのは比較的簡単だが、なぜだろうか。オオカミは他の個体に愛情やグルーミング、あるいは食料をねだるときに、前足を上げる習性があるのだ。そのときには、クンクンやクゥーンという甲高い声をあげることが多い。

🌱 **鼻づらで顎を持ち上げる**　自分に対して愛情を向けてもらいたいときは、前足を上げる以外にも、鼻づらを相手の顎の下に入れて持ち上げるという行動をとる。イヌは飼い主の注意をひきたいときに、この行動の変化形を用いる。飼い主の顎には鼻が届かないので、手の下に鼻を入れてぐいっと持ち上げるのだ。しかも、ある作家が皮肉たっぷりに語っているように、飼い主が手に熱いコーヒーを持っているときにそれをやることが多い。

🌱 **マーキングと遠ぼえ**　マーキングには仲間との関係を良好に保つ働きがある。においをつけておけば、自分がそこを通ったことを群れの仲間に知らせることができるからだ。においのおかげで群れのメンバーは連絡を取りあうことができ、必要に応じてすばやく集合することもできる。仲間と連絡を取りあうためのもうひとつの方法が、人間からは嫌がられることの多い、あの遠ぼえだ。遠ぼえは広域放送のようなもので、数km離れた仲間とも連絡が取れるし、互いの位置を知らせたり集合の合図を送ったりすることもできる。群れの

◀**前足を上げる**
子どももおとなも、相手に食べ物や愛情をねだるときや、友好的に接してもらいたいときには、「お手」をするように前足を上げる。

メンバーが1頭〜数頭にわかれて狩りを行っているときにはとくに有効だ。

🌱 社会的遊び

オオカミの子どもたちがおとなのまねをしたり、順位を競ったりして遊んでいるのを見ると、それが小さな毛の固まりにしか見えないような幼い子どもでも、オオカミの社会について多くのことがわかる。遊びは主に追いかけっこ、待ち伏せ、けんかごっこの3つからなる。これらの遊びには攻撃的な要素も含まれるが、いくつかの点で本物の闘争と区別できる。まず、役割が一定ではなく、始終変わる点だ。追いかけっこでは、追う側と追われる側がくるくると入れかわる。次に、途中で食事をしたり、何かをながめたりといった比較的おだやかな行動がはさまれることが多い点。それからもっともわかりやすいのが、仲間を遊びにさそう特別な信号を発する点だ。イヌを飼っている人なら、たいていはイヌのプレイフェイス（遊び顔）を見たことがあるだろう。プレイフェイスとは、口を開いてハアハアあえぎながら、にやりと笑うように唇を後ろへ水平に引いた表情のことだ。前脚を前に伸ばし、前半身を低くしておじぎのような動作をしたら、「遊ぼうよ」という意味になる。とくに、その姿勢でプレイフェイスの表情をつくって尾を振りながらほえたら、強い誘いになる。それよりもさらに強力なのが、前脚で弾みながら後脚で左右に体を振るという誘い方だ。それ以外の誘い方としては、わざとらしくそっぽを向くという方法もある。顔を横に向けて、白目をのぞかせながら肩ごしにはずかしそうに相手をじっと見るのだ。そのとき、耳はふせて、にやりと笑うような表情をつくる。

群れで暮らしていくうえで、遊びは重要だ。オオカミの子どもたちは、とくに産まれてから5か月間は遊びを通じてきずなを深める。このきずなは生涯消えることはなく、そして、元気いっぱいな老犬の飼い主ならご存知の通り、遊びたいという衝動も生涯消えることはない。

🌱 協同狩猟

オオカミは卓越した狩りの技術を持つことで有名だが、スピードや持久力や武器という点では、ひづめを持つ獲物のほとんどにかなわない。時速70km以上で走ることができても、そのスピードを保てるのはほんの20分間だ。たまたま獲物に近づけても、安心はできない。近づきすぎて、元気なおとなのヘラジカに蹴られたりすれば、命を落としかねないからだ。

そのような理由から、オオカミは獲物がどれだけ元気か探りながら狩りを行うことが多い。まず、近く（2 km 以上先でも）に獲物がいることをかぎつけると、耳をぴんと立てて、においのする方向に顔をむけ、クンクンと鳴いたり尾を振ったりして、仲間と興奮ぎみにあいさつを交わす。そうやってひとしきり士気を高めあった後、アルファオスを先頭に1列になって、ワピチやシカといった獲物の群れに向けて出発する。そして、獲物の群れに一定の距離まで近づくと、とつぜん陣形を変えて、獲物を追跡しながら、弱っている個体や病気の個体、けがをした個体、年老いていて簡単にしとめられそうな個体がいないか探す。手頃な獲物を見つけたら、そのまわりに集まって、牧羊犬が羊の群れを取り囲むのと同じ要領で獲物を取り囲む。そして、ワシやタカがかぎ爪で獲物を押さえるのと同じように、暴れまわる獲物の脇腹や鼻づらに5 cm もの長さの犬歯で噛みついて、相手が絶命するまで押さえつける。

だが、狩りがそのようにうまくいくことはあまりない。オオカミのワピチ狩りを観察した研究によれば、131例のうち54例ではワピチの逃げ足が速すぎて追いかけることもできなかった。77例では追跡して攻撃を加えることはできたが、そのうち71例は逃げられたり反撃されたりして失敗に終わった。結局、殺し屋と呼ばれるオオカミが胃袋におさめることのできた獲物は、わずか6頭だった。狩りの成功率4.6％というさえない数字を見れば、オオカミが獲物を狩りつくすことのない理由がおわかりだろう。オオカミはむしろ、獲物の群れから足の遅い個体や弱い個体を取りのぞいて、個体数の増えすぎを防いだり、植生に過度の採食圧がかかるのを防いだりするのに役立っている。

対立行動

群れのメンバーは群れ内における地位を子どものうちに確立し、自分がどの地位にいるかを自覚している。優位な個体は権力の絶頂期にあるうちは、主に尾や頭、耳、口の角度や位置といった視覚的な威嚇行動によって優位性を示すだけで地位を保っていられる。あなたもオオカミたちの発する信号を読み取れるようになれば、動物園にいる群れの中から優位なものと劣位なものを簡単に見分けられるはずだ。オオカミたちは儀式化された威嚇行動あるいは服従行動という予測通りの行動をとることで、群れ内の平和を保っている。

動物園で深刻な闘争が生じるのは、群れからある個体が追放されるときか、

年老いたアルファオスがトップの座から引きずりおろされるときだけだ。自然界では見知らぬ群れ同士が出会ったときにも深刻な闘争が生じる。

程度の弱い威嚇（いかく）

威嚇行動の中でもっとも程度の弱いのが、相手をまっすぐにらむという行動だ。そのとき、優位な個体は胸を張って体を大きく見せながら、尾を上げて劣位の個体をじっとにらむ。にらまれたほうは、気の弱い個体ならそれだけで身動きできなくなってしまう。

優位な個体はそうやってにらんだ後に、劣位な個体に近づいて尾を上げ、相手に肛門周辺のにおいをかがせる。肛門腺から発せられるにおいは、その個体の地位や独自のにおいなど、その個体に関する情報を数多く含んでいる。優位な個体が劣位な個体の肛門のにおいをかぐときは、劣位な個体は尾を巻いて肛門を隠し、自分の地位や情報をさらすことに自信がないということを態度で伝える。

優位性を示す方法としては、他にも、地面にふせた相手の前半身に覆いかぶさるようにして立つというやり方もある。そのとき、劣位の個体はあお向けになって優位な個体の下面をなめる。それ以外には、相手の背中に乗るという方法もよくとられる。優位な個体が、劣位な個体の横から近づくか、あるいは交尾の場合と同様に背後から近づいて、相手の肩か背中に両前足を置くのだ。そのときに、象徴的な行動として相手の首筋をくわえることもある。これは儀式的な甘噛みなので、血が出ることはめったない。

程度の強い威嚇

アルファオスは誰もが認める最高実力者なので、程度の強い威嚇を必要とする場面にはめったに出会わない。一方、群れから追放された最下位の個体は、自信がないので程度の強い威嚇を行うことはできない。したがって、この威嚇行動が見られる可能性がもっとも高いのは、中程度の地位にいる活発な個体が、他の個体に自分の地位を示そうとする場合だ。

程度の強い威嚇の例としては、まず「噛みつくぞという威嚇」があげられる。そのときは首を弓なりにして頭を高くもたげ、眉根を寄せて耳を前方に傾ける。そして口を少し開いて唇をめくり上げ、恐ろしげな犬歯をむき出しにする。鼻づらにはしわを寄せ、威圧するように舌をすばやく出し入れする。今にも飛びかかろうとするかのように四肢をぴんと硬直させ、尾をふるわせて、体

毛を逆立たせる。尾や首の周辺の毛を逆立てて、ある種のにおいを腺から分泌させ、視覚だけでなく嗅覚によっても自分が威嚇していることを相手に伝える。さらに威嚇の効果を高めるために、うなり声やほえ声を上げることもある。

　それ以外の程度の強い威嚇としては、待ち伏せの姿勢をとるというものもある。優位な個体が劣位な個体から少し離れたところで、獲物に飛びかかろうとするライオンのように体を伏せるのだ。程度の強いこれらの威嚇行動をとっても相手が引き下がらないとき、あるいは服従の姿勢を示さないときには、威嚇から実際の攻撃に発展することもある。

🌱 積極的な服従

優位な個体に対して服従するときや恐怖を感じたとき、劣位な個体はできるかぎり相手に威圧感を与えないような態度をとって、積極的な服従の意志を示す。歯が見えないように口を閉じて耳を伏せ、眉根にしわがよらないようにして、目を細め、口角を引いてにやりと笑うような独特の表情（submissive grin）をつくる。姿勢も、自信たっぷりな個体が背筋をまっすぐに伸ばすのとは正反対に、姿勢を低くして尾を下げたり足の間に挟んだりする。

その他、優位な個体の下に身を伏せて、相手の顔をなめたり、鼻づらをそっと押したりそっとくわえたりする。さらに、クンクン、キャンキャンと甲高い声で鳴いたり、尾を振ったり、くるくる踊るようにまわることもある。これはあいさ

◀**背中に前足を置く**
背中に乗る行動は、子どもの場合は遊びだが、おとなの場合は相手に対して優位性を示しているという意味になる。

つの儀式のときにもとられるディスプレイだが、子どもが親にえさの吐き戻しをねだるときのしぐさによく似ている。劣位の個体は子どものようなしぐさをすることで、相手に対して「あなたのほうが優位だと認めます。あなたに好意があり、悪意はまったく持っていません」と伝えるのだ。

受動的な服従

自分よりはるかに優位で自信にあふれた個体に対するとき、あるいは、群れの中で最下位のときには、「受動的な服従」というさらに極端な服従の姿勢をとる。これは、地面にあお向けに寝て四肢を広げ、優位な個体に陰部をさらすというものだ（あなたの愛犬が「お腹をかいて」とねだるときのしぐさとよく似ている）。そのとき耳は後ろ向きに寝かせ、尾は足の間に巻いて肛門腺を覆う。この姿勢で尾をゆっくりと振り、尿を少しもらすこともあれば、自分は無力です、というようにじっとしていることもある。この姿勢は、子どもが母親に陰部をなめてもらって排尿と排便をうながしてもらうときの姿勢によく似ている。

防御

劣位の個体は、服従のしぐさをとっても優位な個体をなだめられないとき、あるいは気の荒いものたちに囲まれたときなどに、防御的な威嚇を行う。背中を丸めて耳を後ろに寝かせ、尾を下向きに巻いて、頭を後ろに引く。相手から目を反らしつつ歯をむき出してガチガチと鳴らし、恐れと攻撃性という相反する感情をあらわす。2つの感情は互いを打ち消しあうため、歯を鳴らしていても本当に噛みつくことはない。このとき、優位な個体との距離は劣位な個体の自信の程度に応じて決まる。自信があれば相手に近づいて歯を鳴らしたり、多めにほえたりうなったりする。相手よりはるかに地位が低くて自信がなければ、相手にけっして近づかずに9〜12m離れたところで歯を鳴らすだけだ。よそ者が他の群れに囲まれたときなどは、ストレスを感じていることを示す最大限の方法として、走れないことを態度であらわしたり、尾を脚の間にぎゅっと巻いたり、下痢便をたらしたりする。

長距離間威嚇

オオカミの群れがなわばりの境界線にそって残すにおいは、名刺のように様々な情報を含んでおり、他のオオカミに対して「立ち入るな」という警告を与える働きをしている。また、群れ同士で交わす遠ぼえに

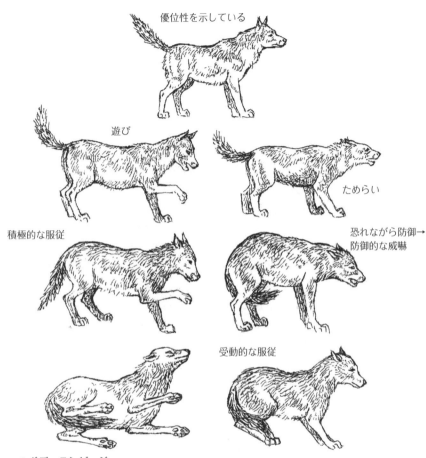

▲ボディランゲージ
耳の向きや、尾の角度、体全体の姿勢を変えることで、明確なメッセージを相手に伝える。

は、においづけと同様に、その地域にだれがいるかを知らせて警告する機能がある。

人間との関係

　私たち人間がペットのイヌのことを家族の一員だと思っているのと同じように、イヌは飼い主のことを群れの仲間だと思っている。そして実際に、人とイヌとは群れの仲間としてかなりうまくやっている。食料を分けあい、同じねぐらに寝起きし、グルーミングをしたり、共に眠ったり、遊んだりして社会的な交流を持ち、そのうえ、なわばりを見まわる長い散歩にも一緒に出かけているのだから。その見返りとして、イヌは私たちに惜しみない愛情を注ぎ、見知らぬ者から守ってくれている。

　イヌは通常、飼い主の家族の全員を自分よりも優位だと考えているが、場合によっては、そのうちの1人を群れのリーダーと見なしている。リーダーのお気に入りでいるために、イヌは様々な方法で愛情をはっきりと表現する。あいさつをしたり、顔をなめたり、体をもたせかけたり、飛びついたり、リーダーの不興を買ったときには反省のそぶりを見せたりもする。

　人間はイヌを心から愛しているにもかかわらず、その近縁であるオオカミを忌み嫌っているが、それはなぜなのだろう。アメリカ政府はどういうわけで、予算を投入してまで、あの美しく知的な動物を何十万匹も駆除させたのだろうか。かつてはあれほど広範囲に分布していたオオカミが、なぜ現在ではほとんどの地域で姿を消し、現存するところでも危機的状況に陥っているのだろう。

　その理由の一部となっているのが、オオカミが獲物を狩る動物であるという事実と、人々の心の奥にある、捕食者に対する見当違いな嫌悪感だ。かつては人間も集団で狩りをする捕食者であったため、オオカミは直接的な競争相手だと考えられていた。オオカミは人間と共通の獲物を狩り、時には農場や牧場の家畜を襲う。それに対して人間は、銃や罠や毒によって手当たりしだいにオオカミを殺すという方法で問題を解決しようとしてきた。

　人間はオオカミの餌食にされる動物を守ろうと、あの手この手でオオカミを根絶やしにしようとしてきたが、長い目で見ればそれは過ちであったことが今ではわかっている。人間が手出しをしなければ、オオカミはシカやヘラジカの群れから弱者を取りのぞいて、個体数の爆発的な増加と食物の枯渇を防いでくれるのだ。今では私たちも、全生態系が最良の状態で機能するためには、捕食者と被食者の関係が正常に保たれていなければならないことを承知している。かつてハイ

イロオオカミは健全な野生の生態系に暮らしていたが、それらの環境の大半は長きにわたって人間に支配され、見る影もなく分断化されてしまった。その結果、今ではアラスカ・カナダ・モンタナ州北西部・アイダホ州・ミネソタ州北東部・アジア北部の人里離れた地域や、イタリア・中東・南中央アジアの山岳地帯など、以前の分布域のごく一部でしかオオカミの姿を見ることはできない。

オオカミの個体数がすでに減少してしまった地域では、保護法は多少の効果をあげているようだ。しかし、人家や農場の近くにオオカミが暮らしているような地域では、現在でも日常的に射殺されている。オオカミが家畜を襲うことはごくまれだという研究結果が出ていても、その状況は変わらない。さらに、オオカミが広く分布しているアラスカやカナダの一部などでは、いまだにオオカミの駆除が行われている。これは、大型草食動物の個体数を増やしてスポーツハンティングの獲物として持続的に利用するためだ。ユタ州だけをとってみても、2009年から現在までにハイイロオオカミの駆除に80万ドルが費やされてきた。その一方で、イエローストーン国立公園などの地域では、この20年にわたってオオカミの再導入が行われている。公園内の個体数は1970年代にはゼロだったが、再導入の結果、現在では10群れ100頭近くにまで増加している。

オオカミほど議論の的になる動物もめずらしい。ある人々にとっては人類の古来の友であり食物連鎖の要となる素晴らしい動物だが、ある人々にとっては古くからの宿敵であり、排除すべき害獣にすぎないからだ。議論が交わされる間にも、オオカミのすみかは着々と開発され、減りつづけている。オオカミのすめるような野生の地が残されることを願うしかない。

性行動

オオカミの社会では、通常、最上位にいるものだけが交配する権利を持つ。この社会的な産児制限のおかげで産まれる子どもの数は1群れあたり1シーズンで1腹におさえられており、個体群の出生率に自然と歯止めがかかっている。子どもがそれ以上産まれると、十分に食物を与えることも適切な方法で育てることも難しくなってしまうため、産児制限は必要なのだ。

同様に、近親交配も社会的な仕組みによって自然と避けられている。劣位の個体は生まれ育った家族群では交配できず、いずれはその群れから出て自分の群れを形成するので、結果として遺伝子を地理的に広げるのに貢献している。

それに加えて、劣位の個体は群れから出る前の1～2年間は、自分の後に産まれた弟や妹たちに食物を与えたり守ったりするという重要な役割を果たしている。

🌱 求愛前の行動

オオカミは常に同じ個体を交尾の相手として選び、生涯ただ1頭に向けて求愛の儀式を行う。求愛前には、はしゃいだ態度で頻繁に相手の体に接触するようになり、しきりに尾を振りながら頭を相手にこすりつけたり、鼻を首筋にうずめてフンフン鳴らしたり、軽く噛みついたり、鼻で突いたり、鼻づらを軽く噛んだりする。

メスの発情期は地域によって異なるが、1月から4月の5～15日間だ。発情中のメスの月経血や分泌物や尿には、オスを性的に非常に興奮させるにおいが含まれている。オスはメスの尿のにおいをかいで、その部分をなめたり上から自分の尿をかけたりする。この儀式はつがい間のきずなを形成し、維持し、周囲へ知らせるのに役立つほか、メスに合わせてオスが発情し、交尾可能な状態になるのにも役立っている。

🌱 求愛

オオカミは実際の繁殖期の数か月前から求愛行動を始めることがある。この時期のオスとメスのじゃれあう様子が見られるのは、動物園のいいところだ。展示場が十分に広いところでは、互いに追いかけあったり、メスがオスを誘惑したりオスの誘いを断ったりするところが見られる。展示場がそれほど広くないところでは、2頭はダンスのような簡易版の求愛行動をとる。その際、メスはオスの背中に前足や頭や首をのせて気をひいたり、情熱的な誘惑のダンスを踊ったりしてオスを誘う。著名なオオカミ研究者のルドルフ・シェンケルは、このダンスを次のように見事に描写している。「発情したアルファメスは、尾を上げて、クンクンと鼻を鳴らしたり歌うようにおだやかに鳴いたりしながら、軽やかな足取りでダンスを踊る。その間、陰部を振り子のような動きでゆっくりと細かく上下に動かしている」

🌱 交尾

けれども、これらのダンスが交尾につながることはめったにない。いよいよという段になると、たいていはメスが尾を巻いたり座りこんだりして交尾から逃げてしまうからだ。メスは発情の頂点に達した時期にたっぷり

◀鼻づらを軽く噛む
求愛前の儀式の一部。一見痛そうだが、力を加減してそっと噛んでいる。

と時間をかけて求愛されなければ交尾を承諾しない。交尾を承諾するときは、メスは尾を左右どちらかに寄せ、生殖器を露わにしてオスを誘う。背後からオスに抱きかかえられても怒らない。オスはマウンティングの姿勢をとると、前足をメスの背中の上で足踏みさせる。この動作によって、ペニスがメスの膣の奥深くまで挿入され、イヌ科に特有の結合した交尾姿勢をとることが可能になる。交尾の際、ペニスの根本にある球状の部分が膨張し、メスの膣の筋肉によって膣内部に固定されて、2頭は結合した状態になる。オスがメスの背中から降りてメスに背を向けても、2頭は互いに背中を向けて陰部を結合させた状態を30分ほど保つ。この状態で数回の射精を行うことで、より安全にメスの体内に精子を届けることができ、さらに他のオスがメスに近づくのを阻止することもできる。

育児行動

🌱 巣穴を掘る メスは春先になると、3〜5週間後の出産にそなえて巣穴を掘り始める。新しい穴を掘ることもあるし、前の年に使った巣穴を広げるか修理することもある。あるいは、キツネやアナグマなど他の動物の使っていた巣穴に手を加えて使うこともある。巣穴を掘るかわりに、倒れた切り株の中や岩の割れ目や、中空の丸太の中をねぐらにすることもある。飼育下でも、出産をひかえたメスは同じような場所を探すか巣穴をつくる。巣穴の中にビデオカメラをしかけている動物園では、出産や育児の様子をじっくり観察できる。

出産が近づくと、メスと群れの仲間たちは巣穴に肉を運んで埋めておく。出産の前日になると、メスは巣穴にもぐりこんで出産を待つ。群れの仲間は肉を巣穴に運んだり、吐き戻したりしてメスに食物を与える。

🌱 子どもの世話

一度に産まれる子どもの数は平均5〜6頭だ。産まれたばかりの子どもはまだ目が見えず、自力で生きることもできない。もしも巣穴に近づくことができれば、腹をすかせた子どもがクンクン鼻を鳴らす音や、どこかが痛いとキャンキャン鳴く声、乳首を探し当ててブーブーいう声などが聞こえるはずだ。子どもは産まれて1か月ほどたつと、乳ばなれして、群れの仲間の吐き戻した半分消化された肉を食べるようになる。子どもたちは、おとなが巣穴に入ってくると周りに群がって「何を持ってきてくれたの？」というように、鼻づらをなめたりかじったりして食べ物をねだることをすぐに覚える（食物を吐き戻して与える習性は奇妙に思えるかもしれないが、人間にも食べ物を噛んで赤ん坊に口移しで与える習慣のある部族がいる。キスという習慣はこの行動がもとになって発達したとも言われている。あなたの口もとを愛情をこめてなめる愛犬の行動が、今までとはまったく違うものに見えてきたのではないだろうか）。

子どもが産まれて数週間、親たちは何くれとなく子どもの世話をやき、排泄物も食べて清潔に保ってやる。そして、オオカミとして生きて行くために必要なことがらを丹念に教えこむ。産まれて8〜10週になると、子どもたちをランデブーサイトと呼ばれる40アールほどの広さの遊び場へ移動させる。おとなたちは狩りに出かけるときには、小さすぎて連れていけない子どもたちをこの遊び場に残していく。子どもたちは遊びながらおとなの帰りを待ち、おとなが帰ってくると騒々しく出迎える。一部の子どもは次の年になると群れを出て自分の群れを形成するが、それ以外は群れに残って新たに生まれた赤ん坊の世話を手伝う。

動物園/自然界で見られる行動

基本的な行動

移動
- 小走り
- 全力疾走

採食
- がつがつと肉を飲みこむ
- 食べ残りを埋める

排泄
くさい物の上で転がる
- 転がりながら満足げな顔をする

慰安行動
- 睡眠
- あえぐ
- 体をかく
- あくび
- 体をゆすって水を切る
- 伸び
- 身づくろい

社会行動

友好的な行動
- ■個体同士のあいさつ
- ・敵か味方か、優位か劣位か調べる
- ・積極的な服従
- ■群れ同士のあいさつ
- ■鼻を首筋にうずめてフンフンいわせる
- ■前足を上げる
- ■鼻づらで顎を持ち上げる
- ■マーキングと遠ぼえ
- ■社会的遊び
- ・追いかけっこ
- ・待ち伏せ
- ・けんかごっこ
- ・プレイフェイス
- ・おじぎ
- ・前脚で弾む
- ・わざとらしくそっぽを向く

- ■協同狩猟

対立行動
- ■程度の弱い威嚇
- ・まっすぐににらむ
- ・肛門を見せる
- ・相手に覆いかぶさるように立つ
- ・相手の背中に乗る
- ■程度の強い威嚇
- ・噛みつくぞという威嚇
- ・待ち伏せの姿勢
- ■積極的な服従
- ■受動的な服従
- ■防御
- ・防御的な威嚇
- ■長距離間威嚇
- ・マーキング
- ・遠ぼえ

性行動
- ■求愛前の行動
- ・頭を相手にこすりつける
- ・鼻を首筋にうずめてフンフンいわせる
- ・軽く噛みつく
- ・鼻で軽く突く
- ・鼻づらを軽く噛む
- ・尿のにおいをかぐ
- ■求愛
- ・追いかけあう
- ・メスがオスを誘う
- ■交尾
- ・結合した交尾姿勢

育児行動
- ■巣穴を掘る
- ■子どもの世話
- ・授乳
- ・肉を吐き戻す
- ・排泄物を食べる
- ・教育する

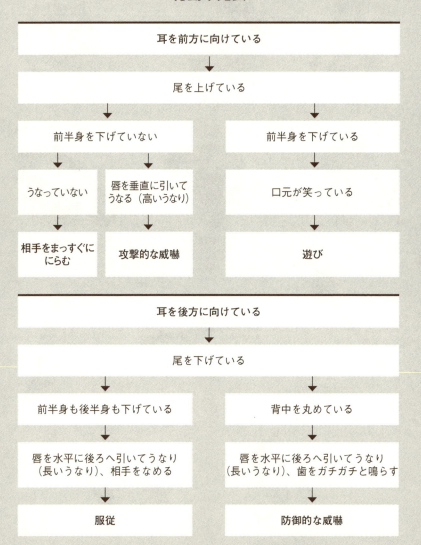

ハクトウワシ
Bald Eagle

　ワシたちは、いつの時代にも眼下に広がる世界の王でいられたわけではないらしい。現在の彼らの行動を見れば、進化の途上で空腹をかかえてぎりぎりの生活をしなければならない時期があったと想像がつく。獲物が不足して激しい生存競争にさらされたときに、決まった食物しか食べないものたちは、しまいには弱って命を落としてしまったのだろう。状況に応じて獲物を狩ったり、腐肉をあさったり、他のワシから獲物をくすねたりしたものたちは、生きのびてひなを育てることができた。臨機応変に生きる能力は子孫に受けつがれ、成功をおさめるうえでもっとも重要な能力となった。現在アメリカの国章となっているハクトウワシは、逆境から得た柔軟性を活かして屍肉を食べ、獲物をくすね、なおかつ驚くほどの腕前で獲物を狩るたくましい鳥なのだ。

　ハクトウワシは臨機応変に生きるという戦略をさらに発展させて、川や湖が凍てついて魚を捕りにくくなる厳しい冬にも食物を得られる方法をあみ出した。冬になると、他の個体と集団で過ごすことに耐えながら、獲物の得やすい狩り場へ集まるようになったのだ。ハクトウワシの集まる光景は、世界の野生動物が見せてくれるショーの中でも1、2を争うほど壮観だ。たとえばアラスカ州ヘインズのチルカット川には、産卵後のサケをねらって多いときで3,000羽以上が集まる。ワシたちは、木々が黒く見えるほどの密度で枝にとまり、数えきれないほど上空を舞い、水辺でいざこざを起こして騒ぎたてる。だれかがサケを捕らえれば、横取りしようと数十羽で殺

特徴

目
タカ目

科
タカ科

学名
Haliaeetus leucocephalus

生息場所
水辺で営巣・採食。山の尾根伝いに季節移動。秋と冬には食物の豊富な場所に集まる。

大きさ
全長 85～110 cm
翼開長 180～230 cm

体重
オス 3.5～4.0 kg
メス 4.5～6.5 kg

最長寿記録
飼育下で50歳

▶威嚇音を発する
甲高い威嚇音を発して、自分の巣や狩り場から他の個体を追いはらう。

到し、そのとなりでは1匹のサケを数羽でうばいあって食べている。こういったお祭り騒ぎはハクトウワシの生息域なら（たとえばモンタナ州のグレイシャー国立公園やワシントン州のスカジット川など）どこででも見られるが、チルカット川ほどたくさんのワシが集まるところは他にはない。

ハクトウワシにとって集団を形成することは本能にそぐわない行動だったのかもしれないが、順応性の高い彼らは、その状況を利用して、コンドルがするのと同じように、食物を得るために互いを観察することを覚えた。何十羽ものハクトウワシが1点の上空で円を描いて飛んでいれば、その下には大きな死体があって、食物が得られることがわかる。けれども、後から来たものが食事にありつくのは、そう簡単ではない。死体のまわりには腹をすかせた油断のならない相手が山ほどいて、その中で権利を勝ち取らなければならないからだ。それでも、ねばり強く待っていれば、いくらかは必ず食べられるので、獲物の少ない地域で単独で狩りをするよりは効率がよい。集団で過ごす冬の間は、あまり苦労をしないで食料を得られるので、ほとんど（99％）の時間は樹上で休息して、貴重な体温を節約することもできる。冬に集合することには、それ以外にも、来るべき繁殖期にそなえてつがい相手の品定めができるという利点がある。

　ハクトウワシの越冬地には、たいていの人が一生のうちに見るよりもたくさんのワシが集まる。動物園ではそれほど多くのワシを飼育することはできないので、越冬地で生じる集団ヒステリーのような行動は見られない。それでも（複数で飼育されていれば）小規模な社会行動は見られるはずだし、単独でとられる基本的な行動はもちろん観察できる。

基本的な行動

移動

　上昇気流に乗って空高く舞うハクトウワシの姿を見て、人々は昔から同じようなことを考えてきた。アメリカ先住民のほぼすべての部族は、ハクトウワシのことを神や女神への使いだと考えて、人々の願いを雲の上まで運んでくれると信じていた。

　ハクトウワシの翼のつくりをよく見ると、天まで届くような高さに上昇できる理由がわかる。左右の翼は表面の凹凸が少なくなめらかで、広げると端から端までの長さ（翼開長）が2m以上あるため、最小限のエネルギーで最大限の揚力を得ることができる。翼の翼裂（翼の大きな羽の先端部分が指のように分かれた部分）をうまく使えば、安定した正確な飛行が可能なうえ、大きな揚

▲上昇気流にのって帆翔(ほんしょう)
暖められた地表から発生する柱状の上昇気流を次から次へと利用して、楽に移動する。

力を得られるので、重い獲物を運ぶこともできる。そのうえ、骨は中空で、7,000枚の羽毛の半分も重さがなく、体の大きさに比べて体重が軽い。体全体の重さは平均4 kgほどで、太めのネコくらいしかない。

ワシたちは長い年月をかけて自然選択を経るうちに、体の軽さを利用して生活する術を身につけた。彼らは大空をゆったりと飛びながら、暖められた地表から立ちのぼる柱状の上昇気流に近づいていく。そして、目に見えないエレベーターに乗って楽に高度を上げ、はるかな高みから大地を見渡して獲物や食べ物を探す。山岳地帯では、斜面を昇ってきた上昇気流も利用する。上昇気流を次々に乗りかえることで、ほとんど羽ばたかずに、はるかな距離を移動する。

上空から食料を見つけたときには、すばやく地面に降りる必要がある。そのときには、翼をすぼめて時速320 kmという猛スピードで急降下する。そして地面に衝突する手前で再び翼を広げ、扇状に広げた尾羽を着陸時の飛行機のフ

ラップのように使って抗力を増して着地する。

採食

　順応性の高さがハクトウワシの特徴だが、そのことは食物の種類の多さからもうかがえる。好物は魚だが、種類やサイズにかかわらず哺乳類や爬虫類、両生類、鳥類も食べる。1日のうちに、スズキ（パーチ）程度の小さな獲物から、座礁したクジラの死体のような巨大なものまで食べることもある。食べ残しをすすんで食べるため、自分では捕らえられないような多様な獲物もメニューに加えられる。実のところ、どちらかといえば自分で狩りをするよりも、屍肉を食べたり、だれかから獲物をうばったりすることを好む。人間から見ればなまけているように見えるが、必要な場合にしか狩りをしないのはエネルギーの節約のためだ。他のだれかに狩りをしてもらえばエネルギーを節約できるので、結果として、より少ない食料で生きられる。だが、必要にせまられたときやチャンスに恵まれたときには、精力的に狩りをする。

　自分で狩りをするときには、主に(1)飛びながら捕らえる、(2)止まり木から飛んで捕らえる、(3)地上で捕らえる、(4)水中を歩いて捕らえる、(5)協同狩猟、という5種類の方法のどれかを用いる。動物園では本物の狩りの様子を見ることはできないが、大きなケージの中で飛んでいるときや猛禽ショーのときなどに狩りの動作の一部を観察できる。見るべきポイントがわかっていれば、いつの日か幸運にも野生のワシの狩りにめぐりあったときに、きちんと見分けられる。

　(1)の飛びながら捕らえる方法では、上昇気流に乗って円を描きながら舞い上がり、人間の3〜4倍の距離を見通せる目で地上をじっくり観察して、1.5 km先にいる小さな獲物も見つけだす。そして、猛スピードで急降下してすばやくかぎ爪をつき出し、水中から魚をつかみ上げたり、枝から鳥をかすめ取ったり、死に物狂いで地表を逃げている哺乳類を捕らえたりする。飛んでいる鳥を空中で捕らえることもある。(2)の止まり木から飛んで捕らえる方法はエネルギーの節約になる。このときは、止まり木にとまって彫像のように動きを止め、獲物が姿をあらわすまで何時間でも自分の下の地面や水面を見つめている。そしてチャンスが訪れると、電光石火の早業で飛び出して、ライフル銃の弾丸の2倍の衝撃で獲物に襲いかかる。(3)では地面を歩いて茂みにしのびこみ、隠れ

ている獲物を追い出す。(4)では、浅瀬を歩いて魚を捕らえる。狩りの方法の中でもっともおもしろいのが(5)の協同狩猟だ。協同狩猟では、1羽が哺乳類などの小型の獲物を狩り出して、待ちかまえていた他のワシがすかさず捕らえる。

どの方法で狩りをした場合でも、獲物にとどめを刺すときには特別に発達した足を使う。長く鋭いかぎ爪を獲物の体に食いこませて、足の筋肉を収縮させ、骨を砕いて息の根をとめるのだ。指の内側にはとがった突起があるので、ぬれていたり暴れたりする獲物もしっかりつかむことができる。獲物が小さいときには、くちばしでくわえて運ぶこともある。

捕らえた獲物は、重すぎて運べないとき以外は止まり木まで運んで食べる。チルカット・バレーの川でサケを捕らえるときには、しばしば翼をオールのように使って水をかき、サケを岸に追いやって捕らえる。どこで食事をするときにも、腹をすかせた他のずうずうしいワシなどに横取りされないよう、あたりに目を光らせていなければならない。

ハクトウワシは獲物の横取りにかけては一流の腕前を持つ。地上の動物から獲物を奪ったり、魚を持って飛んでいる他の鳥を攻撃して横取りしたりする。とくに、飛んでいるミサゴから獲物を奪うことが多いので、野外でも見る機会があるかもしれない。そのときには、自分より小さなミサゴを追いまわして急降下し、くり返し攻撃を加えて、おびえたミサゴが魚を落とすのを待つ。そして落ちた魚を追って急降下し、翼の生えたスーパーマンよろしく魚が水に落ちる前に空中でつかまえる。ミサゴ以外ではラッコから獲物を奪うことも多い。ラッコは水面にあお向けに浮かんで、お腹をテーブルのように使って食事をするので、ラッコがハマグリやムール貝を開いた

▶魚を捕る
ぴちぴちはねる魚を難なく捕らえて、力強いかぎ爪でしめ殺す。

ところに背後から滑空で音もなく近づいて、あっというまに奪い取るのだ。

　食物を得る方法としては、それ以外にも死体を見つけて食べるという方法がある。高い空の上から地上を見下ろしていると、病気や寒さや飢え、あるいは銃弾の傷によって死んだ動物の死体を見つけやすい。いったん死体のもとに降りたったら、ハクトウワシの天下だ。カラスやコンドルなどの他の腐肉食者が来ても、おどして追い払ってしまう。この状況のハクトウワシから死体を奪おうとするのは、コヨーテや野犬、アメリカライオン、クマなど哺乳類の捕食動物くらいだ。

　死体を食べるときには、かぎ爪で死体をしっかりつかんで、カーブしたくちばしで肉を食いちぎる。他のものにじゃまされないうちに、口を大きく開けて、大きな肉塊をできるだけたくさんお腹につめこんでいく。満腹になってもまだ食料が余っているときは、後で食べられるように、飲みこんで「素嚢(そのう)」に貯めておく。動物園でハクトウワシを見るときには、喉元がふくらんでいないか見てみるとよい。素嚢は食道の一部が袋状に変化したもので、中に最大 1 kg 弱の食物を入れておけるが、それだけあれば数日分の食料になる。

　食事をした次の日の朝に、小さなペリットを吐き戻すことがあるが、これは食べた物の毛や羽毛、骨など、消化できなかった部分を小さく固めたものだ。

社会行動

友好的な行動

共同ねぐら、共同水浴び　ハクトウワシは1年の大半は自分のなわばりやねぐら、止まり木、巣の周辺を守って過ごす。だが冬になると、なわばり意識を抑えて、他の個体が近づいても攻撃しなくなる。冬以外にはなわばりへの侵入者をつついて追い払っていたワシたちが、冬には進んで他の個体と同じ木でねぐらをとり、体の周囲のわずかな空間だけを守って過ごすようになるのだ。なわばりを守るよりも、共同でねぐらをとる利益のほうが大きいということなのだろう。他の個体とねぐらをとっていると、たとえば、よい餌場がありそうだという情報を得たり、繁殖期にそなえてつがいのきずなを新たに形成したり形成しなおしたりするのに有利なのかもしれない。

　集団で過ごす冬の間は、その他にも、共同水浴びという行動をとる。頻度は

◀ 共同水浴び
越冬地では、時おり他の個体といっしょに水浴びをする。

まれだが、1羽が水を浴び始めると、他の個体も1羽、もう1羽と伝染したように同じことを始めて、しまいには全員で水を浴びることがあるのだ。

協同狩猟、共同採食

つがいのハクトウワシは、獲物をかわるがわる相手に向かって追うという方法で協力しあって狩りをすることがある。このときは、どちらも最終的に捕らえる役は自分がやりたいと思っているのだろう。また、海岸に座礁したクジラのような大きな死体があるときは、大勢で群がって食べることもある。死体が大きすぎてひとりじめはできないので他の個体の存在を受け入れ、攻撃したい気持ちを抑えて、けんかをするにしても小競りあい程度に抑えるのだ。けれどもワシたちは友好的な気持ちから集団で採食したり越冬したりしているわけではない。自分の分け前を得るために、他の個体の存在をがまんしているだけだ。

対立行動

守らねばならない大切なものを持っているときには、時と場所に関係なく対立行動をとる。たとえば巣づくり中のつがいは、なわばりへの侵入者や大型の捕食者からなわばり（巣づくりの場所やお気に入りの止まり木、子どもを含む）を守る。冬には非常に多くの場合、死体の一部やねぐらにしている木の枝

など、他の季節に比べてささいなものでも守る対象になる。だが、対象が小さくても、そのためにとる行動の激しさは変わらない。

威嚇(いかく)

おとなのハクトウワシの色や模様は、それ自体が威嚇の役に立つ。白い頭部はよく目立つため、遠くの個体に対しても、そこが自分のなわばりだと知らせて警告できるからだ。ハクトウワシはこの効果を最大限に活かすために、目立つ場所にとまり、エネルギーを節約しながら最小限の闘争でなわばりを守る。

この視覚的な警告を無視してなわばりに侵入するものがあると、つがいの片方、あるいは両方で甲高い威嚇音を発する。それでも効果がなければ、侵入者の上で円を描いて飛び、相手がなわばりから出て行くまで叫び声を上げつづける。だが、侵入者に対する威嚇行動のうちでもっとも激しくもっとも一般的なのが、直接追い払う方法だ。そのときはつがいの2羽で侵入者に直接飛びかかり、相手が退却するか反撃するまで追いかける。追いかけながら脚を伸ばし、かぎ爪を広げて、自分たちが本気だということを相手に示す。

越冬期にはよく1本の木にたくさんのハクトウワシが共同でねぐらをとるが、そこでも様々な対立が生じる。特に夕方早くの時間帯には、それぞれがよいねぐら場所を確保しようとするのでいざこざが多くなる。ねぐら場所を確保したワシは、他の個体が自分から60cm以内の場所に降りたったときは、首の羽毛を逆立たせ、頭を低くして相手に向かってくちばしをくり返し突きだすという典型的な威嚇行動をとる。場所を奪われてしまったときは、他の場所に移動して、今度はそこにいる個体を押しの

◀ねぐら場所の取りあい
ねぐら場所をめぐって他のハクトウワシと争う。

けようとする。1羽が追い出されると、ドミノ倒しのように次々にいざこざが発生して、最後の1羽が空いている場所を見つけて落ち着くまで騒ぎが続く。

食物をめぐる争い　ハクトウワシの間で明らかな争いが生じるのは、たいていは食べ物が関連しているときで、ほとんどの争いは集団で生活する時期に生じる。腹を空かせたワシは、食べ物を持っているワシを空中で追いかけたり、飛びかかったり、地面を走るか歩いて攻撃したり、ジャンプして攻撃したりして、食べ物を手放させようとする。かぎ爪を相手に向けて突き出したり、翼を広げたりして脅すこともある。

それでも食べ物の持ち主が一歩も引かないときには、両者はかぎ爪を噛みあわせて闘争を始める。いったんかぎ爪を離してから、略奪者が片足で獲物をつかんで自分のほうに引き寄せ、持ち主が取り返そうとして獲物をつかみなおして、2羽で綱引きのような引きあいを始めることもある。さらに、互いにくちばしでつつきあったり、略奪者が獲物をひと口かじろうと試みたりすることもある。かじろうとする側は、そのたびに獲物の持ち主よりも頭を低く下げる。おそらくこれは1種の服従のディスプレイで、「私は食べ物が欲しいだけで、あなたを攻撃したいわけではないですよ」と相手に伝えているのだろう。獲物をかじろうとしているのが若者の場合は、頭部の白い模様がはっきりしていないことが相手の攻撃性を弱めるのに役立つ。

食べ物の持ち主は叫び声をあげて頭と首の羽毛を逆立て、くちばしを相手に突き出したり翼を前に突き出したりして、略奪者と同じ方法で応戦する。獲物の上で両方の翼を広げて、相手から隠すようにすることもある。動物園でも複数のハクトウワシが同じケージに入れられていたら、食事の時間にこれらの動作を見られるかもしれない。

性行動

求愛　冬が終わるころ、ハクトウワシの求愛の季節が始まる。初めて繁殖に加わるワシたちは、求愛を通じて生涯の伴侶となる相手との間にきずなを形成する。カップルたちは空中でじゃれあいながら求愛飛行を行うが、これらの行動には、互いの攻撃性をしずめるとともに発情の度合いを同調させる働きがある。以下の(1)追いかけあいながらの求愛、(2)ジェットコースターのよう

かぎ爪で獲物を引きあう

かぎ爪を噛みあわせて闘争

翼を広げて獲物を隠す

つつきあう

▲食べ物の取りあい
他のハクトウワシから食べ物を奪おうとする。

に飛びながらの求愛、(3)車輪のようにまわりながらの求愛という3種の求愛飛行は驚くほど激しく、それでいて、空を飛ぶハクトウワシの優雅さや美しさが非常によく表れている。

　(1)の追いかけあいながらの求愛では、2羽は糸でつながれた黒い凧のように寄りそいながら空を飛び、急降下したり、宙返りをしたり、不規則なジグザグ模様を描いたりする。目に見えない丘を転げ落ちるように、互いの位置をくるくると入れかえながら飛ぶこともある。時おり片方があお向けになって、上を飛ぶワシとかぎ爪を合わせる。

　(2)のジェットコースターのように飛びながらの求愛は、読んで字のごとくだ。1羽が天高く飛び上がり、頂点に達すると、巨大なジェットコースターで落下するように真下に向かって急降下する。そして、地面にたたきつけられる前に降下を止め、今度は一転して急上昇を始める。まるで第一次大戦中の撃墜王レッド・バロンが腕前を見せびらかしているかのように、巨大なU字型を

▶車輪のようにまわりながら求愛
空中でかぎ爪をあわせて、くるくるまわりながら一直線に落下する。

次々に描いて行く。

　だが、もっとも見事な曲芸飛行は、なんといっても(3)の車輪のようにまわりながらの求愛だろう。2羽で高く高く上昇して、互いのかぎ爪を噛みあわせ、大きな羽毛の固まりのようになって、くるくると回転しながら一直線に落下するのだ。あわや地面に激突というところで、ぱっと離れて間一髪で見事に難を逃れる。2羽は空を飛んでいる間も、木にとまっているときも、求愛コール（甲高い叫び声）を交わしあい、荒々しい野生の声を大空に響かせている。

🌱 **交尾**　そのように派手な求愛行動の後で行われる交尾は、ほんの2、3秒か、長くても2分という短いものだが、それが1日のうちに数回くり返される。交尾にいたるまでの流れを仕切るのは通常はメスのほうだ。メスは体を水平にかがめて頭を下げ、翼を広げて優しい声でオスを誘惑する。オスもそれに応えて声を上げ、翼をはばたかせて尾を上下に動かす。そして、メスを傷つけないようにかぎ爪を丸めてメスの背中に乗り、その姿勢で翼をはばたかせて再び声を上げる。メスが尾を左右のどちらかにずらすと、オスはメスと自分の総排泄腔を合わせる。交尾が終了すると、2羽は連れだって巣へ戻っていくが、その前にしばらく羽づくろいをすることもある。

育児行動

🌱 **巣づくり**　ハクトウワシは巨大な大邸宅のような巣をつくる。アイオワ州にあったある巣は、何組ものつがいによって40年間にわたって利用され、最終的に木から落ちて壊れたときには1.8トンもの重さになっていた。巣材を

人間との関係

　ハクトウワシの寿命は長く、その間に、狩りや巣づくりによい場所、よい止まり木、越冬地へ移動する際に上昇気流を見つけられる場所などを学習しながら成長する。長い時間をかけてようやく性成熟に達すると、1回につきわずか1～2羽のひなをていねいに育てる。しかし、寿命の長さと比較的低い繁殖率は、場合によっては脆弱さにつながる。人間活動の影響で急速に変化しつつある世界においてはなおさらだ。ハクトウワシの好む成熟林は年々希少になり、安心して子育てのできる湖畔の木も、安心して狩りのできる汚染のない水場も減少しつづけている。ハクトウワシは寿命が長いため、体内にＤＤＴなどの毒物を蓄積しやすい。過去に卵の殻が薄くなって繁殖の失敗が続く時期があったが、それもＤＤＴの影響だったことが判明している。それ以外の汚染物質としては、酸性雨や汚染された地下水に含まれる重金属の害も想定されるが、体内に蓄積した場合の影響は未知数だ。ハクトウワシは繁殖率が低いために、そのような負荷が生じた場合にも、進化によってすばやく耐性を身につけて、個体数を回復するという手段がとれない。

　ハクトウワシの受難はそれだけにとどまらない。生息地は減少し、人間による妨害を受け、保護法のもとでも当然のように殺されつづけている。過去に駆除を目的とした報奨金制度がもうけられていた時期があり、制度が廃止された今になっても、ハクトウワシに対して見当違いな憎しみを抱いている人が多いのだ。なかには、牧場主には家畜を守るために敷地内のハクトウワシを打ち殺す権利を与えるべきだと主張する人もいる。1970年にはワイオミング州のいくつかの牧場で、組織的な駆除計画が実行され、ヘリコプターと高性能のライフル銃によって1日に30～40羽が撃ち落とされていた。

　保護法が制定されて以降、ハクトウワシの大量殺りくが公然と行われることはなくなったが、密猟は依然として続けられており、闇市場では羽毛が高値で取り引きされている。ハクトウワシの羽毛でつくられたアメリカ先住民の儀式用頭飾りは白人にも人気で、羽毛1枚で25ドル、頭飾り全体では5,000ドル以上の値がつくこともあるのだ。また、密猟以外では、むきだしの送電線に触れて感電死したり、風力発電のブレードに激突したり、他の動物用の罠にかかったり、毒餌や鉛弾の入った獲物を食べたりという不慮の事故によって、毎年数十羽が命を落

としている。

　そのような状況が続いた結果、1963年には、アメリカのナショナル・オーデュボン協会＊の調査で繁殖が確認された巣は、アメリカ本土でわずか417個にまで減少していた。だが喜ばしいことに、ハクトウワシを窮状から救うために多くの人々が立ち上がり、懸命な努力を行ってきた。ＤＤＴをはじめとする残留性有機塩素化合物は使用が禁止され、生息地は公式な回復計画にそって保護され、数多くのひなが飼育下で育てられてきた。様々な努力の結果、1994年には、アラスカを除く米国48州で4,450つがいの繁殖が確認されるまでになった。その翌年、魚類野生生物局はアラスカを除く48州でハクトウワシを絶滅危惧種（endangered）から絶滅危急種（threatened）に分類しなおすという勝利宣言を行うことができた。その後、2006年にはつがいの数は9,789にまで増加している。

　あなたも動物園へ行けば、この空の王者を間近に見るという貴重な体験ができる。円を描いて急上昇するところや、緊張感たっぷりの狩りのシーンを見ることはできないが、数々の文明の空を舞い、人々に畏敬の念を抱かせてきた鳥と見つめあうことができる。こちらを見下ろす彼らに、私たちが今では心を入れかえたこと、畏敬の念をもって、彼らを回復させるというただひとつの目的をめざしていることが伝わってくれればと心から願う。

＊野鳥など野生生物の保護を目的としてアメリカで設立された環境保護団体。

集めるときには、木をかすめて飛びながら、かぎ爪で頑丈な枝やつるをつかんで巣に運ぶ。メスは運んできた枝をくちばしでくわえて格子状に組んでいき、風雨や雪に耐える頑丈な巣をつくる。メスは毎年繁殖期がくるたびに巣に枝をつけ加えていき、さらに「この巣は使用中」と宣伝するように、緑の葉のついた新鮮な小枝で飾りつける。野生のハクトウワシの巣はふつう幅1.5〜1.8ｍ、高さ0.6〜1.2ｍほどの大きさで、行動圏の中で一番高い生木の最上部につくられる。巣のそばには予備の巣もつくるが、これは、何らかの妨害や寄生虫によって巣を捨てざるをえないときのためだ。

🌱 **卵の世話**　　ハクトウワシは1回の繁殖期でわずか1〜2羽のひなしか育

てられない。そのため、両親は細心の注意をはらって卵の世話をする。雨が降れば翼を広げて巣を覆い、自分の体が冷えても卵を守る。アラスカで巣に近づきすぎた研究者が身をもって知ったことだが、両親は巣を守るために時として凶暴になる。アラスカの場合、腹を立てた親たちは、巣に近づいた相手が人間でもためらいなく襲いかかることがある。だが、それ以外の地域ではそこまで攻撃的ではなく、巣に人間が近づいたときには、上空高く旋回して飛び去るだけだ。しかし、どの地域であっても、けっしてワシたちの我慢の限界を測るようなまねをしてはいけない。妨害が続けば、親たちは卵の孵化さえ待たずに巣を放棄することもあるからだ。

🌱 ひなへの給餌

何も問題がなければ、3つの卵のうち少なくとも2つが孵化して、両親はその世話で目がまわるほど忙しくなる。あなたのよく行く動物園で幸運にもハクトウワシのひなが生まれたら、こまめに通って観察するとよい。ひなたちの成長ぶりは通って見るだけの価値がある。初めのうちは4〜5日に450gほどの勢いで成長し、たった3か月で110g程度から5kgほどにまで大きくなるのだから、まさに目の前で成長しているように感じられるはずだ。急激に成長するひなのお腹を満たすため、両親は交代で狩りをしてひっきりなしに獲物を巣に運ぶ。ひなは親が獲物を持ち帰るたびに激しく餌ごい声を発して、親が獲物をひと口大にちぎって口に入れてくれるまで鳴き続ける。親はひなに肉を与えるとき、焦ったひなにまちがって目をつつかれてもけがをしないように、瞬膜を閉じて目を保護する。給餌のシーンを映像で見る機会があったら気をつけて見てみよう。

◀ひなへの給餌
ひなたちは、親がひと口大にちぎってくれた獲物を奪いあって食べる。

🌱 兄弟間の対立

兄弟は日常的にけんかをする。1羽のひなが他より大きい場合

（特に孵化して数週間は差が大きい）は、小競りあいから兄弟殺しに発展することもある。ひなたちは、ねらいが外れると倒れてしまうほどの勢いで頭をつつきあう。大きいひなはくちばしで小さいひなのくちばしをはさんだり、羽をつかんだりして巣の中を引きずりまわし、疲れさせて殺してしまうことがある。興味深いことに、両親はこの闘争をめったに止めようとしないが、それはおそらく、親としては生きのびる強さを持った子どもだけに餌を与えるほうが、都合がよいからだろう。

🌱 巣の外で暮らす練習

ひなたちは巣の中で食事やけんかをする以外に、羽づくろいをしたり、遊んだり、眠ったり、運動をしたりして過ごす。どんな動物の子どもにも共通した行動だが、飛びはねたり、枝を振りまわしたり、羽ばたいたり、けんかごっこをしたりもする。巣の中にあった古い羽や葉、棒、食べ残しの獲物、あげくの果てには鳴きわめく兄弟を引っぱりあって遊ぶこともある。また、兄弟間で食べ物を取りあって、食べる権利を決めることもある。取りあいに負けたほうは次の機会を待つしかない。これらの遊びは、将来の生活の訓練として役に立っている。おとなになれば、獲物の略奪はエネルギーを獲得するための重要な手段となるからだ。1羽で巣の中を歩いたり、飛びはねたり、足踏みをしたり、巣の端から端までジャンプをするのも、暴れまわる獲物をしとめるときの動きの訓練になり、筋肉をきたえられるので役に立つ。

ひなは孵化して5〜6週たつと、人間を含む何ものかが巣に近づいたときに防御行動をとるようになる。侵入者にむかって翼を広げ、羽毛を逆立てながら、シューという音を立てるのだ。かぎ爪やくちばしで攻撃することもある。それでも侵入者が去らなければ、最終手段として巣から飛び降りることもあるが、その場合にはたいていけがをしてしまう。そのような事態を避けるために、野生のワシの巣には近づかないことが肝心だし、動物園でもひなを驚かせないように巣にマジックミラーを設置するのが望ましい。孵化して10週たつと巣から出られるようになるが、まだ巣から離れて遠くへは行かない。3か月になれば自分で獲物を狩れるようになるが、それまでは親から食物をもらう必要がある。

動物園/自然界で見られる行動

基本的な行動

移動
・上昇気流にのって飛ぶ
・急降下する
採食
・飛びながら狩る
・止まり木から飛んで狩る
・地上で狩る
・水中を歩いて狩る
・協同狩猟
・獲物を横取りする
・死体を食べる

社会行動

友好的な行動
■共同ねぐらと共同水浴び
■協同狩猟、共同採食
対立行動
■威嚇
・体の模様
・威嚇音
・円を描いて飛ぶ
・なわばりから追い払う
・ねぐらでの威嚇行動
■食物をめぐる争い
・空中で追いかける
・空中で飛びかかる
・地面を走るか歩いて攻撃
・ジャンプして攻撃
・かぎ爪を突き出す
・翼を広げて脅す
・かぎ爪を嚙みあわせて闘争
・かぎ爪で獲物を引きあう
・つつきあう
・獲物をかじり取る
・翼を広げて獲物を隠す
性行動
■求愛
・追いかけあいながら求愛
・ジェットコースターのように飛びながら求愛
・車輪のようにまわりながら求愛
・求愛コール
■交尾
・メスの誘惑行動
・マウンティングの姿勢

育児行動
■巣づくり
■卵の世話
■ひなへの給餌
・餌ごい声
・親が獲物をちぎる
■兄弟間の対立
・兄弟間の闘争
■巣の外で暮らす練習
・羽づくろい
・遊び
・睡眠
・運動
・食べ物を取りあう
・防御行動

▲頭を低くして突進
程度の強い威嚇の一種。頭を下げ、くちばしを相手に向けて突進する。尾や翼の羽毛をむしりとることもある。

カナダヅル
Sandhill Crane

　毎年、春になると、おどろくほどの大群でネブラスカ州を通過していく動物が2種いる。片方は首から双眼鏡をぶら下げていて、足は2本か5本（三脚有りか無しかによる）、ヒソヒソ声でさかんに話しあう哺乳類だ。この動物は、もう一方の動物を観察するために、朝早くから群れをなしてしのび足で水辺へ向かう。お目当ては、40万羽の仲間とともに大声で鳴き、ダンスを踊り、ごちそうを楽しんでいるすらりとした優雅な鳥だ。

　ネブラスカ州を流れるプラット川の113kmの流域は、カナダヅルの渡りの中継地となっている。ツルたちはこの川で休息をとり、空腹を満たしたあとで、ハドソン湾から東シベリアの間に広がる繁殖地をめざしてふたたび出発する。ツルたちがこの川を中継地として選んでいる理由は、川幅が広くて浅いから（立った姿勢でねぐらをとるのに都合がいい）、それから、川の周辺でトウモロコシや汁気の多い虫をたっぷり食べられるからだ。空腹をかかえたツルの群れは、2月からプラット川へ集まりはじめ、3月の第3週になるころには川をすっかり埋めつくしている。

　数千羽のツルたちは、荒々しく、騒々しく鳴き交わす。その声は聞く人に太古の昔を思い起こさせて、自分という存在の小ささを実感させる。ツルの気管は驚くほど長くて、楽器のホルンに似た渦巻形をしているので、拡声器を通したような大声が出せるのだ。川にいるツルたちは、上空1,000mを飛ぶ他の群れに向かって呼びかけることもあるので、そのことを考えると、それだけの

特　徴

目
ツル目

科
ツル科

学名
Grus canadensis

生息場所
水深の浅い開けた湿地で休息、開けた草地や農地で採食、スゲの生える湿地・泥炭湿地・ツンドラで繁殖

大きさ
全長 100〜150 cm
翼開長 180〜210 cm

体重
2.5〜6.5 kg

最長寿記録
飼育下で24歳

大声が必要なわけもわかる。鳴き声はそれ以外にも、群れの行動をそろえたり、なわばりを防衛したり、求愛をしたり、生涯の配偶者との間のきずなを深めたりする目的にも用いられる。互いの姿が見える距離にいるときには、鳴き声を上げるだけでなく視覚的ディスプレイも行う。独特の灰色の羽毛や、ほほの白い模様や、頭部の鮮やかな赤色の皮膚を強調する複雑なダンスを踊るのだ。

　カナダヅルのような立派な動物がこれほどたくさん集まる様子を見て、その声を聞いていると、大自然の開催する最高に豪華なショーを特等席から見学させてもらっている気分になる。プラット川まで行けないという人も、地元の動物園へ行けば、川で見られるのと同じ行動を数多く見て、声を聞けるだろう。動物園にいるツルの行動が理解できるようになったら、準備は万端だ。プラット川へ飛んで、本物サイズのショーを堪能しよう。動物園で見てきたことは、現地でもきっと役に立つ。

基本的な行動

移動

　ツルは歩くときには人間と同じように歩くが、走るときには1歩ごとに軽く跳ねるようにして走る。飛び立つために加速するときには、羽ばたいてバランスをとりながら走り、あるスピードに達したら、離陸して空に舞い上がる。渡りを行うときには高度500〜1,000m程度まで一気に上昇して、その高度で休みなく480km以上飛びつづける。

　もしもツルに上昇気流を利用して帆翔する能力がなければ、それほどの長距離を飛ぶには莫大なエネルギーが必要だっただろう。カナダヅルは翼開長が2m以上ある翼を開き、グライダーのように次から次へと上昇気流（地表から円柱状に立ち上る気流）を乗りかえながら、はばたくよりも気流のエネルギーを利用して飛ぶ。飛ぶときには、槍をかまえるように首を前方に伸ばし、足をまっすぐ後ろに伸ばした姿勢で飛ぶ。寒さが厳しいときには、片足か両足を前方に折り曲げてわき腹につけて飛ぶので、飛んでいるガンとそっくりになる。

採食

　野生のカナダヅルは、夜明けとともに、ねぐらにしている川などの湿地から飛び立ち、20羽以上で群れをなして高台の農地や草地へ飛んでいって採食を行う。午前の中ごろになるとねぐらへ戻り、羽づくろいをしたり休息をとったりする。そして、午後になると再び採食地へ飛んでいく。草地で採食する場合は、イネ科草本の種子や漿果類を探して食べたり、昆虫やネズミ、カエル、トカゲ、ヘビにしのび寄って捕食したりする。くちばしで地中を探って、草の根やミミズなどを食べることもある。渡りの途中に農地で採食する場合は、刈り取り機からこぼれたり、ウシが食べ残したりしたトウモロコシを食べる。

　動物園では穀類やタンパク質の混ざったエサを与えられているが、展示場内にいる虫やトカゲなどを捕らえて食べることもある。水を飲むときには、ニワトリと同様にくちばしに水を含んで上を向き、喉に水を流しこむ。

身づくろい

　羽毛がなければ空を飛ぶことも雨から身を守ることもできないため、ツルもほとんどの鳥と同じように念入りに羽毛の手入れをする。1枚1枚ていねいによごれをとりのぞいて、羽毛の根元をくちばしではさみ、そのままくちばしの間をくぐらせて、羽枝の嚙みあわせを整える。この手入れによって羽毛のすき間がなくなり、飛ぶときに気流が乱れなくなる。

　それから、羽毛の防水性を保つために、羽毛に油を塗ってなでつける。尾のつけ根にある油脂腺にくちばしを差しこんで、くちばしの届く範囲にまんべんなく油を塗り広げるのだ。羽づくろいを観察するなら、

◀羽づくろいをして体に泥を塗る
くちばしで羽毛を整えたあと、油を塗り、さらに、泥と草の混ざったものを塗って、体をさび茶色に汚す。

8月から10月の間がよい。その時期になると、体中の古い羽毛が、下から生えてくる新しい羽毛に押されて抜け落ちるからだ（換羽）。ツルたちは風切り羽が抜けて飛べなくなると、姿勢を低くして植生に身を隠し、何時間でも羽づくろいを続けて飛べるようになるのを待つ。

全身をすっかりきれいにしたいときには、水浴びをする。浅瀬にしゃがみこんで、羽ばたいたり、体を上下に動かしたりして水で汚れを落とす。

体に泥を塗る

カナダヅルは、油以外にも泥と草の混ざったものをくちばしで羽毛に塗りつけることがある。泥を塗ると体に明るいさび茶色の模様がつき、そのことが、研究者を悩ませる。泥を塗るのはカムフラージュのためだという者もいれば、発情の印だという者もいるが、本当の理由はツルにしかわからない。

伸びをする

ツルが伸びをするところを観察していると、大きく分けて4種類のやり方があることに気づく。もっともよく見られるのが、左右どちらかの脚と翼を伸ばす「片側だけの伸び」だ。「両側同時の伸び」では、両方の翼を同時に広げて、首をまっすぐ上に伸ばす。それと似たやり方に「おじぎのような伸び」があるが、これは両方の翼を広げて、首を上ではなく前方へ水平に伸ばすやり方だ。最後のひとつが「あごの伸び」で、これはあくびに似ているが、筋肉のこりをほぐすための行動だ。

社会行動

友好的な行動

群れをなす　ツルは昔から群れをなすことで捕食者から身を守り、群れで渡りを行うことで、点在する食物資源を最大限に活用してきた。大勢で行動すればたくさんの目で敵を見張れるし、他の個体の後に続けば楽に食物を見つけることができる。渡りを行う際には、先祖代々使ってきたルートやルート沿いの採食場所を利用すれば、手間を省けるし、道に迷ったり当てもなく食物を探したりしてエネルギーを無駄にすることもない。

群れの行動をそろえるために役立つのが、群れの仲間を探したり呼んだりするためのロケーションコールという鳴き声だ。これは物悲しい響きを持った鳴き声で、群れの一部が採食のために地面におりるときは、飛んでいる仲間にこの声で呼びかけて「ここにいい餌場があるよ」と知らせる。採食が終わって出発する準備ができたら、顔を風上に向けて背筋を伸ばして立ち、「飛び立とうよ」という意味の高音の声（飛び立ち声）を発する。

　ツルは求愛のダンスを踊ることで有名だが、ダンスは求愛以外にも社会的な機能を果たしている可能性がある。ツルたちは、たとえば、仲間と踊ることで個体間の緊張を和らげたり、ただ単純に仲間と踊ることを楽しんだりしているのかもしれない。

共同ねぐら
カナダヅルは夜に眠るときにも大勢で群れをなして共同でねぐらをとる。何千羽も集まって耳をすませていれば、わずかな物音にも気づけるので、捕食者に襲われる危険が減る。おとなのツルは、浅瀬か地面の上で片足か両足で立って眠る。くちばしは前に向けるか、胸元にたらすか、後ろに向けて羽毛の下に入れておく。若者は立って眠るだけでなく、脚を曲げて、くるぶしの部分（脚の中程にあるこぶのような関節）に体重のほとんどをかけて眠ることもある。

共同防衛
動物園でも野生でも、イヌや人間など怪しいものが近づいてきたときには「背筋を伸ばした警戒の姿勢」をとる。これは、体を硬直させて立ち、地面に対して体と首をほぼ垂直に、くちばしを水平に伸ばした姿勢だ。群れの中で1羽がこの姿勢をとると、非常警報が発令されたように群れじゅうが集まって即座に同じ姿勢をとり、飛んだり戦ったりできるように身構える。この姿勢をとるときは、飛ぶときの空気抵抗を最小にするために、羽毛を体にぴったりとつけている。

　何かに興味を持ったときは、「警戒しつつ調べる姿勢」をとる。この姿勢は「背筋を伸ばした警戒の姿勢」に似ているが、体が水平のときも垂直のときもある点と、頭を前後に動かして周囲を調べる点が異なっている。背筋を伸ばした警戒のときとは違って、他のツルたちが伝染したように同じ行動をとるということはないので、その点からも見分けられる。

対立行動

　野生のカナダヅルの場合、繁殖期が来るとつがいは群れから離れてなわばりをかまえる。そのときには、丘や並木などが天然の境界線になる場合が多い。動物園では野生と近い条件にするために、繁殖期の間はつがいを別の展示場に移動させる。カナダヅルはなわばり意識が強いため、あらかじめ引き離しておかないと、なわばり争いで互いにけがをさせてしまうからだ。隣りあった展示場のつがいがフェンス越しに攻撃的な行動をとりあっているのを見れば、なわばり争いの激しさが多少はわかるだろう。

　繁殖期が終わればつがいは群れにもどるが、今度は群れ内で社会的順位をめぐって争う。そのときは、行動によって威嚇を行うだけでなく、体の色合いなどの静的な要素によっても自分の順位を主張するので、注意して見てみよう。たとえば、ほほの白い模様がより白く、より明るい個体は、より順位が高い。その反対に、頭部の赤色やほほの白い模様がない個体は若者なので、おとなから攻撃されることはない。

相手を定めない威嚇

　カナダヅルは、相手を特定せずに威嚇のディスプレイを行って、競争相手となりうるすべての個体に警告を与えることがある。「深いおじぎのような威嚇」はその一種で、群れの真ん中に着陸したときや、なわばりへ侵入した個体のすぐ脇へ飛んでいったときに行う。程度の強い威嚇（後述）のあとに行うこともある。この威嚇を行うときには、首を折って頭を低い位置まで下げ、さらに頭を傾けて、頭にある鮮やかな赤色の部分を周囲にはっきり見せる。ツルは筋肉を収縮させたり緩めたりすることで、頭の赤い部分の面積を変えたり、充血させて赤色を濃くしたりすることができるのだ。「おじぎをしながら羽毛を逆立てる威嚇」は、深いおじぎのような威嚇に似ているが、おじぎをしながら羽毛をふるわせて逆立てる点が異なっている。相手を定めずに行うもうひとつの威嚇が、2羽でくちばしを空に向けて鳴く「つがいで鳴く威嚇」だ。この鳴き方は求愛の際にも聞くことができる。

程度の弱い威嚇

　相手を定めて威嚇をする場合は、手始めに相手の周囲を歩いて威嚇する。そのときは、顔を下に向けて頭の赤い部分の面積を広げ、翼を垂直に立てて風切り羽を扇形に広げながら、相手のまわりを威圧的な態度

▶**深いおじぎのような威嚇**
周囲にいるすべての個体に警告を発するときは、頭を下げ、頭の赤い部分を筋肉の働きによって目立たせる。このおじぎは、程度の強い威嚇の最後に行うこともある。

◀**つがいで鳴く威嚇**
くちばしを空に向け、カカカカッという印象的な鳴き声を交互に上げる。なわばり防衛のための行動だが、つがい間のきずなを深める働きもする。

▶**服従の姿勢**
服従の意志を示すときは、首を曲げて頭と尾を低くし、翼を閉じて姿勢を低くする。

カナダヅル 433

で歩く。頭の赤い部分を膨張させて充血させ、相手に見せびらかしながら、こわばった足取りで1歩1歩、足の置き場を慎重に選んで歩く。そして最後に、うなりながら頭を下げ、くちばしで脚か脇腹をさわって羽づくろいのような動作をとる。

🌱 程度の強い威嚇

それよりも程度の強い威嚇としては、「頭を下げて突進する威嚇」がある。そのときは翼をぴったり閉じて首を前方に伸ばし、くちばしを槍のようにかまえて突進する。相手がすぐに退かなければ、即座に相手の翼をくちばしではさみ、場合によっては羽毛をむしりとる。さらに、逃げる相手を飛んで追いかけて、蹴りつけることもある。

優位な個体が劣位な個体から水や餌場を奪いたいときには、相手をくちばしでつつくことがある。これは「頭を下げて突進する威嚇」から、走る部分を省いたやり方だ。威嚇された側は、どうするのが得かわかっていれば、脇にどいて服従の姿勢をとる。

🌱 服従

他の個体に服従の意志を示すときには、姿勢を低くして、頭の赤い部分と自分の体をなるべく目立たせないようにする。地面に対して体を水平にして、首を後ろに引き、翼を軽く閉じるという「首を引いた服従の姿勢」をとる。そして、優位な個体が威嚇を行うときのしぐさ（こわばった足取りで歩き、頭の赤い部分を広げる）とは反対に、ゆったりした足取りで歩き、頭の赤い部分を小さくして目立たせないようにする。相手に誤解を与えないもっとも安全な方法として、単純に退却することを選ぶ場合もある。

🌱 くちばしで小競りあい

同程度の攻撃性を持つ2羽が出会って、どちらも服従しようとしないときには、くちばしを使った小競りあいが始まることがある。この小競りあいはたいていオス同士で行われ、とくに、新鮮な水などの資源がかぎられているときや、メスに求愛している最中に行われることが多い。戦う時間は短いが、互いの力量を測る重要な機会であり、この戦いの勝敗によって群内における「つつきの順位」が決まる。いったん順位が決まってしまえば、それ以降は戦わずに、優位な個体が頭の赤い部分を見せたり、こわばった足取りで歩いてみせたりするだけで場が収まる。

翼を広げる
くちばしで突く
つつきあう
飛び上がって蹴りあう

▲くちばしを使った小競りあい
数種の動きを組みあわせたダンスのように見える。一方がくちばしを突き出すしぐさをすると、もう一方は、それに対して体を大きく見せようと翼を広げ、その姿勢で相手に向かって何度もくちばしを突き出す。2羽で高く跳び上がり、空中で蹴りあう。

　小競りあいは、2羽が向きあってくちばしでつつきあうところから始まる。2羽は次に、翼を広げ、くちばしを空に向けてお互いの先端がふれそうなほど近づけ、跳び上がって脚で蹴りあう。たいていはどちらかが逃げるか引き下がるので、この蹴りあいで深刻なけがを負うことはめったにない。勝者は最後に「思い知ったか」というように、頭を下げた姿勢で突進して相手をひと突きするか、あるいは、深いおじぎのような動作で相手を威嚇する。

人間との関係

　ツルの踊りには、私たちの心を動かす力がある。それはおそらく、私たちの心の中にあるのと同じ喜びを表現しているように感じるからだろう。世界中の先住民族がツルの踊りをまねたダンスを踊り、ツルの渡りを見て季節の移り変わりを祝ってきた。だが、今日の状況を考えると、祝うだけでなく悲しむ必要もありそうだ。世界に15種いるツルのうち11種は、個体数が非常に少なくなったか絶滅の危機に瀕しているのだ。

　カナダヅルは、今のところ個体数が大幅に減少しているということはないが、生息地は危険な状態にある。北米に生息するカナダヅルの75％が、北へ渡る途中でプラット川に立ち寄る。以前のプラット川は、ツルにとって理想的な環境だった。1866年の段階で川幅は1.6 kmほどあり、蛇行する浅い流れの中央部には、陸上から来る捕食者を気にせずに眠れる十分な広さのねぐら場所があった。さらに、両岸の野原や畑では、日中にたっぷりと採食することもできた。

　だが、現在のプラット川は、まったく異なる川になってしまった。農地に水を供給するため、1世紀あまりのうちに流れの70％に手が加えられたからだ。ネブラスカ州オーバートンの西部を流れる本流の川幅は年々狭まりつづけ、今では平均90 mにも満たない。流量の少ない時期になると、川底の一部が露出して砂州になり、そこへヤナギやポプラの木が芽を出す。以前なら、そのような芽は春になって水量が増えれば流されてしまうので問題にはならなかった。現在では、流量が最大の時期にも勢いが足りず、芽は流されないので成長を続けて、ツルのねぐら場所を奪っている。プラット川はそのうちに中継地として利用できなくなり、ツルたちはあまり適さない土地へ移動しなければならない恐れがある。

　それ以外には、大群をなす動物ならではの懸念もある。個体群の大半が同時にひとつの場所に集まっていれば、嵐が起きたり、病気が流行したり、有害な化学物質が流出したり、または何らかの災害にみまわれたりしたときに、甚大な被害をこうむりかねない。そのうえカナダヅルは繁殖速度が遅く、1つがいが1年に平均1羽未満しかひなを育てられないので、何かあったときにすぐに個体数を回復することも難しい。以上の理由から、カナダヅルという種を存続させるためには、重要な生息地を保護することが何よりも大切だ。人間が不注意な行動を続ければ、彼らを絶滅寸前まで追いこみ、動物園で産まれる子どもに望みをかけるしかない、という状況に陥る可能性もある。

🌱 捕食者から身を守る
群れにコヨーテやボブキャットなどの捕食者（あるいは、うるさい人間）が侵入してきたときは、様々な方法で威嚇して追い払う。まず、くちばしで突き刺すしぐさをして威嚇するが、それでも侵入者が引き下がらなければ、頭を下げ、くちばしを相手に向けて突進する。相手が反撃してきたら、蹴ったり追いかけたりして身を守る。動物園では捕食者との戦いを見ることはできないが、喧嘩っぱやい個体が、同じ檻の中にいる他の動物とやりあっているところを見られるかもしれない。

性行動

カナダヅルの子どもは成長して親元を離れると、若者の群れに加わって2～3年間行動を共にする。そして、その間に生涯のつがい相手を見つける。つがい間のきずなを形成する過程は印象的だ。複雑なしぐさや楽しげなダンスからなる求愛行動は、つがい間のきずなを形成して発情の度合いを同調させるのに役立つ。

🌱 求愛前の行動
つがいの2羽で鳴くという行動は、なわばり防衛のためにとられることが多いが、つがい間のきずなを形成したり強めたりするのにも役立つ。鳴いている間、2羽は並んで立ち、オスはくちばしを空に向け、メスはくちばしを前方に向けて水平に保っている。最初のひと声を発するのは、たいていはメスのほうだ。メスが規則的に上下するカカカカッというような断続的な鳴き声（スタッカート音）を上げたあと、2羽で交互に鳴き交わす。鳴いている間は、2羽とも翼の外側の羽毛を体にぴたりとつけているが、オスは翼の内側の羽毛を立てていることもあり、その場合は尾の部分がぼさぼさになっているように見える。

🌱 求愛
カナダヅルは跳びはねたりくるくるまわったりして求愛のダンスを踊ることで有名だ。ダンスの中には、以下のようなディスプレイが含まれる。体を起こして翼を上げるディスプレイでは、オスが警戒の姿勢をとり、翼を上げてメスの前を歩く。頭を上下させるディスプレイでは、2羽で翼を広げ、頭を地面につきそうなほど下げて、もとの高さまで上げる、という動作を何度か続けてくり返す。その他に、頭を下げて地面に落ちている小枝や植物を

くわえて投げ上げるというディスプレイも行う。

　腰をかがめるディスプレイは、まるでダンスのジャンプの部分だけを練習しているように見える。まず2羽で首を縮めて両脚を曲げ、かがんだ姿勢をとって、体を前方に傾ける。そのとき、翼は広げるか上げている。そして、びっくり箱の中身が飛び出すように、いきなり首を伸ばして立ち上がり、その姿勢を一瞬だけ保ったあと、ふたたび首を縮めてかがんだ姿勢に戻る。立ち上がるときに、いきなりジャンプをすることもある。

　興奮が極度に高まると、突然、ダンスの最大の見せ場である垂直にジャンプするディスプレイを始めることもある。2羽は半ばかがんだ姿勢をとったあと、4〜5mの高さまでジャンプする。そのとき、両方の翼を空中で目いっぱいに広げ、両脚は前方にたらしてバランスをとる。バレエダンサーのように首を上方にまっすぐ伸ばし、翼を多いときで5回はばたかせてから着地する。1羽がジャンプすると、同じ群れにいる他のツルたちもジャンプを始めて、しまいには、群れ全体がトランポリンに乗っているように、全員でぴょんぴょん跳び始めることもある。夢中でダンスを続けるツルたちを見ていると、その熱中ぶりが伝わってきて、こちらも踊り出したくなる。

　うれしいことに、動物園では繁殖期でなくてもカナダヅルのダンスを見ることができる。若者は練習のために踊るし、劣位な個体は優位な個体の攻撃を避けるために踊る。威嚇されて不安になって踊るものもいるし、ただ単に躍りたくて踊るものもいるからだ。

❦ 交尾

　交尾前の行動を先にとりはじめるのは、オス、メスどちらのこともあるが、たいていは、その時点でどちらも交尾のできる段階にある。オスは風切り羽を立てて、くちばしを空に向け、気どった足どりでメスに向かって歩いて行く。そのとき、頭の赤い部分を目立たせて「準備完了」のサインを送る。メスはオスとほぼ同じ姿勢をとり、オスが近づいて来たら、オスに向かって翼を伸ばして手首の部分から先を下にたらす。そして、「交尾前の声」として知られている、のどを鳴らすような声を立てる。オスはメスに近づくと、くちばしを下げて翼を広げ、メスの背中に飛び乗って、バランスをとるために翼を羽ばたかせる。短時間の交尾がすむと、オスは後ろに下がるか、前方に跳んでメスの頭を越えるかしてメスの背中から降りる。

腰をかがめる

枝や草を投げ上げる

垂直にジャンプする

▲求愛のダンス
バレエダンサーがバーにつかまって準備運動をするように、しゃがみこんで、いきなり立ち上がり、またしゃがむ。ダンスが始まると、片方が空中に跳び上がり、もう片方は小枝や草などを投げ上げるという象徴的な動作をとる。

交尾後の行動　ほとんどの動物とは違って、カナダヅルは交尾が終わってもすぐには相手から離れずに儀式を続ける。交尾が終わると2羽は隣りあって立ち、頭の赤い部分を広げて、およそ20秒間くちばしを空に向けている。そして、ぴったりと呼吸を合わせて深いおじぎのディスプレイ、もしくは羽毛

を逆立てるおじぎのディスプレイを行う。興奮をしずめるために羽づくろいをすることもあるし、交尾の成功を祝うように短いダンスを踊ることもある。

育児行動

営巣　カナダヅルは、スゲやガマや湿地性の植物が茂る人けのない湿地に直径90～150cmの巣をつくる。巣の形は皿状で、小枝や苔、枯れたアシ、イグサなどでできた塚の上につくられるので、増水時にも水に流されずにすむ。動物園で巣づくりを見る機会があったら、耳をすませて声を聞いてみよう。カナダヅルは巣をつくりながら、うなるような低音の声を出す。巣をつくり終えて1～2個の卵を抱いているときにも、メスは同じ声を出す。

ひなの世話　ツルのひなは早成性だ。つまり、かなりの段階まで発達してから孵化する。孵化してわずか2～3日後には、親の後について餌場まで行けるようになり、獲物を追ったり地面で餌をあさったり、まねごとができるようになる。それでも、うまくとれるようになるまでは、餌の大半を親から与えてもらわなければならない。動物園でも、ひなは親に餌をねだり、親はひなに餌を与えるので、ピーピーというような餌ごい声と、ひなと親がくちばしを合わせている様子が観察できる。ひょろ長かったひなたちは、せっせと餌を与える親のおかげで急速に成長し、3か月後には越冬地へ向かう旅に参加できるようになる。

両親はひなに餌を与えるだけでなく、ひなを守るために頻繁にパトロールをして、捕食者に対し

◀**擬傷行動**
敵の注意を巣からそらせるために、母親か父親のどちらかがおとりになって敵をひきつける。

てモビング*を行う。イヌやキツネや人間などの侵入者がいれば、2羽で包囲し、1音節の威嚇音を大声で発して追い払う。卵やひなのいる巣に敵が近づいてきたときは、母親か父親のどちらかが翼を広げ、擬傷行動をとって敵の目をひきつけることもある。

　ごく早いうちから歩きまわれるようになるひなを守るためには、コンタクトコールがきわめて重要になる。コンタクトコールは喉を鳴らすような声で、ひなは親の後を追って餌をあさるときも、巣の中で親に抱かれているときも、自分がそばにいて元気でいるということを親に知らせるために、つねにこの声を発している。親からはぐれたり、体が冷えたり、お腹がすいたりしたときは、大声で休みなくストレスコールを発して親を呼ぶ。

　子どもたちは親とともに10か月間を過ごすが、その間に、よい餌場やねぐらの場所、何を食べればよいか、渡りのルート、つがい相手としてどちらの性を選ぶべきかなど、カナダヅルとして生きていく術を学ぶ。将来のために、ディスプレイなどの練習をすることもあるので、踊ったり、腰をかがめたり、枝を投げ上げたりして遊ぶ様子を観察しよう。

---

*捕食者に対してディスプレイや警戒声をあげ追い払う。

動物園／自然界で見られる行動

基本的な行動

移動
- 歩く
- 走る
- 羽ばたく
- 上昇気流に乗って帆翔する

採食
- 食料を探す
- 獲物にしのび寄って捕らえる
- 地中を探る
- 水を飲む

身づくろい
- 羽毛の汚れをとる
- 羽毛に油を塗ってなでつける
- 換羽
- 水浴び

体に泥を塗る

伸びをする
- 片側だけの伸び
- 両側同時の伸び
- おじぎのような伸び
- あごの伸び

社会行動

友好的な行動
■ 群れをなす
- ロケーションコール
- 飛び立ち声

■ 共同ねぐら

■ 共同防衛
- 背筋を伸ばした警戒の姿勢
- 羽毛を体にぴたりとつける
- 警戒しつつ調べる姿勢

対立行動
■ 相手を定めない威嚇
- 深いおじぎのようなしぐさ
- おじぎをしながら羽毛を逆立てる
- つがいの2羽で鳴く

■ 程度の弱い威嚇
- 相手のまわりを歩いて威嚇
- 羽づくろいのような動作

■ 程度の強い威嚇
- 頭を下げて突進する
- 飛んで追いかける
- つつく

■ 服従
- 首を引いた服従の姿勢
- 退却する

■ くちばしで小競りあい
- くちばしでつつきあう
- 翼を広げる
- 蹴りあう

■ 捕食者から身を守る

性行動
■ 求愛前の行動
- つがいで交互に鳴く

■ 求愛
- 体を起こして翼を上げるディスプレイ
- 頭を上下させるディスプレイ
- 小枝や草をくわえて投げ上げる
- 腰をかがめるディスプレイ
- 垂直にジャンプするディスプレイ

■ 交尾
- オスが気取った足どりでメスに近づく
- 交尾前の声

■ 交尾後の行動
- 2羽で同時に深いおじぎ
- 2羽で羽毛を逆立てておじぎ
- 羽づくろい
- 短いダンス

育児行動
■ 営巣
- 巣づくり
- うなるような低音の声
- 抱卵

■ ひなの世話
- 餌ごい声
- ひなと親がくちばしを合わせる
- 捕食者へのモビング
- 1音節の威嚇音
- 擬傷行動
- コンタクトコール
- ストレスコール

南極・北極に住む動物

▲求愛スイミング
求愛中のカップルは、独特の優雅なしぐさで「ダンス」を踊る。

シロイルカ（ベルーガ）
Beluga Whale

　化石の研究からわかっていることだが、シロイルカの祖先は陸上を四本の足で歩き、肺呼吸をする温血の哺乳類だった。祖先は2億年ほど昔に海中で生きる道を選択し、それ以来、自然選択を通じて水中生活に適合するよう進化を続けてきた。今では北極圏と亜北極圏の海に暮らすシロイルカは、塩分と水と氷に囲まれた暮らしによって動物の行動と外見が最終的にどのように変化するかを示す格好の見本となっている。

　水中で長い年月を過ごし、水の抵抗と戦ってきたことで、シロイルカの体形は祖先よりもなめらかな流線型に変化した。だが、体が流線型だというだけでは、数学的モデルから予測されるよりも速いスピードで泳げる理由は説明できない。物理学者たちはシロイルカの体の秘密を探るために、数式をいったん頭から追い出して、顕微鏡をのぞいてみる必要があった。その結果、あのなめらかな皮膚の細胞が常に新しく生まれかわっており、古くなった細胞が常にはがれおちて、潤滑油の働きをしていること、そのおかげで、本来なら生じるはずの摩擦が低減されて、水中を高速で泳げるということを発見した。シロイルカが水中を何の苦もなく移動できるのは、潜水艦のような体形と、すべりやすい体表面のおかげなのだ。

　水中で生活をするようになっても、陸上で暮らしていたころの名残りとして肺で呼吸をするため、海面から完全に離れて暮らすことはできない。呼吸を楽にするために鼻孔は頭頂部へ移動し、融合してひとつの噴気孔にな

特　徴

目
クジラ目

科
イッカク科

学名
Delphinapterus leucas

生息場所
北極圏および亜北極圏の海。冬は叢氷（そうひょう）の浮かぶ海域。夏は沿岸や河口へ移動。

大きさ
オス　体長 3.7 ～ 5.0 m
メス　体長 3.5 ～ 4.5 m
最大　　　6.7 m

体重
オス　平均 1,500 kg
メス　平均 1,350 kg
最大 2 トン

最長寿記録
30歳

った。呼吸をするときは海面に上がって使用済みの空気を吐き、きれいな空気を吸うが、筋肉の働きで噴気孔を開閉できるので水を吸いこむことはない。使用済みの空気は、目に見える潮吹きとして吐き出される。目に見えるのは、肺の中で温められた水蒸気が圧縮された空気とともに吐き出され、体外の冷たい空気にさらされて液化し、拡散して霧状になるためだ。目立たずに息をしたいときには、水中で息を吐くこともできる。そのときには海面すれすれに噴気孔を出して息を吸うので、捕食者に見つからずにすむ。

　海中とはいえ、体長4～5m、体重1トン近くもある動物が、誰にも気づかれずに行動できるというのは驚きだが、シロイルカにとっては難しいことではない。研究者の話では、シロイルカはいつのまにかボートのそばにやってきて、水中から顔を出し、ボートの上をチラリと見たあとでまた水中に戻っていくが、その間、ボートを揺らすこともない。このように驚くほどしなやかに動けるのも、柔軟に動く関節のおかげだ。シロイルカを見ていると（そして、シロイルカから見られていると）、彼らが体を動かさずに頭だけを左右に振ることができることに気づく。丸みを帯びた胸びれを前後に動かして、極端にゆっくり泳ぐこともできるので、他の不器用なイルカやクジラなら立ち往生してしまいそうな狭い場所にも出入りできる。このようにしなやかに動けることもあって、動物園や水族館では大の人気者だが、この身のこなしは海氷のびっしり浮いた海を泳いだり、岩だらけの浅瀬で獲物を追ったりするときに、危険を避けて生存率を上昇させるのにも役立っている。

　沖合を泳ぐときには深海にも潜るが、これは、海中生活に適応した特別な循環

◀スパイホップ
好奇心旺盛なシロイルカは、水面から頭部を出して周囲を見まわす。この動きをスパイホップという。

器系のおかげだ。深く潜るときには心拍数を低下させて、重要な臓器に血流を集中させ、吸いこんだ空気を最大限に活用する。水中に長くとどまれるように、高濃度の二酸化炭素に対する耐性も獲得したので、最長で20分間息を止めていられる。また、たいていの哺乳類なら体調を崩してしまうほど塩分濃度の高い食物や水を摂取することもできる。取り込んだ過剰な塩分は、大きな腎臓で処理して排泄する。シロイルカの腎臓は400もの腎葉から構成されており、塩分は各腎葉に付随した排泄管から排泄される。腎葉が多数あることで、ろ過面積が増大し、体内の塩分を効率よく処理できる。

そのようにして塩分と水中生活に適応したシロイルカは、それに加えて、北極海の凍るような冷たさに打ち勝つ方法も手に入れた。体の周囲に断熱材の働きをする脂肪層をまとうようになったのだ。脂肪層の厚さは15〜20 cmもあり、重さは全体重の40%に相当する。脂肪層の外側は厚い皮膚で覆われているが、この皮膚も、断熱の働きと氷で体が傷つくのを防ぐ働きをしている。皮膚は頭頂部付近で特別に厚くなっており、呼吸をするときには、その部分で海面の固い氷を割ることができる。皮膚の色は雪のように白いので、割れた氷の間から浮上しても、まわりの氷の白い色に溶けこんで目立たない。この体色のおかげで、シャチやホッキョクグマといった昔からの敵だけでなく、人間という新たな敵からも見つかりにくくなっている。

シロイルカは鋭い感覚の持ち主でもあり、その感覚を活かして獲物をとらえ、動きつづける海氷の間をぬって呼吸をしている。口腔内には化学物質の変化を感じ取れる感覚器官があり、頭上に氷のない（息がしやすい）水面があるかどうかを感じ取れると考えられている。それよりもさらに鋭いのが聴覚だ。シロイルカはコウモリや他のイルカと同様に、音の反響を利用して「耳で見る」ことができる。長距離移動の際にこれらの感覚がどのように役立っているかについては、まだ明らかにされていない。

毎年春になると、叢氷の浮く海域を離れて、安全に子育てのできる暖かい河口や川へ移動する個体群のいることが知られている。なかには、シベリアの川を2,000 km以上さかのぼって出産する個体もいる。シロイルカが夏を過ごす地域の住人は、このイルカの訪れによって季節の移り変わりを感じる。

基本的な行動

移動

　前向き、後ろ向き、あお向きと、どのような泳ぎ方をしても、シロイルカの動きは優雅で美しい。シロイルカのいる水族館へ行くことがあったら、水中の様子が見られる場所に腰を落ち着けて、彼らの何気ない美しい動作を心ゆくまで鑑賞しよう。シロイルカは頻繁に水槽の窓に近づいて、あらゆる方向に体をねじったり、大勢の客の前で首を振ったりしてみせてくれる。前へ進む推進力は尾びれの動きによって生み出される。ふだんは時速3〜8km程度でゆっくり泳ぐが、驚いたときや敵から逃げるときには、最高で時速23kmほどのスピードが出せる。子連れのメスは、最高でも時速10〜11kmほどにスピードを抑えなければならない。

呼吸

　息を止めて水中にいられる時間は最長で20分ほどだが、採食中は、ふつうは少なくとも3〜5分おきに水面に上がって呼吸をする。季節移動の最中は、10〜40秒おきに水面に出て、3秒ほど呼吸をした後で、再び水中に戻って旅を続ける。海水の塩分濃度に適応しているため、海中では楽に浮かんでいられるが、出産や子育ての時期に塩分濃度の低い河口や内陸の川へ移動したときには、呼吸のために水面へ上がるのに海中よりエネルギーを必要とする。冬になって海面の氷が厚くなり、自力で割ることができなくなると、氷も呼吸の妨げとなる。それでも、シロイルカにとっては氷の割れ目を見つけることなどたやすいし、近くに割れ目がなければ、3km程度までなら息をとめたまま泳いで割れ目を探すこともできる。

採食

　1年の大半は、海氷の漂う大陸棚の浅瀬で採食を行う。だが、季節移動の際には、深海（640m程度まで）でも、浅瀬でも、内陸の淡水河川でも採食を行う。採食範囲が広いので、様々な餌生物に出会うが、鯨類の中でもとりわけ好き嫌いの少ないシロイルカは、その多様な餌資源を最大限に活用している。底生生物でも外洋の生物でも、ゴカイでもタコでも、口と食道を通るサイズであ

れば種類と大小を問わず何でも食べる。

シロイルカは首の向きを自由に変えられるので、顔の周りの広い範囲から獲物を捕らえることができる。海底で餌を探すときには、ゆっくり泳ぎながら、唇をすぼませて獲物を吸いこんだり、口から勢いよく水を吹き出して、泥の中にいる獲物を追い出したりする。複数で協力して狩りをすることもあるが、そのときは、魚の群れを岸辺や浅瀬に追いこみ、魚をパニックに陥らせて、疲れたところを捕らえる。

水族館や動物園では、一般に、ニシン、カラフトシシャモ、キュウリウオ、サバなどの様々な魚とイカ、ビタミン剤を与えられている。運動の足りている個体なら、1日に27kgほどぺろりと食べてしまう。

▼体をこすりつけて脱皮
毎年、黄色くなった古い皮膚を海底の石にこすりつけてはがし、真っ白な姿に生まれ変わる。

脱皮

　動物園や水族館でシロイルカを見ていると、アイスクリームのように真っ白だった体が、ある日、黄色みを帯びてきたように感じることがある。だが、心配することはない。シロイルカは毎年、黄色くなった古い皮膚を脱ぎ捨てて、真っ白い新しい皮膚をおもてに出すのだ。脱皮をなるべく早く終わらせるために、水族館ではよく水槽の中の物体に体をこすりつけているが、その様子は体中がかゆくてたまらないように見える。

　もしもシロイルカの生息域で海辺を散歩する機会があったら、海岸近くの浅瀬や入り江でシロイルカの群れが「脱皮パーティー」をしていないか探してみよう。体全体は見えなくても、たくさんの尾びれが水面から突き出て、ばたばた動いているところに出会えるかもしれない。その下では、シロイルカたちがわき腹や背中や腹を海底の丸石などにこすりつけて、古い皮膚をはがしている。

休息

　動物園や水族館にいるシロイルカが少しぼんやりしている様子だったら、うたた寝をしているところかもしれない。うとうとするときには、長時間同じ場所にとどまり、尾びれをゆっくり動かして水面近くに浮かんでいる。時おり（起きているときより少ない頻度で）、夢うつつで水面に出て呼吸をすると、のんびり水中にもどって、先ほどと同じように水面近くに浮かぶ。このときは脳の片側だけが眠っており、もう片側の脳は起きて（目も片方開けて）周囲を警戒している。脳を半分ずつ休ませることで、ぐっすり眠りつつ時おり呼吸ができる程度に意識を保っている。

社会行動

　野生のシロイルカは大きな群れを形成するが、群れのサイズは季節によって100～1万頭と幅がある。たとえば、夏の出産の時期には、昔からすべての個体群がシベリアとカナダ北部の入り江や河川に集合する。

　そういった大きな群れの中には、基本単位の群れ（ポッド）として、家族群とオスだけの群れが含まれる。家族群はメスとそのメスの産んだ幼い子ども、それから1～数頭の年長の子どもたちで形成される。幼い子どもにとって、家

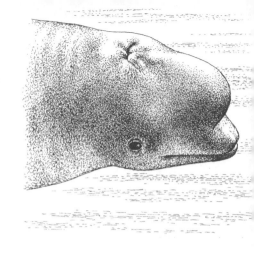

▶声を出す
ホイッスル音やギーギーという声を立てるときは、顎の上の筋肉を収縮させ、メロンを前後に動かす。

族群は社会行動や泳ぎ方を教わる学校のようなものだ。子どもたちは季節移動のときも母親に寄りそって泳ぎ、代々受け継がれてきた渡りのルートを学習する。おとなのオスは、8～16頭でオスだけの群れを形成する。

　群れのメンバーは、深さのあるところでは陣形を組んで泳ぎ、おそらく、その陣形を利用して協力しあって魚の群れを捕らえる。浅瀬や岸辺では離れて泳ぐが、それはおそらく海底に分散している底生生物を捕食するためだ。群れの仲間とは表情によって意思を伝えあったり、胸びれで触れたり、体をこすりつけたり、口で相手の体をくわえたりしてコミュニケーションをとるが、それ以上に重要なのが、音声によるコミュニケーションだ。口笛に似たホイッスル音やギーギーという鳴き声は、視覚や触覚を介した合図より遠くまで伝わるうえ、濁った水の中でも相手に意思を伝えられる。音声はコミュニケーションの手段としてきわめて有効であったため、シロイルカは非常におしゃべりになった。多彩な音声（多くは人間にも聞こえる声）を発するため、昔の船乗りからは「海のカナリヤ」と呼ばれていた。

友好的な行動

　シロイルカがくつろいで友好的な気分でいるかどうかは、おでこのところにあるメロンという脂肪組織を見ればわかる。メロンをたるませて後方に引いていたら、穏やかな気持ちでいるというしるしだ。群れの仲間と過ごしているときは、そのようにのんびりした気分でいることが多い。シロイルカは機嫌がいいとよく遊ぶことで有名だ。動物園や水族館では、敵におそわれる危険もないので、追いかけっこをはじめとするお気に入りのゲームでよく遊んでいる。それ以外の友好的な行動としては協同狩猟があるが、これは、優れたコミュニケ

ーション能力を持ち、豊かな社会生活を送るシロイルカだからこそ可能な技だ。

🍃 対立行動

🌱 **威嚇**（いかく）　シロイルカの言語については解明されていないところが多いが、彼らの発する視覚的な信号のいくつかは意味がわかっている。たとえば、メロンを膨らませて前方に突き出していたら、機嫌が悪いというしるしだ（だが、メロンを前後に動かしていたら、機嫌が悪いわけではなくて、声を出そうとしているだけかもしれない）。だれかを威嚇するときには、口を大きく開いて、杭のように並んだ40本の歯を見せつける。それでも相手が服従の様子を見せなければ、口を大きく開いたまま、力強い尾びれを上下に激しく動かして相手を追いかけ、時おり口を開け閉めして音を立てる。口を勢いよく閉じると、摩耗した上下の歯がぶつかりあって大きな音が出るので、その音によって「不愉快だ」という意思を表現する。機嫌が悪いときには、それ以外にも、胸びれや尾びれ、あるいは全身で水面をたたいて気持ちを表現する。水族館では、餌のバケツを持っていくのが数分遅れた飼育員が、待ちきれずにかんしゃくを起こしたシロイルカからよく水をかけられている。野生の群れのメンバー間にいざこざが生じたときには、たいていはほえ声やうめき声、甲高い声、キーキー、ギーギーなどの様々な声を出したり、声を出さずに水面をたたいたり、歯を鳴

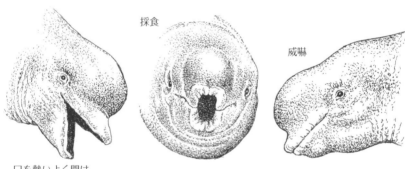

採食

威嚇

口を勢いよく開け閉めして音を出す

▲**様々な表情**
唇を柔軟に動かして、海底の餌生物を吸いこむ。腹を立てたときは、勢いよく口を開け閉めして音を出す。メロンを膨らませて前方に突き出すのは、機嫌が悪いというサインだ。

▲噛みあい
噛みあいのけんかをすることもある。歯は鋭くないが、皮膚が柔らかいので筋状のひっかき傷が残る。

らしたりすれば、速やかに場が収まる。

🌱 **噛みつく**　腹を立て、どのような方法を使ってもいざこざが解決されない場合には、噛みつくという、より荒っぽい手段をとる。シロイルカの歯はあまり尖っていないので、噛みついても、怒っていることを相手に伝えられるだけで、出血はしない。それでも、皮膚が柔らかいので、歯でひっかいたところには2〜3本の平行した筋がはっきりと残る。

性行動

自然界では、2月から6月の間に沖合いか叢氷（浮氷が集まって固まったもの）の浮かぶ海で繁殖行動を行う。これは夏を過ごすために沿岸海域へ移動を始める直前にあたる。優位なオスは数頭のメスと交尾を行うと考えられている。性行動は動物園や水族館でも観察することができる。オスはメスより50cmほど体長が長く、メロンが大きく、体色がやや明るいので、外見から見分けられ

人間との関係

　人間に対して、シロイルカは警戒心よりも好奇心を抱く傾向がある。というのも、彼らの暮らす水中の世界にはこれまで人間が存在せず、人間を恐れたり、その危険を子孫に伝えたりする必要がなかったからだ。彼らにとって人間は見慣れない動物にすぎず、その外見と声に慣れてしまえば、体をなでたり餌をくれたりするために差しだされる手のことも好意的に受けとめるようになる。このように疑いを知らない性格のおかげで、飼育員にもよくなついて非常に固いきずなを形成することも可能だ。けれども、一度でも人間に嫌な思いをさせられれば、疑い深くなったり、人間がそばに来ただけで身構えたりするようになる。たとえば、捕鯨船に家族を殺されたことのある個体は、捕鯨船の出没する海域には近寄らなくなる。

　シロイルカは知能が高いので、間違って漁網に入りこんでしまっても、多くの場合は機転を働かせて仲間とともに網から脱出できる。だが、クジラ界の脱出王も、残念ながら人間の攻撃から常に逃げてこられたわけではない。18～19世紀には、何百頭という単位で浜辺に追いこまれて殺害されてきたが、これは、鯨油のために主にホッキョククジラを捕獲していた捕鯨船が、不足分をシロイルカで補おうと考えたためだ。19世紀初頭には、漁業資源を食い荒らすといって、漁業関係者らから槍玉にあげられていたし、1930年代には、安全を求めてセントローレンス湾に避難していた群れが、政府主導の駆除政策のもと、爆弾やライフルによって虐殺されるという出来事もあった。

　現在生き残っているシロイルカは、全世界で10万頭ほどだ。生物学者たちは現存する個体群を注意深く見守っていきたいと考えている。ワシントン条約（CITES：絶滅のおそれのある野生動植物の種の国際取引に関する条約）の締結以来、シロイルカの商業的な捕獲は禁止されており、個体数の回復が期待されている。

　しかし、すべての捕鯨国がワシントン条約に合意したとしても、シロイルカを含む海洋生物が目に見えない脅威にさらされていることには変わりがない。セントローレンス海路に頻繁に出入りするシロイルカの体内には、PCBやDDT、マイレックスといった、毒性の強さゆえにアメリカとカナダでは使用が禁止されている有害な化合物が高濃度に蓄積されているのだ。これらの化合物は水には溶け

ず、脂肪には容易に溶けることがわかっている。シロイルカは寿命が長く、食物連鎖の頂点近くに位置するため、健康を害するほどの濃度でこれらの汚染物質を体内に蓄積し、さらに、脂肪分の高い母乳を通じて赤ん坊にも汚染を受け渡している可能性がある。作家ジョン・ルオマが指摘しているように、「かつて"海のカナリヤ"と呼ばれたシロイルカは、豊富な体脂肪を持つために、セントローレンス川や湾、それどころか五大湖全域において汚染物質の害をまともに受け、"炭鉱のカナリヤ"と化している」のかもしれない。

シロイルカの生息域に存在する石油採掘装置や水力発電ダムも、目に見えない脅威を彼らに与えている。安息の地であるはずの暖かな入り江も、それらの装置の影響で、シロイルカにとっては危険なほど水温が上昇してしまう可能性があるからだ。さらに言えば、古くから繁殖に利用してきた入り江に人間が存在すること自体が、彼らにとっては数値化しがたいストレスとなっている可能性もある。貨物船やレジャー用のボートのすぐ脇を平気で泳ぐシロイルカの群れ、といった写真をよく見かけるが、彼らは見た目よりも現在の状況を不快に感じているのかもしれない。他の動物種でも先例がある通り、劣悪な環境に耐える力を持つからといって、その環境下で種が繁栄できるとはかぎらないのだ。

る。メスは噴気孔と目のまわりが灰色なので、その部分から見分けることもできる。

🌱 求愛と交尾

求愛中のカップルは、しきりに相手を追いかけたり、体をこすりつけたり、相手の体の一部をくわえたり、口先をこすりつけたり、ポーズをとったり、顎をならしたり、といった行動をとる。オスはメスを追いかけながら、威嚇に似た行動をとって交尾をせまる。メスはオスを誘惑したり追い払ったりを何度も繰り返してから、ようやく交尾を受け入れる。その際、メスは体の側面を下にして泳ぎ、片方の胸びれを水面から突き出して、自分の腹部をオスにちらりと見せたり、オスの腹にこすりつけたりして、オスが性器を勃起させるのを待つ。そして2頭は腹部を合わせて交尾を行い、交尾が終わると相手から離れていく。

育児行動

これまでのところ、飼育下で数頭の子どもが生まれているが、2〜3週から数か月以上生きのびた例は少ない（日本では名古屋港水族館、しまね海洋館で成功している）。失敗を重ねるたびに、子育てにはどのような環境が必要か、ということが少しずつわかってきた。たとえば、今では出産時と出産後にオスを別の水槽に移すが、これはオスの攻撃から子どもを守り、メスの心配事をなくすためだ。研究者らは、そのようにして様々な面から飼育下繁殖を成功させる最良の方法を探っている。

野生のシロイルカは、初春になると叢氷の浮く海域を離れて、湾内や河口の浅瀬、あるいは川へ移動し、6月半ばから9月半ばまでそこにとどまる。浅瀬は捕食者に襲われる心配が少なく、水温が高いので子育てに適している。生まれた子どもは、浅瀬で過ごしながら体にたっぷりと脂肪を蓄えて、北極の冷たい海で生きていける体を手に入れる。浅瀬の温かい環境は母親にとっても有利だ。ぶ厚い脂肪がなくても体温を保てるので、体脂肪をミルクの脂肪分に変えて子どもに与えられるからだ。さらに、沿岸へ移動するだけで暖かな環境を得られるため、はるか南の温暖な海域まで何千kmも旅をする必要がない。

出産

交尾後、メスは14〜15か月の妊娠期間を経て出産する。出産の際は群れから離れるが、そのときに、繁殖に参加しないメスか未成熟のメスを1頭だけ連れていく。この連れが実際に出産の手伝いをするのか、それともただ単に好奇心でついて行くのかは、今のところはっきりしていない。研究者たちの考えでは、この連れの中には、少しでも長く母親にかまってもらいたいと思う年長の子ども

◀寄りそって泳ぐ母子
生まれて間もない子どもは、母親に寄りそって、母親の動きによって生じる水流に便乗する。

▶授乳
赤ん坊の体色は暗褐色か濃灰色だ。最長で2歳まで母乳をもらう。

が含まれている可能性があるという。

🌱 子どもの世話

母と子の間には、間違いなく強いきずなが存在する。母親は、生まれた子が呼吸をするのに苦労していたら、体を横向きにして、尾の平らな部分を使って子どもを水面まで持ち上げてやる。子どもが死ねば、生き返らせようと何度も試みるか、あるいは死体を持ち上げてどこまでも連れて行く。その後も、丸太など子ども代わりの物体に愛情を注ぎつづける。

　子どもは元気なら、産まれて数週間は母親のすぐ下やすぐ上、あるいは脇に寄りそって泳ぐ。母親の動きによって生じる水流（スリップストリーム）に便乗することで、貴重なエネルギーを節約し、その分を成長にまわすのだ。母親に寄りそって泳ぐことで、敵から守ってもらうこともできる。船などの見慣れない物体に出会うと、母親は常に子どもとその物体との間に入って子どもを守る。侵入者が近づいた場合は、相手に突進して噛みつくこともある。

　授乳は水中で行われる。子どもは母親の体に対して直角になるように口をつけて乳を飲む。授乳は最長で2年間続き、2年目からは乳に加えて軟体動物や、ゴカイなどの環形動物、甲殻類といった楽に捕らえられる獲物も食べるようになる。子どもは長い授乳期間に、餌の捕り方や季節移動の方法、危険を避ける方法、逃走ルートなど、シロイルカとして生きていく術をじっくりと学ぶ。子どもは親より体が格段に小さいが、それ以外にも、体色が黒っぽいという特徴がある。赤ん坊の体色は暗褐色か濃灰色だが、成長するにつれて明るみを帯び、オスでは9歳、メスでは11歳になるころには真っ白になる。

動物園/自然界で見られる行動

基本的な行動

移動	採食	出す
・泳ぐ	・獲物を吸いこむ	脱皮
呼吸	・口から勢いよく水を吹き	休息

社会行動

友好的な行動
・メロン（頭頂部）をたるませる
・追いかけっこ
・協同狩猟

対立行動
■威嚇
・メロンを膨らませる
・口を大きく開く
・相手を追いかける
・口を閉じて歯で音を立てる
・水面をたたく
■噛みつく

性行動
■求愛と交尾
・メスを追う
・体をこすりつける
・相手の体をくわえる
・口先をこすりつける
・ポーズをとる
・顎を鳴らす
・メスがオスを誘惑する
・交尾

育児行動
■出産
■子どもの世話
・赤ん坊を持ち上げる
・母子で寄りそって泳ぐ
・敵に突進して噛みつく
・授乳

ホッキョクグマ
Polar Bear

 特　徴

北極は両極端の地だ。太陽は夏にはけっして沈まず、冬にはけっして昇らない。極冠（きょくかん）の氷は永遠に溶けることがなく、カリブー（トナカイ）の影は長々と伸びて地平線に達する。北極は世界最大の肉食動物の一種が暮らす地でもある。そのクマは他のどんな動物より力が強く、怒らせればどんな動物より危険で、多くの点でどんな動物より穏やかだ。

そうはいっても、ホッキョクグマをわざと怒らせてみたいと思う人などいないだろう。ホッキョクグマは後脚で立ち上がれば身長が４ｍ近くもあり、ゾウと顔を並べられるほどの巨体の持ち主だ。幅30cm、重さ23kgもある前足を使って、氷にあいた小さな穴からアザラシを引きずり出し、全身の骨を粉々にしてしまう。ホッキョクグマにめちゃくちゃにされた小屋についての次の記述からわかるように、人間のつくった建物など彼らの手にかかればひとたまりもない。

> ベッドのスプリングは引きちぎられてマットレスやシーツはずたずた、ストーブは横倒しでパイプはつぶされ、ガラス瓶は割れ、缶詰はちぎられるか歯形がつき、プラスチック製品はどれもばらばらに壊されていた。どうやらホッキョクグマには、いたずら好きな一面があるらしい。仕上げには、大きく開け放たれたドアを尻目に壁を突き破って外へ出る、というおふざけを思いついて実行したようだ。*

* Richard C. Davids, Lords of the Arctic: A Journey Among the Polar Bears, New York: Macmillan Publishing CO., Inc. 1982

目
食肉目

科
クマ科

学名
Ursus maritimus

生息場所
叢氷（そうひょう）の辺縁部。個体群によっては陸上で夏を過ごす。

大きさ
オス 体長 2.0～2.5 m
　　 肩高 1.6 m
メス 体長 1.8～2.0 m

体重
オス 300～800 kg
メス 150～300 kg
飼育下で最大 350 kg

最長寿記録
野生で30歳
飼育下で41歳

▲威嚇
口を開けて相手をにらむのは、「本気だぞ」という意味だ。

当然のことだが、ホッキョクグマは他の個体と交流を持つときには慎重に行動しなければならない。相手から強力な前足で殴られれば、気を失うほどのダメージを負いかねないし、鋭い歯やかぎ爪で攻撃されれば、命にかかわるほどの重傷を負うこともあるからだ。そこで彼らは、強大な力を抑えて、相手を怒らせないようにきわめて慎重に行動する。北極に生息する他の動物たちも、ホッキョクグマに敬意をあらわしつつ、彼らの優れた狩りの能力を利用している。ホッキョクギツネとワタリガラスは、ホッキョクグマの足跡をたどることで、北極の厳しい環境の中でも食べ残しという宝を見つける。不思議なことに、「宝探し」をするこれらの動物がホッキョクグマの餌食になることはめったにない。

　北極に暮らす先住民は、ホッキョクギツネやワタリガラスと同じように、ホッキョクグマに対して感謝と畏敬の念を抱いている。彼らは昔からホッキョクグマを殺して肉を食べ、生活に必要な品をつくってきたが、まれに仲間のひとりがホッキョクグマに食われることがあっても、それを運命として受け入れてきた。それどころか、イグルー（狩猟で移動時に泊まるための圧雪ブロックでつくられた仮の宿）に残されて死んだ老人がホッキョクグマに見つけられれば、思いがけない幸運だと考えた。遺体をホッキョクグマが食べた場合、そのクマを殺して食べれば、死者の魂がよみがえるとも信じていた。さらに、ホッキョクグマは霊界との間の連絡係をつとめるシャーマンであり、永年の英知を備えた賢者であるとも考えていた。ホッキョクグマは物理的な次元においても、身をもって先住民に狩りの仕方や北極における移動方法、凍えずにいる方法をわかりやすく教えてくれる教師だった。あなたもホッキョクグマから、極地で体温を保つ方法や腹を満たす方法などを学ぶことができる。たとえそのクマがたまたまサンディエゴの動物園にいるクマだったとしても、学ぶことは多い。

基本的な行動

移動

　多くの先住民と同じように、ホッキョクグマの脚はどういうわけだかO脚だ。巨大な足の爪先は内側を向いていて内股なので、写真に撮れば、見た人が

思わずにっこりしてしまうほどかわいらしい動物に見える。速足で移動するときには、有名な競走馬ダン・パッチ（二輪馬車に騎手が乗り、馬が速歩で走る競技において歴史的な記録を持つ馬）と同じように、片側の前後の脚を同時に動かして（側対歩で）走る。でこぼこした叢氷の上を進むときのスピードは時速20〜30 kmほどだが、平らな地面の上では本領を発揮して猛スピードで走る。ツンドラを時速56 kmで走ったという記録もあるほどだ。

食べ物を探すときには、やはり先住民と同じように単独で長距離を移動する。風にのって流れてくるにおいをかぎつけると、ビームが光源に向かってはね返るように、においの流れをたどってまっしぐらにその源をめざす。においの流れは細いことが多いので、時おり立ち上がって頭を左右に振り、においを確認しながら進む。1日で70 km近く軽々と移動することも可能で、アラスカ沖で観察された個体が1年間で1,120 kmほど移動したという記録もある。

海と氷の世界の住民であるホッキョクグマは泳ぎも得意で、前脚で「クマかき」をしながら時速6.4 kmでよどみなく泳ぎつづけられる。自然界では、2分おきに海面に上がって息つぎができる環境なら、最長で160 kmほど休みなく泳ぐこともできる。動物園では水中が見られるようになっているところが多いので、泳いでいる様子を観察できる。泳ぐときには大きな水しぶきとともに頭から水に飛びこんで、前脚で水をかき、後脚で舵をとって泳ぐ。観察していると、水中では目を開けて鼻孔を閉じ、耳を頭に伏せていることがわかる。

🌿 採食

ホッキョクグマは魚や哺乳類、ときには草まで食べて腹の

▶においをかぐ
鼻で獲物を探すときは、しばしば後脚で立って背伸びをし、頭を左右に振りながら風に運ばれるにおいをかぐ。

足しにすることはあるが、もっとも目の色を変えて食べるのはアザラシの分厚い脂肪だ。ホッキョクグマはアザラシを捕らえるために、叢氷の進退に合わせてこまめに南北に移動する。好物である全長1.5 m、体重 90 kgのワモンアザラシを見つけるのにいちばんいいのは、風の流れや海流によって氷が常に割れたり移動したりしているような場所だ。そのような現象は、湾の入り口や、定着氷（海岸に接して定着している氷）と海との境目で生じることが多い。氷の塊が分離すると、氷のすき間に細長い切れ切れの海水面があらわれて、その部分が再び凍結する。すき間に張った新たな氷はアザラシが穴をあけて呼吸をしたり、その穴から氷の上にはい出たりするのに最適なのだ。

大昔からアザラシを捕食してきたホッキョクグマは、アザラシの行動をよく知っていて、アザラシがはい出たり呼吸をしたりするための穴を、その場に残った息の悪臭から見つけだす。そして、穴のそばで何時間も身動きせずに待ち伏せして、アザラシのすべすべした頭があらわれるとすばやく正確に攻撃する。獲物にしのび寄るのも非常に上手で、腹ばいになって体を敷物のように平らにし、ひなたぼっこ中のアザラシににじり寄る。アザラシが寝ている間だけ前進して、アザラシが起きるとぴたりと動きを止める、という方法でゆっくりと時間をかけて近づき、最終的には猛烈な勢いで突進して息の根を止める。水中をしのび寄る場合には、足から先にさざ波ひとつ立てずに海に入り、潜水艦のように音を立てずにゆっくりと水中を進む。

アザラシの繁殖期になると、ホッキョクグマは海流や風によって氷が押し上げられて山脈状になった氷丘脈でもアザラシを狩る。アザラシは氷丘の風下側に巣穴を掘って、そこで出産するからだ。アザラシはホッキョクグマが来ないか片目で見張りながら、できるだけすばやく巣穴を掘る。だが巣穴が完成しても安心はできない。腹を空かせたホッキョクグマは、2 mの深さの雪ごしにアザラシの子どものにおいをかぎつける。そして、キツネがモグラ塚に飛びかかるのと同じ要領で、前足から飛びかかって巣穴に押し入り、子どもを捕らえてしまう。

北極という環境にともに閉じこめられたアザラシとホッキョクグマは、常に互いを気にかけながら、典型的な進化上の戦いを繰り広げてきた。ホッキョクグマの観察者によれば、ホッキョクグマの中には、アザラシにしのび寄る際に（おそらく、黒くて目立つ鼻をかくすために）鼻先を足で覆うものさえいると

▶海に飛びこむ
陸上では動きのぎこちないホッキョクグマも、水中では優雅に泳げる。分厚い毛皮と脂肪のおかげで、北極の冷たい海でも凍えることはない。

いう。アザラシのほうも、それに対抗してホッキョクグマと同じくらい用心深くなり、視野の広い眼で影の動きをとらえたり、並はずれた聴覚でかすかな物音にも気づいたりできるようになった。

　抜け目のないアザラシを出し抜くことができれば、その報酬として、最高のエネルギー源である脂肪を手に入れられる。ホッキョクグマはアザラシの脂肪のおかげで急速に太り、体内に自分専用の食料庫を獲得して、食物の不足する夏にもそこからエネルギーを引き出すことができる。アザラシを食べるときには、丸ごと食べることも十分に可能だが（ホッキョクグマの胃袋は最大で 90 kg 程度の食物をつめこめる）、ふつうは上品に皮をはいで脂肪だけを食べ、残りは後をついてくるホッキョクギツネやワタリガラスに与えてやる。

飲水行動

　ホッキョクグマは人間と同じように真水を飲む必要があるが、見わたすかぎり海水に囲まれた海氷の上でも生きていく方法を知っている。昔の北極探検隊も知っていたことだが、塩分には時とともに氷の中で下へ移動する性質があるため、ホッキョクグマは古い氷を探して上にたまった真水を飲む。

身づくろい

　アザラシの脂肪を食べたあとは、ネコが顔を洗うときと同じように巨大な前足をなめて顔の毛をなでつける。ホッキョクグマはきれい好きな性格で、体毛に血などがついてしまったときは、乾いた雪の上で転がったり体をこすりつけ

たりして、丹念に汚れを取り除く。動物園でも餌の時間の後に同様の行動を観察できる。だが、動物園のホッキョクグマの体が黄色みを帯びていても、身づくろいが下手だと思わないでほしい。体毛の色は季節によって変わるし、当然ながら個体差もあるのだ。

体温調節

ホッキョクグマが冬になっても凍えずにいられる理由が知りたければ、走査型電子顕微鏡が必要になる。あの毛を1本とって拡大して見ると、毛幹（毛の皮膚から上に露出している部分）が中空の構造をしていて、白い色素など存在せず、透明だということがわかる。ホッキョクグマの毛が白く見えるのは、雪の結晶が白く見えるのと同じように、空洞になった内部の粗い表面に可視光線が反射しているせいなのだ。太陽から注がれた赤外線は中空の毛を透過して、その下の真っ黒な皮膚に効率よく吸収される。そしてその熱は、温室のガラスのようにびっしりと生えた体毛によって閉じこめられる。体毛の下には、丈夫な皮膚と最大でおよそ6cmの厚さの脂肪層があり、それらも断熱材の働きをしている。これらの装備をもってしても寒さから逃れられないほど風の激しい日には、雪の吹き溜まりを掘ってそこに前半身を入れ、お尻を外に出して風よけにする。

ホッキョクグマの体は熱を逃がさないつくりになっているので、気温が上昇すると困ってしまう。一番大変なのは、叢氷がとけて内陸に閉じこめられる夏だ。動物園でも見る機会があると思うが、ホッキョクグマは気温が上がって不快になると、口を開けてあえいだり、ぬれた砂の上で四肢を伸ばして腹ばいや

◀身づくろい
食事の後は、巨大なネコのようにたんねんに前足をなめる。

横向きになったり、足の裏の肉球で宙をあおいだりして暑さをしのぐ。足の裏には毛がほとんど生えておらず、血管が密に走っている。車のラジエーターがエンジンを冷却するのと同じように、熱くなった血液は足の裏の血管を通るときに放熱され、それから両肩の筋層へ送られて体温を下げる。

マニトバ州からオンタリオ州にかけての沿岸地域にすむホッキョクグマは、耐えられないほど暑くなると、冷たい砂丘や小山状になった泥炭地に浅い穴を掘ってその中で体を冷やす。毎年夏がくるたびに同じ穴を少しずつ掘って新たな永久凍土層（掘り返すととけてしまう）を露出させるので、トンネルはしまいには深さ4～5mの立派なものになる。

睡眠

極地で暮らすホッキョクグマは、体温を調節するという問題と、次に食事がとれるまでエネルギーをもたせなければならない、という少なくとも2つの問題を抱えている。睡眠はどちらの問題の解決にも役立つ。眠っていれば起きているときより冷たい風にさらされずにすむし、貴重なエネルギーをあまり消費しなくてすむからだ。それと同じ理由で、ホッキョクグマは気温が高いときにも動きまわるのを嫌う。ぐっすり眠っていれば、いわば一時停止ボタンを押すように暑さをやりすごせるし、エネルギーを節約することもできる。

眠るときには、体を保温したいか冷やしたいかに応じて様々な姿勢をとる。寒いときには頭から雪にもぐるか、鼻をふわふわの前足で覆って熱の放散を防ぐ。暖かいときには、氷に腹をつけるか、あお向けになって足を上げて眠る。

ホッキョクグマは他のクマと同じように、代謝を抑えて通常より深く眠ることができる。夏に内陸へ移動したときは巣穴を掘り、夏眠といって冬眠のような眠り方をする。その間は代謝が下がって心拍も低下し、食欲も落ちるので、食料の乏しい時期にほとんどエネルギーを使わずに過ごせる。眠らずに活動している場合も、体内に蓄えた脂肪を消費して何か月も飲まず食わずで過ごすことができる。都合のよいことに、この過程で生じる副産物は二酸化炭素と水だけで、排泄をする必要がない。授乳中のメスは脂肪からさらに大きな恩恵を被っている。すべての母乳は脂肪の代謝によって生成されるからだ。

冬（9月から3月）の間も、エネルギーを節約しなければならないときには、折にふれてこの代謝を抑える能力を活用する。昼間に仮眠をとる際には、

▲睡眠
長時間の睡眠は、エネルギーの節約にも役立つ。

脈拍数が通常の1分あたり53〜85回から8回へと減少する。いざというときには、この不活発な状態から瞬時に目覚めることができるため、この状態は「歩く冬眠」と呼ばれている。

　科学者たちは、現在、クマを冬眠状態に導くホルモン、あるいはその他の物質が存在するのではないかと考えて研究を進めている。私たち人間もその物質を用いて病んだ体を休ませたり、長期にわたる宇宙旅行を寝てすごしたりできれば、どんなに便利だろう。クマを保護する理由は冬眠の研究だけではないが、それだけでも十分に説得力がある。

人間との関係

　ホッキョクグマには母から娘へと世代を超えて受けつがれてきた出産場所がある。初めての出産がいつだったのかは不明だが、メスたちは代々その安全な地へ帰って出産を行ってきた。残念ながら、今ではもうそれらの地が安全であるという保障はない。人間の文明が北極まで進出し、それとともに、ゴミやイヌや大音量のラジカセが持ちこまれて、木々を燃やす煙まで流れてくるようになったからだ。人間による環境破壊は今に始まったことではないが、人間は石油やその他の消費財を求めて、脆弱な永久凍土にも発展の道を切り開いてきた。私たちには、ホッキョクグマの出産場所がいつから利用されてきたかわからないと同様に、それらの地からホッキョクグマが姿を消してしまうまで、あとどれくらいの時間が残されているかもわからない。

　海の中に目を向ければ、沿岸の水質汚染や大規模な漁業のせいで、いつの日かワモンアザラシに危機が訪れる可能性がある。アザラシの脂肪はホッキョクグマにとってもっとも重要な食物であるため、アザラシに訪れる危機は、すなわちホッキョクグマにとっての危機だ。

　専門家によれば、このような生息地の破壊はホッキョクグマ自身にとっても最大の脅威となっている。現在地球上に生き残っているホッキョクグマは、楽観的に考えても2万～2万5千頭で、しかも繁殖速度は早いとは言い難い。子育てに長い期間がかかるので、ほとんどのメスは20～30年という生涯でわずか2腹分しか子どもを育てることができず、そのため、個体数が大幅に減少するような事態が起きれば個体数の回復は難しい。

　国際自然保護連合（IUCN）のレッドデータブックでは、ホッキョクグマは絶滅危惧Ⅱ類（vulnerable）に分類されているが、これはひとつ間違えれば絶滅危惧ⅠB類（endangered）に緊急度が引き上げられるカテゴリーだ。緊急度を引き上げる可能性のある要因としては、乱獲や生息地の劣化、人間による妨害が考えられる。1973年には、ホッキョクグマの生息する5か国（カナダ、ノルウェー、デンマーク、ロシア、アメリカ）の間で、(1) 航空機や大型のエンジンつきボートを用いた狩猟を含むすべての無差別な殺傷を禁じ（先住民が生存のために行う伝統的な狩猟は数か国で許可されている）、(2) ホッキョクグマの生息地の調査を行い、(3) ホッキョクグマの生存にとって重要な地域を保護する、と

いう協定が締結された。これらの国々はその後も会合を重ね、さらなる保護策を協同で推進することに合意した。

常同行動

　飼育されている動物は、常同行動といって同じ行動を繰り返しとることがあるが、特にクマ科の動物はその傾向が強い。私が以前住んでいた家の近所の小さな動物園では、ホッキョクグマは深いプールつきの広い屋外展示場を与えられていた。プールは十分な広さがあったが、クマは同じ場所をぐるぐると楕円形に泳ぐばかりで、向きを変えるときには、壁の寸分たがわぬ場所に片方の前足をついてターンしていた。常同行動の例としては、これ以外にも八の字を描いて歩く、後ろ向きに歩く、同じところを行ったり来たりする、頭を振るなどがあげられる。こういった動作は多少の運動にはなるが、害になる場合もあり、特に自分の体を傷つけるようになったら問題だ。何かに夢中になれるよう展示場に工夫をこらして常同行動から抜け出すように仕向けることは、困難ではあるが可能であり、必要な措置だ。私たちには、ホッキョクグマという素晴らしい生物が与えてくれるこの上ない喜びに答えるため、せめて彼らが退屈しないで過ごせるような環境を与えてやる義務がある。

社会行動

友好的な行動

あいさつの儀式　2頭のホッキョクグマが歩み寄るときには、次のような行動が見られる。体の小さいクマは状況を把握できるように、つまり、相手のにおいをかげるように、大きいクマの風下にまわろうとする。相手がなじみのあるにおいの持ち主なら、あいさつをしようと試みる。多少緊張しながら、一方のクマが耳をふせ、ダンスを踊るような優雅な動作でもう一方の周囲を静かに歩く。1～2周したあと、両者は近づいて鼻と鼻を合わせる。次に、しゃがみこんで首を傾け、口を開いて相手の鼻づらをそっとくわえたり、大きくあくびをしたり、首に優しく嚙みついたりする。あいさつをする間、2頭はおそらく相手から攻撃を受けないようにするために、パントマイムのようにゆっく

りと静かに動く。

🌱 社会的遊び
繁殖期以外の時期に他の個体と会ったときには、争いを避けるために手間と時間をかける。あいさつをしたあとに相手と遊んで、互いの間の緊張を和らげるのだ。遊びに誘うときには、どちらかが頭をすばやく左右に振る。それから、2頭とも後脚で立ち上がり、押しあったり、噛みつきあったり、前足でたたきあったりする。これらのやりとりはけんかのように見えるが、オス同士の友情の儀式なのだ。ホッキョクグマは特定の遊び相手（通常は兄弟）を持つことが多く、夏と秋にはその相手とともに旅をする場合もある。しかし、保護すべき子どもをかかえたおとなのメスは、このような遊びには加わらない。母親は他の個体とよい関係を築くことよりも、子どもに近づけないようにすることを優先する。

対立行動

🌱 闘争
ホッキョクグマのけんかがすべて遊びというわけではない。オスたちはメスとの交尾権をめぐって、激しく真剣に戦うこともある。戦うときの動作は、けんかごっこをして遊ぶときの動作に似ているが、恐ろしいほどの力とスピードで正確に攻撃をくり出す点が異なっている。遊びか本気かということは、人間の10代の若者たちの悪ふざけが乱闘に変わったのを見てわかるのと同じように、遠くからでもわかる。

オスたちの戦いは、通常、両者が頭を低く下げ、上くちびるを前方に突き出すところから始まる。ぴんと張りつめた空気の中、挑戦的な態度でにらみあっていたかと思うと、いつもは物静かなクマたちが突然やかましく声を上げはじめる。両者は口から泡をたらしながら、胸部と腹部を収縮させてシューシューという音を出したり、ハアハアとあえいだり、口をもぐもぐさせたり、うなったり、ほえたり、追いつめられたネコのようにシャーっという声を上げたりする。やがて、どちらかがいきなり攻撃を開始すると、呪縛が解けたかのように後脚で立ち上がって、前足でなぐりあったり、噛みつきあったり、大きなかぎ爪で相手の首や肩をひっかいたりしはじめる。こういった戦いの最中に命を落とすものもいるが、首や肩の皮膚が、激しい攻撃にも耐えられるように分厚くなっているので、死亡する数は驚くほど少ない。

相手の周囲を歩く

においをかぎあう

首にそっと噛みつく

▲あいさつの儀式
相手のにおいをかげるように、どちらも風下に立とうとする。互いににおいをかいで状況が把握できたら、互いの鼻づらや首にそっと噛みついて、危害を加える気はないことを示す。

遊びに誘う

けんかごっこ

▲社会的遊び
頭を左右に振って遊びに誘う。後脚で立ち上がって前脚で相手の体を抱え、楽しげな動作でゆっくりと静かに押しあったり、噛みつきあったり、前足でたたきあったりして遊ぶ。

性行動

　メスは発情すると、尿で頻繁にマーキングをするようになる。尿の中には、そのメスが交尾可能になったことを示すホルモンが含まれており、すぐに1〜2頭のオスがにおいに誘われてメスの後を追いはじめる。オスたちが交尾の権利をめぐって争うことがもっとも多いのは、このときだ。

　戦いに勝ったオスは、数日間から、ときには数週間もメスについて移動し、2頭きりでややゆったりと時を過ごす。メスはオスよりもかなり体が小さいが、交尾する準備が完全に整っていないうちは、迷わずオスを拒絶する。交尾の準備が整ってからも、場合によってはすぐにオスを受け入れずにじらすという戦略をとる。オスはようやくメスにマウントすることができると、メスの首筋をしっかりとくわえる。交尾はくり返し行われ、ときには激しさのあまり圧

力でペニスの骨が折れてしまうこともある。交尾は4〜6月の間に随時行われ、12〜1月の間に子どもが産まれる。

育児行動

出産

妊娠したメスは10〜11月にアザラシの狩り場を離れて陸上へ移動し、雪の吹きだまりや斜面に出産用の巣穴をつくる。巣穴の入り口には巣の中の熱を逃がさないように敷居をもうけ、深さ1.5〜2mで上り坂のトンネルを掘る。つきあたりが出産用の部屋で、暖気がトンネルを昇ってその部屋にたまるようになっている。この構造はうまく機能しているようで、研究者が温度計を差しこんで温度を計ったところ、巣穴の中は外より4.4℃も温度が高かったという。メスはたとえ飼育下であっても、1頭きりになれて安全を確保でき、自分の体温で暖めることのできる居心地のよい巣穴がなければ子どもを産まない。

出産をする場合、メスは真冬に冬眠から目覚めて、ネズミほどの大きさで無毛の子どもを1〜3頭産む。子どもたちは鼻を鳴らしながら脂肪分が33%もある乳を飲み、3〜4か月で最大13〜14kgに成長する。その間、母親は飲まず食わずで授乳を行うため、母乳はすべて体内の脂肪に蓄えられた栄養からつくられる。

遊び

春になるころには、巣穴の中にいくつかの小部屋ができあがるが、これは中で子どもたちが遊びまわって壁を削ってしまうためだ。外の世界へ出た子どもたちはすぐに腕白ぶりを発揮するので、他のあらゆる動物の子どもと同じように、見ていてとてもおもしろい。子どもたちは雪の斜面をすべって遊んだり、柔らかい雪のクッションに守られながら待ち伏せたり転げまわったりのけんかごっこをする。この年ごろのホッキョクグマは、しょっちゅう鼻をクンクン鳴らしたり、喉を鳴らしたり、時にはうなったりとやかましい。唇を鳴らして、驚くほど大きなはじけるような音を立てることもある。持ち上げられると、ネコのような甲高い声や赤ん坊のような声で鳴いたり、ギャーギャーという声を上げたりする。

子どもを守る

子どもは産まれてから2〜5年は母親に食事を与えても

らい、成獣のオスを含むすべての動く物から守ってもらいながら、ホッキョクグマとしての生き方を学ぶ。オスが子どもを殺すことはまれだが、母親は危険を冒すようなまねはしない。オスを完全に避け、子どもが目の届かないところへ行ってしまったときには、シューシューというような音を立てたりほえたりして安全な足元に呼び戻す。

▲子どもを守る
母親はあやしいものを見つけると、頭を低くかまえてにらみつける。子どもたちは安全な母親の陰に隠れている。

動物園/自然界で見られる行動

基本的な行動

移動
- O脚で歩く
- 片側の前後の脚を同時に動かして速足で移動する
- 走る
- 泳ぐ
- 潜る

採食
- 飛びかかる
- 待ち伏せする
- しのび寄る
- 水中でしのび寄る

飲水行動

身づくろい
- 前足をなめる

体温調節
- 雪の吹き溜まりを掘って前半身を入れる
- あえぐ
- 四肢を伸ばして寝る
- 足の裏で宙をあおぐ
- 穴を掘って体を冷やす

睡眠
- 歩く冬眠

常同行動
- 八の字を描いて歩く
- 後ろ向きに歩く
- 同じところを行ったり来たりする
- 頭を振る

社会行動

友好的な行動
- ■あいさつの儀式
- ■社会的遊び
- 遊びに誘う
- 押しあう
- 噛みつきあう
- 前足でたたきあう

対立行動
- ■闘争
- なぐりあう
- かぎ爪でひっかく
- 噛みつきあう
- シューシューという音を出す
- ハアハアとあえぐ
- 口をもぐもぐさせる
- うなる
- ほえる
- シャーっという声を上げる

性行動
- マーキング

育児行動
- ■出産
- 巣穴を掘る
- 授乳
- 授乳時に子どもが鼻を鳴らす

- ■遊び
- すべって遊ぶ
- けんかごっこ
- 鼻をクンクン鳴らす
- 喉を鳴らす
- うなる
- 甲高い声を上げる
- 唇を鳴らす

- ■子どもを守る
- シューシューという音を立てる
- ほえる

アデリーペンギン
Adélie Penguin

ペンギンは自分たちがどんなにこっけいか、知りもしない。まじめくさった顔をして、氷だらけのコロニーをわき目もふらずによちよち歩いているところなど、まるで人間の物まねだ。ある研究者も言っていたが、100羽ほどのペンギンを1か所に集めれば、バレエ公演の休憩時間にホールを埋めつくすビジネスマンの群れができあがる。

もちろんアデリーペンギンも、他の動物と同じようにこっけいなだけでは生きていけない。あの笑いをさそうかわいらしい外見は、南極の冷たい海に適応した究極の姿なのだ。たとえば、歩くときの姿勢だ。ペンギンは体を直立させて歩くが、それは、ガンやカモと違って脚が胴体のずっと後ろのほうについているからだ。脚の位置のせいで陸上ではぎこちない歩き方しかできないが、水中ではこの脚のおかげで優雅に効率よく泳げる。泳ぐときには脚を舵のように使って、水中を縦横無尽に飛びまわる。動物園では水槽の中がのぞけるようになっているところが多いので、ペンギンたちの泳ぐ様子を観察してみよう。野生のアデリーペンギンは海の中をジグザグに泳いで、おもにオキアミというエビに似た動きのすばやい生物を捕らえて食べている。

水中を泳ぐために変化したのは脚の位置だけではない。ペンギンの翼は、水中で水をかいて前に進めるように、ひれのように細く固くなって、体から突きだした形に変化した（ペンギンの翼はフリッパーと呼ばれる）。体全体の形も、水の抵抗を減らして水中をなめらかに移動でき

特徴

目
ペンギン目

科
ペンギン科

学名
Pygoscelis adeliae

生息場所
海水、氷、岩、島、海岸

大きさ
身長 60 cm

体重
3.5 ～ 6.0 kg

最長寿記録
飼育下で 18 歳

▲水中からジャンプ！
水中から高さのある氷に上がるときは、勢いよく飛び出て着地する。

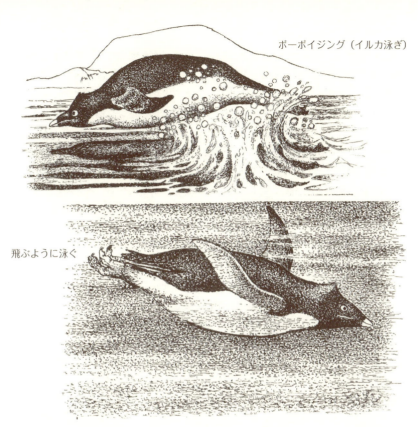

ポーポイジング（イルカ泳ぎ）

飛ぶように泳ぐ

▲移動しながら息つぎ
スピードを落とさずに水面から飛び出て息つぎをし、再び水中に戻って飛ぶように泳ぐ。

るように、頭の部分が細く、上から3分の1のところがもっとも太い絶妙な形に変化した（冷たい海に潜る鳥の理想的な体形をエンジニアに設計してもらったところ、コンピューターを駆使してできあがったのが、まさにこの体形だった）。体を包む白黒のタキシードも、体を温めつつカムフラージュの役に立つという意味で、画期的なデザインといえるだろう。海面近くを泳いでいると、黒い背中は南極の弱い日ざしを吸収する一方で、白い腹は空の色に溶けこんで、下を泳ぐ捕食者や獲物の目から見えにくくなるのだ。

ペンギンには営巣地で集団を形成する性質があるが、それも環境にうまく適

応した結果だ。南極ではかぎられた時期にかぎられた海岸でしか繁殖することができない。気候の穏やかな時期をねらって繁殖を行うには、すべての個体が同時に同じ海岸へ集まる必要があるため、大きないざこざを起こさずに集団で過ごせる性質は理にかなっているのだ。動物園でペンギンを集団で飼育できるのも、この性質のおかげだ。

自然界では集団の一員でいると、繁殖の際に都合がいい。空から敵が襲ってきても、怒りをこめて空にくちばしを突きだせば、とげだらけの剣山のようになって敵を迎え撃てる。1羽や2羽しかいないときに比べて、敵を追い払う効果は絶大だ。敵を見張るにしても、目が2つしかないより千個あるほうが、ヒョウアザラシやシャチのひそむ海面をしっかり見張れる。たとえ捕食者が襲ってきても、何千羽もの中から犠牲者が選ばれるので、自分の生き残る確率は高くなる。ペンギンたちは繁殖期が終わってからも、餌をとるときや北の越冬地に向けて移動するときには、安全のために群れをなして行動する。

攻撃性を抑えて仲間とうまくやっていくことができれば、得をするのは間違いない。そこでアデリーペンギンは仲間の気をひいたり、なだめたり、争いをすばやく治めたりするための複雑な身ぶりを編み出して、それを用いてコミュニケーションをとっている。うれしいことに、動物園ではそういったやりとりの大半を見ることができるうえ、観察を楽しむのにマクラク（アザラシなどの革でできたイヌイットの長靴）で防寒する必要もない。

基本的な行動

移　動

ペンギンは陸上ではチャップリンのようによちよち歩いたり、腹で氷の上をすべったりして移動するしかないが、いざ水に入ると、実力を発揮していきいきと自由自在に泳ぎまわる。獲物を追うときは体の後方に脚をつけているので、体の周囲に生じる渦に速度を奪われることもなく、猛スピードで泳げる。スピードを上げるときには、空を飛ぶ鳥のように水中でフリッパー（翼）を上下に羽ばたかせる。潜水するときには骨がバラスト（重し）の役割をする。ペンギンの骨は、ふつうの鳥と違ってハチの巣のような中空の構造にはなっておらず、中身がぎっしり詰まっているからだ。

アデリーペンギンは時速20 km近くで泳ぎながら、スピードを落とさずに息つぎができる。イルカのように水面から飛び出して、弧を描いて宙を飛んでいる間に息をするのだ（この泳ぎ方はポーポイジング〈イルカ泳ぎ〉と呼ばれる）。宙を飛んでいる間は水中から姿を消せるため、天敵のヒョウアザラシの目も少しはごまかせる。敵に襲われる心配のない動物園でも、ときどきポーポイジングをしてすばやく息つぎをしている。

採　食

　アデリーペンギンの好物が、資源量の豊富なオキアミなのは幸いだった。アデリーペンギンは体温維持や活動のエネルギー源にしたり、ひなに餌を与えたりするために、少なくとも6秒に1匹のオキアミをとらなければならない。サウス・オークニー諸島のローリー島では、繁殖期になると、多いときで1日に8,800トンのオキアミと小魚が500万羽のアデリーペンギンの腹の中に消える。これは、最新式のトロール船70艘が同時に操業したのと同じくらいの量だ。そのうえ動物園で見てもわかるように、ペンギンはアデリーペンギンだけではない。南極には数種のペンギンが生息していて、それらのペンギンは、南極の鳥のバイオマス（生物量）のおよそ90％を占め、海中の資源のおよそ70％を消費している。

　これらのペンギンは、他の種との資源の奪いあいを避けて共存するために、同じ餌場で同じ餌をとることはない。ある種は岸の近くで餌をとるが、他の種は沖へ出てまったく異なる場所で餌をとる。種によって潜水能力が違うことも、資源の分配に役立っている。たとえば70～80 mまで潜れるヒゲペンギンは、アデリーペンギンとともに海の上層で餌をとるが、120 m以上潜れるジェンツーペンギンは、より深いところで餌をとる。さらに、種によって繁殖期を少しずつずらすことで、餌をもっとも大量に必要とする時期をずらして争いを避けている。アデリーペンギン、ジェンツーペンギン、ヒゲペンギンの3種は、この順で2週間ずつずらして繁殖期に入るので、ヒゲペンギンのひなたちが大量のオキアミを必要とするころには、アデリーペンギンのひなはすでに巣立っている。

▶換羽
新しく生えてきた羽毛に押し出されて古い羽毛が抜け落ちる。その間、少々みすぼらしい姿になる。

換羽

　ペンギンたちは年に1度、あのウエットスーツを脱いだ姿を見せてくれる。ペンギンは断熱効果の8割を羽毛から得ているため、年に1度は使い古しの羽毛を新品と交換しなければならないのだ（換羽という）。古い羽毛は新しい羽毛に押し出されて抜け落ちるが、新しい羽毛が生えそろうまで3週間かかるので、その間は断熱材なしで厳しい気候に耐えなくてはならない。換羽の最中は羽毛をつくるために通常の倍のエネルギーが必要になるが、断熱材を着ていないので、冷たい水に入って餌をとることはできない。空腹に耐えるしかないので、換羽が終わるころには体重が半分に減っていることもある。

　動物園でペンギンを見ていると、換羽が近いかどうかはすぐにわかる。羽毛のつやがなくなり、あちこちの羽毛の先端が茶色くなって、いつもより体がふくらんで見えるからだ。フリッパーがうっ血してしまうので、血流が悪くならないように識別用のバンドをゆるめてやらなければならないこともある。

身づくろい

　新しい羽毛が生えてきたら、羽毛の汚れを取りのぞいたり、油を塗りつけたり、くちばしですいたりして、熱心に羽づくろいをする。水中から陸に上がったときには、そのたびに必ず羽づくろいをするので観察してみよう。羽毛に含まれた空気は断熱材の働きをしているが、水に潜るとその空気が泡になって押し出されてしまうので、再び羽毛を膨らませて空気を含ませなければならないのだ。それ以外の身づくろいの行動としては、かゆいところをかいたり、体を

ゆすって水を切ったりする行動をとるので注意して見てみよう。

体を冷やす

ペンギンの体は体温を保つのに便利なつくりになっているので、気温の高い日には困ったことになる。気温が0℃以上になると、とたんに、体の熱を逃がさなければいけなくなるのだ。そのときには、脂肪の少ないフリッパーと足の部分が冷却装置としてよい働きをする。また、口を開けてあえいで水分を蒸発させることで、蒸発にともなう冷却効果を利用することもある。ひなの場合は地面に腹ばいになって、伸ばした足の裏を上に向け、あえいで体を冷やす。

睡　眠

目を覚ましているときのペンギンは、つねにきょろきょろとあたりに目を配っている。それに対して、眠っているときは身動きをしなくなるので、ふだんと違う様子から眠っていることがわかる。眠るときは立った姿勢で全身の羽毛の力を抜き、フリッパーを脇にたらし、首を引いて目を閉じている。顔は前に向けてくちばしを水平に保っているか、横に向けてくちばしを左右どちらかのフリッパーの下につっこんでいる。動物園では、腹ばいになって寝ることもある。目が覚めると伸びやあくびをして、血のめぐりをよくし、脳や筋肉にすばやく酸素を届ける。

社会行動

集団で行動したほうが安全な世界で暮らしてきた結果、アデリーペンギンは仲間とともに狩りをして、集団で季節移動をし、陸上のコロニーに大勢で集まって子育てを行うようになった。岩と氷だらけのコロニーは、ペンギンにとっては天敵のヒョウアザラシからある程度逃れていられるオアシスだ。このオアシスでアデリーペンギンは小石を集めて巣をつくり、メスと交尾する権利を得るために戦い、毎年同じ相手とつがいになって、ふわふわのボールのようなひなを育てる。動物園ではコロニーの環境を（打ち寄せる波にいたるまで）再現する努力をしており、ペンギンたちはその努力に応えるように、人工的なコロニーで産卵と子育てを行っている。動物園で子育て中のペンギンの大騒ぎを観

察するときには、社会行動についての以下の説明が役に立つだろう。

人間との関係

　南極について、私たちはついつい、人が住んでいないのだから、人間はそこの環境を汚していないと考えてしまう。以前は海についても同じように考えていて、どんなに乱暴に扱っても何も変わらないと信じていた。なにしろ海は果てがないと思われるほど広大で、昔の記述にもあるように、「クジラの大群で沸きかえり、あたりには油っぽいような潮吹きのにおいが立ちこめていた」のだから。だが今では、人間の活動がはるか彼方にまで影響することを私たちも承知している。かつてはクジラで沸きかえっていた海も、年を追うごとに寂しくなり、今ではクジラの姿を見ることも難しい。

　皮肉なことに、オキアミを主食にするヒゲクジラ類が少なくなると、資源をめぐる競争相手が減ったことで、いくつかの地域でペンギンの個体数が増加した。1970年代に入ると、ペンギンに新たな競争相手があらわれた。2本足のその相手は、個体数が急増したために腹をすかせており、新たなタンパク源を求めていた。その相手は大規模なオキアミ漁を行うようになり、いくつかの地域ではペンギンたちの生活をおびやかすようになった。そのうえ南極へ立ち入って環境を攪乱し、それまでにはなかった病気や、南極にはいなかったイヌなどの捕食者を持ちこんだ。持ちこんだものの中でも、もっともやっかいなのが汚染物質だ。汚染物質は気づかぬうちに南極という地の果てまでたどりつき、大気と水を汚してペンギンたちに害を与えている。アデリーペンギンの体内には、北半球の高緯度地域の動物に匹敵する濃度の有機塩素系殺虫剤が含まれているのだ。それ以外にも、石油の流出やオゾン層の破壊といった環境問題が、このかけがえのない種を危機に陥れている。

　人間がペンギンに与えてきた害は、環境問題のような間接的な害だけではない。ペンギンを狩ってもうけようと考える者は、現代でもあらわれる可能性がある。南米では、その昔、皮や肉や油をとるために日常的にペンギン狩りが行われていたが、1982年という近年になっても、商業的にペンギンを狩ろうという計画が持ち上がっていた。

現在では、たとえそのような計画が持ち上がっても、多くの人々がペンギンを守るために立ち上がるはずだ。世界中で何百万人もの人々が動物園のペンギンに会い、この鳥から感動や笑顔をもらってきた。人々はペンギンの美しさを知り、ペンギンから困難を乗り越える数々の方法を教わってきた。今ではこの鳥を利用するより、守ろうとする者のほうが多いことを願いたい。

友好的な行動

　繁殖期が終わると、アデリーペンギンは北へ向かって移動を始める。目的地は南極大陸に定着した氷（定着氷）のそばに浮いている帯状の叢氷（そうひょう）だ。叢氷の上にいれば、すぐに海に入ってオキアミをとることができるし、食い意地のはったヒョウアザラシがやってきてもすぐに氷の上に避難できる。目的地の叢氷までは定着氷の上を一列になってぞろぞろ歩いて移動する。そのうちに1羽が腹ばいになって雪の上を腹で進み始めると、後に続くペンギンたちも、その跡にできた溝を利用して同じように腹で進んで、道を切り開くエネルギーを節約する。氷が割れて海面がのぞいている水路につきあたったときは、氷の穴に飛びこんで泳ぐのをためらう人間の子どものように、全員で水路の縁に固まって押しあいへしあいする。だれも先頭を切って飛びこもうとしないのは、水が冷たいからではなく、水の中にヒョウアザラシが潜んでいるかもしれないからだ。だれかが飛びこんでアザラシがいないとわかれば、安心して他のペンギンたちも飛びこみはじめる。

　アデリーペンギンは、そうやってまじめに季節移動を行っている最中でも、遊ぶ機会があれば、ほぼ間違いなく遊び始める。いちばん好きなのは、流れてくる浮氷に飛び乗る遊びだ。飛び乗った氷が岸に流れついたら、急いで岸に上がって次の浮氷が流れてくるのを待つ。この行動に生存率を高める機能があるかどうかを調べた研究者たちは、ペンギンが純粋に楽しむためにやっている可能性があると認めざるを得なかった。動物園にいるペンギンは敵に襲われる心配もなく、気楽に暮らせるので、野生のペンギンより頻繁に遊んでいる。

対立行動

　500万羽ものペンギンが雪と氷の世界で1か所に集まって、つがい相手を探

したり、卵をかえしたり、ひなを育てたりしていれば、当然ながら一気に緊張状態が高まる。それでも、いたるところに敵のいる環境では、がまんできるぎりぎりの距離まで近づいて巣をつくったほうが得策だ。アデリーペンギンは小石を集めて巣をつくるが、巣と巣の間の距離は、隣りあったもの同士がくちばしを思い切りのばしたときに、くちばしの先端がかろうじて触れるかどうかといった程度にする。それによって隣同士の突発的なつつきあいの回数は減らせるが、それでもいざこざがなくなるわけではない。巣の小石を盗もうとするものや、道に迷って間違った巣に戻ろうとするものがいると、巣の持ち主は自分の小さななわばりを守るために激しく威嚇（いかく）する。

いざこざが起きたとき、ペンギンたちは大声をあげて威嚇行動をとったり、なだめ行動をとったりしていざこざを解決するが、これらの行動はすべて動物園でも見ることができる。行動の意味がわかるようになると、ペンギンウォッチングは病みつきになるほどおもしろいので、見に行くときは必ずたっぷり時間をとっておくようにしよう。

🌱 なだめ行動

コロニー内の自分の巣から海へ餌を捕りに行くときには、巣が海のすぐそばにあるのでないかぎり、コロニーの中を歩いて通り抜けなければならない。そんなときには、敵意のこもった視線を四方八方から浴びながら、「悪意はないですよ」という意味のなだめ行動をとりつつ、できるだけ速足で通り過ぎる。このなだめ行動は「スレンダーウォーク」と呼ばれる。この行動をとるときは羽毛を体

▶ **スレンダーウォーク**
コロニーで他のペンギンたちの巣の間を通り抜けるときは、この歩き方によって悪意はないことを周囲に伝える。

にぺたりとつけて、武器を使わないことを示すためにフリッパーを脇か後ろに下げ、くちばしを上に向けて歩く。巣がコロニーのどこにあるかによっても異なるが、場合によっては、この歩き方で90個もの巣を通りすぎなければならない。

巣にいるペンギンたちは、そばを通るものや侵入者に常に目を光らせている。見知らぬ個体が寄ってきたときは、一連の威嚇行動をとるが、相手の出方に応じて徐々に威嚇の程度を強めていく。

冷たい海に潜るための工夫

ペンギンの祖先は空から降りて翼をフリッパーと交換したとき、それまでにはない2つの危険と向きあわねばならなかった。1つめは、南極の海の凍るような冷たさだ。ペンギンは温血動物なので、人間と同じように体内で熱を生み出して体を温めなければならない。刺すような冷たさの中で貴重な熱を逃がさないようにするため、ペンギンは体に2種類の断熱材を発達させた。脂肪の層と、体をびっしり覆う正羽と綿羽の層だ。一見するとつるりとなめらかな羽毛の層は、空気を閉じこめて体の周囲に空気の層をつくり出す働きをしており、ペンギンはそのおかげで氷山の浮かぶ海でも比較的快適に過ごすことができている。

2つめの危険は、海中を泳がなければ生きていけないにもかかわらず、エラを持てなかったことが原因で生じている。海へ潜るときは体内に酸素を抱えていなければならないので、人間がスキューバダイビングをするときと同じ問題に直面する。深く潜って水圧が増すにつれ、体内の空気は10mごとに50％に圧縮されてしまうのだ。このかぎられた空気を最大限に活用するため、ペンギンは体内の気嚢（空気の袋）と肺との間で効率よく空気を移動させている。肺の表面にはたくさんの血管が張り巡らされており、そこに空気が運ばれると、そのたびに血管中の血液に酸素が吸収される。ペンギンはさらに、ミオグロビンという色素タンパク質に結合した形で、筋肉中に予備の酸素を蓄えている。そのうえ、水中では陸上より酸素の消費量が少なくなる。陸上で1分あたり100回だった心拍数が、水中では20回に減少するため、酸素の消費量が減少して、より長く水中に潜っていられるのだ。

程度の弱い威嚇

アデリーペンギンは見知らぬ個体や近くの巣の個体から自分のなわばりを守るために、以下のような威嚇行動をとる。そのときには、もっとも程度の弱い威嚇から始めて、段階的に程度を強めていく。

- くちばしを脇の下に入れる威嚇：体を45°の角度にかがめて頭を左右のどちらかに向け、くちばしで脇の下を触る。そのとき、頭のてっぺんの羽毛を逆立てて、白目をむき（黒目を端に寄せて白目を出す）、頭を上下または左右に振る。興奮してくると、うなり声を上げたり、規則的に羽ばたいて音を立てたりすることもある。
- 横目でにらむ威嚇：それより強く威嚇したいときには、顔を左右のどちらかに向けて固定し、相手を片目でにらむ。そのときフリッパーは体にしっかりとつけ、くちばしは下に向けるか、わずかに相手に向けている。
- 左右交互に横目でにらむ威嚇：横目でにらむ威嚇をしても相手が立ち去らな

▲威嚇
左上から順に威嚇の程度が強くなる。くちばし（武器）を次第に前面に出していることに注目しよう。

いときは、首を左右に振りながら、左右の目を交互に使って片目でにらむ。この威嚇は、立った姿勢でもかがんだ姿勢でも行う。頭を左右に18回振るが、その間、羽毛を逆立てて白目をむき、フリッパーをゆっくり上下に振っている。

これら3種の威嚇行動は、侵入者を近づけないようにするためのものだ。侵入者がこれらの威嚇を無視してさらに近づいてくるようなら、巣の持ち主は、相手を追い払うために全力で程度の強い威嚇を行う。

🌱 程度の強い威嚇　これらの威嚇を行えば、必要なら戦う意志があるぞ、と相手に伝えることになる。程度の弱いものから順に説明すると、

- くちばしを相手に向ける威嚇：動きを止めて首を前に伸ばし（立った姿勢、もしくは、前かがみの姿勢で）、閉じた状態のくちばしをまっすぐ相手に向ける。白目をむいて頭の羽毛を立たせ、時々うなり声を上げる。
- くちばしを開く威嚇：くちばしを開いたら、戦いが近いというしるしだ。くちばしを開くのは、「いざとなれば、噛みつくぞ」という意味だからだ。巣の持ち主はくちばしを開いて荒々しい鳴き声を上げ、前かがみの姿勢で小刻みにジャンプして侵入者に近づく。相手はそれを受けて立つ場合、自分もくちばしを開いて、互いのくちばしが直角になるように身構える。
- 身構える：この時点ですでに何度も警告が無視されているので、すぐにでも戦いが始まりそうな状態になっている。巣の持ち主は、いつでも戦いを始められるぞ、という意志を伝えるため、首を前方に伸ばして侵入者に2、3歩近づき、くちばし（開くか閉じて）を下に傾けるかまっすぐ前に向けて身構える。

🌱 闘争　威嚇をしても相手を追い払えずに、実際に戦わなければならないこともある。戦うときは、くちばしをぶつけあったり、つついたり、くちばしでつねったり、相手の体をくわえたり、引っぱったりして攻撃する。相手をつかまえておいてフリッパーでたたいたり、胸で体当たりして相手のバランスをくずそうとすることもある。激しい攻撃に耐えられなくなったら、くちばしを下に向けたり隠したりするか、その場から逃げ出して負けを認める。勝者は逃

げていく敗者を追うこともあるが、そのとき、追う側は頭の羽毛を立てて胸を張っており、追われる側はその正反対の姿勢をとっているので注意して見てみよう。

捕食者から身を守る

本気で怒ったアデリーペンギンを見たければ、コロニーに捕食者があらわれるのを待とう。野生のコロニーにはナンキョクオオトウゾクカモメという海鳥がやってきて、親鳥のすきをねらってひなや卵をくすねていく。トウゾクカモメの姿が見えると、ペンギンたちは即座に警戒音を発しはじめる。敵が空から襲ってくれば、耳障りな叫び声を上げながら、空に向かっていっせいにくちばしを突きだして威嚇する。敵が歩いて近づこうとすれば、羽毛を逆立て、口を開いて白目をむいた顔で突進して追い払う。コロニーの守りが固いので、トウゾクカモメはペンギンの親が目を離したすきに卵やひなを奪うか、病気や迷子のひなをねらうしかない。実入りが少ないので、10万羽のペンギンがいるコロニーでも、そこを餌場にできるトウゾクカモメはせいぜい10つがいだ。

ヒョウアザラシは海中からペンギンをねらう奇襲の達人だ。氷の割れ目に張った薄い氷の下に隠れていて、おいしそうなペンギンが頭上を通ったときに、氷から頭を突きだして捕らえる。ペンギンのほうもその危険を十分に承知しているので、氷の薄いところは、せいいっぱいのスピードでよちよちと通り過ぎる。海に氷が張っていないところも油断はできない。ヒョウアザラシは棚状に突きだした氷の下に潜んでいて、ペンギンが海に飛びこんだとたんに、潜水艦のように音もなくあらわれて捕らえてしまう。アデリーペンギンはこれらの危険を避けるため、氷の割れ目を通るときには、海面に張った氷が十分に厚くなって安全に渡れるようになるのを待つことが多い。あるいは、浮氷が流れてきたときには、何時間か余計にかかることになっても、それに飛び乗って向こう岸に流れつくのを待つ。季節移動や採食のために海に入らなければならないときは、必ず集団で行動する。ヒョウアザラシの気配が少しでもあればすばやく分散し、危険がなくなるのを待って再びひとつに集まる。

性行動

求愛前の行動

アデリーペンギンは10月の中ごろ（南極の春）になる

と、長年コロニーとして利用してきた南極大陸の外縁をめざして、南へ向かって移動する。アデリーペンギンには、自分の生まれた土地へ戻って繁殖を行う習性があり、巣の場所も毎年同じところを選ぶ。動物園でも毎年同じ場所に巣をつくる。

オスはメスより先にコロニーに到着して、巣づくりの場所を確保し、他のオスに取られないようにその場所を守る。一心不乱にくり返しディスプレイを行って、巣の所有権を主張しつつ、自分の巣にメスを呼ぶ。ディスプレイを行うときは、両脚を伸ばしてまっすぐに立ち、首をのけぞらせてくちばしを空に向ける。頭の羽毛を立たせ、黒目を後ろによせて白目を出す。胸を軽く上下に震わせて、「ガー、アー、アー」という鋭い声をくり返し上げる。ディスプレイの山場では、くちばしを少し開いて、翼を一定のリズムで前後に羽ばたかせる。ディスプレイの合間には、小石を集めて巣をつくる。一方、巣の周りには、巣づくりの場所を求めて何千羽ものオスがうろついており、巣の持ち主は、それらのオスがそばを通るたびにいっそう激しくディスプレイを行う。この時期のコロニーは騒々しいがドラマに満ちており、動物園でも観察していてもっとも楽しい時期だ。

🌱 求愛

メスはオスの鳴き声に引き寄せられて近づいてくるが、交尾ができるほど近づくためには、お互いの攻撃性を抑えなければならない。メスはオスを横目で見ながら、あるいは左右に顔を振って左右交互の目で見ながら、オスに注意深く近づいていく。次に、深くおじぎをするように、ほとんど地面まで頭を下げる。オスも同じように横目で見ながらメスに近づいて、同じようにおじぎをする。そうこうしているうちに、互いに対する警戒心が弱まり始める。やがて、オスは自分で集めた小石の山の上に腹ばいになり、足で小石を掘ってくぼみをつくる。

アデリーペンギンの行う求愛の儀式の中でももっとも美しいのが、「2羽で大声で鳴き交わすディスプレイ」、と「2羽で静かに行うディスプレイ」だ。これらのディスプレイはそっくり同じに見えるが、前者は大声を伴い、後者は伴わない点が異なっている。オスとメスは向きあって立ち、くちばしを空に向けて、相手とは少しテンポをずらして頭を前後にゆらす。相手が初めて会う個体だった場合、くちばしを閉じたまま、おだやかな声を出しながら「静かなデ

ィスプレイ」を行う。相手が前シーズンからのつがい相手だった場合、1〜2km離れていても聞こえるほどの大音量で「大声で鳴き交わすディスプレイ」を行い、再会を喜びあうとともに生涯にわたるきずなを確認する。

🌱 交尾

互いに対する警戒心がなくなれば、いよいよ交尾が可能になる。メスが地面に腹ばいになると、オスはその前に立って、フリッパーを下げて自分の腹の前で震わせる。そして頭を下げた姿勢でメスににじり寄って、背中に乗る。このとき、メスはくちばしを震わせながら首を伸ばして、オスのくちばしの根元に自分のくちばしの先端をあてる。オスはくちばしとフリッパーを震わせ、尾を左右に振りながら、メスの背中の上を後ろ向きに歩く（動物園でも、背中に泥だらけの足跡がついていたらメスというしるしだ）。気分が最高潮に達したところで、メスが尾を上げ、オスは尾を下げて総排泄腔を合わせる。1分とかからずに交尾が終了すると、オスはメスの背中から飛び降りてメスの隣に並ぶ。しばらく静かに並んで立って

空を向いて鳴くディスプレイ

大声で鳴き交わすディスプレイ

◀求愛
オスはフリッパーを振りながら大声で「ガー、アー、アー」と巣の所有権を主張し、メスを呼ぶ。メスとおじぎをしてくちばしを空に向け、頭をゆらしながら鳴き交わす。

いた後、再び交尾を開始する。

🌱 交尾後の行動　オスとメスは交尾後もディスプレイを行うことで、つがい相手との間の信頼を高めて、育児という大仕事を行う心の準備をする。ひなを育てるにはオスもメスも大きな犠牲を払わなければならないので、夫婦間のきずなを強めておく必要があるのだ。

育児行動

🌱 産卵と抱卵　野生のペンギンの場合、メスは交尾を行ったあとオスとと

▲抱卵
卵を抱くときは、抱卵斑（羽毛が薄くなっていて、皮膚でじかに卵を温められる）の部分で卵を覆う。

もに巣に2週間とどまる。そして2〜3日の間をあけて2個の卵を産み、餌をとりに海へ出かける。オスはこの時点ですでに最長で3週間巣にとどまっているが、1羽で巣に残って、卵を温めながら捕食者から守る。卵が冷たい地面に触れないようにするために、それぞれの足に卵を1つずつ乗せて腹ばいになり、抱卵斑（胸の下に2つある羽毛の抜けた部分）で覆う。抱卵中に侵入者がやってきたときには、戦う意志がないことを示す身ぶりをとって相手をなだめる。これは、じっとうずくまったまま、羽毛を体にぺたりとつけて、くちばしを体の側面に隠すという身ぶりで、「あなたと戦うつもりはないですよ」という意志を示す。抱卵中に戦えば、巣から離れて卵を野ざらしにすることになり、危険すぎるので、戦いは避けたいのだ。

メスは海で2週間餌をとってから巣に戻り、オスを5週間の断食生活から解放する。メスはそのときに贈り物として小石をひとつ持ち帰り（アデリーペンギンは卵やひなを雪どけ水から守るために小石を積んで巣をつくるので、小石が重要なアイテムとなる）、オスと「大声で鳴き交わすディスプレイ」をしてあいさつを交わす。その後の数週間は交代で卵を温めるが、より短い間隔で交代をして、より頻繁に餌をとりに出かけるようになる。こまめに食事をとることで2羽とも体力をつけ、腹ぺこのひなを育てるという重労働に備えるのだ。

動物園のペンギンは、野生のペンギンとは少し異なる子育て戦略をとる。すぐそばにたっぷりと食料があるので、つがい相手から離れて長期間の採食の旅に出る必要はない。そこで、野生より短い時間で頻繁に抱卵を交代して、より多くの時間をつがい相手との交流に費やす。

🍃 子どもの世話
卵から孵化して3週間もたつころには、ひなはかなり大きくなって大量の餌を食べるようになるので、親たちは餌をとるために2羽とも巣を離れなければならなくなる。強い風が吹きつけ、オオトウゾクカモメの襲ってくる野生のコロニーでは、ひなたちは安全のために、近くの巣のひなたちと20〜30羽で固まってクレイシを形成する。クレイシはテレビの動物番組では見ることがあるかもしれないが、敵のいない動物園ではおそらく形成されないので、見られないだろう。

親は自分の子どもに餌を与えるときは、以下のような行動をとる。海でたっぷり餌を飲みこんで巣に帰ると、大声で鳴き始める。子どもは親の声を聞きわ

けて、自分も大声で鳴きながら親に走り寄るが、たいてい、他の巣の子どももいっしょについてきてしまう。親は自分の子どもだけに餌を与えたいので、すぐには餌を吐き戻さず、子どもたちから逃げて自分の後を追わせる。腹ぺこの子どもの群れから逃げているうちに、他の巣の子どもたちは追うのをあきらめ、必ず餌をもらえるのがわかっている自分の子どもだけが残る。

遊び

コロニーの中で、子どもたちは特別扱いをされている。おとなとは明らかに異なる灰色の羽毛のおかげで、よそのなわばりに入ってもしかられることはなく、好きな場所で遊んでいられる。どれが子どもなのかは、あなたも見ればわかるはずだ。体がふわふわしていて、展示場の中を走りまわったり、つつきあったり、フリッパーをパタパタさせたり、ぶつかりあったりしているのが子どもだ。子どもたちは「お山の大将」のような遊びが大好きで、氷のかたまりや、ときには眠っているウェッデルアザラシの上に乗って、いちばん高いところを奪いあって遊んでいることがよくある。この遊びは、将来本物の敵から逃げて、本物の氷の崖を昇るときのための訓練になる。

繁殖期が終わると、おとなたちははるか北方の叢氷をめざして移動を開始し、移動先で換羽を迎える。子どもたちは最後にコロニーを出発して、おとなたちの後を追う。叢氷をめざす旅には危険が多いので、目的地にたどりつける子どもはわずか 10 ～ 15％だ。目的地にたどりついた子どもたちは、そこで 2 ～ 5 年を過ごして性成熟をむかえ、再びコロニーに戻って繁殖に参加する。

▶ひなに後を追わせる
親は餌をとって帰ると、腹をすかせたひなの群れから逃げまわる。他の巣の子どもがあきらめて自分の子どもだけが残ったら、ようやく餌を与える。

動物園/自然界で見られる行動

基本的な行動

移動
- よちよち歩く
- 腹ですべる
- 水に潜る
- ポーポイジング（イルカ泳ぎ）

採食

換羽

身づくろい
- 羽毛の汚れを取りのぞく
- くちばしで羽毛をすく
- 羽毛に油を塗る
- 体をかく
- 体をゆする

体を冷やす
- あえぐ

睡眠
- 伸び
- あくび

社会行動

友好的な行動
- 集団で餌をとる
- 集団で季節移動をする
- 遊ぶ

対立行動
- ■なだめ行動
- スレンダーウォーク
- ■程度の弱い威嚇
- くちばしを脇の下に入れる威嚇
- 横目でにらむ威嚇
- 左右交互に横目でにらむ威嚇
- ■程度の強い威嚇
- くちばしを相手に向ける威嚇
- くちばしを開く威嚇
- 身構える
- ■闘争
- つつく
- フリッパーでたたく
- 相手を追いかける
- ■捕食者から身を守る
- 警戒音

性行動
- ■求愛前の行動
- 空を向いて鳴くディスプレイ
- ■求愛
- 横目で見る
- 左右交互に横目で見る
- 2羽でおじぎをする
- 2羽で静かに行うディスプレイ
- 2羽で大声で鳴き交わすディスプレイ
- ■交尾
- オスがフリッパーを腹の前で震わせる
- オスがメスの背中に乗る
- くちばしを震わせる
- 尾を振る
- メスの背中の上を後ろ向きに歩く
- ■交尾後の行動

育児行動
- ■産卵と抱卵
- うずくまったまま相手をなだめる行動
- 大声で鳴き交わすディスプレイ
- ■子どもの世話
- 大声で子どもと鳴き交わす
- 子どもに後を追わせる
- 遊ぶ
- ■遊び

行動早見表

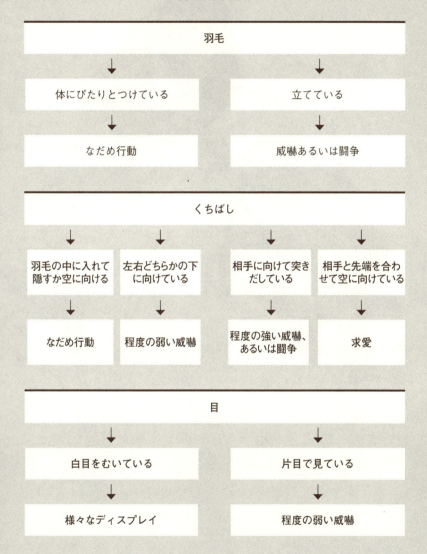

最近の新しい動物園では、アリ塚に餌を詰めてチンパンジーに与えている。チンパンジーは野生でするのと同じように、小枝で餌をつって食べる。

よい動物園の見分け方

　動物園について話しあおうと思ったら、何がよくて何が悪いかを考えなければ、きちんとした議論はできない。アメリカにあるすべての動物展示施設のうち、米国動物園水族館協会（AZA）（日本には日本動物園水族館協会〈JAZA〉がある）の定める基準を満たして認定を受けている施設は10％に満たない。動物たちの心身の健康を守るために、資金を投入し、方針の転換をはかってきたのは、それらの優良な施設だけだ。残りの90％は「不十分な」施設ということになるが、その中には、ふれあい動物園や道路脇の観光施設なども含まれる。そういったところでは、新しいホームセンターの開店といった他の目的の客引きに動物を利用することも多い。飼育員の多くは特別な訓練を受けたこともなく、飼育する動物の幸せを考えたこともない。水準の低い施設にまつわるぞっとするような話や、動物に対する残酷な扱いのせいで、きちんとした動物園で行われている良質の活動が台無しにされている。AZAは優良施設に対する表彰制度を設けており、米国動物愛護協会は、動物をいまだに名誉あるゲストでなく囚人のように扱っている施設を探し出す努力を行っている。アメリカでは失格の判定を受けた動物園の名前は、動物愛護協会に連絡すれば教えてもらえる。

　動物園のよし悪しを、あなたが自分で判断することもできる。動物がひどい扱いを受けているかどうかは、専門家でなくても見分けられるということを覚えておこう。餌が足りていなかったり、多すぎたり、具合が悪かったり、あるいはそれよりひどい状態だったりすれば、たいていはわかるものだ。精神的なストレスを抱えた動物は、おかしな行動をとる。常同行動といって、同じ場所を往復しつづけたり、体を左右に揺すったり、自分の体を傷つけたり、ぼーっとしたり、過度に毛づくろいをしたり、性的に活発になりすぎたり、子どもを虐待したりといった行動を繰り返すのだ。そういった行動は過去の虐待が原因で起きることもあるが、現在の展示スペースの環境がよくないせいで起きている可能性もある。動物園のよし悪しを自分で評価するときには、以下のことを考慮しよう。

動物にとって自由とは何か

たいていの人たちは、単純に、檻の中の動物は広々とした草原やジャングルでの自由な暮らしにあこがれているはずだと考える。野生の動物は、実際には行きたいところへ自由に行けるわけではない。季節や生息地の豊かさ、なわばりの状況といった厳しい条件に縛られて行動している。消費できるエネルギーの量によっても行動が制限される。よく知られていることだが、動物は常にエネルギー収支の帳尻を合わせられるように行動しており、食物やつがい相手を見つけるために遠くまで行く必要がなければ、行かないですむ。たとえば、リスは森の中の数十m四方の範囲で木の実を十分に食べられて、つがい相手を見つけられ、捕食者から隠れることができれば、そこから出ずに一生を過ごす。一方、オオカミは長距離を移動するが、それは楽しむためではなく、獲物のヘラジカを見つけるのがドングリを見つけるよりずっと大変だからだ。

動物園では動物の基本的な欲求が満たされているので、展示スペースのつくりが優れていれば、面積は必ずしも広大でなくてもよい。柵などの境界線は、人間にとっては不自由さを連想させるものだが、多くの動物種にとっては、侵入者（来園者の人間）がそれ以上近づいてこないことを示すラインであり、安全を保障してくれるものだ。一般的に、園内でなわばりを獲得した動物は、どんな理由があってもそこを離れたがらなくなる。

よい展示スペースには何が必要か

展示スペースの条件として重要なのは、広さではなく質だ。たとえローラースケート場のように広々としていても、普段通りの行動をとれないのなら、動物にとっては刑務所のようなものだ。展示スペースの質がよいかどうかを判断するためには、その動物が自然界でどのような生活をおくっているかを考えよう。その動物は地上で食物を探す動物か。樹上に巣をつくる、あるいは、地中に巣穴を掘る動物か。海を泳ぐ動物か。活動する時間帯は昼間か、夜か、それとも、明け方や日の入りの薄暗い時間帯か。群れで暮らす動物か、単独で暮らす動物か。行動は活発か、その反対か（これらの疑問に答えを出すには、本書が役に立つ）。展示スペースの質を見定めるときには、自然界での実際の生活様式と照らしあわせて考えるように心がけよう。

まずは、展示スペースの物理的構造を見て、それがその種特有のニーズを満

たしているかどうかを考える。たとえば、シマウマには体をこすりつけるための岩や木が必要だし、カバには水浴びのための水場が必要だ。ビーバーも糞をするための水場がなければ困るし、ライオンやトラは木などで爪をとがなければいけない。爬虫類は夜の間に体が冷えるので、夜が明けたら体を温めるライトが必要になる。サイやキリンは、ひづめを削ってくれるような固くて粗い材質の床でなければ、ひづめが伸びすぎてしまう。地上に置かれると恐怖を感じる動物もいるし、泥浴びのできる場所がないと不安になる動物もいる。展示スペースがこれらのニーズを満たしていればいるほど、動物たちは、より自然な行動を見せてくれる。

　動物の社会的な性質や心理面を考慮して、展示スペースの物理的構造に細かい調整をしなければならないこともある。たとえば、動物にはそれぞれ、侵入者が近づいて来たときに逃げる一定の逃走距離というものがある。展示スペースが狭すぎると、常にこの逃走距離内に人間や他の動物が侵入してくるので、どこにも逃げられず、その動物はすぐに精神的におかしくなってしまう。展示スペース内に逃げ道をつくってやる場合は、その動物が自然界でどのような逃げ方をするか考慮しなければならない。サルは危険を感じるとたいてい樹上をめざして上方向に逃げるので、展示スペースにも高さが必要だ。一方、平原の動物の場合は、猛スピードで走って逃げてもぶつからないように、十分な奥行きをとらなければならない。その他には、においの有無もストレスに関係することがある。人間の清潔の概念が、動物にも当てはまるとはかぎらない。消毒をしすぎると、なわばりの所有権を主張するためにくり返しにおいづけをするタイプの動物は、発狂しかねない。

動物の社会性が反映されているか

　仲間の有無や組みあわせは、展示スペースの構造と同じくらいに重要だ。ゾウのメスやシマウマのように群れで暮らす動物にとって、1頭きりにされるのはきわめて不自然な状況なのだ。他の個体とのよい組みあわせを考えることは、ディナーパーティーで気の合うゲスト同士を同じテーブルに座らせることと似ている。その動物の行動をくわしく知らなければ、組みあわせを決められないからだ。しかも、ある季節には適切だった組みあわせが、他の季節には危険になる場合もある。たとえば、繁殖期には優位オス同士はすぐにかっとなっ

てけんかを始めるし、メス同士もオスがいなければすぐにいざこざを起こす。

　群れの中に新しい個体が加えられると、その個体は群れの中における順位を獲得する努力をしなければならないため、順位が決まるまでは興味深い行動が観察できる。だが、過度なストレスは群れのどの個体にとってもよくないため、飼育員は個体同士の関係を注意深く観察しておく必要がある。解決策のひとつとして、劣位な個体が優位な個体から隠れられるように、視野をさえぎる物体や隠れ場所を用意してやることが考えられる。そのような隠れ場がなければ、劣位な個体は、常に威嚇され、攻撃される恐怖におびえつづけて、病気になるか、最悪の場合は死んでしまうこともある。

動物たちが、いきいきと過ごしているかどうか

　野生動物が美しく魅力的なのは、ひとつには、浮き沈みの激しい食料事情に対応する能力を持ち、自然界の危険を避けながら、様々なチャンスをとらえて生きるたくましさを備えているからだ。動物園では人間があらゆる要求をかなえてくれるため、そこでの生活は自然界に比べれば起伏に乏しく、やりがいもない。野生の世界から引き離された動物に対して、私たちはせめて、もとの世界で受けていた刺激に変わる何かを与えてやる必要がある。動物園で来る日も来る日も、何の楽しみも変化もない環境にいる動物は、病的な行動をとる傾向がとても高いのだ。

　多くの動物、とくに知能の高い動物には、頭を回転させて精神を健康に保つために、目新しいものを与える必要がある。たとえば、ゾウやイルカやシャチといった賢い動物にショーをさせることには、当の動物たちの脳に刺激を与えられるという大きな利点がある。鳥類も刺激を欲していて、木製のボールなどを与えると何時間も遊んでいる。動物の中でも、目新しさや刺激をもっとも必要としているのは、おそらく霊長類だろう。動物園によっては、見慣れた展示スペースに目新しさを加えるため、定期的にロープの張り方を変えて、サルたちに新しいルートを考えさせてやっている。

　動物たちは自然界では何百通りもの方法で食物を手に入れているが、それを利用して、新たな餌の与え方を試みている動物園もある。たとえば、丸太の中にハチミツを入れてクマに与えると、クマは自然界でするのと同じように「ハチの巣」を掘り出そうとする。チンパンジーはシロアリのアリ塚に餌を詰めて

与えると、シロアリをつるときと同じように小枝で「つって」食べるし、ラッコはハマグリなどの貝と石を与えると、あお向けに浮いた姿勢で胸に石を乗せ、貝をたたきつけて割る。大型のネコ類は肉をひもにぶらさげて与えると、生きた獲物を引き下ろすときの苦労を思い出して、自分で肉をつかまえるし、霊長類は草地に餌をばらまいて与えると、何時間でも探している。調査でも、自力で手に入れられるようにして餌を与えた動物は、それ以外の餌がすぐそばに山積みにされていても、自分で手に入れるほうを選ぶという結果が出ている。動物も人間と同じように、自分の努力によって変化が生じるところを見ると、自分で自分の暮らしを動かしていると感じるのかもしれない。飼育員はこういった機会を常に与えつづけて、栄養と衛生以外の面でも動物たちの健康を支えなければならない。動物がいきいきと過ごせるような工夫がなされていると、客である私たちも、今まで説明文を読んで手に入れるしかなかった情報を、自分の目で見て理解できるようになるという利益が得られる。トラが獲物にとびかかるところや、カワウソが魚を追って水に潜るところ、ビーバーが巣をつくるところや、ペンギンが巣で大騒ぎしているところを実際に見られるのだから。

　後に掲載する「動物園のチェックリスト」は、展示スペースの状態をチェックする際に役立つ。ここにあげた項目は、動物によっては必ずしも重要でない場合もあるが、少なくとも、そばにいる飼育員に質問するときのヒントにはなるはずだ。あなたが関心を示したことで、飼育員も、今よりもその動物のニーズに合った方法で世話をするようになるかもしれない。

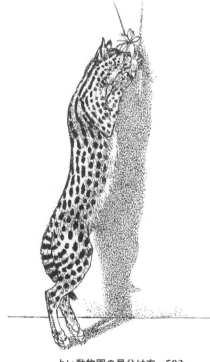

餌をひもにぶら下げて与えると、サーバルキャットは餌の時間に活発に動くようになる。

チェックリストの質問の答えが「はい」であれば、その動物園は努力していると考えてよいだろう。いくつか改善すべき点はあるかもしれないが、全体としてはきちんとした施設だといえる。質問の答えに「いいえ」があるようなら、その動物園は現状の見直しと改修が必要かもしれない。動物園の飼育環境を改善するために、個人でできることを以下にあげるので、参考にしてほしい。

動物園をよくするために、個人ができること

質の悪い動物園を見つけたら

1　厳しく、しつこく質問する　動物たちには、危険な環境に閉じこめられたり、退屈や恐怖に苦しめられたりする理由はない。動物園にいても、環境がよければ精神的、肉体的に快適に過ごすことは可能なのだから。動物たちが快適な環境におかれていなければ、それがなぜなのかを園長にたずねて、答えをもらえるまでねばろう。

2　出資機関や出資者に訴える　その動物園が公営の動物園なら、自治体の担当部署や議会の議員に訴えるか、自治体の長や公園管理課、動物管理局、あるいは商工会議所に連絡するとよい。個人の寄付金によって運営されている動物園なら、基金の理事会や寄付者個人にあなたの意見を伝えよう。相手は動物のためにという信念のもとに多額の寄付をしているような人なので、あなたの意見にも耳を傾けてくれるかもしれない。

3　米国農務省の動植物検疫局（APHIS）に通報する　動植物検疫局（APHIS）は、あらゆる動物展示業者の守るべき最低限の基準を定めている。この基準は動物福祉法にそって、食料や水、照明などの基本的な条件を定めたものだ。それら必要最小限の条件さえ満たしていない動物園に対して、APHISは観察下においたり、閉園させたりする権限がある。しかし、覚えておかなければならないのは、調査官が法を自己流に解釈し、問題の動物園に対して、本章で述べたような、よりよいやり方で世話をするように命じない場合もあるということだ。法的な手段に訴えても納得のいく結果が得られなけれ

ば、動物愛護協会などの動物愛護団体に連絡しよう（日本では各自治体の動物愛護の担当部署）。

🌱 4 動物愛護協会に報告する

動物愛護協会は、動物への虐待を防ぐことを目的とした団体で、動物園の展示動物も対象としている。協会には調査を行うための部門もあるので、あなたの訴えを取り上げて調査してくれるだろう。調査を行うだけにとどまらず、その施設に対するマイナスの評判を広めて、関係機関に圧力をかけることもある。

🌱 5 世論を動かす

町の集会で自分の意見を述べたり、新聞に投書をしたり、署名を集めて嘆願書を提出したり、記者を呼んで現状を伝えたりすることで、個人でも世論を動かすことができる。動物園のチケット収入を支えているのは一般の人々なので、動物園としては否定的な報道が広まることは避けたいはずだ。

🌱 6 あきらめない

マグロ（ツナ）とイルカの問題を思い出してほしい。アメリカにあるツナ製品の製造会社は、近ごろ方針を転換して、イルカを傷つけない漁法でマグロを捕るようになった。方針転換の理由は、ツナ製品のボイコット運動による売り上げの低下だけではなかったらしい。会社宛てに、イルカの保護を訴える心からの手紙が次から次へと山のように届き、議会に対する訴えがあいつぎ、悪い評判が立ち始めたために、変わらざるをえなくなったのだ。あなたもとことんまで粘って抗議を続けていれば、いつの日か努力が実るかもしれない。最後まであきらめずにがんばろう！

動物園に質のよい仕事を続けてもらうために、個人ができること

🌱 1 友の会の会員になる

動物園の友の会では、一般の人からの寄付金や様々な協力を受け付けている。中には、特定の動物の里親になって、1か月分、あるいは1年分の餌代を支払うプログラムを設けている動物園もある。ボランティアガイドとして客の案内をしたり、展示スペースのそばに立って客の質問に答えたりすることもできる。ボランティアの仕事の中には、動物園の舞台裏をのぞいてみたいという密かな望みをかなえられるものもある。開園前や

閉園後の動物たちの様子（なかには忙しく動いている動物もいる）を見たり、プロのスタッフが動物の世話をしている様子を見たりできる。友の会の会員が増えれば、そのぶん来園者に対する普及活動がやりやすくなる。

2　よい動物園に資金が集まるよう協力する

「客に話を聞いてほしければ、まずはテントの下に来てもらうことだ」というのが、19世紀アメリカの有名な興行師フィニアス・テイラー・バーナムの持論だった。動物園には語るべき大切な話があるが、今の世の中にはディズニーワールドや遊園地など、競合相手となるレジャー施設があふれている。米国芸術基金を通して連邦政府から財政を援助してもらえるような博物館やダンスカンパニーと違って、たいていの動物園は、地方自治体からの助成金と個人からの寄付金、それから入場料で資金をまかなうしかない。1枚の絵画を1年間保管してほこりを払うより、クロサイの展示スペースを整えて、1年間餌を与えつづけるほうが、当然ながら費用は少々高くつく。ゴールデンライオンタマリンの最後の1匹が、レンブラントの絵画と同じくらい貴重だと考える人はいるかもしれないが、世間の人々は必ずしも動物のほうを優先してくれるわけではない。そのような状況にあるため、あなたが資金の獲得や「テントの下」への集客に協力すれば、動物園は大いに喜んでくれるだろう。

3　資金の一部が生息地の保護に使われることを確認する

世間の流行にのって野生動物の保護活動に参加する団体は多いが、あなたの協力している動物園が、資金を口先だけでなく本当に動物のために使っているかどうか確認しよう。あなたの集めた資金の一部は、究極の解決策、つまり、生息地の破壊を防ぐことに使われるべきだ。保全のために動物を飼育下で繁殖させるのは素晴らしいことだが、動物たちを再導入するための野生の土地が残されていなければ、悲しい結末を迎える可能性もあるからだ。

動物園のチェックリスト

🌱 展示スペースのデザイン

その展示スペースに以下の条件は備わっているだろうか。また、その動物にとって適切だろうか。適切かどうかを判断するには、その動物の生態を知らなければいけない。よくわからないときは飼育員にたずねよう。

広さ	人間や他の動物から逃走距離以上に離れることができて、快適に過ごせるだけの広さがある。
衛生面	清潔だが、無臭ではない。
照明	日光浴ができるように、日光浴用のライトや保温用のライトがある。
温度と湿度	温度と湿度が、その動物にとって適度で、高すぎず低すぎない。
床の材質	穴を掘る動物ならやわらかく、ひづめを削らなければならない動物なら固くて粗い。
砂浴び用の砂	砂浴びの好きな動物なら必要。
水	食事をとるときのため、遊ぶため、水浴びのため、ダムをつくるため。
水から上がれる場所	水生動物も、ときには水から上がって休む必要がある。
植物か、それに代わる物。目的は——	1　食べるため。葉や種、樹皮、根、茎など。 2　登ったり、隠れたり、止まり木にしたり、巣をつくったりするため。 3　門歯や牙、くちばし、かぎ爪をとぐため。 4　体のかゆいところをこすりつけるため。 5　においづけをするため。 6　攻撃性をまぎらわす対象にするため。 7　精神と肉体を刺激するおもちゃとして。 8　食物を得る道具や、虫を追い払う道具として使うため。 9　巣材にするため。 10　角を包んでいる角袋をこすり落とすため。 11　陰に隠れて緊張を和らげるため。 12　カムフラージュの背景にして身を隠すため。
体をこすりつける物	角やかぎ爪や皮膚をこすりつけてよい状態に保つため。
登れる場所	運動のため、あるいは何かから避難するため。

仲間	その動物にとって適切な組みあわせかどうか。他の動物種と同じ展示スペースに入れられている場合でも、気のあう種でなければならない。
プライバシー	視線をさえぎる物や、隠れ場所があるか。
やりがいや生きがい	おもちゃがある、新しい方法で餌を与えている、飼育員との交流がある。

❦ 教育的価値

本物らしさ	その展示スペースは、動物の感じ方から見て(人間にわかる範囲で)生息地の環境を正しく表現しているだろうか。動物の感じ方ほど重要ではないが、人間の感じ方も判断の対象になる。うなじの毛が逆立つような臨場感があるだろうか。本物の森や草原にいる気がしたり、動物がしのび寄っているのではないかと、どきどきしたりするだろうか。
案内板の質	読みたい気にさせるだろうか。あなたの抱いた疑問の答えが書いてあり、もっと知りたいという気にさせるだろうか。
ショーの質	動物の品位を下げたり人まねをさせたりせずに、その種本来の行動を見せているだろうか。
職員の質	あなたの質問に快く答えてくれるだろうか。動物のことをよく知っていて、やる気があり、動物を丁寧に扱っているだろうか。

❦ 動物に対する影響

これも、動物の生態を知らなければ判断できない。飼育員にたずねれば教えてもらえるだろう。

本来の行動	その種本来の自然な行動をとっているだろうか。
常同行動	常同行動をとっていないだろうか。
健康面	健康そうだろうか。
寿命	長生きしているだろうか。
繁殖	子どもを産んでいるだろうか。

あとがき

　本書を最後まで読まれた読者のみなさん、感想はいかがですか？
　動物の行動について、これまで漠然と疑問に思っていたことが、解決できたでしょうか？
　動物の行動は不思議に満ちています。なぜイルカはいろんな芸ができるのでしょう。なぜイヌはうれしいと尻尾を振るのでしょう。動物に関するこのような単純な疑問ほど答えることが難しいものですが、それぞれの動物が自然界でどんな天敵がいて、どんな仲間がいて、何を食べて生きているのかという、動物独自のバックグラウンドが見えてくれば、その行動の意味がわかってきます。それが動物たちの「ことば」がわかるということなのです。
　1958年生まれ、ニュージャージー州出身の著者ジャニン・M・ベニュスは、サイエンスライターとして、生物学関係の本を多数書いてきました。動物行動学に関しても造詣の深い、信頼のおける書き手です。著者は本書の中で、動物園に行けば見られるようなゾウやライオン、フラミンゴなど、私たちになじみ深い動物たちを取り上げて、野外での生態や行動の不思議を行動学の初心者にも理解できるようにやさしく、そして科学的にも正確に語ってくれています。
　動物たちは、1匹1匹の個体それぞれが、自分の属する社会の中で自分が大人なのか子どもなのか、オスなのかメスなのか、身体的に強い力を持っているのか弱いのか、他の個体よりも少し賢く行動することができるのかどうか、そういうことをすべてはかりにかけながら次に自分が取るべき行動を決めています。こういうことを研究する分野を「行動生態学」といって、近年、大きく発展しつつある分野です。
　私たち人間が、話すことのできない動物たちの「ことば」を少しでも理解して、この地球の上でいっしょに生きていけるということ、それは何とすばらしいことなのでしょう。ゾウやクジラから、アリやミミズまで、今を一緒に生きている生き物たちの「気持ち」を少しでも理解して頂けたなら、それは監訳者として望外の喜びです。

監訳者　上田恵介

● 著：ジャニン・M・ベニュス（Janine M. Benyus）
ラトガース大学卒。生物学者、サイエンスライター、イノベーション・コンサルタント。『自然と生体に学ぶバイオミミクリー』（オーム社）など、生物学に関する多くの著書を出版。「バイオミミクリー」（Biomimicry：生物模倣）という、"生物の生態や自然から、社会のシステムに応用する技術（光合成をする葉を模倣した太陽電池、サメの表皮に細菌が繁殖しない仕組みを応用した病院の壁等）"を提唱し、教育・開発している。2010年、これらの開発・育成・教育を行うBiomimicry3.8（www.biomimicry.net）を創業。レイチェル・カーソン環境倫理賞等を受賞している。

● 絵：フアン・C・バルベリス（Juan Carlos Barberis）
ニューヨークのアメリカ自然史博物館で20年間、スタッフアーティスト兼イラストレーターを務める。

● 監訳：上田恵介（うえだ・けいすけ）
1950年大阪府に生まれる。大阪府立大学農学部卒業。大阪市立大学大学院修了。理学博士。立教大学名誉教授。長年、『生物科学』編集長を務める。元日本動物行動学会会長、元日本鳥学会会長。研究分野は鳥類の行動生態学。
主な著書に『行動生物学辞典』（東京化学同人）、『図説　読み出したらとまらない！　ヒトと生物の進化の話』（青春出版社）、『一夫一妻の神話』（エッチエスケー）、『♂♀のはなし　鳥』（技報堂出版）、『世界の美しい鳥』（バイインターナショナル）などがある。

● 訳：嶋田　香（しまだ・かおり）
1971年東京都に生まれる。東京農工大学大学院農学研究科修士課程修了。野生動物保護管理学専攻。農学修士。翻訳者。
主な訳書に『ナショナルジオグラフィックの絶滅危惧種写真集』（スペースシャワーネットワーク）、『知られざる動物の世界9　地上を走る鳥のなかま』（朝倉書店）などがある。

動物言語の秘密──暮らしと行動がわかる

2016年8月7日　初版第1刷発行

著　　　ジャニン・M・ベニュス
絵　　　フアン・C・バルベリス
監　訳　上田恵介
訳　　　嶋田　香
発行者　西村正徳
発行所　西村書店
　　　　東京出版編集部　〒102-0071 東京都千代田区富士見2-4-6
　　　　　　　　　　　　Tel. 03-3239-7671　Fax. 03-3239-7622
　　　　　　　　　　　　www.nishimurashoten.co.jp

印刷・製本　中央精版印刷株式会社

本書の内容を無断で複写・複製・転載すると、著作権および出版権の侵害となることがありますので、ご注意下さい。
　　　　　　　　　　　　　　　　　　　　　　　C0045　ISBN978-4-89013-757-2

西村書店 好評図書

歴史図鑑 グランド・ルート 世界を動かした通商と交流の道

ド・ジリ 文　メルラン 絵　野中夏実 訳　B4変型判●本体 2400円

「道」からひも解く世界の歴史！ 何千年も前から人々は、それぞれの目的で長い道のりを旅してきました。人の移動とともに商品や技術を伝え、新しい文化の発展に大きく貢献した、シルクロードなど5つの交易路を紹介。

考古学ふしぎ図鑑 世界の発掘現場と冒険家たち

コンポワン 文・写真　青柳正規 日本語版監修　野中夏実 訳
B4変型判●本体 2400円

知的好奇心を育む謎とふしぎがいっぱい！ 世界の発掘現場を撮影した写真家による子どものための考古学図鑑。エジプト古代遺跡、ナスカの地上絵、恐竜の化石など多数収録！ 大判ビジュアルで冒険家の気分を楽しめます。

生命ふしぎ図鑑 人類の誕生と大移動 2200万日で世界をめぐる

タターソル 他 著　篠田謙一／河野礼子 訳　A4変型判●本体 1800円

アフリカで誕生した人類の移動の歴史や生命の謎をひもとくツアーへ、2匹のネズミがご案内します。 アメリカ自然史博物館で刊行されたビジュアルな絵本。

地球のかたちを哲学する

デュプラ 文・絵　博多かおる 訳　B4変型判●本体 2800円

地球はほんとうに丸い？ 地震はどうして起こるの？ 紀元前から現代にいたるまで、世界中の人々が想像してきた様々な地球のかたちをしかけを用いて紹介する科学絵本です。ボローニャ国際児童図書賞受賞！

ビジュアル・アナトミー カラー 人体図鑑

ダ・バーグ 編　金澤寛明 訳　四六判●本体 1500円

脳のしくみとはたらきって？ 頭やお腹の中はどうなってるの？ 知っていそうで知らない人体の不思議。人の体を300のパーツに分けて、ありとあらゆる部位を1ページごとに徹底解剖しました。

天才学者がマンガで語る 脳

ファリネッラ／ローシュ 著　安德恭演 訳　四六判●本体 1200円

ニューロンって何？ ヒトの五感のしくみは？ 記憶はどのようにつくられるの？世界のノーベル賞科学者たちも登場して、脳の秘密をやさしく、わかりやすく教えるマンガでみる脳。

表示の価格はすべて税別です